建筑结构施工图
设计与审图
常遇问题及对策

JIANZHU JIEGOU SHIGONGTU
SHEJI YU SHENTU
CHANGYU WENTI JI DUICE

魏利金 编著

中国电力出版社
CHINA ELECTRIC POWER PRESS

内 容 提 要

为了进一步提高建筑结构专业施工图设计质量，本书通过大量的工程实例，对设计、审图中常遇的疑难、热点问题加以筛选、分析，并提出相应的对策，从而帮助从事结构设计、审图的工作人员加深对规范条文的认识和理解。全书共分5章，包括综合概述、建筑结构设计的基本原则及主要抗震技术措施、建筑结构分析计算及需要提供的审查文件、建筑结构施工图设计常遇问题分析及对策和建筑结构施工图审查中常遇问题分析及解答。

本书可供从事建筑结构设计、审核、审定的人员，施工图审查人员及高等院校师生参考使用。

图书在版编目（CIP）数据

建筑结构施工图设计与审图常遇问题及对策/魏利金编著．—北京：中国电力出版社，2011.6（2019.7重印）
ISBN 978-7-5123-1419-1

Ⅰ.①建… Ⅱ.①魏… Ⅲ.①建筑制图—识图法
Ⅳ.①TU204

中国版本图书馆CIP数据核字（2011）第025511号

中国电力出版社出版发行
北京市东城区北京站西街19号 100005 http://www.cepp.sgcc.com.cn
责任编辑：王晓蕾 责任印制：杨晓东 责任校对：黄 蓓 郝军燕
三河市航远印刷有限公司印刷·各地新华书店经售
2011年6月第1版·2019年7月第5次印刷
700mm×1000mm 1/16·20.75印张·406千字
定价：46.00元

版 权 专 有 侵 权 必 究

本书如有印装质量问题，我社营销中心负责退换

前　　言

我国现行的建筑结构设计规范、规程和行业标准，既是成熟工程经验的总结，又是现有理论研究成果的总结。随着我国经济的发展和建筑设计的国际化，建筑结构形式也日趋多样化、个性化、复杂化，这就要求从业人员与时俱进，不断学习、不断总结经验。在国家"提高自主创新能力"思想的指导下，高性能、通用与专用设计软件快速发展，近年来在国内建筑领域涌现出了一大批国际驰名的高水平建筑结构工程，如国家体育场（鸟巢）、国家体育馆、国家游泳中心（水立方）、央视大楼、广州新电视塔、广州西塔等。

高性能计算软件确实是工程师工作中必不可少的有力工具，它在假定条件正确的情况下可将结构内力计算得完美无缺，但它也只能是一种手段而已，绝不能完全依赖。在设计创新工作中，必须在各阶段（确定方案、选型、计算建模、构造处置、确认核实等）全方位投入概念思考、分析、推理、比对、判断、决策。这样创新的成果才能经得起推敲，才能经受长久的考验。

为了进一步提高建筑结构专业施工图设计质量，本书通过大量的工程实例，对设计、审图中常遇的疑难、热点问题加以筛选、分析，并提出相应的对策，从而帮助从事结构设计、审图的工作人员加深对规范条文的认识和理解。全书共分5章，包括综合概述、建筑结构设计的基本原则及主要抗震技术措施、建筑结构分析计算及需要提供的审查文件、建筑结构施工图设计常遇问题分析及对策和建筑结构施工图审查中常遇问题分析及解答。

本书可供从事建筑结构设计、审核、审定的人员，施工图审查人员及高等院校师生参考使用。

本书在编写过程中得到了许多专家同仁的指导与帮助，在此表示衷心的感谢。同时对书中所引摘和参考文献的作者，一并深表谢意。由于作者水平所限，书中难免有不妥之处，恳请读者批评指正。

编著者

目 录

前言
第1章 综合概述 ………………………………………………………………………… 1
  1.1 解读《建筑工程设计文件编制深度规定》(2008年版) ……………………… 1
    1.1.1 总则 …………………………………………………………………………… 1
    1.1.2 结构设计总说明的内容 ……………………………………………………… 1
    1.1.3 设计图纸 ……………………………………………………………………… 11
    1.1.4 结构计算书 …………………………………………………………………… 15
  1.2 建筑结构抗震、抗风概念设计 ……………………………………………………… 16
    1.2.1 建筑结构抗震、抗风概念设计的意义 ……………………………………… 16
    1.2.2 建筑结构抗震、抗风概念设计的重要性 …………………………………… 17
    1.2.3 建筑结构抗震、抗风概念设计的一般原则 ………………………………… 18
  1.3 建筑结构设计常用主要数据 ………………………………………………………… 19
    1.3.1 结构的设计使用年限与结构的重要性系数 ………………………………… 19
    1.3.2 建筑结构的安全等级与结构的重要性系数及可靠指标 …………………… 20
    1.3.3 结构设计常用建筑材料特性指标 …………………………………………… 20
    1.3.4 建筑结构抗震设计常用基本数据 …………………………………………… 27
  1.4 建筑结构设计需要的荷载补充及延伸 ……………………………………………… 32
    1.4.1 楼屋面活荷载取值的补充及延伸 …………………………………………… 32
    1.4.2 风荷载的补充及延伸 ………………………………………………………… 38
  1.5 结构计算时一些热点问题的辨析 …………………………………………………… 42
  1.6 超限建筑工程审查应注意的问题 …………………………………………………… 48
    1.6.1 需要进行超限审查的建筑工程 ……………………………………………… 48
    1.6.2 超限建筑工程审查工程申报材料的基本内容 ……………………………… 50
    1.6.3 超限建筑工程专项审查的控制条件 ………………………………………… 51
    1.6.4 超限建筑工程专项审查的内容 ……………………………………………… 52
    1.6.5 超限建筑工程设计应注意的问题 …………………………………………… 52
    1.6.6 超大跨度建筑工程审查的主要内容 ………………………………………… 55
第2章 建筑结构设计的基本原则及主要抗震技术措施 ……………………………… 57
  2.1 建筑结构设计的基本原则 …………………………………………………………… 57
  2.2 建筑结构抗震设计的基本原则 ……………………………………………………… 58
  2.3 复杂建筑结构抗震设计基本原则 …………………………………………………… 63

2.4 多、高层钢筋混凝土结构的主要抗震技术措施 ··· 67
2.4.1 多、高层钢筋混凝土房屋的最大适用高度 ··· 67
2.4.2 多、高层钢筋混凝土结构的高宽比 ··· 69
2.4.3 多、高层钢筋混凝土房屋抗震等级 ··· 70
2.4.4 多塔大底盘带裙房、地下结构的抗震等级 ··· 74
2.4.5 多、高层钢筋混凝土结构的"抗震缝、伸缩缝、沉降缝" ··· 75
2.5 多、高层钢结构的主要抗震技术措施 ··· 80
2.5.1 钢结构房屋的最大适用高度 ··· 80
2.5.2 钢结构房屋的抗震等级 ··· 80
2.5.3 钢结构房屋的高宽比 ··· 80
2.5.4 钢结构体系布置的基本原则 ··· 81
2.5.5 钢结构抗震设计的特殊要求 ··· 84
2.6 混合结构设计的基本原则及主要抗震技术措施 ··· 84
2.6.1 混合结构的结构类型 ··· 84
2.6.2 混合结构的最大适用高度 ··· 85
2.6.3 混合结构高层建筑的高宽比 ··· 85
2.6.4 混合结构房屋抗震等级 ··· 86
2.6.5 混合结构房屋布置的基本原则 ··· 86
2.6.6 钢框架-混凝土核心筒体系竖向构件的差异压缩量问题 ··· 88
2.6.7 型钢混凝土组合构件设计应注意的问题 ··· 89
2.7 复杂高层建筑结构设计的基本原则及主要抗震技术措施 ··· 90
2.7.1 复杂高层建筑的主要类型 ··· 90
2.7.2 复杂高层建筑结构设计的基本原则 ··· 91
2.7.3 带转换层高层建筑结构设计的主要技术措施 ··· 91
2.7.4 带加强层高层建筑结构抗震设计技术措施 ··· 94
2.7.5 错层结构高层建筑抗震设计技术措施 ··· 94
2.7.6 连体结构高层建筑结构抗震设计技术措施 ··· 95
2.7.7 竖向体型收进、悬挑结构抗震设计技术措施 ··· 97
2.8 门式刚架轻钢结构设计基本原则及主要抗震技术措施 ··· 98
2.8.1 门式刚架布置基本原则 ··· 98
2.8.2 门式刚架主要节点设计原则 ··· 102
2.8.3 门式刚架结构柱脚设计基本原则 ··· 103
2.8.4 门式刚架结构主要抗震技术措施 ··· 104
2.9 砌体结构设计基本原则及主要抗震技术措施 ··· 105
2.9.1 砌体结构的施工质量控制等级选择的原则 ··· 105
2.9.2 砌体房屋构件材料选择的基本原则 ··· 105

2.9.3 砌体结构基础选型的基本原则 …… 106
2.9.4 砌体房屋非抗震设计的原则 …… 107
2.9.5 多层砌体结构的抗震设计原则 …… 107
2.10 建筑地基与基础设计基本原则及主要抗震技术措施 …… 112
2.10.1 地基基础设计的一般原则 …… 112
2.10.2 房屋地基基础的合理选型原则 …… 113
2.10.3 天然地基基础设计的主要技术措施 …… 114
2.10.4 桩基础设计的主要技术措施 …… 115

第3章 建筑结构分析计算及需要提供的审查文件 …… 118
3.1 建筑结构设计计算的基本步骤 …… 118
3.1.1 确定重要参数 …… 118
3.1.2 正确判断整体结构的合理性 …… 119
3.1.3 单个构件的优化设计 …… 121
3.1.4 设计结果应满足的要求 …… 122
3.2 手算方面的问题及审查要点 …… 123
3.2.1 结构设计中必要的手算工作 …… 123
3.2.2 楼、屋面板上的永久荷载、活荷载的收集与计算 …… 123
3.2.3 特殊构件的手算 …… 124
3.2.4 标准图集的选用及复核计算 …… 124
3.3 结构计算应该注意的问题 …… 124
3.3.1 高层建筑结构的刚度和舒适度 …… 124
3.3.2 楼梯构件参与整体计算的问题 …… 127
3.3.3 如何合理确定框架柱的计算长度系数问题 …… 130
3.3.4 关于越(跃)层柱的计算长度系数问题 …… 131
3.3.5 关于分缝结构计算应注意的问题 …… 133
3.3.6 关于计算振型数的合理选取问题 …… 135
3.3.7 关于抗震设计时场地特征周期的合理选取问题 …… 136
3.3.8 多塔结构设计应注意的问题 …… 137
3.3.9 关于PKPM系列软件楼板模型的合理选取问题 …… 138
3.3.10 关于使用PKPM软件计算异形柱结构应注意的问题 …… 142
3.3.11 关于使用PKPM软件计算斜屋面结构的问题 …… 145
3.4 结构整体分析计算及需要提供的主要审查文件 …… 151
3.4.1 采用计算程序进行结构计算的基本要求 …… 151
3.4.2 结构整体计算时需要提供的输入文件 …… 152
3.4.3 结构整体计算后应当输出的文件 …… 152

第4章 建筑结构施工图设计常遇问题分析及对策 …… 154
4.1 设计荷载选取方面常遇问题的分析 …… 154
4.1.1 关于地下室顶板均布活荷载的取值问题 …… 154
4.1.2 关于计算地下结构外墙时，地面活荷载的取值问题 …… 154
4.1.3 关于地下结构设计时，如何合理选取设防水位和抗浮水位的问题 …… 154
4.1.4 关于地面堆载料荷载合理取值问题 …… 156
4.1.5 关于计算地下结构时，土压力的合理选取问题 …… 157
4.1.6 关于地下结构设计时如何考虑车辆荷载问题 …… 158
4.1.7 关于高低跨屋面设计应注意的荷载取值问题 …… 159
4.1.8 关于高层建筑抗风设计应同时考虑横向效应与顺风向效应的组合问题 …… 159
4.2 地基与基础设计方面常遇问题的分析 …… 160
4.2.1 关于高层建筑筏形基础设计时应注意的问题 …… 160
4.2.2 关于地下室采用独立基础加防水板的做法时，应注意的问题 …… 164
4.2.3 关于柱下独立基础底板配筋计算应注意的问题 …… 166
4.2.4 关于带有裙房的高层建筑结构在计算承载力时基础埋置深度的合理选取问题 …… 167
4.2.5 关于计算地下室外墙时，计算简图的合理选取问题 …… 168
4.2.6 关于弹性基础梁（板）模型计算时用到的"基床系数"合理选取问题 …… 169
4.2.7 关于山坡建筑基础设计应注意的问题 …… 172
4.2.8 高层建筑与裙房之间不设缝时应注意的问题 …… 173
4.2.9 关于桩基础设计时应注意的问题 …… 174
4.3 结构布置方面常遇问题的分析 …… 176
4.3.1 常遇平面不规则的类型 …… 176
4.3.2 如何通过计算来判断和控制结构的不规则性 …… 179
4.3.3 井字梁楼（屋）盖结构设计应注意的问题 …… 184
4.4 多、高层钢筋混凝土结构设计常遇问题的分析 …… 188
4.4.1 抗震设计时，框架结构如采用砌体填充墙，其布置应注意的问题 …… 188
4.4.2 抗震设计时，框架结构不应采用部分由砌体墙承重的混合结构形式的问题 …… 189
4.4.3 抗震设计时对框架梁配筋的要求 …… 191
4.4.4 抗震设计时框架梁钢筋配置要求 …… 195
4.4.5 抗震设计时，为了提高框架柱的延性，设计应当注意的问题 …… 201
4.4.6 抗震设计时，如何合理确定框架柱的截面尺寸 …… 202
4.4.7 框架柱的轴压比 …… 205
4.4.8 抗震设计时，框架柱钢筋的配置应注意的问题 …… 207
4.4.9 抗震设计时，如何实现"强柱弱梁、强剪弱弯、强节点弱构件"的抗震设计理念 …… 210

- 4.4.10 抗震设计时，为什么不宜将楼面主梁支承在剪力墙的连梁上 ……………… 216
- 4.4.11 抗震设计在确定剪力墙底部加强部位的高度时应当注意的问题 ………… 216
- 4.4.12 抗震设计，剪力墙厚度不满足规范（规程）要求时的处理措施 …………… 217
- 4.4.13 抗震设计时，剪力墙的轴压比与柱的轴压比计算的区别及相关的限制条件 ……………………………………………………………………… 218
- 4.4.14 抗震设计时，剪力墙边缘构件的设置 ……………………………………… 219
- 4.4.15 抗震设计，当剪力墙或核心筒墙肢与其平面外相交的楼面梁刚接时，应当如何处理 …………………………………………………………… 219
- 4.4.16 抗震设计，在剪力墙结构外墙角部开设角窗时，应当采取的加强措施…… 221
- 4.4.17 抗震设计时，剪力墙连梁超筋时通常宜采用的处理措施 ………………… 222
- 4.4.18 抗震设计时，在剪力墙平面内一端与框架柱刚接，另一端与剪力墙连接的梁是否属连梁的问题 ……………………………………………… 224
- 4.4.19 抗震设计，在框架结构中仅布置少量钢筋混凝土剪力墙时，设计中应当注意的问题 ……………………………………………………………… 224
- 4.4.20 抗震设计时，短肢剪力墙和短肢剪力墙结构设计的相关规定 …………… 230
- 4.4.21 框架结构抗震设计中，若许多框架柱不对齐时应注意的事项 …………… 233
- 4.4.22 抗震设计时，钢筋混凝土短柱的定义、结构受力特点及设计中相应的处理措施 …………………………………………………………… 233
- 4.4.23 抗震设计时，在现有钢筋混凝土房屋上采用钢结构进行加层设计应注意的问题 ………………………………………………………… 233
- 4.4.24 抗震设计时，设置钢筋混凝土抗震墙底部加强部位应注意的问题 ……… 234
- 4.4.25 抗震设计时，选择钢筋的连接方式及采用并筋方式应注意的问题 ……… 234
- 4.5 多、高层钢结构设计方面常遇问题的分析 ……………………………………… 237
  - 4.5.1 钢结构设计应注意的三大隐患问题 ………………………………………… 237
  - 4.5.2 钢结构设计基本步骤和设计思路 …………………………………………… 245
  - 4.5.3 钢结构设计时如何正确选择"有侧移"或"无侧移"的问题 …………… 247
  - 4.5.4 如何实现钢结构的"强柱弱梁、强剪弱弯、强节点弱构件" …………… 250
  - 4.5.5 关于连接的极限承载力验算问题 …………………………………………… 253
  - 4.5.6 关于钢结构节点域的设计问题 ……………………………………………… 253
  - 4.5.7 钢结构节点设计应注意的问题 ……………………………………………… 254
  - 4.5.8 在抗震框架梁的腹板上开设备孔时应注意的问题 ………………………… 256
  - 4.5.9 关于焊缝质量等级检查时如何判断其合格性的问题 ……………………… 257
  - 4.5.10 钢结构在楼屋面结构布置上容易忽略的几个问题 ……………………… 258
- 4.6 砌体结构设计方面常遇问题的分析 ……………………………………………… 258
  - 4.6.1 防止及减轻多层砌体结构开裂的主要措施 ………………………………… 258
  - 4.6.2 砌体结构地震中倒塌的原因剖析 …………………………………………… 261

- 4.6.3 抗震设计时，对多层砌体结构房屋结构体系的要求 ················ 262
- 4.6.4 抗震设计时，多层砌体结构房屋局部尺寸的控制和设计 ·········· 263
- 4.6.5 抗震设计，多层砌体结构房屋的墙体截面不满足抗震受剪承载力验算时，应当采取的措施 ·· 264
- 4.6.6 抗震设计时，砌体结构房屋楼梯间设计的基本要求 ················ 265
- 4.6.7 抗震设计时，多层砌体结构房屋设置构造柱应当注意的问题 ····· 266
- 4.6.8 抗震设计时，多层砌体结构房屋设置钢筋混凝土圈梁应当注意的问题 ······ 268
- 4.6.9 底部框架-抗震墙房屋设计时所布置的抗震墙如何协调侧移刚度比限值和承载力计算问题 ··· 269
- 4.6.10 多层砌体房屋的建筑方案中存在错层时，结构抗震设计应注意的问题 ······· 269
- 4.6.11 在砖房总高度、总层数已达限值的情况下，若在其上再加一层轻钢结构房屋，此种结构形式应如何设计 ································ 270
- 4.6.12 《建筑抗震设计规范》规定多层砌体房屋的总高度指室外地面到主要屋面板顶或檐口的高度，半地下室从地下室地面算起，全地下室和嵌固条件较好的半地下室允许从室外地面算起。嵌固条件较好一般是指哪些情况 ······ 270
- 4.6.13 多层砌体房屋的墙体是否可以采用黏土砖和现浇钢筋混凝土混合承重 ···· 270
- 4.7 单层工业厂房结构设计方面常遇问题的分析 ································ 271
  - 4.7.1 单层工业厂房位移控制问题 ······································ 271
  - 4.7.2 单层钢筋混凝土厂房的主要抗震技术措施 ······················· 273
  - 4.7.3 单层钢结构厂房的主要抗震技术措施 ···························· 274
  - 4.7.4 钢结构厂房设计应注意的问题 ····································· 276
  - 4.7.5 混凝土柱加实腹钢屋面梁设计应注意的问题 ···················· 279

第5章 建筑结构施工图审查中常遇问题分析及解答 ····················· 281

- 5.1 施工图审查中常遇荷载取值方面的问题分析及解答 ····················· 281
- 5.2 施工图审查中常遇地基与基础方面的问题分析及解答 ·················· 282
- 5.3 施工图审查中常遇涉及结构体系方面的问题分析及解答 ··············· 287
- 5.4 施工图审查中常遇多、高层钢筋混凝土结构方面问题的分析及解答 ····· 294
- 5.5 施工图审查中常遇多、高层钢结构方面的问题分析及解答 ············ 308
- 5.6 施工图审查中常遇砌体结构方面的问题分析及解答 ···················· 310
- 5.7 施工图审查中常遇单层工业厂房方面的问题分析及解答 ··············· 319

参考文献 ·· 322

第1章 综合概述

1.1 解读《建筑工程设计文件编制深度规定》(2008年版)

作者在多年的审图过程中发现，很多设计人员由于对施工图的编制深度很不清楚，设计的施工图很难满足施工要求，往往不得不在施工中临时补充大量的变更通知，所以在此有必要先对《建筑工程设计文件编制深度规定》(2008年版)的主要条款给予解读，对应用注意事项进行补充说明。

1.1.1 总则

（1）在施工图设计阶段，结构专业设计文件应包含图纸目录、设计总说明、设计图纸、计算书。

（2）图纸目录应按图纸序号排列，先列新绘制的图纸，后列选用的重复利用图和标准图。

（3）每一单项工程应编写一份结构设计总说明，对多项工程应编写统一的结构设计总说明。当工程以钢结构为主或含有较多的钢结构时，还应编制钢结构设计总说明；当工程较简单时，也可将说明中的内容分散写在相关的图纸中。

1.1.2 结构设计总说明的内容

1. 工程概况

（1）工程地点、工程分区、主要功能。

（2）各单体（或分区）建筑的长、宽、高，地上与地下层数，各层层高，主要结构跨度，特殊结构，工业厂房的吊车吨位、跨度、桥架的重量、小车的重量、吊车工作制等。

（3）吊车工作制的划分在一般情况下由主体工艺专业提供给土建专业，工艺专业一般按表1-1选用。

表1-1　　　　　　　吊车工作制 A1～A7 的划分标准

工 作 制	重级 A6、A7	中级 A4、A5	轻级 A1～A3
经常起重量/额定最大起重量	(50～100)%	≤50%	—
每小时平均操作次数	240	120	60
平均50年使用的次数/万次	600	300	—

续表

工 作 制	重级 A6、A7	中级 A4、A5	轻级 A1～A3
运行速度 m/min	80～150	60～90	≤60
接电持续率 JC	40%	25%	15%
典型示例	轧钢车间、电解车间精矿仓、垃圾焚烧间	金工装配车间	安装、检修吊车

注：A8级为特重级吊车，在冶金工厂中的支承夹钳、料耙等硬钩的特殊吊车属于特重级。

2. 主要设计依据

（1）主体结构设计使用年限分类见表1-2。

表1-2　　　　　　　　　　设计使用年限分类表

类　别	设计使用年限/年	示　　例
1	5	临时性建筑
2	25	易于替换的结构构件
3	50	普通房屋和构筑物
4	100	纪念性建筑和特别重要的建筑

注：对设计使用年限为25年的结构构件，可根据各自情况确定结构重要性系数 γ_0 的取值。如《钢结构设计规范》规定设计使用年限为25年的结构构件，结构重要性系数 $\gamma_0=0.95$。

（2）场地自然条件：基本风压（按50年一遇考虑），基本雪压（按50年一遇考虑），气温（必要时提供），抗震设防烈度（按50年一遇考虑），包括设计基本地震加速度、设计地震分组、场地类别、特征周期、结构阻尼比、地震影响系数等。

（3）工程地质勘察报告（各土层的简单描述、勘察单位的结论及建议、地下水对混凝土及钢材的腐蚀性评价、抗浮设计水位及设防水位、地基土的冰冻深度等）。

（4）场地地震安全性评价报告（必要时提供）。

1）地震安全性评价的概念。

《中华人民共和国防震减灾法》规定：重大建设工程和可能发生严重次生灾害的建设工程，必须进行地震安全性评价，并根据地震评价的结果，确定抗震设防要求，进行抗震设防。

地震安全性评价是指：在对具体建设工程场址及其周围地区的地震地质条件、地球物理环境、地震活动规律、现代地形应力场等方面深入研究的基础上，采取先进的地震危险性概率分析方法，按照工程所需要采用的风险水平，科学地给出相应的工程规划或设计所需要的一定概率水准下的地震动参数（加速度、设计反应谱、地震动时程）和相应的资料。

2）开展地震安全性评价工作的必要性。

a．重大建设工程和可能发生次生灾害的建设工程，必须进行地震安全性评价，这是国家和地方法律、法规的要求，是经济建设可持续发展的需要，也是工程建设的百年大计。

b. 进行地震安全性评价能使建设工程抗震设防既科学合理又安全经济。重大建设工程和可能发生严重次生灾害的建设工程，其抗震设防要求不同于一般建设工程，如不进行地震安全性评价，简单地套用烈度区划图进行抗震设计，很难符合工程场址的具体条件和工程允许的风险水平。这样的抗震设防显然缺乏科学依据。如果设防偏低，将给工程带来隐患；如果设防偏高，则会增加建设投资，造成不必要的浪费（通常从7度提高至8度抗震设防的工程，其投资需要提高10%～15%）。

c. 根据《第四代区划图》使用说明的规定，对于地震研究程度比较差的地区和烈度区划分界线两侧各4km范围内的建设工程，不能使用烈度区划图，必须通过地震安全性评价，确定抗震设防要求。

d. 进行地震安全性评价是我国抗震设防技术与国际接轨的需要，也是科技进步的要求。随着抗震技术的发展，单一的烈度已不能满足抗震设计的需要，而是要求进一步根据建设工程的具体条件，提供场地地震动参数（加速度、设计反应谱、地震动时程等），例如对于特大型桥梁、高层建筑等应考虑长周期地震波（远震）的影响。

3) 需要进行地震安全性评价的工程。

a. 对社会有重大价值或者有重大影响的建设工程，如公路、铁路干线上的特大桥梁；广播电视发射中心；重要的邮电通信枢纽；大型候车楼；国际、国内主要干线的航空站楼；大型发电厂、变电站、水厂；大城市的医疗中心、公安消防指挥中心；高层建筑、大型体育场馆和影剧院等。

b. 可能发生严重次生灾害的建设工程，包括水库大坝、堤防和储油、储气、储存易燃易爆、剧毒或者强腐蚀性物质的设施以及其他可能发生严重次生灾害的建设工程。

c. 核电站和核设施建设工程。

d. 位于地震动峰值加速度分区界限两侧各4km范围内的建设工程。

e. 某些地震研究程度和资料详细程度较差的边远地区。

f. 位于复杂工程地质条件区域的大城市、大型厂矿企业、长距离生命线工程以及新建开发区等。

g. 地方政府规定需要进行地震安全性评价的工程，见GB 17741—2005《工程场地地震安全性评价技术规范》。

(5) 风洞试验报告（必要时提供）。遇有以下情况时需做风洞试验：

1) 当建筑群，尤其是高层建筑群的间距较近时，由于漩涡的相互干扰，房屋的某些部位的局部风压会显著增大。因此对于比较重要的高层建筑，建议在风洞试验中考虑周围建筑物的干扰影响。

2) 对于非圆形截面的柱体，同样也存在漩涡脱落等空气动力不稳定的问题，但其规律更为复杂。因此目前规范仍建议，对重要的柔性结构，应在风洞试验的基础上进行设计。

3) 房屋高度大于200m或有下列情况之一时，宜进行风洞试验判断确定建筑物的风荷载：

  a. 平面形状或立面形状复杂。
  b. 立面开洞或连体建筑。
  c. 周围地形和环境较复杂。

（6）建设单位提出的与结构有关的符合有关标准、法规的书面要求。

（7）初步设计的审查、批复文件。

（8）对于超限高层建筑，应有超限高层建筑工程抗震设防专项审查意见。

（9）采用桩基础时，应有试桩报告或深层平板荷载试验报告或基岩载荷板试验报告（若试桩或试验尚未完成，应注明桩基础图不得用于实际施工）。

（10）本专业设计所执行的主要法规和所采用的主要标准（包括标准的名称、编制号、年号和版本号）。

3. 图纸说明

（1）图纸中标高、尺寸的单位。

（2）设计 0.000 标高所对应的绝对标高值。

（3）当图纸按工程分区编号时，应有图纸编号说明。

（4）常用构件代码及构件编号说明，可按 03G101—1 的规定编制。

（5）各类钢筋代码说明、型钢代码及截面尺寸标记说明。

（6）混凝土结构采用平面整体表示方法时，应注明所采用的标准图名称及编号或提供标准图。

4. 建筑分类等级

（1）建筑结构安全等级。

依据 GB 50010—2002《混凝土结构设计规范》3.2.1 条的有关规定确定；GB 50017—2003《钢结构设计规范》3.1.3 条的有关规定确定。

（2）地基基础设计等级。

依据 GB 50007—2002《建筑地基基础设计规范》3.0.1 条的有关规定确定，具体内容见表 1-3。

表 1-3   地基基础设计等级的划分

设计等级	建筑和地基类型
甲级	重要的工业与民用建筑物；30 层以上的高层建筑； 体型复杂，层数相差超过 10 层的高低层连成一体建筑物； 大面积的多层地下建筑物（如地下车库、商场、运动等）； 对地基变形有特殊要求的建筑物；复杂地质条件下的坡上建筑物（包括高边坡）； 对原有工程影响较大的新建建筑物；场地和地基条件复杂的一般建筑物； 位于复杂地质条件及软土地层的二层及二层以上地下室的基坑工程
乙级	除甲级、丙级以外的工业与民用建筑物
丙级	场地和地基简单、荷载分布均匀的七层及七层以下民用建筑及一般工业建筑物； 次要的轻型建筑物

(3) 建筑抗震设防类别。

依据 GB 50223—2008《建筑工程抗震设防分类标准》的有关规定确定。

(4) 结构的抗震等级。

依据 GB 50011—2010《建筑抗震设计规范》的有关规定确定。

(5) 地下结构的防水等级。

对于一般建筑的地下结构，依据 GB 50108—2001《地下工程防水技术规范》4.1.3 条的有关规定确定；对于高层民用建筑地下结构，可依据 JGJ 3—2002《高层建筑混凝土结构技术规程》12.1.9 条的规定确定。

(6) 人防地下室的设计类别、防常规武器抗力级别和防核武器抗力级别。

依据 GB 50038—2005《人民防空地下室设计规范》的有关规定确定。

(7) 混凝土结构的环境类别。

依据 GB 50010—2002《混凝土结构设计规范》3.4.1 条，混凝土结构的耐久性应根据环境类别和设计使用年限进行设计，环境类别的划分应符合表 1-4 的要求。

表 1-4　　　　　　　　　混凝土结构的环境类别

环境类别	使 用 条 件
一	室内干燥环境； 永久的无侵蚀性静水浸没环境
二 a	室内潮湿环境； 非严寒和非寒冷地区的露天环境； 非严寒和非寒冷地区与无侵蚀性的水或土直接接触的环境
二 b	严寒和寒冷地区的冰冻线以下与无侵蚀性的水或土直接接触的环境； 干湿交替环境； 水位频繁变动区环境； 严寒和寒冷地区的露天环境
三 a	严寒和寒冷地区冰冻线以上与无侵蚀性的水或土直接接触的环境； 严寒和寒冷地区冬季水位变动区环境； 受除冰盐影响环境； 海风环境
三 b	盐渍土环境； 受除冰盐作用环境； 海岸环境
四	海洋环境
五	受人为或自然的侵蚀性物质影响的环境

注：严寒地区是指：月平均气温在 $-10℃ \sim 0℃$ 之间的地区；

寒冷地区是指：月平均气温低于 $-10℃$ 的地区。

5. 主要荷载（作用）取值

(1) 楼（屋）面面层荷载、吊挂（含吊顶）荷载。

(2) 墙体荷载、特殊设备荷载。

(3) 楼（屋）面活荷载。

依据 GB 50009—2001《建筑结构荷载规范》（2006 年版）的有关规定确定。

(4) 风荷载（包括地面粗糙度、体型系数、风振系数等）。

依据 GB 50009—2001《建筑结构荷载规范》（2006 年版）的有关规定确定。

(5) 雪荷载（包括积雪分布系数）。

依据 GB 50009—2001《建筑结构荷载规范》（2006 年版）的有关规定确定。

(6) 地震作用（包括设计基本地震加速度、设计地震分组、场地类别、特征周期、结构阻尼比、地震影响系数等）。

依据 GB 50011—2010《建筑抗震设计规范》的有关规定确定。

6. 结构设计计算程序的合理选择

(1) 结构计算所采用的程序名称、版本号、编制单位。

(2) 结构分析所采用的计算模型、高层建筑整体计算的嵌固部位等。

随着时代发展和科技进步，在建筑领域，已有许多可用于工程结构设计的软件。它把结构工程师从繁重的手算、手工绘制图纸中解放出来，从而有更多的时间深入分析、思考，进行创新设计，进行模型选择、比较等工作，极大地提高了结构设计的效率，并使复杂的工程结构在不同工况下的整体分析变成可能。但在目前的结构设计中，计算软件的广泛使用也带来一些负面的影响。表现为，很多结构工程师在选择和利用计算软件时缺少对其适应性的分析、判断，过分地依赖于计算机、计算软件，把其作为知识、经验、思维的替代品；无论何种结构，都采用手头现有的程序进行计算，不管这个结构体系是否适合，对于计算机结果，只要不出现"红色"就自认为没有问题，对明显不合理、甚至错误的地方也不能够正确地分析判断，导致许多建筑结构存在安全隐患。

(3) 计算软件应该怎样选择呢？

首先，应根据工程情况了解设计软件的适用条件。一般情况下可首选空间分析程序对结构进行整体分析。

其次，根据工程结构的复杂程度选择不同计算模型的空间分析程序，对于特别复杂、不规则的结构应选择至少两种不同力学模型的程序对其进行分析。例如：建筑平面中有一贯穿两层的中庭，楼面刚度受到较大削弱，就应选用具有楼板分块刚性假定、能够计算弹性楼板功能的计算程序。

另外，应根据所计算工程的特点有针对性地修改计算参数，如：由于非结构构件的刚度存在，在计算上无法反映，房屋的实测周期（合理周期）将是计算周期的 2~3 倍，导致地震作用偏小，不能满足最大层间位移角的限值，也不能满足最小剪重比的限值，因此必须进行周期折减，不能一味采用程序提供的缺省数值而造成计算误差。

再者，应了解程序计算原理对实际操作的影响，如：一个工程由防震缝将上部结构分为独立的几个结构单元,在平面输入时为追求画图方便,将其作为一个工程输入、计算,这样在整体分析时程序是按几个单元在同一振型下进行分析,这与工程实际是不符的。正确的做法应该是按几个独立的工程分别进行输入、计算,计算完成绘图时再将它们拼成一个整体工程。

最后,结构工程师还必须具有对结构分析软件的计算结果正确判断的能力,例如:不同工程结构的自振周期的范围;不同场地土的底部剪力大小等。

7. 主要结构材料的合理选择

(1) 混凝土强度等级、防水混凝土的抗渗等级、防冻混凝土的抗冻等级,轻骨料混凝土的密度等级;注明混凝土耐久性的基本要求。

(2) 砌体的种类及其强度等级、干容重,砌体砂浆的种类及等级,砌体结构施工质量等级。设计可靠度与施工质量控制等级有关,如对施工质量要求为 B 级时,材料分项系数为 1.6;如对施工质量要求为 C 级时,材料分项系数为 1.8。

(3) 钢筋种类、钢绞线或高强钢丝种类及对应的产品标准,其他特殊要求。

1) 对于抗震等级为一、二、三级的框架结构和斜撑构件(含梯段),其纵向受力钢筋采用普通钢筋时,钢筋的抗拉强度实测值与屈服强度实测值的比值不应小于 1.25,且钢筋的屈服强度实测值与强度标准值的比值不应大于 1.3;钢筋在最大拉力下的总伸长率实测值不应小于 9%。

2) GB 1499.1—2008《钢筋混凝土用钢 第 1 部分:热轧光圆钢筋》;GB 1499.2—2007/XG1—2009《钢筋混凝土用钢 第 2 部分:热轧带肋钢筋》。

8. 基础及地下结构工程

(1) 工程地质及水文地质概况,各主要土层的压缩模量及承载力特征值等;对不良地基的处理措施及技术要求,抗液化措施及要求,地基土的冰冻深度等。

(2) 注明基础形式和基础持力层;采用桩基时应简述桩型、桩径、桩长、桩端持力层及桩进入持力层的深度要求,设计所采用的单桩承载力特征值(必要时尚应包括竖向抗拔承载力和水平承载力)等。

(3) 桩基的设计与施工,应综合考虑工程地质与水文地质条件、上部结构类型、使用功能、荷载特征、施工技术条件与环境;并应重视地方经验,因地制宜,注重概念设计,合理选择桩型、成桩工艺和承台形式,优化布桩,节约资源;强化施工质量控制与管理。

(4) 对于计算时可能出现拉力的桩(如高耸结构的桩基础,有时外围的桩会出现拉力)、抗浮桩等必须注意裂缝宽度的限制要求。

(5) 地下结构的抗浮(防水)设计水位及抗浮措施,施工期间的降水要求及终止降水的条件等,设计一般要求:在施工阶段必须将地下水位降至地下室底板以下 500~1000mm 处,待上部结构的重量(结构自重)能够抵抗水的浮力时方可停止降水。

(6) 基坑、承台四周回填土要求。

JGJ 94—2008《建筑桩基技术规范》3.4.6条2款，抗震设防区桩基的设计原则应符合下列规定：承台和地下室侧墙周围应采用灰土、级配砂石、压实性较好的素土回填，并分层夯实，也可采用素混凝土回填；要求回填土的压实系数不小于0.94。

(7) 基础大体积混凝土的施工要求。

大体积混凝土的施工应符合GB/T 50496—2009《大体积混凝土施工规范》的有关规定。

(8) 当有人防地下室时，应图示人防部分与非人防的分界范围。

9. 钢筋混凝土工程

(1) 各类混凝土构件的环境类别及受力钢筋的保护层厚度，分别参见GB 50010—2002《混凝土结构设计规范》3.4.1条，3.4.2条，9.2.1条的有关规定确定。

(2) 钢筋的锚固长度、搭接长度、连接方式及要求，参见GB 50010—2002《混凝土结构设计规范》9.3.1～9.3.4，9.4.1～9.4.10条；也可直接按03G101—1图集中的有关要求。

(3) 梁、板的起拱要求及拆模条件。

1) 对跨度较大的现浇梁、板，考虑到自重的影响，适度起拱有利于保证构件的形状和尺寸。

2) GB 50204—2002《混凝土结构工程施工质量验收规范》4.2.5条：对跨度不小于4m的现浇钢筋混凝土梁、板，其模板应按设计要求起拱；当设计无具体要求时，起拱高度宜为跨度的1/1000～3/1000。应特别注意规定的起拱高度未包括设计要求的高度值，而只考虑模板本身在荷载下的下垂。

3) 但需要注意：起拱度不应大于结构设计对梁的挠度规定值，主要结构构件的挠度值见表1-5。

表1-5　　　　　　　　混凝土受弯构件的挠度限值

构件类型		挠度限值
吊车梁	手动吊车	$l_0/500$
	电动吊车	$l_0/600$
屋盖、楼盖楼梯构件	当$l_0<7m$时	$l_0/200$ ($l_0/250$)
	当$7m\leqslant l_0\leqslant 9m$时	$l_0/250$ ($l_0/300$)
	当$l_0>9m$时	$l_0/300$ ($l_0/400$)

注：1. 表中l_0为构件的计算跨度；计算悬臂构件的挠度限值时，其计算跨度l_0按实际悬臂长度的2倍取用。
2. 表中括号内的数值适用于使用上对挠度有较高要求的构件。
3. 如果构件制作时预先起拱，且使用上也允许，则在验算挠度时，可将计算所得的挠度值减去起拱值；对预应力混凝土构件，尚可减去预加力所产生的反拱值。
4. 构件制作时的起拱值和预加力所产生的反拱值，不宜超过构件在相应荷载组合作用下的计算挠度值。

4) 施工后浇带的施工要求（包括对后浇时间的要求）。

JGJ 3—2002《高层建筑混凝土结构技术规程》12.1.10条：当采用刚性防水方案时，同一建筑的基础应避免设置变形缝。可沿基础长度每隔30～40m留一道贯通顶板、底板及墙板的施工后浇缝，缝宽不宜小于800mm，且宜设置在柱距三等分的中间范围内。后浇缝处底板及外墙宜采用附加防水层；后浇缝混凝土宜在其两侧混凝土浇灌完毕两个月后再进行浇灌，其强度等级应提高一级，且宜采用早强、补偿收缩的混凝土。

5) 特殊构件施工缝的位置及处理要求。

6) 预留孔洞的统一要求（如补强加固要求），各类预埋件的统一要求；除特殊的预埋件外，各类预埋件均选自04G362《钢筋混凝土结构预埋件》。

10. 钢结构工程

（1）概述采用钢结构的部位及结构形式、主要跨度等。

（2）钢材材料：钢材牌号和质量等级及所对应的质量标准。

1) 抗震设防区的钢结构的钢材应符合下列规定：

a. 钢材的屈服强度实测值与抗拉强度实测值的比值不应大于0.85。

b. 钢材应有明显的屈服阶段，且伸长率不应小于20%。

c. 钢材应有良好的焊接性和合格的冲击韧性。

2) 采用焊接连接的钢结构，当钢板厚度≥40mm且承受沿板厚方向的拉力时，受拉试件板厚方向截面收缩率，不应小于国家标准GB/T 5313—1985《厚度方向性能钢板》关于Z15级规定的容许值。

3) 材料选择见GB 50017—2003《钢结构设计规范》3.3节有关规定。

（3）焊接方法及材料。各种钢材的焊接方法及对所采用焊材的要求，见GB 50017—2003《钢结构设计规范》第7节及8.2～8.3条的有关规定。

（4）螺栓材料。注明螺栓种类、性能等级，高强度螺栓的接触面的处理方法、摩擦面抗滑移系数，以及各类螺栓所对应的产品标准。

（5）焊缝的质量等级及焊缝质量检查要求：

1) 在需要计算疲劳的结构中的对接焊缝（包括T形对接与角接组合焊缝）、受拉的横向焊缝应为一级，纵向对接焊缝应为二级，这在GB 50017—2003《钢结构设计规范》附表E中的项次2、3、4已有反映。

2) 在不需要计算疲劳的构件中，凡要求与母材等强的对接焊缝，受拉时不应低于二级。因一级或二级对接焊缝的抗拉强度正好与母材强度相等，而三级焊缝只有母材强度的85%。

3) 对角焊缝以及不焊透的对接与角接组合焊缝，由于内部探伤困难，不能要求其质量等级为一级或二级。因此对需要验算疲劳结构的此种焊缝只能规定其外观质量标准应符合二级。

4) 重级工作制和$Q \geq 50t$的中级工作制吊车梁腹板与上翼缘之间以及吊车桁

架上弦杆与节点板之间的T形接头焊缝处于构件的弯曲受压区,主要承受剪应力和轮压产生的局部压应力,没有受到明确的拉应力作用,按理不会产生疲劳破坏,但由于承担轨道偏心等带来的不利影响,国内外均发现连接及附近经常开裂。所以我国1974年规范规定此种焊缝"应予焊透",即不允许采用角焊缝;1988年规范又补充规定"不低于二级质量标准"。即规范规定"应予焊透,质量等级不低于二级"。

5)"需要验算疲劳结构中的横向对接焊缝受压时应为二级"、"不需要计算疲劳结构中与母材等强的受压对接焊缝宜为二级",是根据工程实践和参考国外标准规定的。美国《钢结构焊接规范》AWS中,对要求熔透的与母材等强的对接焊缝,不论承受动力荷载或静力荷载,也不分受拉或受压,均要求无损探伤,而我国的三级焊缝不要求探伤。由于对接焊缝中存在很大残余拉应力,且在某些情况下常有偶然偏心力作用(如吊车轨道的偏移),使名义上为受压的焊缝受力复杂,常难免有拉应力存在。

6)轻钢结构设计规程规定梁柱接头处焊缝质量等级为二级。

7)钢矿仓的主要受拉焊缝要求为二级。

8)高强度螺栓的要求见JGJ 82—1991《钢结构高强度螺栓连接的设计、施工及验收规程》。

9)05G515《轻型屋面梯形钢屋架》(15~36m)规定,对接焊缝的质量等级应符合二级外观质量标准的要求,其他焊缝应符合三级要求;但05G511《梯形钢屋架》(18~36m),对接焊缝的质量等级应符合二级质量标准的要求,其他焊缝应符合三级要求。

10)除以上要求外,对于一、二级焊缝的探伤结果应符合表1-6的要求。

表1-6　　　　　一、二级焊缝质量等级要求

焊缝质量等级		一级	二级
内部缺陷超声波探伤	评定等级	Ⅱ	Ⅲ
	检验等级	B级	B级
	探伤比例	100%	20%
内部缺陷射线探伤	评定等级	Ⅱ	Ⅲ
	检验等级	AB级	AB级
	探伤比例	100%	20%

注:1. 对工厂制作构件的焊缝,应按每条焊缝计算百分比,且探伤长度应不小于200mm,当焊缝长度不足200mm时,应对整条焊缝进行探伤。

2. 对现场安装焊缝,应按同一类型、同一施焊条件的焊缝条数计算百分数比例,且探伤长度应不小于200mm,并不应少于一条焊缝。

3. 在GB/T 11345—1989《钢焊缝手工超声波探伤方法和探伤结果分级》中检验等级分为A、B、C三个级别,评定等级分为Ⅰ、Ⅱ、Ⅲ、Ⅳ四个级别。所谓检验等级就是指检验方法,分为A、B、C三个级别,它体现了检验工作的完善程度,按A—B—C逐级提高,其检验工作的难度系数也逐级提高(A为1,B为5~6,C为10~12)。

(6) 钢结构制作、安装要求，对跨度较大的钢构件必要时提出起拱要求。

1) 在结构设计说明中需要对钢结构制作、安装提出要求。

GB 50017—2003《钢结构设计规范》3.5.3 条：为改善外观和使用条件，可以将横向受力构件预先起拱，起拱大小应视实际需要而定，一般为恒荷载标准值加 1/2 活荷载标准值所产生的挠度值。当仅为改善外观条件时，构件的挠度应取恒载和活荷载标准值作用下的挠度值减去起拱度。

2) 应用时请注意以下几点：

a. 起拱的目的是为了改善外观和符合使用条件，因此起拱的大小应视实际需要而定，不能硬性规定单一的起拱值。例如：大跨度的吊车梁的起拱度应与安装吊车轨道时的平直度要求相协调；位于飞机库大门上面的大跨度桁架的起拱度，应与大门顶部的吊挂条件相适应。

b. 构件制作时的起拱值，不宜超过构件在相应荷载组合作用下的计算挠度值。

c. 对无特殊要求的结构，一般起拱度可以用恒荷载加 1/2 活荷载标准值所产生的挠度值。

d. 对于跨度大于等于 15m 的三角屋架、跨度大于等于 24m 的梯形屋架及平行弦桁架起拱度可取 1/500。

e. 对跨度大于 30m 的斜梁，宜起拱，起拱度可取 1/500。

(7) 涂装要求：注明除锈方法和除锈等级以及对应的标准；注明防腐漆的种类、干漆膜最小厚度和产品要求；注明各类钢结构所要求的耐火极限的要求。

1) 在结构设计说明中需要对涂装要求、钢结构所要求的耐火极限提出具体要求。

2) 结构的涂装要求，可以依据 GB 50046—2008《工业建筑防腐蚀规范》第 3 节确定腐蚀性分级，再依据不同的腐蚀性等级选用合理的防腐蚀涂。

3) 钢结构所要求的耐火极限，依据 GB 50016—2006《建筑防火设计规范》的有关规定确定。

1.1.3 设计图纸

1. 基础平面图

(1) 绘制出定位轴线、基础构件（包括承台、基础梁等）的位置、尺寸、底标高、构件编号。基础底标高不同时，应绘出放坡示意图；表示施工后浇带的位置及宽度。

(2) 标明砌体结构墙与墙垛、柱的位置与尺寸、编号，混凝土结构可另绘制结构墙、柱平面定位图，并注明截面变化关系尺寸。

(3) 标明地沟，地坑和已定设备基础的平面位置、尺寸、标高，预留孔洞与预埋件的位置、尺寸、标高。

(4) 需要进行沉降观测时注明观测点位置。不是所有建筑都要设置沉降观测的，对于是否需要进行沉降观测，详见 GB 50007—2002《建筑地基基础设计规范》10.2.9 条的规定。

（5）基础设计说明应包括基础持力层及基础进入持力层的深度、地基的承载力特征值、持力层验槽要求、基底及基槽回填土的处理措施与要求，以及对施工的有关要求等。

必须注明：基础施工完成后，必须尽快回填四周的回填土，要求回填土夯实系数不小于 0.94。

（6）对于工程所在地的地下水对混凝土或混凝土中的钢筋具有腐蚀的环境，还需要注明以下问题：

1）设计需要依据 GB 50046—2008《工业建筑防腐蚀设计规范》的相关要求对地下结构进行防护处理。

2）施工时严禁直接采用地下水搅拌混凝土。

3）严禁直接使用地下水施工养护混凝土。

（7）采用桩基时，应绘制出桩位平面位置、定位尺寸及桩编号；若需要先做试桩时，应单独先绘制试桩定位平面图；对于采用工程桩进行试桩的工程，应选择施工中存在问题的桩，具有代表性的桩，不允许事先指定试桩的位置。

（8）当采用人工复合地基时，应绘制出复合地基的处理范围和深度，置换桩的平面布置及其材料和性能要求、构造详图；注明复合地基的承载力特征值及变形控制等有关参数和检测要求。

当复合地基另由有设计资质的单位设计时，基础设计方应对经处理的地基提出承载力特征值和变形控制要求及相应的检测要求。

1）承载力特征值的要求，依据各建筑的荷载情况而定。

2）变形控制要求主要依据 GB 50007—2002《建筑地基基础设计规范》5.3.4 条的规定。

3）计算复合地基承载力时应注意以下问题。

JGJ 79—2002《建筑地基处理技术规范》3.0.4 条，经处理后的地基，当按地基承载力确定基础底面积及埋深而需要对本规范确定的地基承载力特征值进行修正时，应符合下列规定：

a. 基础宽度的地基承载力修正系数应取零。

b. 基础埋深的地基承载力修正系数应取 1.0。

c. 经处理后的地基，当在受力层范围内仍存在软弱下卧层时，尚应验算下卧层的地基承载力。

d. 对水泥土类桩复合地基尚应根据修正后的复合地基承载力特征值，进行桩身强度验算。

4）复合地基的检测要求见 JGJ 79—2002《建筑地基处理技术规范》附录 A 复合地基载荷试验要点。

2. 基础详图绘制的主要内容

（1）无筋扩展基础应绘出剖面、基础圈梁、防潮层位置，并标注总尺寸、分尺寸、标高及定位尺寸。

（2）扩展基础应绘出平面、剖面及配筋、基础垫层，标注总尺寸、分尺寸、标高及定位尺寸等。

（3）桩基应绘出承台梁剖面或承台板平面、剖面、垫层、配筋，标注总尺寸、分尺寸、标高及定位尺寸，桩构造详图（可另绘制）及桩与承台的连接构造详图。

（4）筏板基础、箱基可参照现浇楼面梁、板详图的方法表示，但应绘出承重墙、柱的位置。当要求设后浇带时应表示其平面位置并绘制构造详图。对箱基和地下室基础，应绘出钢筋混凝土墙的平面、剖面及其配筋，当预留孔洞、预埋件较多或复杂时，可另绘墙的模板图。

（5）基础梁可参照现浇楼面梁详图方法表示。

（6）附加说明基础材料的品种、规格、性能、抗渗等级、垫层材料、杯口填充材料、钢筋保护层厚度及其他对施工的要求。注：对形状简单、规则的无筋扩展基础、扩展基础、基础梁和承台板，也可用列表方法表示。

3. 结构平面图

（1）一般建筑，均应有各层结构平面图及屋面结构平面图。具体内容如下：

1）绘制出定位轴线及梁、柱、承重墙、抗震构造柱等的定位尺寸，并注明其编号和楼层标高。

2）注明预制板的跨度方向、板号、数量及板底标高，标出预留洞大小及位置；预制梁、洞口过梁的位置和型号、梁底标高。

3）现浇板应注明板厚、板面标高、配筋（也可另绘制放大比例的配筋图，必要时应将现浇楼面模板图和配筋图分别绘制），标高或板厚变化处绘局部剖面，有预留孔、埋件、已定设备基础时应示出规格与位置，洞边加强措施，当预留孔、埋件、设备基础复杂时也可放大另行绘制。

4）有圈梁时应注明位置、编号、标高，可用小比例绘制单线平面示意图。

5）楼梯间可绘制斜线注明编号与所在详图号。

6）电梯间应绘制机房结构平面布置（楼面与顶面）图，注明梁板编号、板的厚度与配筋、预留洞大小与位置、板面标高及吊钩平面位置与详图。

7）屋面结构平面布置图内容与楼层平面类同，当结构找坡时应标注屋面板的坡度、坡向、坡向起终点处的板面标高，当屋面上有留洞或其他设施时应绘制出其位置、尺寸与详图，女儿墙或女儿墙构造柱的位置、编号及详图。

8）当选用标准图中节点或另绘节点构造详图时，应在平面图中注明详图索引号。

（2）单层空旷房屋应绘制构件布置图及屋面结构布置图，应有以下内容：

1) 构件布置应表示定位轴线、墙、柱、大桥、过梁、门楹、雨篷、柱间支撑、连系梁等的布置、编号、构件标高及详图索引号，并加注有关说明等；

2) 屋面结构布置图应表示定位轴线（可不绘墙、柱）、屋面结构构件的位置及编号、支撑系统布置及编号、预留孔洞的位置、尺寸、节点详图索引号，并加注有关说明等。

4. 钢筋混凝土构件详图

现浇构件（现浇梁、板、柱及墙等详图）应绘出。

（1）纵剖面、长度、定位尺寸、标高及配筋，梁和板的支座；现浇的预应力混凝土构件尚应绘制出预应力钢筋定位图并提出锚固要求。

（2）横剖面、定位尺寸、断面尺寸、配筋。

（3）需要时可增绘墙体立面。

（4）若钢筋较复杂不易表示清楚时，宜将钢筋分离绘出。

（5）对构件受力有影响的预留洞、预埋件，应注明其位置、尺寸、标高、洞边配筋及预埋件编号等。

（6）曲梁或平面折线梁宜增绘平面图，必要时可绘展开详图。

（7）一般现浇结构的梁、柱、墙可采用"平面整体表示法"绘制，标注文字较密时，纵、横向梁宜分两幅平面绘制。

（8）除总说明已叙述外需特别说明的附加内容。

5. 预制构件的绘制

（1）构件模板图：应表示模板尺寸、轴线关系、预留洞及预埋件位置、尺寸，预埋件编号、必要的标高等；后张预应力构件尚需表示预留孔道的定位尺寸、张拉端、锚固端等。

（2）构件配筋图：纵剖面表示钢筋形式、箍筋直径与间距，配筋复杂时宜将非预应力筋分离绘出；横剖面注明断面尺寸、钢筋规格、位置、数量等。

（3）需作补充说明的内容。

注：对形状简单、规则的现浇或预制构件，在满足上述规定的前提下，可用列表法绘制。

6. 节点构造详图

（1）对于现浇钢筋混凝土结构应绘制节点构造详图（可采用标准设计通用详图集）。

（2）预制装配式结构的节点、梁、柱与墙体锚拉等详图应绘出平、剖面，注明相互定位关系，构件代号、连接材料、附加钢筋（或埋件）的规格、型号、性能、数量，并注明连接方法以及对施工安装、后浇混凝土的有关要求等。

（3）需作补充说明的内容。

7. 其他图纸

（1）楼梯图：应绘出每层楼梯结构平面布置及剖面图，注明尺寸、构件代号、标高；梯梁、梯板详图（可用列表法绘制）。

(2) 预埋件：应绘出其平面、侧面，注明尺寸、钢材和锚筋的规格、型号、性能、焊接要求。

(3) 特种结构和构筑物：如水池、水箱、烟囱、烟道、管架、地沟、挡土墙、筒仓、大型或特殊要求的设备基础、工作平台等，均宜单独绘图；应绘出平面、特征部位剖面及配筋，注明定位关系、尺寸、标高、材料品种和规格、型号、性能。

8. 钢结构设计图

（1）钢结构设计制图分为钢结构设计图和钢结构施工详图两阶段。

（2）钢结构设计图应由具有设计资质的设计单位完成，设计图的内容和深度应满足编制钢结构施工详图的要求；钢结构施工详图（即加工制作图）一般应由具有钢结构专项设计资质的加工制作单位完成，也可由具有该项资质的其他单位完成。

注意：若设计合同未指明要求设计钢结构施工详图，则钢结构设计内容仅为钢结构设计图。

（3）钢结构设计图。

1) 设计说明：设计依据、荷载资料、项目类别、工程概况、所用钢材牌号和质量等级（必要时提出物理、力学性能和化学成分要求）及连接件的型号、规格、焊缝质量等级、防腐及防火措施。

2) 基础平面图及详图，应表示钢柱与下部混凝土构件的连接构造详图。

3) 结构平面（包括各层楼面、屋面）布置图应注明定位关系、标高、构件（可用单线绘制）的位置及编号、节点详图索引号等；必要时应绘制檩条、墙梁布置图和关键剖面图；空间网架应绘制上、下弦杆和关键剖面图。

4) 构件与节点详图。简单的钢梁、柱可用统一详图和列表法表示，注明构件钢材牌号、尺寸、规格、加劲肋做法，连接节点详图，施工、安装要求；格构式梁、柱、支撑应绘出平、剖面（必要时加立面）、定位尺寸、总尺寸、分尺寸、注明单构件型号、规格，组装节点和其他构件连接详图。

（4）钢结构施工详图。根据钢结构设计图编制组成结构构件的每个零件的放大图、标准细部尺寸、材质要求、加工精度、工艺流程要求、焊缝质量等级等，对零件进行编号，并考虑运输和安装能力，确定构件的分段和拼装节点。

1.1.4 结构计算书（施工图审查及内部归档）

（1）采用手算的结构计算书，应给出构件平面布置简图和计算简图；结构计算书内容宜完整、清楚，计算步骤要条理分明，引用数据有可靠依据；采用计算图表及不常用的计算公式，应注明其来源出处，构件编号、计算结果应与图纸一致。

（2）当采用计算机程序计算时，应在计算书中注明所采用的计算程序名称、代号、版本及编制单位，计算程序必须经过有效审定（或鉴定），电算结果应经分析认可，总体输入信息、计算模型、几何简图、荷载简图和结果输出应整理成册。

（3）采用结构标准图或重复利用图时，宜根据图集的说明，结合工程进行必要的核算工作，且应作为结构计算书的内容。

（4）所有计算书应校审，并由设计、校对、审核人在计算书封面上签字，作为技术文件归档。对于审查的计算书还必须加盖注册结构工程师注册章。

1.2　建筑结构抗震、抗风概念设计

1.2.1　建筑结构抗震、抗风概念设计的意义

"概念设计"规定了结构早期方案设计阶段中应该考虑的准则，它是"能力设计"中特别强调的原则。

早期方案设计阶段研究确定结构的抗风、抗震结构体系时，必须考虑结构体型、规则性、整体性和质量分布的均匀性等方面的问题，同时还应从地震反应角度对结构承载力、刚度和非弹性延性变形能力作出比较正确的评价。结构设计者首先遇到的问题将是：如何在建筑设计所规定的约束条件下选择一个令人比较满意的抗风、抗震结构体系。只要有可能，建筑师和结构工程师就应该在形成建筑方案的最早阶段，讨论各种可供选用的结构体系和内部空间布置，以避免不合适的或严重不规则的结构体系。

实际上，不规则性常常是不可避免的，建筑师不可能完全按照结构规范的准则进行创作，往往是结构工程师要向业主、建筑师作些妥协和让步。结构工程师面临的难点就是如何保持住结构不规则性的"底线"，使结构不致严重不规则。

概念设计是一种设计的思路，可以认为是定性的设计。概念设计不以精确的力学分析、生搬硬套的规范条文为依据，而是由设计者对工程进行概括的分析，制定设计目标，采取相应措施。概念设计的概念包括：安全度的概念、力学的概念、材料的概念、荷载的概念、抗震的概念、抗风的概念、施工的概念、使用的概念等。概念设计要求设计者融合这些概念，并贯穿到结构构件布置、计算简图选取、荷载的选择、计算结果分析处理等各个阶段中。

概念设计是结构工程师展现先进设计的重要环节，结构工程师的主要任务就是在特定的建筑空间中用整体的概念来完成结构总体方案的设计，并能有意识地处理好结构与结构、构件与结构的关系。一般认为，概念设计做得好的结构工程师，其结构概念将随工程实践的积累而越来越丰富，设计成果也越来越创新、完善。但遗憾的是，随着社会分工的细化，使得部分结构工程师只会依赖规范、设计手册、计算机程序做习惯性传统设计，缺乏创新，更不愿（或不敢）创新，有

的甚至拒绝采纳新技术、新工艺（害怕承担创新的责任）。部分结构工程师在一体化计算机结构程序设计全面应用的今天，对计算机结果明显不合理、甚至错误处也不能及时发现。随着年龄的增长，导致他们在学校学的那些孤立的概念被逐渐忘却，更谈不上设计成果的不断创新。

1.2.2 建筑结构抗震、抗风概念设计的重要性

概念设计之所以重要，主要是因为现行的结构设计理论与计算理论存在许多缺陷或不可计算性，比如对混凝土结构设计，内力计算是基于弹性理论的计算方法，而截面设计却是基于塑性理论的极限状态设计方法，这一矛盾使计算结果与结构的实际受力状态差之甚远。为了弥补这类计算理论的缺陷，或者实现对实际存在的大量无法计算的结构构件的设计，就需要优秀的概念设计与结构措施来满足结构设计的目的。同时，计算机计算结果的高精度特点，往往导致结构设计人员对结构工作性能的误解。因此，结构工程师只有加强结构概念的培养，才能比较客观、真实地理解结构的工作性能。概念设计之所以重要，还在于在方案设计阶段，初步设计过程是不能借助于计算机来实现的。这就需要结构工程师综合运用其掌握的结构概念，选择效果最好、造价最低的结构方案，为此，需要结构工程师不断地丰富自己的结构概念，深入、深刻了解各类结构的性能，并能有意识地、灵活地运用它们。概念设计在设计人员中提得比较多，但往往被人们片面地理解，认为其主要是用于一些大的原则，如确定结构方案、结构布置等。其实，在设计中任何地方都离不开科学的概念作指导。计算机技术的迅猛发展，为结构设计提供了快速、准确的设计计算工具，但不可完全盲目地依赖计算机程序，应做程序的主人。有很多设计存在诸多缺陷，主要原因就是在总体方案和构造措施上未采用正确的构思，即未进行概念设计。总之，概念设计就是用最简单的方法去解决复杂的问题。比如，现在比较流行的计算处理方法——有限元，就是把复杂的结构划分为三角单元进行求解，通过力与变形协调关系，然后组装成结构单元，这样各部分的应力与应变得到解决，问题由复杂变为简单。

概念设计必须建立在扎实的理论基础、丰富的实践经验以及不断创新的思维之上。概念设计应是从点到线、由线到面、由面到空间体的整体性思维，加强局部，更应强调整体。有些设计人员过分依赖计算机分析程序，把结果当真理，不可逾越。不可否认，程序是人们不断对经验的总结，是解决问题、简化问题的手段，但还存在很多问题有待深化，尤其是抗震验算，其结果与实际出入很大，抗震问题很大程度需通过构造措施来处理，更多地强调了概念设计的重要性。

规范相对创新而言，始终是滞后的，突破规范要靠勇气、经验、理论、创新，更要靠清晰的思路与概念。奥运会的鸟巢、水立方，以及上海世博会建筑，都突破了常规的设计方法，融入了更为先进的设计理念。一个好的建筑创作，需要好

的结构工程师采取先进的手段去分析完成，其中应以概念设计为支点。

设计中有两个难点：结构创新和精确计算。结构创新需要多学习、多总结、多交流、多领悟，特别是要多做各种各样的实际工程；精确计算是结构创新的后续工作，是另一种学问，不仅仅是软件及有限元知识的应用。不应该去贬低哪一方，二者缺一不可。结构设计只有一个目的，就是使设计出来的工程尽可能地做到：技术先进、安全适用、经济合理，确保质量的目标。

1.2.3 建筑结构抗震、抗风概念设计的一般原则

(1) 各种类型的结构应有其合适的使用高度、单位面积自重和墙体厚度。结构的总体刚度应适当（含两个主轴方向的刚度协调符合规范的要求），变形特征应合理；楼层最大层间位移和扭转位移比符合规范、规程的要求。

(2) 应明确多道防线的要求。框架与墙体、筒体共同抗侧力的各类结构中，框架部分地震剪力的调整应依据其超限程度比规范的规定适当增加。主要抗侧力构件中沿全高不开洞的单肢墙，应针对其延性不足采取相应措施。

(3) 超高时应从严掌握建筑结构规则性的要求，明确竖向不规则和水平向不规则的程度，应注意楼板局部开大洞导致较多数量的长短柱共用和细腰形平面可能造成的不利影响，避免过大的地震扭转效应。对不规则建筑的抗震设计要求，可依据抗震设防烈度和高度的不同有所区别。主楼与裙房间设置防震缝时，缝宽应适当加大或采取其他措施。

(4) 应避免软弱层和薄弱层出现在同一楼层。

(5) 转换层应严格控制上下刚度比；墙体通过次梁转换和柱顶墙体开洞，应有针对性的加强措施。水平加强层的设置数量、位置、结构形式，应认真分析比较；伸臂的构件内力计算宜采用弹性膜楼板假定，上下弦杆应贯通核心筒的墙体，墙体在伸臂斜腹杆的节点处应采取措施，避免应力集中导致破坏。

(6) 多塔、连体、错层等复杂体型的结构，应尽量减少不规则的类型和不规则的程度；应注意分析局部区域或沿某个地震作用方向上可能存在的问题，分别采取相应的加强措施。

(7) 当结构的连接薄弱时，应考虑连接部位各构件的实际构造和连接的可靠程度，必要时可取结构整体模型和局部模型计算的不利情况，或要求某部分结构在设防烈度下保持弹性工作状态。

(8) 注意加强楼板的整体性，避免楼板的削弱部位在大震下发生受剪破坏；当楼板在板面或板厚内开洞较大时，宜进行截面受剪承载力验算。

(9) 出屋面结构和装饰构架自身较高或体型相对复杂时，应参与整体结构分析，材料不同时还需适当考虑阻尼比不同的影响，应特别加强其与主体结构的连接部位。

(10) 高宽比较大时，应注意复核地震作用下地基基础的承载力和稳定

1.3 建筑结构设计常用主要数据

1.3.1 结构的设计使用年限与结构的重要性系数（表1-7）

表1-7　　　　结构的设计使用年限与结构的重要性系数

类别	设计使用年限/年	示例	结构的重要性系数 γ_0
1	5	临时性建筑	0.9
2	25	易于替换的结构构件（如钢结构构件）	0.95
3	50	普通房屋和构筑物	1.0
4	100	纪念性建筑和特别重要的建筑	1.1

注：1. 要使不同设计使用年限的建筑工程完成预定的使用功能时具有足够的可靠度。
　　2. 所对应的各种可变荷载（作用）的标准值及变异系数，材料强度设计值，设计表达式的各个分项系数，可靠指标的确定等需要配套，是一个系统工程，目前还没有解决。
　　3. 抗震设计时，对不同的设计使用年限，可参考以下原则处理：
（1）若投资方提出的所谓设计使用年限100年的功能要求仅仅是耐久性的要求，则抗震设防类别和相应的设防标准仍可按《建筑抗震设防分类标准》（2008年版）执行。
（2）不同设计使用年限的地震动参数与设计基准期（50年）的地震动参数之间的基本关系，可参阅有关的研究成果。
（3）当设计使用年限少于设计基准期（50年）时，抗震设防要求可以相应降低。
（4）临时性建筑（设计使用年限小于5年）可以不考虑抗震设防。
　　4. 设计基准期和设计使用年限是两个不同的概念：各本建筑设计规范、规程采用的设计基准期均为50年，但建筑设计使用年限可依据具体情况而定，见GB 50068—2001《建筑结构可靠度设计统一标准》。
　　5. 设计基准期是为确定可变作用（可变荷载）及与时间有关的材料性能取值而选用的时间参数，它不一定等同于设计使用年限。GB 50009—2001《建筑结构荷载规范》提供的荷载统计参数，除风、雪荷载的设计基准期为10、50、100年外，其余都是按设计基准期为50年确定的。如设计需采用其他设计基准期，则必须另行确定在该基准期内最大荷载的概率分布及相应的统计参数。设计文件中，如无特殊要求时不需要给出设计基准期。
　　6. 结构重要性系数 γ_0 应按下列规定采用：
（1）对安全等级为一级或设计使用年限为100年及以上的结构构件，不应小于1.1。
（2）对安全等级为二级或设计使用年限为50年的结构构件，不应小于1.0。
（3）对安全等级为三级或设计使用年限为5年的结构构件，不应小于0.9。
　　7. 现阶段重要性增大0.1，结构的可靠指标约增加0.5。

1.3.2 建筑结构的安全等级与结构的重要性系数及可靠指标（表1-8）

表1-8　建筑结构的安全等级与结构的重要性系数及可靠指标

安全等级	破坏后果	建筑物类型	结构的重要性系数 γ_0	结构承载力极限状态的可靠指标 β 延性破坏	结构承载力极限状态的可靠指标 β 脆性破坏
一级	很严重	重要的建筑物	1.1	3.7	4.2
二级	严重	一般的建筑物	1.0 (0.95)	3.2	3.7
三级	不严重	次要的建筑物	0.9	2.7	3.2

注：1. 对特殊结构，其安全等级可按具体情况确定。
　　2. 工程结构中各类结构构件的安全等级宜与整个结构的安全等级相同。对其中部分结构构件的安全等级可适当提高或降低，但不得低于三级。
　　3. 对地基基础的设计安全等级及抗震设防的建筑安全等级，尚应符合国家现行的有关规范的规定。
　　4. 当承受偶然荷载作用时，结构的可靠指标应符合专门规范的规定。

1.3.3 结构设计常用建筑材料特性指标

1. 混凝土材料

（1）混凝土强度的标准值、设计值分别按表1-9和表1-10选取。

表1-9　混凝土强度标准值　（N/mm²）

强度种类	混凝土强度等级 C15	C20	C25	C30	C35	C40	C45	C50	C55	C60	C65	C70	C75	C80
f_{ck}	10.0	13.4	16.7	20.1	23.4	26.8	29.6	32.4	35.5	38.5	41.5	44.5	47.4	50.2
f_{tk}	1.27	1.54	1.78	2.01	2.20	2.39	2.51	2.64	2.74	2.85	2.93	2.99	3.05	3.11

表1-10　混凝土强度设计值　（N/mm²）

强度种类	混凝土强度等级 C15	C20	C25	C30	C35	C40	C45	C50	C55	C60	C65	C70	C75	C80
f_c	7.2	9.6	11.9	14.3	16.7	19.1	21.1	23.1	25.3	27.5	29.7	31.8	33.8	35.9
f_t	0.91	1.10	1.27	1.43	1.57	1.71	1.80	1.89	1.96	2.04	2.09	2.14	2.18	2.22

注：1. 计算现浇钢筋混凝土轴心受压及偏心受压构件时，如截面的长边或直径小于300mm，则表中混凝土的强度设计值应乘以系数0.8；当构件质量（如混凝土成型、截面和轴线尺寸等）确有保证时，可不受此限制。
　　2. 离心混凝土的强度设计值应按专门标准取用。
　　3. 混凝土按强度等级分为C15～C80共14个等级。强度等级与抗压强度的对应关系如下：
　　　　强度等级×0.67＝抗压强度标准值 f_{ck} ／材料分项系数＝ f_c 抗压强度设计值（MPa）
　　　　以C20为例：抗压强度标准值 $f_{ck}=20×0.67=13.4$（MPa），抗压强度设计值 $f_c=13.4/1.4=9.6$（MPa），其中，1.4为混凝土材料分项系数，0.67＝混凝土棱柱强度／立方强度之比＝0.76（考虑到结构中混凝土强度与试件混凝土之间的差异）×0.88（修正系数）。

(2) 混凝土弹性模量 E_c、剪变模量 G_c 按表 1-11 选取。

表 1-11　　　　　　　混凝土弹性模量 E_c、剪变模量 G_c　　　　　　($\times 10^4 \text{N/mm}^2$)

混凝土强度等级	C15	C20	C25	C30	C35	C40	C45	C50	C55	C60	C65	C70	C75	C80
E_c	2.20	2.55	2.80	3.00	3.15	3.25	3.35	3.45	3.55	3.60	3.65	3.70	3.75	3.80
G_c	0.88	1.02	1.12	1.20	1.26	1.30	1.34	1.38	1.42	1.44	1.46	1.48	1.50	1.52

注：混凝土剪变模量 G_c 可按表中混凝土弹性模量的 0.4 倍采用。

(3) 混凝土线膨胀系数、混凝土泊松比。

当温度在 0~100℃ 范围内时，混凝土线膨胀系数 α_c 可采用 $1 \times 10^{-5}/℃$。混凝土泊松比 ν_c 可采用 0.2。

2. 钢筋材料

(1) 普通钢筋强度标准值、设计值分别按表 1-12 和表 1-13 选取。

表 1-12　　　　　　　普通钢筋强度标准值及极限应变

牌　号	符号	公称直径 d/mm	屈服强度 $f_{yk}/(\text{N/mm}^2)$	抗拉强度 $f_{stk}/(\text{N/mm}^2)$	最大力下总伸长率 $\delta_{gt}/(\%)$
HPB300	Φ	6~22	300	420	≥10.0
HRB335 HRBF335	Φ	6~50	335	455	≥7.5
HRB400 HRBF400 RRB400	Φ	6~50	400	540	≥7.5
HRBF500 HRB500		6~50	500	630	≥7.5

注：1. 材料标准见 GB 1499.2—2007。
　　2. d 是指公称直径。
　　3. 当采用直径大于 40mm 的钢筋时，应有可靠的工程经验。

表 1-13　　　　　　　普通钢筋强度设计值　　　　　　(N/mm^2)

牌　号	符号	抗拉强度 f_y	抗压强度 f'_y
HPB235	Φ	215	215
HPB300	Φ	270	270
HRB335、HRBF335	Φ	300	300

续表

牌　号	符号	抗拉强度 f_y	抗压强度 f'_y
HRB400、HRBF400、RRB400	⏀	360	360
HRB500、HRBF500	⏀	435	435

注：1. 横向钢筋的抗拉强度设计值 f_{yv} 应按表中 f_y 的数值取用，但用作受剪、受扭、受冲切承载力计算时，其数值大于 360N/mm² 时应取 360N/mm²。
2. 钢筋的强度设计值为其标准值除以材料分项系数 γ_s 的数值。延性较好的热轧钢筋 γ_s 取 1.10，但对新投产的高强 500MPa 级钢筋适当提高安全储备，取 1.15。延性稍差的预应力筋 γ_s 取 1.20。钢筋抗压强度设计值 f'_y 取与抗拉强度相同，这是由于构件中混凝土受到配箍的约束，实际极限受压应变加大，受压钢筋可达到较高强度。
3. 根据试验研究，限定受剪、受扭、受冲切箍筋的设计强度 f_{yv} 不大于 360MPa；但用作围箍约束混凝土时不限。
4. 删去 2002 年版规范中有关轴心受拉和小偏心受拉构件中的抗拉强度设计取值的规定：在钢筋混凝土结构中，轴心受拉和小偏心受拉构件的钢筋抗拉强度设计值大于 300N/mm² 时，仍应按 300N/mm² 取用。这是由于采用裂缝宽度计算，无须限制强度值了。
5. 当构件中配有不同牌号和强度的钢筋时，可采用各自的强度设计值计算。
6. 结构设计时，混凝土结构应根据强度、延性、连接方式、施工适应性等的要求，选用下列牌号的钢筋：
(1) 纵向受力普通钢筋宜采用 HRB400、HRB500、HRBF400、HRBF500、HPB300、RRB400 钢筋，也可采用 HRB335、HRBF335 钢筋。
(2) 箍筋宜采用 HRB400、HRBF400、HPB300、HRB500、HRBF500 钢筋，也可采用 HRB335、HRBF335 钢筋。
(3) 余热处理带肋钢筋（RRB400）不宜焊接，不宜用作重要部位的受力钢筋，不应用于直接承受疲劳荷载的构件。
(4) 根据国家的技术政策，增加 500MPa 级钢筋；推广 400MPa、500MPa 级高强钢筋作为受力的主导钢筋；限制并准备淘汰 335MPa 级钢筋；立即淘汰低强的 235MPa 级钢筋，代之以 300MPa 级光圆钢筋。在规范的过渡期及对既有结构设计时，235MPa 级钢筋的设计值按 2002 年版规范取值。
(5) 采用低合金化而提高强度的 HRB 系列热轧带肋钢筋具有较好的延性、可焊性、机械连接性能及施工适应性。
(6) 为节约合金资源，降低价格，列入靠控温轧制而具有一定延性的 HRBF 系列细晶粒热轧带肋钢筋，但宜控制其焊接工艺以避免影响其力学性能。
(7) 余热处理钢筋（RRB）由轧制的钢筋经高温淬水，余热处理后提高强度。其可焊性、机械连接性能及施工适应性均稍差，须控制其应用范围。一般可在对延性及加工性能要求不高的构件中使用，如基础、大体积混凝土以及跨度及荷载不大的楼板、墙体中应用。

(2) 预应力钢筋强度标准值按表 1-14 选取。

表 1-14　　　　　　预应力钢筋强度标准值　　　　　　（N/mm²）

种　类	符号	d/mm	f_{ptk}
钢绞线	ϕ^s	1×3　8.6、10.8	1860、1720、1570
		12.9	1720、1570
		1×7　9.5、11.1、12.7	1860
		15.2	1860、1720

续表

种类		符号	d/mm	f_{ptk}
消除应力钢丝	光面螺旋肋	ϕ^P ϕ^H	4、5	1770、1670、1570
			6	1670、1570
			7、8、9	1570
	刻痕	ϕ^I	5、7	1570
热处理钢筋	40Si2Mn	ϕ^{HT}	6	1470
	48Si2Mn		8.2	
	45Si2Cr		10	

注：1. 钢绞线直径 d 系指钢绞线外接圆直径，即现行国家标准 GB/T 5224《预应力混凝土用钢绞线》中的公称直径 D_g，钢丝和热处理钢筋的直径 d 均指公称直径。
2. 消除应力光面钢丝直径 d 为 4~9mm，消除应力螺旋肋钢丝直径 d 为 4~8mm。

（3）预应力钢筋强度设计值按表 1-15 选取。

表 1-15　　　　　预应力钢筋强度设计值　　　　　（N/mm²）

种类		符号	f_{ptk}	f_{py}	f'_{py}
钢绞线	1×3	ϕ^S	1860	1320	390
			1720	1220	
			1570	1110	
	1×7		1860	1320	390
			1720	1220	
消除应力钢丝	光面螺旋肋	ϕ^P ϕ^H	1770	1250	410
			1670	1180	
			1570	1110	
	刻痕	ϕ^I	1570	1110	410
热处理钢筋	40Si2Mn	ϕ^{HT}	1470	1040	400
	48Si2Mn				
	45Si2Cr				

注：当预应力钢绞线、钢丝的强度标准值不符合表 1-14 的规定时，其强度设计值应进行换算。

（4）钢筋弹性模量 E_s 应按表 1-16 选取。

表 1-16　　　　　钢　筋　弹　性　模　量　　　　　（×10⁵N/mm²）

种类	E_s
HPB235、HPB300	2.1
HRB335、HRB400、HRB500、HRBF335、HRBF400、HRBF500、	2.0
消除应力钢丝（光面钢丝、螺旋肋钢丝、刻痕钢丝）	2.05
钢绞线	1.95

注：必要时钢绞线可采用实测的弹性模量。

3. 建筑用钢材料标准

(1) 钢材的强度设计值、连接的强度设计值按表 1-17 选取。

表 1-17　　　　　　　　钢材的强度设计值　　　　　　　　(N/mm²)

钢材牌号	厚度或直径/mm	抗拉、抗压、抗弯强度 f	抗剪强度 f_v	端面承压（刨平顶紧） f_{ce}
Q235 钢	≤16	215 (205)	125 (120)	325 (310)
	>16~40	205	120	
	>40~60	200	115	
	>60~100	190	110	
Q345 钢	≤16	310 (300)	180 (175)	400 (400)
	>16~35	295	170	
	>35~50	265	155	
	>50~100	250	145	
Q390 钢	≤16	350	205	415
	>16~40	335	190	
	>40~60	315	180	
	>60~100	295	170	
Q420 钢	≤16	380	220	440
	>16~35	360	210	
	>35~50	340	195	
	>50~100	325	185	

注：1. 表中的厚度是指计算点的钢材厚度，对轴心受拉和受压构件系指截面中较厚板件的厚度。
　　2. 括号中的数值适用于薄壁型钢。
　　3. 对厚度大于等于 40mm 的钢板，应采用厚度方向性能钢板。

(2) 无缝钢管的材料力学及化学性能指标按表 1-18 选取。

表 1-18　　　　　无缝钢管的材料力学及化学性能指标

GB/T 8162—2008（热轧、挤压、扩管）

标准	尺寸公差			
	外径公差		壁厚公差	
GB/T 8162—2008	D<50	±0.5mm	S≤4mm	±12.5%
	D≥50	±1%	4mm<S≤20mm	+15%/−12.5%
			S>20mm	±12.5%

续表

纵向力学性能

标准	钢级	抗拉强度/MPa	屈服强度/MPa ≤16	屈服强度/MPa 16～30mm	延伸率（%）
GB/T 8162—2008	10	335	205	195	24
	20	390	245	235	20
	35	510	305	295	17
	45	590	335	325	14
	Q345	490	325	315	21

化学成分

标准	牌号	C	Si	Mn	P≤	S≤	Cu≤	Ni≤	Cr≤	Mo≤	V≤
GB/T 8162—2008	10	0.07～0.03	0.17～0.37	0.35～0.65	0.035	0.035	0.25	0.30	0.15	—	—
	20	0.17～0.23	0.17～0.37	0.35～0.65	0.035	0.035	0.25	0.30	0.25	—	—
	35	0.32～0.39	0.17～0.37	0.50～0.80	0.035	0.035	0.25	0.30	0.25	—	—
	45	0.42～0.50	0.17～0.37	0.50～0.80	0.035	0.035	0.25	0.30	0.25	—	—
	16Mn	0.12～0.20	0.20～0.60	1.20～1.60	0.045	0.045	0.25	0.25	0.25	—	—

注：热轧（挤压、扩）钢管的通常长度为3000～12 000mm，冷（拔）轧钢管的通常长度为2000～10 500mm。

(3) 不锈钢的物理力学指标按表1-19选取。

表1-19　　　　　　　　　不锈钢的物理力学指标

不锈钢种类	密度/(kN/m³)	线膨胀系数 (20～2000℃)	最小抗拉强度/MPa	板材厚度/mm
304	79.05	18×10^{-6}	480	0.2～3
304L	79.10	18×10^{-6}	500	0.2～3
316	79.70	17.3×10^{-6}	490	0.2～6
316L	79.70	17.3×10^{-6}	510	0.2～6

(4) 焊缝的强度设计值按表1-20选取。

表1-20　　　　　　　　　焊缝的强度设计值　　　　　　　　　（N/mm²）

焊接方法和焊条型号	构件钢材 牌号	构件钢材 厚度或直径/mm	对接焊缝 抗压 f_c^w	对接焊缝 焊缝质量为下列等级时，抗拉 f_t^w 一、二级	对接焊缝 焊缝质量为下列等级时，抗拉 f_t^w 三级	对接焊缝 抗剪 f_v^w	角焊缝 抗拉、抗压和抗剪 f_f^w
自动焊、半自动焊和E43型焊条的手工焊	Q235钢	≤16	215(205)	215(205)	185(175)	125(120)	160(140)
		16～40	205	205	175	120	
		40～60	200	200	170	115	
		60～100	190	190	160	110	

续表

焊接方法和焊条型号	构件钢材 牌号	构件钢材 厚度或直径/mm	对接焊缝 抗压 f_c^w	对接焊缝 焊缝质量为下列等级时,抗拉 f_t^w 一、二级	对接焊缝 焊缝质量为下列等级时,抗拉 f_t^w 三级	对接焊缝 抗剪 f_v^w	角焊缝 抗拉、抗压和抗剪 f_f^w
自动焊、半自动焊和E50型焊条的手工焊	Q345钢	≤16	310(300)	310(300)	265(255)	180(175)	200(195)
		16～35	295	295	250	170	
		35～50	265	265	225	155	
		50～100	250	250	210	145	
自动焊、半自动焊和E55型焊条的手工焊	Q390钢	≤16	350	350	300	205	220
		16～40	335	335	285	190	
		40～60	315	315	270	180	
		60～100	295	295	250	170	
	Q420钢	≤16	380	380	320	220	220
		16～35	360	360	305	210	
		35～50	340	340	290	195	
		50～100	325	325	275	185	

注：1. 自动焊和半自动焊所采用的焊丝和焊剂，应保证其熔敷金属的力学性能不低于现行国家标准GB/T 5293《埋弧焊用碳钢焊丝和焊剂》和GB/T 12470《低合金钢埋弧焊焊剂》中相关的规定。
2. 焊缝质量等级应符合现行国家标准GB 50205《钢结构工程施工质量验收规范》的规定。其中厚度小于8mm钢材的对接焊缝，不应采用超声波探伤确定焊缝质量等级。
3. 对接焊缝在受压区的抗弯强度设计值取 f_c^w，在受拉区的抗弯强度设计值取 f_t^w。
4. 表中厚度是指计算点的钢材厚度，对轴心受拉和轴心受压构件系指截面中较厚板件的厚度。
5. 括号中的数值适用于薄壁型钢。

(5) 螺栓连接的强度设计值应按表1-21选取。

表1-21　　　　　　螺栓连接的强度设计值　　　　　　（N/mm²）

螺栓的性能等级、锚栓和构件钢材牌号		普通螺栓 C级螺栓 抗拉 f_t^b	普通螺栓 C级螺栓 抗剪 f_v^b	普通螺栓 C级螺栓 承压 f_c^b	普通螺栓 A级、B级螺栓 抗拉 f_t^b	普通螺栓 A级、B级螺栓 抗剪 f_v^b	普通螺栓 A级、B级螺栓 承压 f_c^b	锚栓 抗拉 f_t^a	承压型连接高强度螺栓 抗拉 f_t^b	承压型连接高强度螺栓 抗剪 f_v^b	承压型连接高强度螺栓 承压 f_c^b
普通螺栓	4.6级	170(165)	140(125)	—	—	—	—	—	—	—	—
	4.8级	—	—	—	—	—	—	—	—	—	—
	5.6级	—	—	—	210	190	—	—	—	—	—
	8.8级	—	—	—	400	320	—	—	—	—	—
锚栓	Q235钢	—	—	—	—	—	—	140	—	—	—
	Q345钢	—	—	—	—	—	—	180	—	—	—
承压型连接高强度螺栓	8.8级	—	—	—	—	—	—	—	400	250	—
	10.9级	—	—	—	—	—	—	—	500	310	—

续表

螺栓的性能等级、锚栓和构件钢材牌号		普 通 螺 栓							锚栓	承压型连接高强度螺栓		
			C级螺栓			A级、B级螺栓							
			抗拉 f_t^b	抗剪 f_v^b	承压 f_c^b	抗拉 f_t^b	抗剪 f_v^b	承压 f_c^b	抗拉 f_t^a	抗拉 f_t^b	抗剪 f_v^b	承压 f_c^b
构件	Q235钢	—	—	305 (290)	—	—	405	—	—	—	470
	Q345钢	—	—	385 (370)	—	—	510	—	—	—	590
	Q390钢	—	—	400	—	—	530	—	—	—	615
	Q420钢	—	—	425	—	—	560	—	—	—	665

注：1. A级螺栓用于 $d \leqslant 24mm$ 和 $l \leqslant 10d$ 或 $l \leqslant 150mm$（按较小值）的螺栓，B级螺栓用于 $d > 24mm$ 或 $l > 10d$ 或 $l > 150mm$（按较小值）的螺栓，d 为公称直径，l 为螺杆公称长度。
2. A级、B级螺栓孔的精度和孔壁表面粗糙度，C级螺栓孔的允许偏差和孔壁表面粗糙度，均应符合现行国家标准 GB 50205《钢结构工程施工质量验收规范》的要求。
3. 括号中的数值适用于薄壁型钢。

(6) 钢材的物理性能指标按表 1-22 选取。

表 1-22　　　　　　　　　　钢材的物理性能指标

弹性模量/(N/mm²)	剪切模量/(N/mm²)	线膨胀系数 α（以每℃计）	质量密度 ρ/(kN/m³)
206×10^3	79×10^3	12×10^{-6}	78.5

1.3.4　建筑结构抗震设计常用基本数据

1. 工程结构的安全等级（表 1-23）

工程结构设计时，应根据结构破坏可能产生的后果（危及人的生命、造成经济损失、产生社会影响等）的严重性，采用表 1-23 规定的安全等级。

表 1-23　　　　　　　　　　工程结构的安全等级

安全等级	破坏后果	建筑类型
一级	很严重	重要的建筑
二级	严　重	一般房屋
三级	不严重	次要的建筑

2. 建筑类别与抗震设防标准的关系（表 1-24）

表 1-24　　　　　　　　建筑类别与抗震设防标准的关系

建筑类别	建筑的重要性	抗震措施	地震作用计算
特殊设防类（甲类）	特殊要求的建筑	特殊考虑	特殊考虑
重点设防类（乙类）	国家重点抗震城市生命线工程的建筑	提高一度（9度适当提高）	原设防烈度

续表

建筑类别	建筑的重要性	抗震措施	地震作用计算
标准设防类（丙类）	甲、乙、丁类以外的一般建筑	原设防烈度	原设防烈度
适度设防类（丁类）	次要的建筑	降低一度（6度不降）	原设防烈度

注：1. 特殊设防类：使用上有特殊设施、涉及国家公共安全的重大建筑工程；地震时可能发生严重次生灾害等特别重大灾害后果的建筑；需要进行特殊设防标准的建筑。
  2. 重点设防类：地震时使用功能不能中断或需要尽快恢复的生命线相关的建筑；地震时可能导致大量人员伤亡等重大灾害后果的建筑；需要提高设防标准的建筑。
  3. 标准设防类：指大量的除甲、乙、丙以外的按标准要求进行设防的建筑。
  4. 适度设防类：指使用上人员稀少且震损不致产生次生灾害，允许在一定条件下适度降低要求的建筑。

3. 抗震设防烈度、设计基本加速度、水平地震影响系数的对应关系（表1-25）

表1-25　抗震设防烈度、设计基本加速度、水平地震影响系数的对应关系

	设防烈度			
设防烈度	6	7 (7.5)	8 (8.5)	9
设计基本加速度	0.05g	0.10 (0.15) g	0.20 (0.30) g	0.40g
地震影响	水平地震影响系数最大值 α_{max}			
多遇地震 50 年超越概率63.2%	0.04	0.08 (0.12)	0.16 (0.24)	0.32
设防地震 50 年超越概率10%	0.12	0.23 (0.34)	0.45 (0.68)	0.90
罕遇地震 50 年超越概率2%～3%	—	0.50 (0.72)	0.90 (1.2)	1.40

4. 抗震设防烈度与最小地震剪力系数的关系（表1-26）

表1-26　最小地震剪力系数

类别	6度	7度	7.5度	8度	8.5度	9度
	0.05g	0.10g	0.15g	0.20g	0.30g	0.40g
扭转效应明显或基本周期小于3.5s的结构	0.08	0.016	0.024	0.032	0.048	0.064
基本周期大于5.0s的结构	0.06	0.0120	0.018	0.024	0.032	0.040

5. 设计地震分组、设计特征值与场地分类的关系（表1-27）

表 1-27　　　　　设计地震分组、设计特征值与场地分类的关系

设计地震分组	场 地 类 别					
	I₀	I₁	II	III	IV
第一组	0.20 (0.20)	0.25 (0.20)	0.35 (0.30)	0.45 (0.40)	0.65 (0.65)
第二组	0.25 (0.20)	0.30 (0.20)	0.40 (0.30)	0.55 (0.40)	0.75 (0.65)
第三组	0.30 (0.25)	0.35 (0.30)	0.45 (0.40)	0.65 (0.55)	0.90 (0.95)

注：1. 计算8、9度罕遇地震作用时，特征周期应增加0.05。
　　2. 表中不带括号的数仅适用于新建及改扩建工程。
　　3. 对于大跨度结构竖向地震计算时，特征周期均可按设计第一组采用。
　　4. 计算罕遇地震作用时，特征周期应按上表增加0.05s，这条是强规。
　　5. 括号内数用于抗震加固工程，详见 GB 50023—2009《建筑抗震鉴定标准》规定。

6. 抗震有利、不利和危险地段的划分（表1-28）

表 1-28　　　　　　　抗震有利、不利和危险地段的划分

地段类型	地质、地形、地貌
有利地段	稳定基岩、坚硬土、开阔、平坦、密实、均匀的中硬土等
不利地段	软弱土、液化土、条状突出的山嘴、高耸孤立的山丘、非岩质的土坡、河岸和边坡的边缘、平面分布上成因、岩性、状态明显不均匀的土层
危险地段	地震时可能发生滑坡、崩塌、地陷、地裂、泥石流等发震断裂带上可能发生地表错位的部位

7. 土的类型划分和剪切波速的关系（表1-29）

表 1-29　　　　　　　土的类型划分和剪切波速的关系

土的类型	岩土名称和性状	土的剪切波速/(m/s)
坚硬土或岩石	稳定岩石、密实的碎石土	$v_s > 500$
中硬土	中密、稍密的碎石土，密实、中密的砾、粗、中砂，$f_{ak} > 200$kPa 的黏性土和粉土，坚硬黄土	$500 \geqslant v_s > 250$
中软土	稍密的砾、粗砂，除松散的细、粉砂，$f_{ak} \leqslant 200$kPa 的黏性土和粉土，$f_{ak} > 130$kPa 的填土，可塑黄土	$250 \geqslant v_s > 140$
软弱土	淤泥和淤泥质土，松散的砂，新近沉积的黏性土和粉土，$f_{ak} \leqslant 130$kPa 的填土，流塑黄土	$v_s \leqslant 140$

8. 结构体系与阻尼比的关系（表1-30）

表1-30　　　　　　　　结构体系与阻尼比的关系

结 构 体 系		阻 尼 比
钢筋混凝土结构体系		0.05
钢结构体系	高度 H≤50m	0.04
	50m<高度 H≤200m	0.03
	高度 H>200m	0.02
轻门式钢架结构		0.05
轻钢住宅结构		0.04
单层钢结构厂房		0.05
高耸钢结构		0.01
高耸钢筋混凝土结构		0.05
混合高层结构		0.04
钢框架-钢筋混凝土核心筒		0.045

注：1. 上表仅用于多遇地震作用下的计算。
　　2. 对于罕遇地震下进行弹塑性分析时，钢结构的阻尼比可取0.05。
　　3. 结构的阻尼比主要与地震反应的放大倍数有关，如：阻尼比为0.05时，地震反应的放大倍数为2.25。

9. 弹性层间位移角限值

结构应进行多遇地震作用下的抗震变形验算，其楼层内最大的弹性层间位移角限值见表1-31。

表1-31　　　　　　　　弹性层间位移角限值

结 构 类 型		$[\theta_e]$
钢筋混凝土框架结构		1/550
钢筋混凝土框架—剪力墙、框架-核心筒、板柱-剪力墙		1/800
钢筋混凝土剪力墙、筒中筒		1/1000
钢筋混凝土框支层		1/1000
钢筋混凝土异形柱框架		1/600
钢筋混凝土异形柱框架（底部抽柱带转换层）		1/700
钢筋混凝土异形柱框架-剪力墙结构		1/850
钢筋混凝土异形柱框架-剪力墙结构（底部抽柱带转换层）		1/950
混合结构 注：当150m<H<250m时可以在1/500～1/800间线性插入		当 H≤150m　1/800 H≥250m　1/500
多、高层钢结构	在地震作用下	1/250
多、高层钢结构	在风作用下	1/400
单层钢框架结构（无桥式吊车）	在风作用下	1/150

续表

结 构 类 型			$[\theta_e]$
单层钢框架结构（有桥式吊车）		在风作用下	1/400
		在地震作用下	1/300
门式刚架轻钢结构（无桥式吊车）	采用轻型板墙体时	在风作用下	1/60
	采用砌体墙体时	在风作用下	1/240
门式刚架轻钢结构（有桥式吊车）	有驾驶室时	在风作用下	1/400
	无驾驶室时	在风作用下	1/180

注：1. 弹性层间位移角的计算是在多遇地震作用下，在弹性阶段的计算，根据我国规范提出的抗震设防三个水准的要求，采用二阶段设计方法来实现，即：在多遇地震作用下，建筑主体结构不受损坏，非结构构件没有过重破坏并导致人员伤亡，保证建筑的正常使用功能，对各类钢筋混凝土结构及钢结构要求进行多遇地震下的弹性变形验算，实现第一水准下（小震不坏）的设防要求。

2. 表中并没有对单层钢筋混凝土柱排架结构提出弹性位移角的限值，单层工业厂房的弹性层间位移角需要根据吊车使用要求加以限制，这个限制严于抗震要求，因此就不必要再对地震作用下的弹性位移加以限制了。

3. 多层工业厂房应区分结构材料（钢和混凝土）和结构类型（框、排架），分别采用相应的弹性位移值，作者认为可以适当放宽要求。

4. 此表中对于门式刚架轻钢结构是指按平面计算时的位移限制，如果满足按空间计算的条件计算时，位移值宜适当加严。

10. 结构薄弱层（部位）弹塑性层间位移角限值（表 1-32）

表 1-32   弹塑性层间位移角限值

结 构 类 型	$[\theta_e]$
单层钢筋混凝土柱排架	1/30
钢筋混凝土框架	1/50
底部框架砌体房屋中的框架-抗震墙	1/100
钢筋混凝土框架-抗震墙 板柱-抗震墙 框架-核心筒	1/100
钢筋混凝土抗震墙、筒中筒	1/120
多、高层钢结构	1/50

注：1. 弹塑性位移角限值是在罕遇地震作用下计算的，建筑的主体结构遭受破坏或严重破坏但不倒塌。这也实现第三水准"大震不倒"的抗震要求。

2. 请注意，对单层钢筋混凝土柱排架是需要限制弹塑性位移值的。

3. 多层工业厂房应区分结构材料（钢和混凝土）和结构类型（框架、排架），分别采用相应的弹塑性位移值。框架排架结构中的排架柱的弹塑性层间位移角为 1/30。

1.4 建筑结构设计需要的荷载补充及延伸

1.4.1 楼屋面活荷载取值的补充及延伸

1. 荷载分项系数（表1-33）

表1-33　　　　　　　　　　荷载分项系数

荷载种类	荷载分项系数取值
永久荷载	1. 当其效应对结构不利时： 对由可变荷载效应控制的组合，应取 $\gamma_G=1.2$； 对由永久荷载效应控制的组合，应取 $\gamma_G=1.35$。 2. 当其效应对结构有利时，应取 $\gamma_G=1.0$
可变荷载	一般情况下应取 $\gamma_Q=1.4$； 对于标准值大于 $4kN/mm^2$ 的工业建筑，楼面活荷载应取 $\gamma_Q=1.3$
其他	对结构的倾覆、滑移和漂浮验算，荷载的分项系数应按有关结构设计规范的规定采用

注：对于某些特殊情况，可以按建筑结构有关规范的规定采用。

2. 民用建筑楼面均布活荷载的标准值及其组合值、频遇值和准永久值系数（表1-34）

表1-34　民用建筑楼面均布活荷载标准值及其组合值、频遇值和准永久值系数

项次	类　别	标准值 /(kN/m²)	组合值系数 Ψ_c	频遇值系数 Ψ_f	准永久值系数 Ψ_q
1	(1) 住宅、宿舍、旅馆、办公楼、医院病房、托儿所、幼儿园 (2) 教室、试验室、阅览室、会议室、医院门诊室	2.0	0.7	0.5 0.6	0.4 0.5
2	食堂、餐厅、一般资料档案室	2.5	0.7	0.6	0.5
3	(1) 礼堂、剧场、影院、有固定座位的看台 (2) 公共洗衣房	3.0 3.0	0.7 0.7	0.5 0.6	0.3 0.5
4	(1) 商店、展览厅、车站、港口、机场大厅及其旅客等候室 (2) 无固定座位的看台	3.5 3.5	0.7 0.7	0.6 0.5	0.5 0.3
5	(1) 健身房、演出舞台 (2) 舞厅	4.0 4.0	0.7 0.7	0.6 0.6	0.5 0.3
6	(1) 书库、档案库、贮藏室 (2) 密集柜书库	5.0 12.0	0.9	0.9	0.8
7	通风机房、电梯机房	7.0	0.9	0.9	0.8

续表

项次	类别	标准值 /(kN/m²)	组合值系数 Ψ_c	频遇值系数 Ψ_f	准永久值系数 Ψ_q
8	汽车通道及停车库： (1) 单向板楼盖（板跨不小于 2m） 　客车 　消防车 (2) 双向板楼盖（板跨不小于 6m×6m）和无梁楼盖（柱网尺寸不小于 6m×6m） 　客车 　消防车	 4.0 35.0 2.5 20.0	 0.7 0.7 0.7 0.7	 0.7 0.7 0.7 0.7	 0.6 0.6 0.6 0.6
9	厨房： (1) 一般的 (2) 餐厅的	 2.0 4.0	 0.7 0.7	 0.6 0.7	 0.5 0.7
10	浴室、厕所、盥洗室： (1) 第 1 项中的民用建筑 (2) 其他民用建筑	 2.0 2.5	 0.7 0.7	 0.5 0.6	 0.4 0.5
11	走廊、门厅、楼梯： (1) 宿舍、旅馆、医院病房、托儿所、幼儿园、住宅 (2) 办公楼、教学楼、餐厅、医院门诊部 (3) 当人流可能密集时	 2.0 2.5 3.5	 0.7 0.7 0.7	 0.5 0.6 0.5	 0.4 0.5 0.3
12	阳台： (1) 一般情况 (2) 当人群有可能密集时	 2.5 3.5	 0.7	 0.6	 0.5
13	阶梯教室	3.0	0.7	—	0.6
14	微机电子计算机房	3.0	0.7	—	0.5
15	大型电子计算机房	≥5.0	0.7	—	0.7
16	银行金库及票据仓库	10.0	0.9	—	0.9
17	制冷机房、水泵房、变配电房、发电机房	8.0	0.7	—	0.9
18	设浴缸、座厕的卫生间	4.0	0.7	—	0.5
19	设有分隔的蹲厕公共卫生间（包括填料、隔断墙）	8.0	0.7	—	0.6

续表

项次	类别		标准值 /(kN/m²)	组合值系数 Ψ_c	频遇值系数 Ψ_f	准永久值系数 Ψ_q
20	管道转换层		4.0	0.7	—	0.6
21	通风机平台	≤5号通风机	6.0	0.7	—	0.85
		8号通风机	9.0	0.7	—	0.85

注：1. 本表所给各项活荷载适用于一般使用条件，当使用荷载较大或情况特殊时，应按实际情况采用。
  2. 第6项书库活荷载中当书架高度大于2m时，书库活荷载尚应按每米书架高度不小于2.5kN/m²确定。
  3. 第8项中的客车活荷载只适用于停放载人少于9人的客车；消防车活荷载适用于满载总重为300kN的大型车辆；当不符合本表的要求时，应将车轮的局部荷载按结构效应的等效原则换算为等效均布荷载。
  4. 第11项楼梯活荷载，对预制楼梯踏步平板，尚应按1.5kN集中荷载验算。
  5. 本表各项荷载不包括隔墙自重和二次装修荷载。对固定隔墙的自重应按恒荷载考虑，当隔墙位置可灵活自由布置时，非固定隔墙的自重应取每延米长墙重（kN/m）的1/3作为楼面活荷载的附加值（kN/m²）计入，附加值不小于1.0kN/m²。

3. 屋面均布活荷载及其组合值、频遇值和准永久值系数（表1-35）

表1-35   屋面均布活荷载及其组合值、频遇值和准永久值系数

项次	类别	标准值 /(kN/m²)	组合值系数 Ψ_c	频遇值系数 Ψ_f	准永久值系数 Ψ_q
1	不上人的屋面	0.5	0.7	0.5	0
2	上人的屋面	2.0	0.7	0.5	0.4
3	屋顶花园	3.0	0.7	0.6	0.5
4	屋面直升机停机坪	5.0	0.7	0.6	0

注：1. 不上人的屋面，当施工或维修荷载较大时，应按实际情况采用；对不同结构应按有关设计规范的规定，将标准值作0.2kN/m²的增减。
  2. 上人的屋面，当兼作其他用途时，应按相应楼面活荷载采用。
  3. 对于因屋面排水不畅、堵塞等引起的积水荷载，应采取构造措施加以防止；必要时，应按积水的可能深度确定屋面活荷载。
  4. 屋顶花园活荷载不包括花圃土石等材料自重。
  5. 屋面均布活荷载，不应与雪荷载同时组合。
  6. 直升机在屋面上的荷载，应乘以动力系数，对具有液压轮胎起落架的直升机可取1.4；其动力荷载只传至楼板和梁。整体计算时不考虑动力系数。

4. 商业仓库楼地面均布活荷载及其组合值、准永久值系数（表1-36）

表1-36　　商业仓库楼地面均布活荷载及其组合值、准永久值系数

项次	类别	标准值/(kN/m²)	准永久值系数 Ψ_q	组合值系数 Ψ_c	备注
1	储存容重较重的商品的楼面	20	0.8	0.9	考虑起重量10kN以内的叉车作业
2	储存容重较轻的商品的楼面	15			
3	储存较轻商品的楼面	8～10			—
4	综合商品仓库的楼面	15			考虑起重量10kN以内的叉车作业
5	各类仓库的地面	20～30			
6	单层五金原材料库房的地面	60～80			考虑载货汽车进入
7	单层包装糖库的库房的地面	40～45			
8	穿堂、走道、收发整理间楼面	10 15	0.5	0.7	— 考虑起重量10kN以内的叉车作业
9	楼梯	3.5	0.5	0.7	

5. 库房均布活荷载标准值及其组合值、准永久值系数（表1-37）

表1-37　　库房均布活荷载标准值及其组合值、准永久值系数

名称	物资类别	楼、地面	等效均布活荷载标准值 q/(kN/m²)	准永久值系数 Ψ_q	组合值系数 Ψ_c	备注
金属库	—	地面	120	—	0.9	—
机电产品库	一、二类机电产品	地面	35			堆码/货架
	三类机电产品	楼面	9/5	0.85		
	车库	楼、地面	4	0.8		
化工、轻工物资库	一、二类化工物资	地面	35			
	三类化工物资	楼、地面	18/30	0.85		
建筑材料库	—	楼、地面	20/30	0.85		
楼梯	—	—	4.0	0.5	0.7	

注：设计仓库的楼地面梁、柱、墙及基础时，楼面等效均布活荷载标准值不折减。

6. 有医疗设备的建筑楼面等效均布活荷载标准值及其组合值、准永久值系数（表1-38）

表1-38　有医疗设备建筑楼面等效均布活荷载标准值及其组合值、准永久值系数

项次	类别		标准值 $q/(kN/m^2)$	准永久值系数 Ψ_q	组合值系数 Ψ_c
1	X光室	30MA 移动式 X 光机	2.5	0.5	0.7
		200MA 诊断 X 光机	4.0	0.5	0.7
		200kV 治疗机	3.0	0.5	0.7
		X 光存片室	5.0	0.8	0.7
2	口腔科	201 型治疗台及电动脚踏升降椅	3.0	0.5	0.7
		205 型、206 型治疗台及 3704 型椅	4.0	0.5	0.7
3	消毒室	1602 型消毒柜	6.0	0.8	0.7
		2616 型治疗台及 3704 型椅	5.0	0.8	0.7
4	手术室：3000 型、3008 型万能手术床及 3001 型骨科手术台		3.0	0.5	0.7
5	产房：设 3009 型产床		2.5	0.5	0.7
6	血库：设 D-101 型冰箱		5.0	0.8	0.7

注：当医疗设备型号与表中不符时，应按实际情况采用。

7. 工业建筑屋面积灰荷载标准值及其组合值、准永久值系数（表1-39）

表1-39　工业建筑屋面积灰荷载标准值及其组合值、准永久值系数

项次	类别	标准值 $q/(kN/m^2)$			组合值系数 Ψ_c	频遇值系数 Ψ_f	准永久值系数 Ψ_q
		屋面无挡风板	屋面有挡风板				
			挡风板内	挡风板外			
1	机械厂铸造车间（冲天炉）	0.50	0.75	0.30	0.9	0.9	0.8
2	炼钢车间（氧气转炉）	—	0.75	0.30			
3	锰、铬铁合金车间	0.75	1.00	0.30			
4	硅、钨铁合金车间	0.30	0.50	0.30			
5	烧结室、一次混合室	0.50	1.00	0.20			
6	烧结厂通廊及其他车间	0.30	—	—			

续表

项次	类别	标准值 q/(kN/m²)			组合值系数 Ψ_c	频遇值系数 Ψ_f	准永久值系数 Ψ_q
		屋面无挡风板	屋面有挡风板				
			挡风板内	挡风板外			
7	水泥厂有灰源车间（窑房、磨房、联合贮库、烘干房、破碎房）	1.00	—	—	0.9	0.9	0.8
8	水泥厂无灰源车间（空气压缩机站、机修间、材料库、配电站）	0.50	—	—	0.9	0.9	0.8

注：1. 表中的积灰均布荷载，仅应用于屋面坡度 $\alpha\leqslant25°$ 的情况下；当 $\alpha\geqslant45°$ 时，可不考虑积灰均布荷载；当 $25°<\alpha<45°$ 时，可按插值法取值。

2. 清灰设施的荷载另行考虑。

3. 对第1~4项的积灰荷载，仅应用于距烟囱中心20m半径范围内的屋面；当邻近建筑在该范围内时，其积灰荷载对第1、3、4项应按车间屋面无挡风板的采用，对第2项应按车间屋面挡风板外的采用。

8. 高炉邻近建筑的屋面积灰荷载标准值及其组合值、准永久值系数（表1-40）

表1-40 高炉邻近建筑的屋面积灰荷载标准值及其组合值、准永久值系数

高炉容积 /m³	标准值 q/(kN/m²)			组合值系数 Ψ_c	频遇值系数 Ψ_f	准永久值系数 Ψ_q
	屋面离高炉距离/m					
	$\leqslant50$	100	200			
<255	0.50	—	—			
255~620	0.75	0.30	—	1.0	1.0	1.0
>620	1.00	0.50	0.30			

注：1. 表中的积灰均布荷载，仅应用于屋面坡度 $\alpha\leqslant25°$；当 $\alpha\geqslant45°$ 时，可不考虑积灰荷载；当 $25°<\alpha<45°$ 时，可按插值法取值。

2. 清灰设施的荷载另行考虑。

3. 当邻近建筑屋面离高炉距离为表内中间值时，可按插入法取值。

4. 屋面积灰荷载是冶金、铸造、水泥等行业的建筑所特有的问题。我国早已注意到这个问题，各设计、生产单位也积累了一定的经验和数据。在制订前，曾对全国15个冶金企业的25个车间、13个机械工厂的18个铸造车间及10个水泥厂的27个车间进行了一次全面系统的实际调查，调查了各车间设计时所依据的积灰荷载、现场的除尘装置和实际清灰制度，实测了屋面不同部位、不同灰源距离、不同风向下的积灰厚度，并计算其平均日积灰量，对灰的性质及其重度也做了研究。调查结果表明，这些工业建筑的积灰问题比较严重，而且其性质也比较复杂。影响积灰的主要因素是：除尘装置的使用维修情况、清灰制度执行情况、风向和风速、烟囱高度、屋面坡度和屋面挡风板等。

5. 确定积灰荷载只有在考虑工厂设有一般的除尘装置，且能坚持正常的清灰制度的前提下才有意义。对一般厂房，可以做到3~6个月清灰一次。对铸造车间的冲天炉附近，因积灰速度较快，积灰范围不大，可以做到按月清灰一次。

9. 施工和检修荷载及栏杆水平荷载

（1）设计屋面板、檩条、钢筋混凝土挑檐、雨篷和预制小梁时，施工或检修集中荷载（人和小工具的自重）应取 1.0kN，并应在最不利位置处进行验算【强规】。

注意：1）对于轻型构件或较宽构件，当施工荷载超过上述荷载时，应按实际情况验算，或采用加垫板、支撑等临时设施承受。

2）当计算挑檐、雨篷承载力时，应沿板宽每隔 1.0m 取一个集中荷载；在验算挑檐、雨篷倾覆时，应沿板宽每隔 2.5～3.0m 取一个集中荷载。

（2）楼梯、看台、阳台和上人屋面等的栏杆顶部水平荷载，应按下列规定采用：

1）住宅、宿舍、办公楼、旅馆、医院、托儿所、幼儿园，应取 0.5kN/m。

2）学校、食堂、剧场、电影院、车站、礼堂、展览馆或体育场，应取 1.0kN/m。

（3）高低跨相邻的屋面，在设计低层屋面构件时应考虑施工临时堆载荷载，该荷载不应小于 4kN/m²，并在施工图中注明。

（4）室内地下室的顶板需要考虑施工临时堆载的荷载，该值宜控制在 5kN/m² 以内，并在施工图中注明。

（5）计算地下室外墙时，其室外地面荷载取值不应小于 10kN/m²，如室外地面考虑通行车道时则应考虑车辆荷载。

（6）设计屋面板、檩条、挑檐、雨篷时，应考虑施工及检修集中荷载应取不小于 1kN，并在最不利位置进行验算。

1.4.2 风荷载的补充及延伸

1. 风速、风压、风级之间的关系（表 1-41）

表 1-41　　　　"风级"与"风速"、"风压"的关系

风级	1	2	3	4	5	6	7	8	9	10	11	12
风速 /(m/s)	1.3～1.5	1.6～3.3	3.4～5.4	5.5～7.9	8.0～10.7	10.8～13.8	13.9～17.1	17.2～20.7	20.8～24.4	24.5～28.4	28.5～32.6	32.6以上
概况	软风	轻风	微风	和风	清风	强风	疾风	大风	烈风	狂风	暴风	飓风
风压 /(kN/m²)								0.185～0.27	0.27～0.375	0.375～0.50	0.50～0.6664	0.664

注：1.《建筑结构荷载规范》7.1.2 条规定，基本风压不得小于 0.3kN/m²，相当于不小于八级风【强规】。

2.《烟囱设计规范》5.2.1 条规定，基本风压不得小于 0.35kN/m²，相当于不小于九级风【强规】。

2. 基本风压及换算系数

根据风速可以求出风压。但是注意：风速随高度、地貌等不同而不同。为了比较不同地区风速或风压大小，必须规定标准高度、地貌等对风压有影响的条件。

按规定条件而确定的风压或风速,称为基本风速或基本风压。

基本风压通常按以下5个条件来确定。如不符合这些条件,必须加以换算。

(1) 标准地貌。

我国《建筑结构荷载规范》(2006年版)(以下简称《荷载规范》)将地貌分为A、B、C、D四类。A类指近海海面、海岛、海岸、湖岸及沙漠地区;B类指田野、乡村、丛林、丘陵以及房屋比较稀疏的乡镇和城市郊区;C类指有密集建筑群的城市市区;D类指有密集建筑群且房屋较高的城市市区。我国《荷载规范》(2006年版)是以B类为标准地貌。不同地貌的换算系数见表1-42。

表1-42 不同地貌的换算系数

地貌类别	A	B	C	D
换算系数 H=10m	1.38	1.0	0.74	0.62

(2) 标准高度。

我国《荷载规范》(2006年版)是取10m为标准高度。但有的国家也有取其他高度为标准高度的。高度越高,风压也越大,风压高度变化系数可按表1-43换算。

表1-43 风压高度变化系数 μ_z

离地面或海平面高度/m	地面粗糙度类别			
	A	B	C	D
5	1.17	1.00	0.74	0.62
10	1.38	1.00	0.74	0.62
15	1.52	1.14	0.74	0.62
20	1.63	1.25	0.84	0.62
30	1.80	1.42	1.00	0.62
40	1.92	1.56	1.13	0.73
50	2.03	1.67	1.25	0.84
60	2.12	1.77	1.35	0.93
70	2.20	1.86	1.45	1.02
80	2.27	1.95	1.54	1.11
90	2.34	2.02	1.62	1.19
100	2.40	2.09	1.70	1.27
150	2.64	2.38	2.03	1.61
200	2.83	2.61	2.30	1.92
250	2.99	2.80	2.54	2.19
300	3.12	2.97	2.75	2.45
350	3.12	3.12	2.94	2.68
400	3.12	3.12	3.12	2.91
≥450	3.12	3.12	3.12	3.12

对上表的说明如下：

1) 对于山区的建筑物，风压高度变化系数可按平坦地面的粗糙度类别，由表 1-43 确定外，还应考虑地形条件的修正，修正系数分别按下述规定采用：

a. 对于山峰和山坡，其顶部 B 处的修正系数可按下述公式采用：

$$\eta_B = \left[1 + k\tan\alpha\left(1 - \frac{z}{2.5H}\right)\right]$$

式中　$\tan\alpha$——山峰或山坡在迎风面一侧的坡度；当 $\tan\alpha>0.3$ 时，取 $\tan\alpha=0.3$；

　　　k——系数，对山峰取 3.2，对山坡取 1.4；

　　　H——山顶或山坡全高（m）；

　　　z——建筑物计算位置离建筑物地面的高度（m）；当 $z>2.5H$ 时，取 $z=2.5H$。

对于山峰和山坡的其他部位，可按图 1-1 所示，取 A、C 处的修正系数 η_A、η_C 为 1，AB 间和 BC 间的修正系数按 η 的线性插值确定。

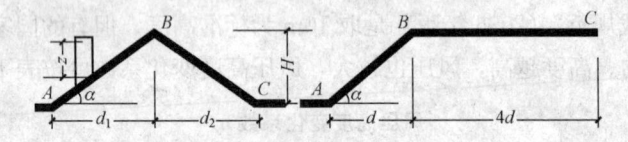

图 1-1　山峰和山坡的示意

b. 山间盆地、谷地等闭塞地形 $\eta=0.75\sim0.85$。

对于与风向一致的谷口、山口 $\eta=1.20\sim1.50$。

2) 对于远海海面和海岛的建筑物或构筑物，风压高度变化系数可按 A 类粗糙度类别，由表 1-43 确定外，还应考虑表 1-44 中给出的修正系数。

表 1-44　　　　　　远海海面和海岛的修正系数 η

距海岸距离/km	η
<40	1.0
40~60	1.0~1.1
60~100	1.1~1.2

3) 平均风速的时距。平均风速时距取的越短，则数值越大，反之越小。我国《荷载规范》（2006 年版）取 10min 为平均风速时距。但是世界各国有不同的规定。例如美国、英国、印度、刚果（金）等取的是 3s，前苏联取 2min，加拿大取 60min 等。因此应用这些国家的资料时，必须进行换算，换算系数见表 1-45。

表 1-45　　　　　　不同时距风速换算系数

风速时距	60min	10min	5min	2min	1min	30s	20s	10	5s	3s
换算系数	0.94	1	1.07	1.16	1.20	1.26	1.28	1.35	1.39	1.43

4) 最大风速的样本。由于一年为季节的轮换期，因此世界各国均取年最大风速为一样本。

5) 最大风速的重现期。由于某值的设计风速并不是每年都出现，而是间隔若干年后才出现一次，这个间隔时期，称为重现期。不同重现期的风压可按表 1-46 换算：

表 1-46　　　　　　　　不同重现期的风压换算系数

重现期（年）	100	60	50	30	20	10	5
换算系数	1.125	1.15	1.0	0.90	0.85	0.75	0.70

补充说明：《荷载规范》（2006 年版）：对一般建筑取 50 年为重现期。对于高层、高耸结构及对风荷载比较敏感的其他结构，基本风压应适当提高，并应由有关的结构设计规范具体规定。JGJ 3—2002《高层建筑混凝土结构技术规程》3.2.2 条也规定，对于特别重要的或对风荷载比较敏感的高层建筑，基本风压应按 100 年重现期考虑，并且这些要求均是强制性条文。但目前对于特别重要的高层建筑、对风荷载比较敏感的建筑，尚无统一、明确的定义，设计者无法界定，有时还很难处理。作者建议设计者可参考以下原则灵活运用。

a. 凡是 GB 50068—2001《建筑结构可靠度设计统一标准》规定的设计使用年限为 100 年和安全等级为一级的建筑均应视为特别重要的建筑，风荷载的重现期应按 100 年考虑选取。

b. 一般情况下，房屋高度大于 60m 的高层建筑可取 100 年一遇的基本风压值。但注意：对于侧向高度较大的高层建筑结构，房屋高度大于 60m 时也可取 50 年一遇的基本风压值。

c. 对风荷载是否敏感，主要与建筑的自振特性有关，如结构的自振频率和振型等。对于以振型影响的风振系数来估计风荷载的动力作用，有时不能全面反映建筑物对风荷载的动力作用，可能偏于不安全，因此需要适当提高风压值。

d. 100 年重现期的风荷载主要用于承载力极限状态设计；对于正常使用极限状态（如位移计算），也可采用 50 年重现期的风压值（基本风压）。

e. 房屋高度大于 200m 或有下列情况之一时，宜进行风洞试验判断确定建筑物的风荷载：

——平面形状或立面形状复杂；

——立面开洞或连体建筑；

——周围地形和环境较复杂。

f. 对结构平面及立面形状复杂、开洞或连体建筑及周围地形环境复杂的结构，也应进行风洞试验。对风洞试验的结果，当其与规范建议荷载存在较大差距时，设计人员应进行分析判断，合理确定建筑物的风荷载取值。

1.5 结构计算时一些热点问题的辨析

(1) 楼层扭转位移控制时为何要考虑质量偶然偏心的影响？

JGJ 3—2002《高层建筑混凝土结构技术规程》4.3.5条，分别规定了楼层最大位移（层间位移）与平均位移（层间位移）之比值的下限 1.2 和上限 1.5（或 1.4），并规定地震作用位移计算应考虑质量偶然偏心的影响。除规则结构外，考虑质量偶然偏心的要求，比现行国家标准《建筑抗震设计规范》（2010年版）的规定严格，这是高层建筑结构设计的需要，也与国外有关标准的规定一致。

(2) 当计算双向地震作用时，楼层扭转位移控制可否不考虑质量偶然偏心的影响？

《高层建筑混凝土结构技术规程》3.3.3条条文说明"当计算双向地震作用时，可不考虑质量偶然偏心的影响"，地震作用计算时，质量偶然偏心和双向地震作用可不同时考虑，并不表示判断楼层扭转位移限值时，不考虑质量偶然偏心的影响。因此，如果计算了双向地震作用，按理应再单独计算考虑质量偶然偏心的地震作用，以判断位移比是否满足要求。实际工程中，对确实需要考虑双向地震作用的结构，也可以近似按此位移进行扭转位移比控制，但位移计算应按《高层建筑混凝土结构技术规程》2.7节所述，按双向地震作用效应的规定计算。

(3) 单向与双向地震作用扭转效应有何区别？

对水平地震作用而言，只要结构的刚度中心和质量中心不重合，则必定有地震扭转效应。按《高层建筑混凝土结构技术规程》3.3.2条第2款的规定，无论单向还是双向地震作用，均应考虑地震扭转效应。单向地震作用是指每次仅考虑一个方向地震输入，其作用和作用效应可采用非耦联或耦联的振型分解反应谱方法计算，前者主要适用于简单规则的结构。单向地震作用的非耦联计算，也应考虑扭转效应（质心与刚心不重合时），但忽略了平动与扭转振型的耦联作用；单向地震作用的耦联计算，按《高层建筑混凝土结构技术规程》式（3.3.11-1）～式（3.3.11-6）进行，已包含了平扭耦联效应。目前，双向地震作用是考虑两个垂直的水平方向同时有地震输入时的作用和作用效应，每个方向的地震作用和作用效应均按《高层建筑混凝土结构技术规程》式（3.3.11-1）～式（3.3.11-6）计算，然后按式（3.3.11-7）和式（3.3.11-8）计算双向地震作用效应，并取二者的较大值。因此，在需要考虑双向水平地震作用计算的情况下，双向地震作用效应一定大于不考虑质量偶然偏心的单向地震作用效应。

(4) 质量偶然偏心和双向地震作用是否同时考虑？

质量偶然偏心和双向地震作用都是客观存在的事实，是两个完全不同的概念。在地震作用计算时，无论考虑单向地震作用还是双向地震作用，都有结构质量偶然偏心的问题；反之，不论是否考虑质量偶然偏心的影响，地震作用的多维性本来都应考虑。显然，同时考虑二者的影响计算地震作用原则上是合理的。但是，鉴于目前考虑二者影响的计算方法并不能完全反映实际地震作用情况，而是近似的计算方法，因此，二者何时分别考虑以及是否同时考虑，取决于现行规范的要求。按照《高层建筑混凝土结构技术规程》的规定，单向地震作用计算时，应考虑质量偶然偏心的影响；质量与刚度分布明显不均匀、不对称的结构，应考虑双向地震作用计算。因此，质量偶然偏心和双向地震作用的影响可不同时考虑。如此规定，主要是考虑目前计算方法的近似性以及经济方面的因素。至于考虑质量偶然偏心和考虑双向地震作用计算的地震作用效应谁更为不利，会随着具体工程而不同，或同一工程的不同部位（不同构件）而不同，不能一概而论。因此，进行结构设计时考虑二者的不利情况，显然是可取的。

(5) 如何按水平地震剪力系数最小值调整地震剪力？

对于刚度较弱、周期较长的结构，地震地面运动速度和位移输入可能对结构的破坏具有更大影响，但现行规范所采用的振型分解反应谱法对此尚不能作出估计。《高层建筑混凝土结构技术规程》3.3.13条规定了结构各层地震剪力系数（剪重比）最小值 λ，使周期较长、刚度较弱结构的地震作用不致过小。如果结构的部分楼层实际计算的地震剪力系数与规定的 λ 值相差不多，则可直接按最小剪力系数要求调整相关层的地震剪力；如果结构总地震剪力与规定的值相差较多，表明结构整体刚度偏小，宜考虑调整结构设计，适当增加结构侧向刚度，使计算的地震作用增加。地震剪力的调整可直接反映在相应楼层构件的地震内力中，不必向下层传递。对高层建筑的地下室，当嵌固部位在地下室顶板位置时，一般不要求单独核算楼层最小地震剪力系数，因为地下室的地震作用是明显衰减的。

(6) 抗震变形验算中，任一楼层位移、层间位移、层位移差有何联系和区别？为何"楼层位移计算不考虑偶然偏心的影响"？

任一楼层的位移（含顶点位移）是相对结构固定端（基底）的相对侧向位移；层间位移是上、下层侧向位移之差；层间位移角是层间位移与层高之比值。在以前的规范、规程中对结构侧向位移有顶点位移和层间位移角双重要求。实践表明，如果层间位移角得到有效控制，结构的侧移安全性和适用性均可得到满足。因此，现在的规程、规范仅保留了层间位移角的限值条件，与国外有关规范的要求相一致；同时，对150m以上的高层建筑提出了舒适度要求，即增加了结构顶点风振加速度的限制条件。楼层位移、层间位移角的要求是从宏观上保证结构具有必要的侧向刚度，结构构件基本处于弹性工作状态，非结构构件不破坏。目前，层间位移没有考虑由于结构整体转动而产生的所谓无害位移的影响。但实际上，对高度较高的房屋建筑，结构整体弯曲引起的侧移影响是不可忽视的，在《高层建筑混凝土结构技术规程》4.6.3条第2、3款已有反映，即以放宽层间位移角限值的方式加以考虑。在《高层建筑混凝土结构技术规程》4.3.5条中，规定了同一楼层最大水平位移（层间位移）与平均水平位移（层间位移）的比值限值，以限制结构的扭转效应。《高层建筑混凝土结构技术规程》4.6.3 条楼层层间位移角控制条件，采用了层间最大位移计算，考虑了扭转的影响。抗震设计中，核算楼层层间位移角限制条件时，可不考虑质量偶然偏心的影响，主要考虑到，现行规范采用楼层最大层间位移控制层间位移角已经比原规程、规范严格，而侧向位移的控制是相对宏观的要求，同时也考虑到与《建筑抗震设计规范》等国家标准保持一致。

（7）扭转周期 T_t 与平动周期 T_1 的比值要求，是否对两个主轴方向平动为主的振型都要考虑？

扭转为主的振型中，周期最长的称为第一扭转为主的振型，其周期称为扭转为主的第一自振周期 T_t。平动为主的振型中，根据确定的两个水平坐标轴方向 X、Y，可区分为 X 向平动为主的振型和 Y 向平动为主的振型。假定 X、Y 方向平动为主的第一振型（即两个方向平动为主的振型中周期最长的振型）的周期值分别记为 T_{1X} 和 T_{1Y}，并定义：$T_1=\max(T_{1X}, T_{1Y})$；$T_2=\min(T_{1X}, T_{1Y})$，则 T_1 即为《高层建筑混凝土结构技术规程》2002 版第 4.3.5 条中所说的平动为主的第一自振周期，T_2 称作平动为主的第二自振周期。

对特定的结构，T_1、T_2 的值是恒定的，究竟是 T_{1X} 还是 T_{1Y}，与水平坐标轴方向 X、Y 的选择有关。研究表明，结构扭转第一自振周期与地震作用方向的平动第一自振周期之比值，对结构的扭转效应有明显影响，当两者接近时，结构的扭转效应显著增大。《高层建筑混凝土结构技术规程》（2002 年版）4.3.5 条对结构扭转为主的第一自振周期 T_t 与平动为主的第一自振周期 T_1 之比值进行了限制，其目的就是控制结构扭转刚度，使其不能过弱，以减小扭转效应。

《高层建筑混凝土结构技术规程》（2002 年版）对扭转为主的第一自振周期 T_t 与平动为主的第二自振周期 T_2 之比值没有进行限制，主要考虑到实际工程中，单纯的一阶扭转或平动振型的工程较少，多数工程的振型是扭转和平动相伴随的，即使是平动振型，往往在两个坐标轴方向都有分量。针对上述情况，限制 T_t 与 T_1 的比值是必要的，也是合理的，具有广泛适用性；如对 T_t 与 T_2 的比值也加以同样的限制，对一般工程是偏严的要求。对特殊工程，如比较规则、扭转中心与质心相重合的结构，当两个主轴方向的侧向刚度相差过大时，可对 T_t 与 T_2 的比值加以限制，一般不宜大于 1.0。实际上，按照《建筑抗震设计规范》（2010 年版）3.5.3 条的规定，结构在两个主轴方向的侧向刚度不宜相差过大，以使结构在两个主轴方向上具有比较相近的抗震性能。

（8）何时需要考虑双向地震作用？

几乎所有地震作用都是多向性的，尤其是沿水平方向和竖向的振动作用。《高层建筑混凝土结构技术规程》（2002 年版）3.3.2 条规定了考虑双向地震作用的情况，即质量与刚度分布明显不均匀、不对称的结构。"质量与刚度分布明显不均匀、不对称"，主要看结构刚度和质量的分布情况以及结构扭转效应的大小，总体上是一种宏观判断，不同设计者的认识有一些差异是正常的，但不应产生质的差别。一般而言，可根据楼层最大位移与平均位移之比值判断，若该值超过扭转位移比下限 1.2 较多（比如 A 级高度高层建筑大于 1.4；B 级高度或复杂高层建筑等于大于 1.3），则可认为扭转明显，需考虑双向地震作用下的扭转效应计算，此时，判断楼层内扭转位移比值时，可不考虑质量偶然偏心的影响。

（9）如何判断计算结果的合理性？

目前，利用计算机软件进行高层建筑结构分析和设计是相当普遍的，而且计算软件也有多种，因此，对计算结果的合理性、可靠性进行判断是十分必要的，也是结构设计最主要的任务之一。这项工作主要以结构工程师的力学概念和丰富的工程经验为基础，一般从结构总体和局部两个方面考虑。总体上包括：所选用的计算软件是否适用以及使用是否恰当；结构的振型、周期、位移形态和量值、地震作用的分布和楼层地震剪力的大小、有效参与质量、截面配筋设计等，是否在合理的范围内；总体和局部的力学平衡条件是否得到满足。判断力平衡条件时，应针对重力荷载作用下的单工况内力进行。对局部构件，尤其是受力复杂的构件（如转换构件等），应分析其内力或应力分布是否与力学概念、工程经验相一致。

（10）PKPM 系列软件对地下室侧向约束参数为何作了调整？

1）PKPM 系列软件 2009 版 6 月之前的版本采用的参数是"回填土对地下室约束相对刚度比"。

a. 当该参数填负值时：表示需要约束的地下室层数，程序对这几层地下室侧向施加原层刚度 1000 倍的附加刚度，以达到侧向完全约束的程度。

b. 当该参数填 0 时：表示地下室侧向没有约束。

c. 当该参数填 N（$N>0$）时：表示地下室各层施加了各层原层刚度 N 倍附加刚度，以实现有限的约束。

经过多年工程实践，研究认为以上取法存在一定的问题，由于侧向约束与地下室的层刚度有关，而与回填土的性质无关，且地下室结构布置等产生的层刚度变化很大，与层刚度相关的约束参数难以把握。例如：框架地下室和剪力墙地下室层刚度差异极大，用它们的倍数计算土的侧向约束以后，相同的土层约束下对剪力墙结构的约束结果会比框架结构大很多，因此这种侧向约束参数的算法难以取得合理的约束值。

由于带剪力墙的地下室刚度常常很大，将这种刚度再放大作为土层约束以后，其约束效果常常很大，远大于土的实际约束能力，甚至大到接近于地下室顶端被嵌固。这种过大的约束往往会造成地下室的几层剪力突变，造成地下室的杆件经常超筋。这通常是不正常的计算结果，因此这种计算方法需要改进。

2）PKPM 系列软件在 2009 年 6 月版本将该参数改为用"地基土层水平抗力系数的比例系数 m（MN/m^4）"，该参数可以参照 JGJ 94—2008《建筑桩基技术规范》，参见表 1-47 的灌注桩项来取值。

表 1-47　　　　　地基土水平抗力系数的比例系数 m 值

序号	地基土类别	灌注桩 MN/m^4	相应单桩在地面处水平位移/mm
1	淤泥；淤泥质土；饱和湿陷性黄土	2.5～6	6～12
2	流塑（$I_L>1$）、软塑（$0.75<I_L\leqslant1$）状黏性土；$e>0.9$ 粉土；松散粉细砂；松散、稍密填土	6～14	4～8
3	可塑（$0.25<I_L\leqslant0.75$）状黏性土、湿陷性黄土；$e=0.75\sim0.9$ 粉土；中密填土；稍密细砂	14～35	3～6
4	硬塑（$0<I_L\leqslant0.25$）、坚硬（$I_L\leqslant0$）状黏性土、湿陷性黄土；$e<0.75$ 粉土；中密的中粗砂；密实老填土	35～100	2～5
5	中密、密实的砾砂、碎石类土	100～300	1.5～3

3）由于 m 值考虑了土的性质，通过 m 值、地下室的深度和侧向迎土面积，可以得到地下室侧向约束的附加刚度。该附加刚度与地下室层刚度无关，而与土的性质有关，所以侧向约束更加合理，也便于用户填写掌握。

4）由此看出，新版软件中该参数的概念完全改变，旧的参数是地下室楼层刚度的倍数，程序用它直接求出作用在楼层顶端的侧向刚度约束。

5）新参数是土层水平抗力系数的比例系数 m，用 m 值求出的地下室侧向刚度约束呈三角形分布，在地下室顶层处为 0，并随深度增加而增加。

6）程序将三角形的刚度仍然按照分布比例分配在楼层的上下节点上，在地下室顶层处仍作用有侧向刚度约束，不过比原方法小多了。

7）新的计算方法可以显著改进程序考虑地下室结构的计算结果，可以改变原计算方法在某些情况下计算不正常的状况。

8）SATWE、TAT、PMSAP 软件的处理方法。

a. SATWE 在地下室参数中，正值为"土层水平抗力系数的比例系数 m（MN/m^4）"，负值仍保留原有版本的意义，即为绝对嵌固层数。

b. PMSAP 在地下室参数中，正值直接为回填土刚度系数 K（kN/m^3），可以按照 m 法的计算公式 $K=1000\times M\times H$ 计算填写，PMSAP 将该刚度值按照三角形分布作用在地下室，即下边取最大值 K。该参数输入负值时含义仍为绝对嵌固层数。

c. TAT 只能在"生成数据和数据检查"时的"TAT 补充参数"中确定"土层水平抗力系数的比例系数 m（MN/m^4）"，但是，该参数不能与 SATWE 地下室中的该参数兼容，即不能和 SATWE 软件互相传递该参数取值。

由于 SATWE 等软件的地下室侧向约束参数意义的改变，用户在使用新的版本时，必须按照新的参数含义填写，否则不能得出正确的计算结果。

（11）《建筑抗震设计规范》（2010 年版）6.2.11 条的条文说明里提到的"矮

墙效应"是指什么情况？什么情况下考虑矮墙效应？如何避免矮墙效应？

一般的钢筋混凝土剪力墙的受力状态为弯剪型，而对于总高度（不是层高）与总宽度之比小于2的剪力墙，在水平地震作用下的破坏形态为剪切破坏，类似于短柱，属于脆性破坏，称为"矮墙效应"。GB 5001—2002《混凝土结构设计规范》中的内容主要是针对一般的剪力墙，不包括矮墙，如底部框架砖房的剪力墙。框支结构落地墙在框支层剪力较大，按剪跨比计算也可能出现矮墙效应。为了避免矮墙效应，可在剪力墙上开竖缝，使之成为高墙，以提高整体结构的延性。

（12）钢筋混凝土框架结构中设置了非结构的填充墙，在结构计算时应如何考虑其对主体结构的影响？

对于钢筋混凝土框架结构中设计了非结构的砌体填充墙，在结构计算时应考虑其对主体结构的影响，一般可根据实际情况及经验对结构基本周期进行折减。

周期折减系数的取值可参考《建筑抗震设计手册》（第2版），具体数值见表1-48。

表 1-48　　填充墙为实心砖时周期折减系数 Ψ_T 取值表

	Ψ_C	0.8~1.0	0.6~0.7	0.4~0.5	0.2~0.3
Ψ_T	无门窗洞	0.5 (0.55)	0.55 (0.60)	0.60 (0.65)	0.70 (0.75)
	有门窗洞	0.65 (0.70)	0.70 (0.75)	0.75 (0.80)	0.85 (0.90)

注：1. Ψ_C 为有填充墙框架数与框架总榀数之比。
　　2. 无括号的数值用于一片填充墙长 6m 左右时；括号内的数值用于一片填充墙长为 5m 左右时。
　　3. 填充墙为轻质材料或外挂墙板时周期折减系数 Ψ_T 取 0.80~0.90。
　　4. 特别要注意，由于填充墙嵌砌与框架刚性连接时，其强度和刚度对框架结构的影响，尤其要考虑填充墙不满砌时，由于墙体约束使框架柱有效长度减小，可能出现短柱，造成剪切破坏。
　　5. 周期折减是强制性条文，但折减多少则是非强制性条文。

（13）6度区的建筑是否都不需要进行地震作用计算？

《建筑抗震设计规范》（2010年版）3.3.2条和5.1.6条规定，部分建筑在6度时可不进行地震作用计算和截面抗震承载力验算，但应符合有关抗震措施要求。

对于较高的高层建筑，诸如40m高的钢筋混凝土框架房屋、高于60m的其他钢筋混凝土民用房屋和类似的工业厂房，以及高层钢结构房屋，其基本周期可能大于Ⅳ类场地的特征周期 T_g，则6度的地震作用值可能大于同一建筑在7度Ⅱ类场地的取值，此时仍需进行抗震验算；6度时不规则建筑、建造在Ⅳ类场地上较高的高层建筑，也应进行多遇地震作用下的截面验算。所以并非所有的建筑在6度时都不进行地震作用计算。

例如，6度区的丙类钢筋混凝土房屋的抗震等级，框支层柱为二级，其他结构中有部分柱为三级，部分抗震墙为三级甚至二级，抗震措施中有许多部件需进行内力调整计算。

目前计算机辅助设计的计算程序已提供了6度抗震计算的有关参数，必要时也可通过相应的程序计算来确定对应的技术措施。

1.6 超限建筑工程审查应注意的问题

1.6.1 需要进行超限审查的建筑工程

依据《超限高层建筑工程抗震设防专项审查技术要点》[建质（2010）109号文]规定：

下列工程属于超限高层建筑工程：

（1）房屋高度超过规定，包括超过《建筑抗震设计规范》第6章钢筋混凝土结构和第8章钢结构最大适用高度，超过JGJ 3—2002《高层建筑混凝土结构技术规程》第7章中有较多短肢墙的剪力墙结构、第10章中错层结构和第11章混合结构最大适用高度的高层建筑工程，见表1-49。

表1-49　　　　　　　　　　　房屋适用高度　　　　　　　　　　　（m）

结构类型		6度	7度(含0.15g)	8度(0.20g)	8度(0.30g)	9度
混凝土结构	框架	60	50	40	35	24
	框架-抗震墙	130	120	100	80	50
	抗震墙	140	120	100	80	60
	部分框支抗震墙	120	100	80	50	不应采用
	框架-核心筒	150	130	100	90	70
	筒中筒	180	150	120	100	80
	板柱-抗震墙	80	70	55	40	不应采用
	较多短肢墙	—	100	80	60	不应采用
	错层的抗震墙和框架-抗震墙	—	80	60	60	不应采用
混合结构	钢外框-钢筋混凝土筒	200	160	120	120	70
	型钢混凝土外框-钢筋混凝土筒	220	190	150	150	70
钢结构	框架	110	110	90	70	50
	框架-支撑（抗震墙板）	220	220	200	180	140
	各类筒体和巨型结构	300	300	260	240	180

注：当平面和竖向均不规则（部分框支结构指框支层以上的楼层不规则）时，其高度应比表内数值降低至少10%。

（2）房屋高度不超过规定，但建筑结构布置属于《建筑抗震设计规范》、《高层建筑混凝土结构技术规程》规定的特别不规则的高层建筑工程，见表1-50～表1-52。

表 1-50 不规则的高层建筑工程（一）

序号	不规则类型	简 要 含 义	备 注
1a	扭转不规则	考虑偶然偏心的扭转位移比大于 1.2	参见《建筑抗震设计规范》（2010年版）3.4.3 条
1b	偏心布置	偏心率大于 0.15 或相邻层质心相差大于相应边长 15%	参见《高层民用建筑钢结构技术规程》（1998 年版）3.2.2 条
2a	凹凸不规则	平面凹凸尺寸大于相应边长 30%	参见《建筑抗震设计规范》（2010年版）3.4.3 条
2b	组合平面	细腰形或角部重叠形	参见《高层建筑混凝土结构技术规程》（2002 年版）4.3.3 条
3	楼板不连续	有效宽度小于 50%，开洞面积大于 30%，错层大于梁高	参见《建筑抗震设计规范》（2010年版）3.4.3 条
4a	刚度突变	相邻层刚度变化大于 70% 或连续三层变化大于 80%	参见《建筑抗震设计规范》（2010年版）3.4.3 条
4b	尺寸突变	竖向构件位置缩进大于 25%，或外挑大于 10% 和 4m，多塔	参见《高层建筑混凝土结构技术规程》（2002 年版）4.4.5 条
5	构件间断	上下墙、柱、支撑不连续，含加强层、连体类	参见《建筑抗震设计规范》（2010年版）3.4.3 条
6	承载力突变	相邻层受剪承载力变化大于 80%	参见《建筑抗震设计规范》（2010年版）3.4.3 条
7	其他不规则	如局部的穿层柱、斜柱、夹层、个别构件错层或转换	已计入 1~6 项者除外

注：1. 深凹进平面在凹口设置连梁，其两侧的变形不同时仍视为凹凸不规则，不按楼板不连续中的开洞对待。

2. 序号 a、b 不重复计算不规则项。

3. 局部的不规则，视其位置、数量等对整个结构影响的大小判断是否计入不规则的一项。

4. 加强层宜尽可能少设，刚度不宜太大，只要能使结构在地震力、风力作用下满足规范规定的侧移限值即可；即所谓"有限刚度"的加强层，优先采用桁架形式，可以通过调整桁架腹杆刚度，使加强层即能适当弥补结构整体刚度的不足，又能尽量减少结构内力的突变。在罕遇（大震）地震作用下，宜使加强层桁架腹杆先屈服破坏，避免加强层附近的外框架柱和核心筒墙肢发生破坏。

5. 加强层水平伸臂构件宜贯通核心筒，其平面布置宜位于核心筒的转角、T 字节点处；如在布置水平伸臂构件的同时，再在周边布置环带，尽管对减少结构的整体位移影响不明显，但可使水平伸臂构件所受剪力和弯矩减小，加强层上下楼层的翘曲影响较少。

水平伸臂构件与周边框架的连接宜采用铰接或半刚接。结构内力和位移计算中，设置水平伸臂桁架的楼层宜考虑楼板平面内的变形；水平伸臂构件与周边框架的连接宜采用铰接或半刚接。结构的内力及位移计算中，对设置水平伸臂桁架的楼层应考虑楼板平面内的变形。

表 1-51　　　　　　　　　不规则的高层建筑工程（二）

序号	不规则类型	简要含义
1	扭转偏大	裙房以上的较多楼层，考虑偶然偏心的扭转位移比大于1.4
2	抗扭刚度弱	扭转周期比大于0.9，混合结构扭转周期比大于0.85
3	层刚度偏小	本层侧向刚度小于相邻上层的50%
4	高位转换	框支墙体的转换构件位置：7度超过5层，8度超过3层
5	厚板转换	7～9度设防的厚板转换结构
6	塔楼偏置	单塔或多塔与大底盘的质心偏心距大于底盘相应边长20%
7	复杂连接	各部分层数、刚度、布置不同的错层； 连体两端塔楼高度、体型或者沿大底盘某个主轴方向的振动周期显著不同的结构
8	多重复杂	结构同时具有转换层、加强层、错层、连体和多塔等复杂类型中的3种

注：1. 仅前后错层或左右错层属于表 1-50 中的一项不规则。
　　2. 多数楼层同时前后、左右错层属于本表的复杂连接。

表 1-52　　　　　　　　　　其 他 高 层 建 筑

序号	简称	简要含义
1	特殊类型高层建筑	《建筑抗震设计规范》、《高层建筑混凝土结构技术规程》和《高层民用建筑钢结构技术规程》暂未列入的其他高层建筑结构，特殊形式的大型公共建筑及超长悬挑结构，特大跨度的连体结构等
2	超限大跨空间结构	屋盖的跨度大于120m，或悬挑长度大于40m，或单向长度大于300m，屋盖结构形式超出常用空间结构形式的大型列车客运候车室、一级汽车客运候车楼、一级港口客运站、大型航站楼、大型体育场馆、大型影剧院、大型商场、大型博物馆、大型展览馆、大型会展中心，以及特大型机库等

注：表中大型建筑工程的范围，参见 GB 50223—2008《建筑工程抗震设防分类标准》。

　　(3) 高度大于 24m 且屋盖结构超出 JGJ 7—1991《网架结构设计与施工规程》和 JGJ 61—2003《网壳结构技术规程》规定的常用形式的大型公共建筑工程（暂不含轻型的膜结构）。

　　说明：(1) 当规范、规程修订后，最大适用高度等数据相应调整。

　　(2) 具体工程的界定遇到问题时，可从严考虑或向全国、工程所在地省级超限高层建筑工程抗震设防专项审查委员会咨询。

1.6.2　超限建筑工程审查工程申报材料的基本内容

　　(1) 建设单位申报抗震设防专项审查时，应提供以下资料：

　　1) 超限高层建筑工程抗震设防专项审查申报表（至少5份）。

　　2) 建筑结构工程超限设计的可行性论证报告（至少5份）。

3) 建设项目的岩土工程勘察报告。
4) 结构工程初步设计计算书（主要结果，至少5份）。
5) 初步设计文件（建筑和结构工程部分，至少5份）。
6) 当参考使用国外有关抗震设计标准、工程实例和震害资料及计算机程序时，应提供理由和相应的说明。
7) 进行模型抗震性能试验研究的结构工程，应提交抗震试验研究报告。

(2) 申报抗震设防专项审查时提供的资料，应符合下列具体要求：

1) 高层建筑工程超限设计可行性论证报告应说明其超限的类型（如高度、转换层形式和位置、多塔、连体、错层、加强层、竖向不规则、平面不规则、超限大跨空间结构等）和程度，并提出有效控制安全的技术措施，包括抗震技术措施的适用性、可靠性，整体结构及其薄弱部位的加强措施和预期的性能目标。

2) 岩土工程勘察报告应包括岩土特性参数、地基承载力、场地类别、液化评价、剪切波速测试成果及地基方案。当设计有要求时，应按规范规定提供结构工程时程分析所需的资料。处于抗震不利地段时，应有相应的边坡稳定评价、断裂影响和地形影响等抗震性能评价内容。

3) 结构设计计算书应包括：软件名称和版本、力学模型、电算的原始参数（是否考虑扭转耦连、周期折减系数、地震作用修正系数、内力调整系数、输入地震时程记录的时间、台站名称和峰值加速度等）、结构自振特性（周期，扭转周期比，对多塔、连体类含必要的振型）、位移、扭转位移比、结构总重力和地震剪力系数、楼层刚度比、墙体（或筒体）和框架承担的地震作用分配等整体计算结果，主要构件的轴压比、剪压比和应力比控制等。

对计算结果应进行分析。采用时程分析时，其结果应与振型分解反应谱法的计算结果进行总剪力和层剪力沿高度分布等的比较。对多个软件的计算结果应加以比较，按规范的要求确认其合理性、有效性。

4) 初步设计文件的深度应符合《建筑工程设计文件编制深度的规定》(2008年版)的要求，设计说明要有建筑抗震设防分类、设防烈度、设计基本地震加速度、设计地震分组、结构的抗震等级等内容。

5) 抗震试验数据和研究成果，要有明确的适用范围和结论。

1.6.3 超限建筑工程专项审查的控制条件

(1) 抗震设防专项审查的重点是结构抗震安全性和预期的性能目标。为此，超限工程的抗震设计应符合下列最低要求：

1) 严格执行规范、规程的强制性条文，并注意系统掌握、全面理解其准确内涵和相关条文。

2) 不应同时具有转换层、加强层、错层、连体和多塔等五种类型中的四种及以上的复杂类型。

3) 房屋高度在《高层建筑混凝土结构技术规程》（2002年版）B级高度范围内且比较规则的高层建筑应按《高层建筑混凝土结构技术规程》执行。其余超限工程，为达到安全，应根据不规则项的多少、程度和薄弱部位，明确提出比现行规范、规程的规定更严格的针对性强的抗震措施或预期性能目标。其中，房屋高度超过《高层建筑混凝土结构技术规程》的B级高度以及房屋高度、平面和竖向规则性等三方面均不满足规定时，应提供达到预期性能目标的充分依据，如试验研究成果、所采用的抗震新技术和新措施以及不同结构体系的对比分析的详细论证。

4) 在现有技术和经济条件下，当结构安全与建筑形体等方面出现矛盾时，应以安全为重；建筑方案（包括局部方案）设计应服从结构安全的需要。

(2) 对超高很多或结构体系特别复杂、结构类型特殊的工程，当没有可借鉴的设计依据时，应选择整体结构模型、结构构件、部件或节点模型进行必要的抗震性能试验研究。

1.6.4 超限建筑工程专项审查的内容

专项审查的内容主要包括：
(1) 建筑抗震设防依据。
(2) 场地勘察成果。
(3) 地基和基础的设计方案。
(4) 建筑结构的抗震概念设计和性能目标。
(5) 总体计算和关键部位计算的工程判断。
(6) 薄弱部位的抗震措施。
(7) 可能存在的其他问题。

对于特殊体型或风洞试验结果与《荷载规范》规定相差较大的风荷载取值，以及特殊超限高层建筑工程（规模大、高宽比大等）的隔震、减震技术，宜由相关专业的专家在抗震设防专项审查前进行专门论证。

1.6.5 超限建筑工程设计应注意的问题

1. 建筑结构抗震概念设计

(1) 各种类型的结构应有其合适的使用高度、单位面积自重和墙体厚度。结构的总体刚度应适当（含两个主轴方向的刚度协调符合规范的要求），变形特征应合理；楼层最大层间位移和扭转位移比符合规范、规程的要求。

(2) 应明确多道防线的要求。框架与墙体、筒体共同抗侧力的各类结构中，框架部分地震剪力的调整应依据其超限程度比规范的规定适当增加。主要抗侧力构件中沿全高不开洞的单肢墙，应针对其延性不足采取相应措施。

（3）超高时应从严掌握建筑结构规则性的要求，明确竖向不规则和水平向不规则的程度，应注意楼板局部开大洞导致较多数量的长短柱共用和细腰形平面可能造成的不利影响，避免过大的地震扭转效应。对不规则建筑的抗震设计要求，可依据抗震设防烈度和高度的不同有所区别。

主楼与裙房间设置防震缝时，缝宽应适当加大或采取其他措施。

（4）应避免软弱层和薄弱层出现在同一楼层。

（5）转换层应严格控制上下刚度比；墙体通过次梁转换和柱顶墙体开洞，应有针对性的加强措施。水平加强层的设置数量、位置、结构形式，应认真分析比较；伸臂的构件内力计算宜采用弹性膜楼板假定，上下弦杆应贯通核心筒的墙体，墙体在伸臂斜腹杆的节点处应采取措施，避免应力集中导致破坏。

（6）多塔、连体、错层等复杂体型的结构，应尽量减少不规则的类型和不规则的程度；应注意分析局部区域或沿某个地震作用方向上可能存在的问题，分别采取相应的加强措施。

（7）当结构的连接薄弱时，应考虑连接部位各构件的实际构造和连接的可靠程度，必要时可取结构整体模型和分开模型计算的不利情况，或要求某部分结构在设防烈度下保持弹性工作状态。

（8）注意加强楼板的整体性，避免楼板的削弱部位在大震下发生受剪破坏；当楼板在板面或板厚内开洞较大时，宜进行截面受剪承载力验算。

（9）出屋面结构和装饰构架自身较高或体型相对复杂时，应参与整体结构分析，材料不同时还需适当考虑阻尼比不同的影响，应特别加强其与主体结构的连接部位。

（10）高宽比较大时，应注意复核地震作用下地基基础的承载力和稳定。

2. 结构抗震性能目标的确定

（1）根据结构超限情况、震后损失、修复难易程度和大震不倒等确定抗震性能目标。即在预期水准（如中震、大震或某些重现期的地震）的地震作用下结构、部位或结构构件的承载力、变形、损坏程度及延性的要求。

（2）选择预期水准的地震作用设计参数时，中震和大震可仍按规范的设计参数采用。

（3）结构提高抗震承载力目标举例：水平转换构件在大震下受弯、受剪极限承载力复核。竖向构件和关键部位构件在中震下偏压、偏拉、受剪屈服承载力复核，同时受剪截面满足大震下的截面控制条件。竖向构件和关键部位构件中震下偏压、偏拉、受剪承载力设计值复核。

（4）确定所需的延性构造等级。中震时出现小偏心受拉的混凝土构件应采用《高层建筑混凝土结构技术规程》（2002年版）中规定的特一级构造，拉应力超过混凝土抗拉强度标准值时宜设置型钢。

（5）按抗震性能目标论证抗震措施（如内力增大系数、配筋率、配箍率和含钢率）的合理可行性。

3. 结构计算分析模型和计算结果分析

（1）正确判断计算结果的合理性和可靠性，注意计算假定与实际受力的差异（包括刚性板、弹性膜、分块刚性板的区别），通过结构各部分受力分布的变化，以及最大层间位移的位置和分布特征，判断结构受力特征的不利情况。

（2）结构总地震剪力以及各层的地震剪力与其以上各层总重力荷载代表值的比值，应符合抗震规范的要求，Ⅲ、Ⅳ类场地时尚宜适当增加（如10%左右）。当结构底部的总地震剪力偏小需调整时，其以上各层的剪力也均应适当调整。

（3）结构时程分析的嵌固端应与反应谱分析一致，所用的水平、竖向地震时程曲线应符合规范要求，持续时间一般不小于结构基本周期的5倍（即结构屋面对应于基本周期的位移反应不少于5次往复）；弹性时程分析的结果也应符合规范的要求，即采用3组时程时宜取包络值，采用7组时程时可取平均值。

（4）软弱层地震剪力和不落地构件传给水平转换构件的地震内力的调整系数取值，应依据超限的具体情况大于规范的规定值；楼层刚度比值的控制值仍需符合规范的要求。

（5）上部墙体开设边门洞等的水平转换构件，应根据具体情况加强；必要时，宜采用重力荷载下不考虑墙体共同工作的手算复核。

（6）跨度大于24m的连体计算竖向地震作用时，宜参照竖向时程分析结果确定。

（7）错层结构各分块楼盖的扭转位移比，应利用电算结果进行手算复核。

（8）对于结构的弹塑性分析，高度超过200m应采用动力弹塑性分析；高度超过300m应做两个独立的动力弹塑性分析。计算应以构件的实际承载力为基础，着重于发现薄弱部位和提出相应的加强措施。

（9）必要时（如特别复杂的结构、高度超过200m的混合结构、大跨空间结构、静载下构件竖向压缩变形差异较大的结构等），应有重力荷载下的结构施工模拟分析，当施工方案与施工模拟计算分析不同时，应重新调整相应的计算。

（10）当计算结果有明显疑问时，应另行专项复核。

4. 结构抗震加强措施

（1）对抗震等级、内力调整、轴压比、剪压比、钢材的材质选取等方面的加强，应根据烈度、超限程度和构件在结构中所处部位及其破坏影响的不同，区别对待、综合考虑。

（2）根据结构的实际情况，采用增设芯柱、约束边缘构件、型钢混凝土或钢管混凝土构件，以及减震耗能部件等提高延性的措施。

（3）抗震薄弱部位应在承载力和细部构造两方面有相应的综合措施。

5. 岩土工程勘察成果

（1）波速测试孔数量和布置应符合规范要求；测量数据的数量应符合规定。

（2）液化判别孔和砂土、粉土层的标准贯入锤击数据以及黏粒含量分析的数量应符合要求；水位的确定应合理。

（3）场地类别划分、液化判别和液化等级评定应准确、可靠；脉动测试结果仅作为参考。

（4）处于不同场地类别的分界附近时，应要求用内插法确定计算地震作用的特征周期。

6. 地基和基础的设计方案

（1）地基基础类型合理，地基持力层选择可靠。

（2）主楼和裙房设置沉降缝的利弊分析正确。

（3）建筑物总沉降量和差异沉降量控制在允许的范围内。

7. 试验研究成果和工程实例、震害经验

（1）对按规定需进行抗震试验研究的项目，要明确试验模型与实际结构工程相符的程度以及试验结果可利用的部分。

（2）借鉴国外经验时，应区分抗震设计和非抗震设计，了解是否经过地震考验，并判断是否与该工程项目的具体条件相似。

（3）对超高很多或结构体系特别复杂、结构类型特殊的工程，宜要求进行实际结构工程的动力特性测试。

1.6.6 超大跨度建筑工程审查的主要内容

1. 可行性论证报告

（1）明确所采用的大跨屋盖的结构形式和具体的结构安全控制荷载和控制目标。

（2）列出所采用的屋盖结构形式与常用结构形式在振型、内力分布、位移分布特征等方面的不同。

（3）明确关键杆件和薄弱部位，提出有效控制屋盖构件承载力和稳定的具体措施，详细论证其技术可行性。

2. 结构计算分析

（1）作用和作用效应组合。

设防烈度为 7 度（0.15g）及以上时，屋盖的竖向地震作用应参照时程分析结果按支承结构的高度确定。

基本风压和基本雪压应按 100 年一遇采用；屋盖体型复杂时，屋面积雪分布系数、风荷载体型系数和风振系数，应比规范要求大或经风洞试验等方法确定；屋盖坡度较大时尚宜考虑积雪融化可能产生的滑落冲击荷载。尚可依据当地气象资料考虑可能超出荷载规范的风力。

温度作用应按合理的温差值确定。应分别考虑施工、合拢和使用三个不同时期各自的不利温差。

除有关规范、规程规定的作用效应组合外，应增加考虑竖向地震为主的地震作用效应组合。

（2）计算模型和设计参数。

屋盖结构与支承结构的主要连接部位的构造应与计算模型相符。计算模型应计入屋盖结构与下部结构的协同作用。整体结构计算分析时，应考虑支承结构与屋盖结构不同阻尼比的影响。若各支承结构单元动力特性不同且彼此连接薄弱，应采用整体模型与分开单独模型进行静载、地震、风力和温度作用下各部位相互影响的计算分析的比较，合理取值。

应进行施工安装过程中的内力分析。地震作用及使用阶段的结构内力组合，应以施工全过程完成后的静载内力为初始状态。

除进行重力荷载下几何非线性稳定分析外，必要时应进行罕遇地震下考虑几何和材料非线性的弹塑性分析。

超长结构（如大于400m）应按《建筑抗震设计规范》（2010年版）的要求考虑行波效应的多点和多方向地震输入的分析比较。

3. 屋盖构件的抗震措施

（1）明确主要传力结构杆件，采取加强措施。

（2）从严控制关键杆件应力比及稳定要求。在重力和中震组合下以及重力与风力组合下，关键杆件的应力比控制应比规范的规定适当加严。

（3）特殊连接构造及其支座在罕遇地震下安全可靠，并确保屋盖的地震作用直接传递到下部支承结构。

（4）对某些复杂结构形式，应考虑个别关键构件失效导致屋盖整体连续倒塌的可能。

4. 屋盖的支承结构

（1）支座（支承结构）差异沉降应严格控制。

（2）支承结构应确保抗震安全，不应先于屋盖破坏；当其不规则性属于超限专项审查范围时，应符合本技术要点的有关要求。

（3）支座采用隔震、滑移或减震等技术时，应有可行性论证。

第2章 建筑结构设计的基本原则及主要抗震技术措施

2.1 建筑结构设计的基本原则

(1) 建筑结构设计中,要结合工程具体情况精心设计,做到安全适用、经济合理、技术先进和确保质量。

(2) 设计前,必须对建筑物的安全性、耐久性和舒适性等使用要求,以及施工技术条件、材料供应情况及工程地质、地形等情况进行补充调查研究,做到心中有数,以使设计符合实际情况。

(3) 在确保工程质量与安全的前提下,结构设计应积极采用和推广成熟的新结构、新技术、新材料和新工艺,所选结构设计方案应有利于加快建设速度。

(4) 在设计中,应与建筑专业、设备专业和施工单位密切配合。设计应重视结构的选型、结构计算和结构构造,根据功能要求选用安全适用、经济合理、便于施工的结构方案。

1) 结构选型是结构设计的首要环节,必须慎重对待。对高风压区和地震区应力求选用承载能力高,抗风力及抗地震作用性能好的结构体系和结构布置方案,应使选用的结构体系受力明确、传力简捷。

2) 结构计算是结构设计的基础,计算结果是结构设计的依据,必须认真对待。设计中选择合适的计算假定、计算简图、计算方法及计算程序,是得到正确计算结果的关键。当前结构设计中大量采用计算机,设计中必须保证输入信息和数据正确无误,对计算结果进行仔细分析,保证安全。

3) 结构构造是结构设计的保证,构造设计必须从概念设计入手,加强连接,保证结构有良好的整体性、足够的强度和适当的刚度。对有抗震设防要求的结构,尚应保证结构的弹塑性和延性;对结构的关键部位和薄弱部位,以及施工操作有一定困难的部位或将来使用上可能有变化的部位,应采取加强构造措施,并在设计中适当留有余地,以策安全。

4) 在设计中选用构、配件标准图和通用图时,应按次序采用国家标准图、区标准图和省通用图,并应结合工程的具体使用情况,对构、配件的设计、计算和构造进行必要的复核和修改补充,以保证结构安全和设计质量。

5) 建筑物所在地区的抗震烈度应由工程地质勘察报告提供。工程中如发现实际情况与《建筑抗震设计规范》(2010年版)附录A的基本烈度表有矛盾时,应协助建设单位委托有关部门做进一步的地震烈度论证再予采用。

6) 民用建筑结构设计尚应符合 GB 50016—2006《建筑设计防火规范》及《高层民用建筑设计防火规范》(2001年版)等有关条文的要求，应根据建筑的耐火等级、燃烧性能和耐火极限，正确地选择结构与构件的防火与抗火措施，如相应保护层厚度等。

2.2 建筑结构抗震设计的基本原则

1. 抗震设计基本规定

(1) 抗震设防烈度为6度及以上地区的建筑，必须进行抗震设防设计。【强规】

(2) 抗震设防烈度必须按国家规定的权限审批颁发的文件（图件）确定。【强规】

(3) 按照《建筑抗震设计规范》(2010年版)：抗震设计所能达到的抗震设防目标是："小震不坏、中震可修、大震不倒"。

(4) 建筑设计应符合抗震概念设计的要求，不规则的建筑方案应按规定采取加强措施；特别不规则的建筑方案应进行专门研究和论证，采取特别的加强措施；不应采用严重不规则的设计方案。【强规】

(5) 结构体系应符合下列各项要求：【强规】

1) 应具有明确的计算简图和合理的地震作用传递途径。

2) 应避免因部分结构或构件破坏而导致整个结构丧失抗震能力或对重力荷载的承载能力。

3) 应具备必要的抗震承载力、良好的变形能力和消耗地震能量的能力。

4) 对可能出现的薄弱部位，应采取措施提高抗震能力。

(6) 结构体系尚宜符合下列各项要求：

1) 宜有多道抗震防线。

2) 宜具有合理的刚度和承载力分布，避免因局部削弱或突变形成薄弱部位，产生过大的应力集中或塑性变形集中。

3) 结构在两个主轴方向的动力特性宜相近。

2. 建筑场地合理选择

(1) 建筑场地应优先选择开阔平坦地形、较薄覆盖层和均匀密实土层的地段。地震时深厚软弱土层是以长周期振动分量为主导，输入地震能量增多，对建造其上的高楼等较长周期建筑不利。

(2) 因条件限制需在条状突出山嘴、孤立山丘、土梁、陡坡边缘、河岸边等抗震不利地段建造房屋时，应考虑不利地形对设计地震动参数可能产生的放大作用，将地震影响系数最大值乘以增大系数1.2~1.6。

(3) 土体内存在液化土夹层或润滑黏土夹层的斜坡地段，地震时其上土层可能发生大面积滑移，用作建筑场地时，应采取有效防治措施。

（4）软土地区，河岸边宽约5～10倍河床深度的地带，地震时可能产生多条平行河流方向的地面裂隙，用作建筑场地时，应采取有效的应对措施。

（5）应探明场地内是否存在发震断裂带，并按《建筑抗震设计规范》（2010年版）4.1.7条要求评价断裂对工程的影响。

（6）场地划分为四类，建筑场地的类别应根据土层等效剪切波速和覆盖层厚度按《建筑抗震设计规范》（2010年版）4.1.6条【强规】确定。一般的地基处理和桩基均不能改变场地的类别。

3. 地基和基础合理选择

（1）同一结构单元不宜部分采用天然地基、部分采用人工地基，同一结构单元的基础不宜设置在性质截然不同的地基上。无法避免时，应视工程情况采取措施清除或减小地震期间不同地基的差异沉降量。

（2）建筑地基范围内的砂土和饱和粉土（不含黄土），应按《建筑抗震设计规范》（2010年版）4.3节的规定进行液化判别和地基处理。

（3）地基受力层范围内存在软弱黏性土层与湿陷性黄土时，应结合具体情况综合考虑，采用桩基地基加固处理或《建筑抗震设计规范》（2010年版）4.3.9条的各项措施；也可根据地基承受的压力估算地震时软土可能产生的震陷量，采取相应的工程措施。

4. 建筑体形与刚度的合理选择

（1）建筑的平面形状及其抗侧力构件的平面布置宜简单、规则、对称。多层、高层建筑平面的外突部分尺寸，宜满足《高层建筑混凝土结构技术规程》（2002年版）表4.3.3的要求。

（2）建筑的立面形状宜简单、规则、对称，结构的侧向刚度和水平承载力沿高度宜均匀变化，自下而上逐渐减小，避免出现突变。多层、高层建筑立面内收或外挑的尺寸，宜符合《高层建筑混凝土结构技术规程》（2002年版）4.4.5条的规定。

（3）当建筑存在《建筑抗震设计规范》（2010年版）表3.4.3-1或表3.4.3-2所列举的平面或竖向不规则类型时，应按规范3.4.4条的规定进行水平地震作用计算和内力调整，并采取相应的抗震构造措施。

（4）建筑结构方案不宜采用"不规则"，尽量避免采用"特别不规则"，不得采用"严重不规则"。三种级别的"不规则"分别指：

1）两项达到《建筑抗震设计规范》（2010年版）表3.4.3-1、2中的指标。

2）多项达到两个表中的指标或某一两项超过表中指标。

3）多项超过两个表中的指标。

（5）带大底盘的高层建筑，塔楼与裙房宜同心布置。当塔楼与裙房之间不设防震缝时，塔楼在裙房屋面以上第一层，柱的上、下端弯矩宜乘以增大系数1.25～1.5。

5. 结构材料与延性的合理选择

（1）按照结构延性系数的大小排序，依次是钢结构、钢管混凝土结构、型钢混凝土结构、钢筋混凝土结构、配筋砌体结构、砌体结构。

（2）结构的延性系数大，说明结构抗震的变形能力大，结构的耐震性能好。因此，有条件时，建筑的主体结构宜采用延性系数较大的结构材料。

（3）防止脆性破坏，使结构能达到其自身最大延性，宜采取以下措施：

1）对砌体结构，采用圈梁和构造柱来约束墙体。

2）对钢筋混凝土构件，合理确定截面尺寸，恰当配置纵筋和箍筋（抗剪斜筋），加强钢筋的锚固，避免剪切破坏先于弯曲破坏、混凝土压溃先于钢筋屈服、钢筋粘结锚固失效先于杆件破坏。

3）对钢构件，合理确定板件宽厚比，防止局部屈曲；强化杆件连接，使屈服截面远离杆件节点。

6. 结构体系的合理选择

（1）应能制定出明确的、当前计算手段能解决的平面或空间计算简图。

（2）应具有合理的、直接的或基本直接的传力途径。部分框架柱、抗震墙不落地或在某楼层中断，则需要通过楼盖或水平转换构件迂回传递地震力，属于间接传力途径，不利于抗震，应按《建筑抗震设计规范》（2010年版）3.4.3条等有关规定采取加强措施。

（3）应避免因少数脆弱构件或节点等薄弱环节的破坏而导致整个结构传力路线中断、丧失抗震能力或承重能力。非成对设置的单斜杆竖向支撑、弱柱型框架、不合理的水平转换构件、侧向刚度或水平承载力不足的柔弱楼层，均属不安全构件。

（4）应具有足够的侧向刚度、较强的水平承载力、良好的变形能力、能吸收和耗散较多的地震输入能量。

（5）宜采用具有多道抗震防线的剪切型构件和弯曲型构件并用的双重或多重结构体系，例如，框-墙体系、框-撑体系、筒中筒体系等。若采用框架体系、剪力墙体系等单一结构体系时，应分别符合"强柱弱梁、强剪弱弯、强节点弱构件"的抗震设计理念。

（6）宜具有尽可能多的超静定次数，确保结构具有较大赘余度和内力重分配功能，在地震作用下，整个结构能形成总体屈服机制而不发生楼层屈服机制。强柱型框架、偏心（偏交）支撑、强剪型支撑、联肢墙等属总体屈服机制型构件。

（7）沿结构平面和竖向，各抗侧力构件宜具有合理的刚度和承载力分布，避免因局部削弱或突变形成柔弱楼层或薄弱部位，产生过大的应力集中或塑性变形集中。

（8）结构在纵、横两个主轴方向的动力特性宜相近。

（9）采用钢筋混凝土"部分框支抗震墙"结构体系的高层建筑，当框支柱采用钢管混凝土柱或型钢混凝土柱时，应视底部框支层数的多少及上部与下部楼层侧向刚度比值的大小，确定是否采取下列措施：

1) 框支层的钢筋混凝土核心筒墙体内增设型钢暗框架。

2) 框支柱计入包含塑性变形集中侧移的重力二阶效应。

3) 按《高层建筑混凝土结构技术规程》（2002年版）附录E计算转换层上、下楼层的侧向刚度比。

7. 房屋高度和高宽比的合理选择

钢结构、钢-混凝土混合结构、型钢混凝土结构、钢筋混凝土结构房屋的最大适用高度和高宽比，应分别符合《高层建筑混凝土结构技术规程》（2002年版）1.0.2条和《建筑抗震设计规范》（2010年版）8.1.1条和8.1.2条、《高层建筑混凝土结构技术规程》（2002年版）11.1.2和11.1.3条、JGJ 138—2001《型钢混凝土组合结构技术规程》4.2.3条、《建筑抗震设计规范》（2010年版）6.1.1条和《高层建筑混凝土结构技术规程》（2002年版）4.2.2、4.2.3条的规定。

8. 结构分析模型的合理选择

(1) 多遇地震作用下建筑结构的内力和变形分析，结构构件处于弹性工作状态，采用线性静力方法或线性动力方法。

(2) 罕遇地震作用下建筑结构的弹塑性变形分析，根据结构特点采用静力弹塑性分析方法或弹塑性时程分析方法。

(3) 进行结构弹性分析时，各层楼（屋）盖应根据其平面内变形状况确定为刚性、半刚性或柔性横隔板。质量和侧向刚度分布基本对称且楼（屋）盖可视为刚性横隔板的结构，可采用平面结构模型进行抗震分析，半刚性楼盖结构应采用空间结构模型进行抗震分析。

(4) 竖向支撑的斜杆，不论其端部与梁、柱的连接构造属铰接或刚接，均按铰接杆计算。

(5) 对钢结构、钢-混凝土混合结构，应考虑重力荷载下各柱和墙因弹性压缩、混凝土收缩徐变的竖向变形差，对钢柱下料长度、刚接钢梁内力所产生的影响。

(6) 对"核心筒-刚臂-框架"体系，刚臂（伸臂桁架）与周边框架柱的连接宜采用铰接或半刚接，并应计入外柱与混凝土筒体竖向变形差引起的桁架杆内力的变化。

(7) 下列建筑应采用弹性时程分析法进行多遇烈度地震作用下的"补充"计算，结构地震作用效应宜取3条以上地震时程曲线计算结果的平均值与振型分解反应谱法计算结果两者的较大值。

注意：所谓"补充"计算主要指对计算结果的底部剪力楼层剪力和层间位移进行比较，当时程分析法大于振型分解反应谱法时，相关部位的构件内力和配筋作相应的调整。

1) 甲类建筑结构。

2)《建筑抗震设计规范》(2010 年版)表 5.1.2-1 所列的乙、丙类高层建筑。

3)《建筑抗震设计规范》(2010 年版)所规定的特别不规则的建筑结构。

4) 复杂高层建筑结构：带转换层的结构、带加强层的结构、错层结构、连体结构、多塔楼结构。

5) 质量沿竖向分布特别不均匀的高层建筑结构。

9. 结构构件设计

由历次地震中建筑物破坏和倒塌的过程可以看出，建筑物在地震时要免于倒塌和严重破坏，结构中杆件发生强度屈服的顺序应该符合下列条件：

杆件先于节点；梁先于柱；弯曲破坏先于剪切破坏；受拉屈服先于受压破坏；就是说，一栋建筑遭遇地震时，其抗侧力体系中的构件（如框架）的破坏过程应该是：梁、柱或斜撑杆件的屈服先于框架节点；梁的屈服又先于柱的屈服；而且梁和柱的弯曲屈服在前，剪切屈服在后；杆件截面产生塑性铰的过程，则是受拉屈服在前，受压破坏在后。这样，构件发生变形时，均具有较好的延性，而不是混凝土被压碎的脆性破坏。即各环节的变形中，塑性变形成分远大于弹性变形成分。那么，这栋建筑就具有较高的耐震性能。

为使抗侧力构件的破坏状态和过程能符合上述准则，进行构件设计时，需要遵循以下设计准则："强节点弱杆件"、"强柱弱梁"、"强剪弱弯"、"强压弱拉"。

(1) 钢筋混凝土框架、框筒的设计宜符合"四强、四弱"准则：

1) "强节点弱杆件"——框架梁-柱节点域的截面抗震验算，应符合《建筑抗震设计规范》(2010 年版) 附录 D 的要求，使杆件破坏先于节点破坏。

2) "强柱弱梁"——框架各楼层节点的柱端弯矩设计值，应符合《建筑抗震设计规范》(2010 年版) 6.2.2、6.2.3、6.2.6 和 6.2.10 条的要求，使梁端破坏先于柱端破坏。

3) "强剪弱弯"——框架梁、柱的截面尺寸应满足《建筑抗震设计规范》(2010 年版) 6.3.1, 6.3.3 条的要求，框架梁端截面和框架柱的剪力设计值，应分别符合《建筑抗震设计规范》(2010 年版) 6.2.4、6.2.5 条的要求，使梁柱的弯曲破坏先于剪切破坏。

4) "强压弱拉"——框架柱的截面尺寸应满足《建筑抗震设计规范》(2010 年版) 6.3.5 条的要求。框架梁、柱的纵向受拉钢筋和箍筋的配置，应分别符合《建筑抗震设计规范》6.3.3、6.3.7 条和 6.3.8～6.3.10 条的要求，使梁、柱截面受拉区钢筋的屈服先于受压区混凝土的压碎。

(2) 有地震作用效应组合时，仅重力荷载作用下可考虑对钢筋混凝土框架梁端的负弯矩设计值以调幅系数进行调幅。

(3) 钢筋混凝土结构高层建筑中、上段的设备层（兼作结构转换层的情况除外），因层高突然减小，使全部框架柱的剪跨比均不大于 2 时，对剪跨比不大于 2 但不小于 1.5 的柱的轴压比限值应比剪跨比大于 2 的数值减小 0.05，对剪跨比小于 1.5 的柱的轴压比限值应专门研究并采取特殊构造措施；对剪跨比均不大于 2 的柱的箍筋加密区取柱全高范围，其箍筋加密区范围内的最小体积配箍率，应符合《建筑抗震设计规范》（2010 年版）6.3.9 条的规定。

（4）设置地下室的多层、高层建筑，地下结构钢筋混凝土柱和型钢混凝土柱的轴压比限值可按《建筑抗震设计规范》（2010 年版）中相应数值增加 0.1。

（5）一级框架的钢筋混凝土梁端箍筋加密区段内，宜在距梁底面 200mm 高度处设置 $\phi 8$ 横向拉筋，其纵向间距和箍筋相同。

（6）高层建筑宜设置地下室。当地下室的层数较多时，为使深基坑能采用造价低、工期短的自支护系统，地下结构宜采用钢管混凝土柱或型钢混凝土柱，并采用逆作业法施工。

（7）对钢结构高层建筑，为减缓地下结构到上部钢结构的侧向刚度突变，底层或底部两层宜采用型钢混凝土结构作为过渡层。

（8）为确保结构具有足够的延性，所采用高强混凝土的强度等级，8、9 度时宜分别不超过 C70 和 C60，而且在构造方面应符合《建筑抗震设计规范》（2010 年版）附录 B 的规定。

（9）多、高层建筑的顶层为空旷大厅时，除对结构进行弹性时程分析外，对顶层结构构件宜采取高一等级的抗震构造措施，以增强其适应较大变形的能力。

（10）对转换层楼盖的托柱梁、托墙梁，作用于其跨间的上层柱（或墙肢）由地震倾覆力矩引起的附加轴压力，宜乘以增大系数 1.5。

2.3　复杂建筑结构抗震设计基本原则

（1）建筑设计应符合抗震概念设计的要求，不应采用严重不规则的设计方案。

（2）当存在下列类型的复杂建筑结构时，应按《建筑抗震设计规范》（2010 年版）3.4.4 条有关的要求进行水平地震作用计算和内力调整，并应对薄弱部位采取有效的抗震构造措施。

复杂建筑结构包括建筑及其抗侧力结构的平面不规则类型、竖向不规则类型以及平面不规则且竖向不规则的建筑结构。

1）平面的凹角或凸角不规则类型：平面不对称，局部突出尺寸 $\frac{b}{t}>1$，且 $\frac{b}{t}>0.3$ 的平面不规则的情况，如图 2-1 所示。

2）扭转不规则类型：抗侧力构件布置不对称及质量分布非常不对称的结构扭转不规则的平面不规则情况，如图 2-2 所示，当 $\delta_2 > 1.2(\delta_1+\delta_2)/2$，则属扭转不规则，应使 $\delta_2 \leqslant 1.5(\delta_2+\delta_1)/2$。对于结构扭转不规则，按刚性楼盖计算，当最大层间位移与其平均值的比值为 1.2 时，相当于一端为 1.0，另一端为 1.45；当比值为 1.5 时，相当于一端为 1.0，另一端为 3。

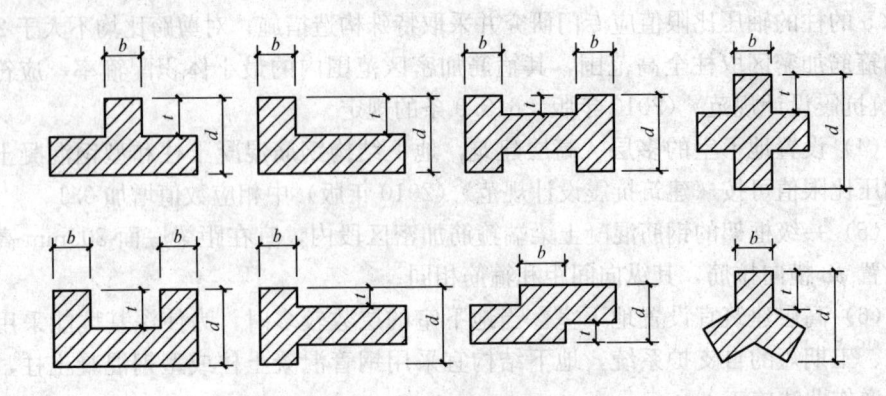

图2-1 平面凸角或凹角不规则

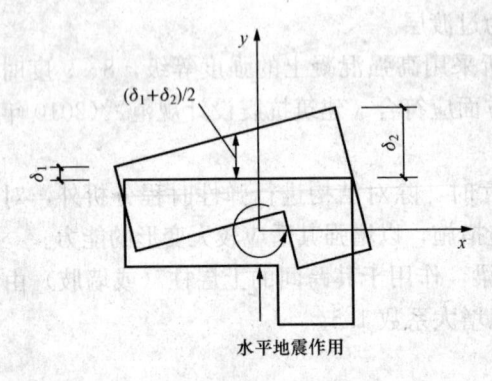

图2-2 建筑结构平面的扭转不规则

3) 楼板局部不连续不规则类型：楼板的尺寸和平面刚度急剧变化的平面不规则情况，如图2-3所示。有效楼板宽度小于该层楼板典型宽度的50%；或楼板开洞面积大于该层楼面面积的30%；或对于较大错层，如超过梁高的错层，需按楼板开洞对待，当错层面积大于该层总面积30%时，则属于楼板局部不连续，楼板典型宽度按楼板外形的基本宽度计算。

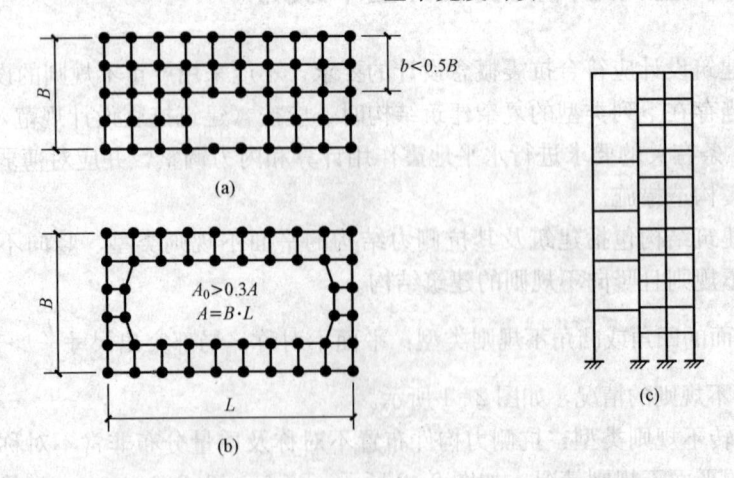

图2-3 建筑结构平面的局部不连续（大开洞及错层）

4) 立面局部缩进不规则类型：上层缩进尺寸超过相邻下层对应尺寸的1/4，即属体形复杂的立面局部缩进尺寸$b/B<0.75$且$h/b>1$的情况；当上部结构楼层相对于下部楼层外挑时，下部楼层的水平尺寸 b 不宜小于上部楼层水平尺寸 B 的 0.9 倍，且水平外挑尺寸 a 不宜大于 4m，如图 2-4 所示。

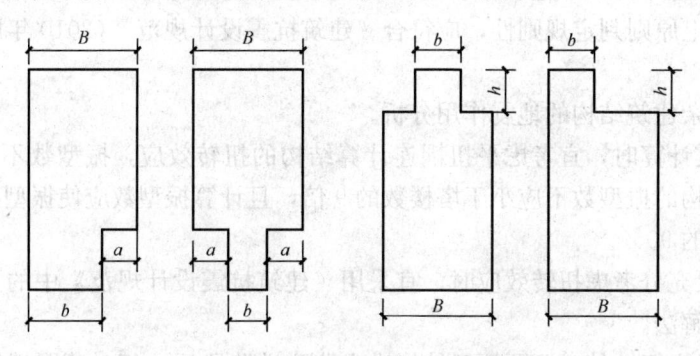

图 2-4 建筑结构立面缩进

5) 体形复杂的楼层刚度变化的侧向刚度不规则类型：抗侧力构件沿竖向的不连续或截面变化，楼层刚度比 $K_i/K_i+1<0.7$ 或 $(K_i+1+K_i+2+K_i+3)/3<0.8$ 或 $K_i/K_i+1<0.5$，如图 2-5 所示。

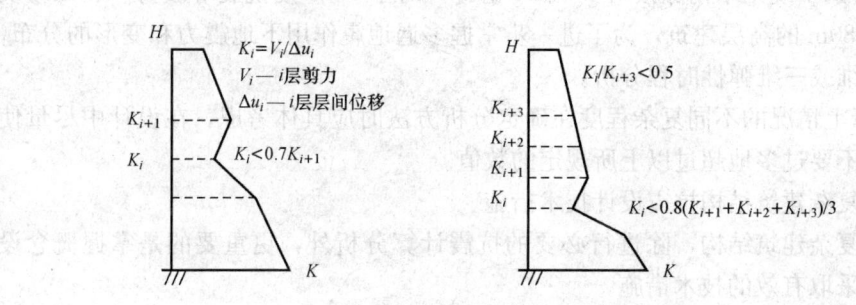

图 2-5 沿竖向的侧向刚度不规则（有软弱层）

6) 楼层承载力突变的竖向不规则类型：抗侧力结构的层间受剪承载力小于相邻上一楼层的 80%；体型复杂沿高度方向承载力存在薄弱层（部位），相邻楼层质量差别大于 50% 以及竖向非直接传力的情况，如图 2-6 和图 2-7 所示。

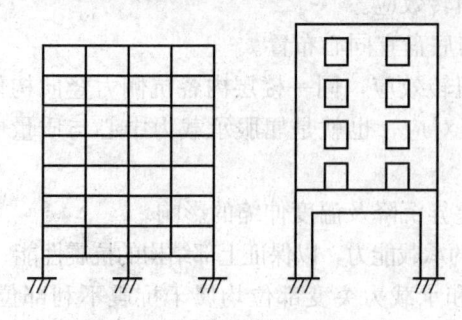

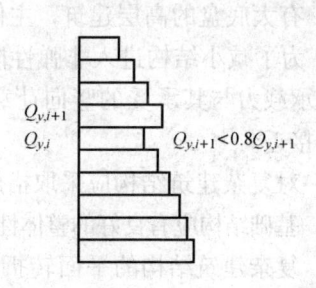

图 2-6 竖向抗侧力构件不连续　　图 2-7 竖向抗侧力结构屈服
　　　　　　　　　　　　　　　　　　抗剪强度非均匀化（有薄弱层）

7) 平面不规则与竖向不规则兼有的建筑结构。

注意： 砌体房屋、单层工业厂房、单层空旷房屋、大跨度屋盖建筑和地下建筑不应按以上原则判定规则性，应符合《建筑抗震设计规范》（2010 年版）有关章节的规定。

(3) 复杂建筑结构的地震作用分析。

1) 抗震计算时，宜考虑平扭耦连计算结构的扭转效应，振型数不应小于 15，对多塔楼结构的振型数不应小于塔楼数的 9 倍，且计算振型数应使振型参与质量不小于总质量的 90%。

2) 需要充分考虑扭转效应时，宜采用《建筑抗震设计规范》中的平动、扭转耦连振型分解法。

3) 除考虑扭转外，还要注意结构进入非弹性阶段后，相对薄弱楼层的塑性变形集中问题。当框架结构楼层屈服强度系数<0.5 时，宜进行罕遇地震作用下薄弱层的弹塑性变形验算。不超过 12 层且层刚度无突变的框架结构可采用《建筑抗震设计规范》的简化计算法，此外也可采用弹塑性时程分析。

4) 特别不规则结构除按第 3) 款考虑外，对于 7～9 度抗震等级为一、二级及高度大于 80m 的高层建筑，为了进一步掌握多遇地震作用下地震力和变形的分布，宜补充二维或三维弹性时程分析。

5) 以上情况的不同复杂程度在确定分析方法时应具体考虑，在设计中尽量使复杂程度不要过多地超过以上所规定的数值。

(4) 复杂建筑结构抗震设计技术措施。

对于复杂建筑结构，除进行必要的抗震计算分析外，更重要的是掌握概念设计原则并采取有效的技术措施。

1) 复杂结构抗震设计应注意以下几方面的问题：

a) 立面上局部突出部位不宜位于平面的端部，立面体形避免上大下小。

b) 位于平面的转角及边缘的抗侧力构件宜有较好的变形能力。

c) 复杂平面的转折交叉处宜避免楼盖有较大洞口削弱整体刚度。

d) 合理布置抗侧力构件，尽量减小扭转效应。

e) 有大底盘的高层建筑，主体结构与底盘宜同心布置。

f) 为了减小结构进入非弹性阶段的扭转效应，同一楼层内各抗侧力竖向构件的屈服承载力与其承受的竖向荷载宜相互对应，也就是屈服承载力中心与质量中心尽量接近。

g) 对复杂建筑结构应采取措施控制差异沉降及温度伸缩的影响。

h) 基础结构应有良好的整体性和足够的承载能力，以保证上部结构的抗震性能。

2) 复杂建筑结构的平面转折及体型和承载力突变部位均属于抗震不利部位。对于这些部位应注意采取提高抗震性能的措施。

a) 提高不利部位的结构承载能力。例如，对薄弱楼层，提高柱和墙的抗侧力、承载能力以推迟屈服。

b）提高楼盖的承载能力和整体刚度，确保地震作用的传递。

c）复杂传力部位的主要构件承载力设计，如托墙柱、托墙梁、托柱梁及转换层构件等，根据具体情况宜将该部位的地震作用乘以不小于1.5的增大系数。

d）采取构造措施提高结构不利部位的变形能力（延性）。例如，对不利部位的抗侧力构件适当提高抗震等级，采取相应构造措施（降低轴压比、提高受力钢筋的配筋率、提高横向钢筋的配箍率等）。

e）根据具体情况提高承载能力和提高变形能力的措施在同一结构部位可以并用。

2.4 多、高层钢筋混凝土结构的主要抗震技术措施

目前国内采用的钢筋混凝土结构体系大致有：框架结构、剪力墙结构、框支剪力墙结构、框架-剪力墙结构（含框架-核心筒结构）、筒体结构（包括框筒结构、筒中筒结构等）、巨型结构、悬挂结构等。

2.4.1 多、高层钢筋混凝土房屋的最大适用高度

多、高层钢筋混凝土结构的最大适用高度分为A级和B级。A级高度是各结构体系比较合适的房屋高度。B级高度高层建筑，其受力、变形、整体稳定、承载力、有关计算及构造措施等的要求更高。

A、B级高度乙类和丙类钢筋混凝土高层建筑的最大适用高度符合表2-1和表2-2的规定。

表2-1　A级高度乙类和丙类钢筋混凝土高层建筑的最大适用高度　　　　（m）

结构体系		非抗震设计	抗震设防烈度				
			6度	7度	8度（0.20g）	8度（0.30g）	9度
框架		70	60	50	40	35	24
框架-剪力墙		150	130	120	100	80	50
剪力墙	全部落地剪力墙	150	140	120	100	80	60
	部分框支剪力墙	130	120	100	80	50	不应采用
筒体	框架-核心筒	160	150	130	100	90	70
	筒中筒	200	180	150	120	100	80
板柱-剪力墙		110	80	70	55	40	不应采用
异形柱结构	框架	24	24	21(0.10g) 18(0.15g)	12	不应采用	不应采用
	框架-剪力墙	45	45	40(0.10g) 35(0.15g)	28	不应采用	不应采用

续表

结构体系		非抗震设计	抗震设防烈度				
			6度	7度	8度（0.20g）	8度（0.30g）	9度
叠合柱结构	框架	70	60	55	45	45	25
	框架-剪力墙	170	160	140	120	120	50
	部分框支剪力墙	150	140	120	100	100	不应采用
	框架-核心筒	220	210	180	140	140	70
	筒中筒	300	280	230	170	170	80
矩形钢管混凝土结构	框架	150	110	110	90	90	50
	框架-钢支撑	260	220	220	200	200	140
	框架-混凝土剪力墙 框架-混凝土核心筒	240	220	190	150	150	70
	框筒、筒中筒	360	300	300	260	260	180

注：1. 房屋高度指室外地面到主要屋面板板顶的高度（不包括局部突出屋顶部分）；对带阁楼的坡屋面建筑应算到山尖墙的1/2高度处。

2. 对于局部突出的屋顶部分的面积或带坡屋顶的阁楼的使用部分（高度≥1.8m）的面积超过标准层面积的1/2时，应按一层计算。

3. 乙类建筑所适用的最大高度，一般情况可按本地区抗震设防烈度确定；但7度（0.15g）和8度（0.30g）宜分别按8、9度确定。

4. 甲类建筑，6、7、8度时宜按本地区抗震设防烈度提高一度后符合本表的要求，9度时应专门研究。

5. 框架结构、板柱一剪力墙结构以及9度抗震设防的表列其他结构，当房屋高度超过本表数值时，结构设计应有可靠依据，并采取有效的加强措施。

6. 底部带转换层的筒中筒结构，当外筒框支层以上采用由剪力墙构成的壁式框架时，其最大适用高度比表中的数值适当降低。

7. 框架-核心筒结构指周边稀柱框架与核心筒组成的结构。

8. 部分框支抗震墙结构指首层或底部两层为框支层的结构，不包括仅个别框支墙的情况。

9. 板柱-抗震墙结构指由板柱、框架和抗震墙组成抗侧力体系的结构。设防烈度为6度和7度（0.10g）、高度小于24m时，可不设置抗震墙，形成框架承担大于50%总地震剪力的板柱-框架结构。

10. 叠合柱结构见CECS 188—2005《钢管混凝土叠合柱结构技术规程》。

11. 矩形钢管结构见CECS 159—2004《矩形钢管混凝土结构技术规程》。

表2-2　B级高度乙类和丙类钢筋混凝土高层建筑的最大适用高度　(m)

结构体系		非抗震设计	抗震设防烈度			
			6度	7度	8度（0.20g）	8度（0.30g）
框架-剪力墙		170	160	140	120	100
剪力墙	全部落地剪力墙	180	170	150	130	110
	部分框支剪力墙	150	140	120	100	80

续表

结构体系		非抗震设计	抗震设防烈度			
			6度	7度	8度（0.20g）	8度（0.30g）
筒体	框架-核心筒	220	210	180	140	120
	筒中筒	300	280	230	170	150

注：1. 部分框支剪力墙结构指地面以上有部分框支剪力墙的剪力墙结构。
2. 甲类建筑，6、7度时宜按本地区设防烈度提高一度后符合本表的要求，8度时应专门研究。
3. 当房屋高度超过表中数值时，结构设计应有可靠依据，并采取有效措施。
4. 外筒-内框结构属框架-剪力墙结构体系。
5. B级高度建筑结构属超限高层建筑抗震专项审查的一项指标。

设计者注意：各种结构体系的"最大适用高度"，并非"限值高度"。所谓最大适用高度的含义是，有关规范、规程中的各项规定内容，只适用于该高度以下建筑。如果所设计的建筑高度超过了规定的高度，则规范、规程中的内容，不一定完全适用，须由设计人员考虑采取一定的加强措施，以保安全。当然，同时也应按规定进行超限审查。随科技技术的进步，建筑高度可以越来越高，这是自然规律，规范、规程是不会加以限值的。因此，所谓规范的"限高"，是一种误解。

2.4.2 多、高层钢筋混凝土结构的高宽比

钢筋混凝土高层建筑结构的高宽比不宜超过表 2-3 和表 2-4 的规定。

表 2-3　　　　A 级钢筋混凝土高层建筑结构的高宽比

结构体系		非抗震设计	抗震设防烈度			
			6度	7度	8度	9度
框架 板柱-剪力墙		5	4	4	3	2
框架-剪力墙		5	5	5	4	3
剪力墙		6	6	6	5	4
筒中筒 框架-核心筒		6	6	6	5	4
异形柱	框架	4.5	4	3.5(0.1g) 3(0.15g)	2.5	—
	框架-剪力墙	5	5	4.5(0.1g) 4(0.15)	3.5	—

表 2-4　　　　　　　B 级钢筋混凝土高层建筑结构的高宽比

非抗震设计	抗震设防烈度		
	6度	7度	8度
8	7	7	6

注：1. 高层建筑的高宽比的规定，是对结构整体刚度、抗倾覆能力、整体稳定、承载力以及经济合理性的宏观控制指标。
2. 当建筑结构满足规范对侧向位移、结构整体稳定、抗倾覆能力、承载能力等的规定时，高宽比的规定可不作为一个必须满足的条件。
3. 高宽比不满足上表规定时，也不作为判断结构规则与否及超限高层建筑抗震专项审查的一项指标。
4. 高层建筑高宽比的计算如下：
(1) 对不带裙房的建筑，即为地面以上的高度（不计突出屋面的机房、水池、塔架等）与所考虑方向的最小投影宽度的比值。
(2) 对带裙房的建筑，当裙房的面积和刚度超过其上部建筑面积的 2.5 倍、刚度是上部建筑的 2.0 倍时，可取裙房以上部分的高度与所考虑方向的最小投影宽度的比值。

注意：(1) 高宽比不宜作为结构设计的一项限值指标。尚未见到国外抗震规范中对于房屋高宽比的限制。另外，我国《建筑抗震设计规范》中也没有对高宽比作出限值要求。这绝非是一个漏洞。当高宽比超过规程的限制时，规程中的内容不一定完全适用，须由设计人员采取一定的加强措施，以保结构安全。所采取的措施，可以是对于侧向位移限制得较为严格等。高宽比超限并不属超限建筑审查的范畴。

(2) 计算图 2-8 所示不规则建筑的高宽比时，应注意宽度的取值问题。

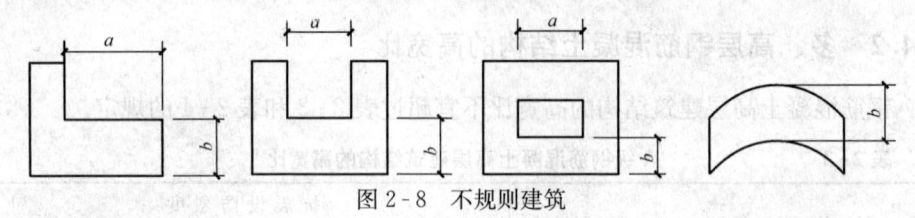

图 2-8　不规则建筑

1) 对于 L 形建筑物，如果平面上伸出长度 a 与其宽度 b 之比不超过 3，则不应以 b 计算其高宽比。
2) 对于 □ 形、Π 形建筑物，如果 $a/b \leqslant 6$，则不应以 b 计算高宽比。
3) 对于弧形建筑物，不应以 b 计算高宽比。

2.4.3　多、高层钢筋混凝土房屋抗震等级（见表 2-5～表 2-11）

表 2-5　　　　　　　丙类 A 级建筑抗震等级划分

结构类型		抗震设防烈度						
		6度		7度		8度		9度
	高度/m	≤24	>24	≤24	>24	≤24	>24	≤24
框架结构	框架	四	三	三	二	二	一	一
	大跨度公共建筑（跨度≥18m）	三		二		一		一

续表

<table>
<tr><td colspan="3" rowspan="2">结构类型</td><td colspan="10">抗震设防烈度</td></tr>
<tr><td colspan="2">6度</td><td colspan="3">7度</td><td colspan="3">8度</td><td colspan="2">9度</td></tr>
<tr><td rowspan="3">框架-剪力墙</td><td colspan="2">高度/m</td><td>≤60</td><td>>60</td><td>≤24</td><td>25～60</td><td>>60</td><td>≤24</td><td>25～60</td><td>>60</td><td>≤24</td><td>25～60</td></tr>
<tr><td colspan="2">框架</td><td>四</td><td>三</td><td>四</td><td>三</td><td>二</td><td>三</td><td>二</td><td>一</td><td>二</td><td>一</td></tr>
<tr><td colspan="2">剪力墙</td><td colspan="2">三</td><td>三</td><td colspan="2">二</td><td>二</td><td colspan="2">一</td><td colspan="2">一</td></tr>
<tr><td rowspan="2">剪力墙</td><td colspan="2">高度/m</td><td>≤80</td><td>>80</td><td>≤24</td><td>25～80</td><td>>80</td><td>≤24</td><td>25～80</td><td>>80</td><td>25～60</td><td>>60</td></tr>
<tr><td colspan="2">剪力墙</td><td>四</td><td>三</td><td>四</td><td>三</td><td>二</td><td>三</td><td>二</td><td>一</td><td>二</td><td></td></tr>
<tr><td rowspan="3">部分框支剪力框</td><td colspan="2">底部加强部位剪力墙</td><td>三</td><td>二</td><td>三</td><td>二</td><td>二</td><td>二</td><td>一</td><td></td><td colspan="2">不应采用</td></tr>
<tr><td colspan="2">非底部加强部位剪力墙</td><td>四</td><td>三</td><td>四</td><td>三</td><td>二</td><td>三</td><td>二</td><td></td><td colspan="2">不应采用</td></tr>
<tr><td colspan="2">框支柱</td><td>二</td><td>二</td><td>二</td><td>一</td><td>一</td><td>一</td><td>一</td><td></td><td colspan="2">不应采用</td></tr>
<tr><td rowspan="5">筒体</td><td colspan="2">高度/m</td><td>≤80</td><td>>80</td><td>≤80</td><td colspan="2">>80</td><td colspan="2">≤80</td><td>>80</td><td colspan="2">≤60</td></tr>
<tr><td rowspan="2">框架-核心筒</td><td>框架</td><td colspan="2">三</td><td colspan="3">二</td><td colspan="3">一</td><td colspan="2">一</td></tr>
<tr><td>核心筒</td><td colspan="2">二</td><td colspan="3">二</td><td colspan="3">一</td><td colspan="2">一</td></tr>
<tr><td rowspan="2">筒中筒</td><td>外筒</td><td colspan="2">三</td><td colspan="3">二</td><td colspan="3">一</td><td colspan="2">一</td></tr>
<tr><td>内筒</td><td colspan="2">三</td><td colspan="3">二</td><td colspan="3">一</td><td colspan="2">一</td></tr>
</table>

注：1. 抗震等级的划分属抗震措施范畴，抗震等级（特一级、一、二、三、四级），其实质就是在宏观上控制不同结构的延性要求，抗震等级为特一级、一、二、三的结构属于有延性的结构；抗震等级为四的结构属于基本弹性的结构。

2. 接近或等于高度分界时，应允许结合房屋不规则程度及场地、地基条件适当确定抗震等级。

3. 底部带转换层的筒体结构，其框支框架的抗震等级应按表中部分框支剪力墙结构的规定采用。

4. 当框架-核心筒结构的高度不超过 60m 时，其抗震等级允许按框架-剪力墙结构采用。

5. 乙类建筑及Ⅲ、Ⅳ类场地且设计基本地震加速度为 0.15g 和 0.30g 地区的丙类建筑，当高度超过表中上界时，应采用特一级的抗震构造措施。

6. 建筑场地为Ⅰ类时，除 6 度外应允许按表内降低一度所对应的抗震等级采取抗震构造措施，但相应的计算要求不应降低；Ⅲ、Ⅳ类场地时，7 度（0.15g）和 8 度（0.30g）应分别按 8、9 度对应的抗震等级确定其抗震构造措施。

7. 不超过 24m 的板柱-框架结构，其框架的抗震等级，6、7 度应分别采用二、一级；板柱的柱同板柱-抗震墙的柱。

8. 高度大于 80m 的房屋，当上部 1/3 楼层在 2 倍地震作用下构件的各项抗震承载力满足要求时，应允许其抗震等级降低一级，但不应低于三级。

9. 北京《建筑结构专业技术措施》规定：对于高度 $H \leqslant 35$m 的框架-剪力墙结构，其抗震等级均可按表中高度 $H \leqslant 60$ 的框架-剪力墙结构下调一级。

10. 钢筋混凝土房屋抗震等级的确定，尚应符合下列要求：

(1) 框架结构中设置少量抗震墙，在规定的水平力作用下，框架底部所承担的地震倾覆力矩大于结构总地震倾覆力矩的 50%时，其框架的抗震等级仍应按框架结构确定，抗震墙的抗震等级可与框架的抗震等级相同；当抗震墙的抗震等级按框架-抗震墙结构确定时，最大适用高度可比框架结构适当增加。

(2) 裙房与主楼相连，除应按裙房本身确定外，相关部位不应低于按主楼确定的抗震等级；主楼结构在裙房顶层及相邻上下各一层应适当加强抗震构造措施。裙房与主楼分离时，应按裙房本身确定抗震等级。

(3) 当地下室顶板作为上部结构的嵌固部位时，地下一层的抗震等级应与上部结构相同，地下一层以下抗震构造措施的抗震等级可逐层降低一级，对于丙类建筑，7、8、9 度时分别不宜低于四、三、二级。地下室中无上部结构的部分，可根据具体情况采用三级或更低等级。

(4) 抗震设防类别为甲、乙、丁类的建筑，应按规范规定确定抗震等级；其中，7 度乙类建筑的框支层和 8 度乙类建筑，当高度超过规定的范围时，应采取比一级更有效的抗震构造措施。

表 2-6　　　　　　　　板柱-剪力墙结构丙类建筑结构抗震等级

板柱-剪力墙	抗震设防烈度					
^	6度		7度		8度	9度
高度/m	≤35	>35	≤35	>35	≤35	>35
框架、板柱的柱	三	二	二	二	一	一	不应采用
剪力墙	二	二	二	二	二	一	

表 2-7　　　　　　　　异形柱结构丙类建筑结构抗震等级

结构类型		抗震设防烈度					
^		6度	7度			8度		9度
^		0.05g	0.10g	0.15g	0.20g	0.30g	0.4g	
异形柱框架	高度/m	≤21	>21	≤21	≤18	≤12	不应采用	不应采用
^	框架	四	三	三	三(二)	二		
异形柱框架-剪力墙	高度/m	≤30	>30	≤30	>30	≤30	>30	≤28	不应采用	不应采用
^	框架	四	三	三	二	三(二)	二		
^	剪力墙	三	三	二	二	二	二(一)	一	

注：1. 异形柱结构体系仅用于居住（含商住）建筑。
2. 对于7度（0.15g）时建于Ⅲ、Ⅳ类场地的异形柱框架结构和异形柱-剪力墙结构，应采用表中括号内所示的抗震等级。
3. 异形柱框架-剪力墙结构，在基本振型地震力作用下，当异形框架部分承受的倾覆力矩大于结构总地震倾覆力矩的50%时，其框架部分的抗震等级应按异形柱框架考虑。
4. 高度接近分界高度时，应结合房屋不规则的程度及场地、地基条件确定抗震等级。
5. 建设场地为Ⅰ类时，除6度外，应允许按本地区的抗震设防烈度降低一度所对应的抗震等级采取抗震构造措施，但相应的计算不应降低。

表 2-8　　　　　　　　叠合柱高层建筑结构丙类建筑结构抗震等级

结构类型		抗震设防烈度						
^		6度		7度		8度		9度
框架结构	高度/m	≤30	>30	≤30	>30	≤30	>30	≤25
^	框架	四	三	三	二	二	一	一
框架-剪力墙	高度/m	≤60	60~130	>130	≤60	60~120	>120	≤60	60~100	>100	≤50
^	框架	四	三	三	三	二	二	一	一
^	剪力墙	三	三	二	二	二	特一	一	

第2章 建筑结构设计的基本原则及主要抗震技术措施

续表

结构类型		抗震设防烈度							
		6度			7度			8度		9度
	高度/m	≤80	80~120	>120	≤80	80~100	>100	≤80	>80	
部分框支	底部加强部位剪力墙	三	二		二	二		二		
	非底部加强部位剪力墙	四	三		三	二		二		不应采用
	框支层框架	二	二		特一	一		特一		不应采用
筒体	高度/m	≤150	>150		≤130	>130		≤100	>100	≤70
框架-核心筒	框架	三	二		二	一		一	一	一
	核心筒	二	二		二	一		一	特一	一
筒中筒	高度/m	≤180	>180		≤150	>150		≤120	>120	≤80
	外筒	三	二		二	一		一	特一	一
	内筒	三	二		二	一		一	特一	一

注：高度接近或等于高度分界值时，可结合结构不规则程度和场地、地基条件确定抗震等级。

表2-9　　　　　　　丙类B级高度建筑抗震等级划分

结构类型		抗震设防烈度		
		6度	7度	8度
框架-剪力墙	框架	二	一	一
	剪力墙	二	一	特一
剪力墙	剪力墙	二	一	一
框支剪力墙	非底部加强部位	二	一	一
	底部加强部位	二	一	特一
	框支柱	二	特一	特一
框架-核心筒	框架	二	一	一
	核心筒	二	一	特一
筒中筒	内、外筒	二	一	特一

注：1. 底部带转换层的筒体结构，其框支框架和底部加强部位筒体的抗震等级应按表中框支剪力墙的抗震等级采用。

2. B级高度的抗震等级与高度无关，仅与抗震设防烈度有关。

表 2-10　　丙类多层钢筋混凝土剪力墙抗震等级划分

抗震设防烈度	6度	7度		8度		9度
地面加速度/g	0.05	0.10	0.15	0.20	0.30	0.40
场地类别	Ⅱ～Ⅳ	Ⅱ～Ⅳ	Ⅱ（Ⅲ，Ⅳ）	Ⅱ～Ⅳ	Ⅱ（Ⅲ，Ⅳ）	Ⅳ～Ⅳ
抗震等级	四级	四级	四级 （三级）	三级	三级 （三#级）	二级

注：1. 三#级表示抗震构造等级提高一级。
2. 剪力墙结构一般嵌固部位取基础顶面。
3. 多层剪力墙结构底部加强部位宜取基础以上及0.00以上一层。
4. 多层剪力墙的最小厚度不应小于层高或剪力墙无支长度的1/25及140mm，外墙厚度不宜小于160mm。
5. 此表引自《北京市建筑设计技术细则（结构专业）》（2004年）。

表 2-11　　丙类钢-混凝土混合结构抗震等级

结构类型		抗震设防烈度						
		6度		7度		8度		9度
钢框架-钢筋混凝土筒体	高度/m	≤150	>150	≤130	>130	≤100	>100	≤70
	钢筋混凝土筒体	二	一	一	特一	一	特一	特一
型钢混凝土框架-钢筋混凝土筒体	钢筋混凝土筒体	二	二	二	一	一	特一	特一
	型钢混凝土框架	三	二	二	一	一	一	一

设计者请注意：抗震等级表对于某一建筑物的抗震等级，已经规定，则不论结构部位、构件的重要性如何，全部是同一抗震等级。如8度抗震设防区高度大于80m的剪力墙结构，其剪力墙按规定为一级，所以，自底层到顶层，所有剪力墙的抗震等级全部为一级，这显然不够合理，也不符合建筑结构抗震性能设计理念。剪力墙结构的底部（尤其是底部加强区）的要求高于上部。因此，对于某一建筑物，其抗震等级自下而上可取不同值。如下部为一级，上部可以取二级，分界线可取建筑物的半高处至2/3高度处，视结构的具体情况而定。

2.4.4　多塔大底盘带裙房、地下结构的抗震等级

（1）当地下室顶板作为上部结构的嵌固部位时，地下一层的抗震等级应与上部结构相同，地下一层以下抗震构造措施的抗震等级可以逐层降低一级，且不低于四级。对地下室中无上部结构的部分，可根据具体情况采用三级或四级。

（2）当地下室顶板不作为上部结构的嵌固部位而嵌固在地下其他楼层时，实际嵌固部位所在楼层及以上的地下室楼层的抗震等级，可取为与上部结构相同，嵌固部位以下的抗震构造措施的抗震等级可以逐层降低一级，且不低于四级。对地下室中无上部结构的部分，可根据具体情况采用三级或四级。

（3）裙房与主楼相连，除应按裙房本身确定抗震等级外，相关范围内不应低

于按主楼确定的抗震等级；主楼结构在裙房顶板对应的相邻上下各一层应适当加强抗震构造措施（图2-9）。

(4) 裙房与主楼分离时，应按裙房本身确定其抗震等级。

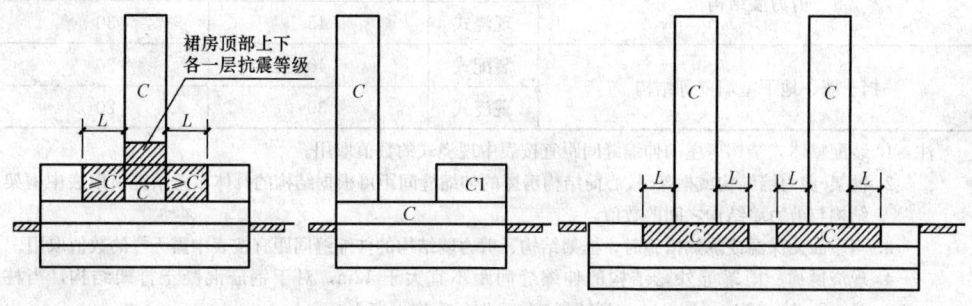

图2-9 主楼、裙房、地下结构抗震等级划分示意图

图中相关范围 L 按下列原则选取：

1) 一般取不少于3跨，且不小于20m。
2) 对于裙房偏置时，考虑扭转效应明显，宜将全部考虑为相关范围。
3) 相关范围以外区域可按裙房自身的结构类型确定抗震等级。

(5) 无地上结构的地下建筑，如地下车库、地下锅炉房、地下变配电站等一般不要求地震作用计算，其抗震等级的要求仅涉及构造要求，地下一层一般取为三级，其他各层可以按由上至下逐层降低一级考虑。

2.4.5 多、高层钢筋混凝土结构的"抗震缝、伸缩缝、沉降缝"

结构工程师应与建筑师密切合作，优化建筑设计及结构布置，采取必要的结构和施工措施，尽量避免设置三缝（防震缝、温度缝、沉降缝）。当必须设置时，应符合各规范有关设缝宽度的要求，并应根据建筑结构平面、竖向布置、地基的情况、结构类型、基础形式、抗震设防烈度等情况综合分析后确定，应考虑到立面效果、防水处理、施工难度、结构复杂程度、使用方便性等。设计尽量调整平面尺寸和竖向布置，采取必要的构造和施工措施，能不设缝就不设缝、能少设缝就少设缝；必须设缝时，则应彻底分开，将抗震缝、伸缩缝、沉降缝三缝合一，缝的宽度必须满足三缝的最大值要求，防止地震时发生碰撞破坏。（切忌："分不彻底，连而不牢"，"藕断丝连"）

1. 建筑物混凝土结构伸缩缝最大间距（表2-12）

表2-12　　　　　建筑物混凝土结构伸缩缝最大间距　　　　　　　　（m）

结构类别		室内或土中	露　天
排架结构	装配式	100	70
框架结构	装配式	75	50
	现浇式	55	35

续表

结 构 类 别		室内或土中	露 天
剪力墙结构	装配式	65	40
	现浇式	45	30
挡土墙、地下室墙壁等结构	装配式	40	30
	现浇式	30	20

注：1. 装配整体式结构房屋的伸缩缝间距宜按表中现浇式的数值取用。
2. 框架-剪力墙结构或框架-核心筒结构房屋的伸缩缝间距可根据结构的具体布置情况，取表中框架结构与剪力墙结构之间的数值。
3. 当屋面无保温或隔热措施时，框架结构、剪力墙结构的伸缩缝间距宜按表中露天栏的数值取用。
4. 现浇挑檐、雨罩等外露结构的伸缩缝间距不宜大于12m，对于钢筋混凝土排架结构，当柱高≤8m时，室内可取80m；当柱高＞20m时，室内可取120m。
5. 当采用下列构造措施和施工措施减少温度和混凝土收缩对结构的影响时，可适当放宽伸缩缝的间距。
(1) 顶层、底层、山墙和纵墙端开间等温度变化影响较大的部位提高配筋率。
(2) 顶层加强保温隔热措施，外墙设置外保温层。
(3) 每30～40m间距留出施工后浇带，带宽800～1000mm，钢筋采用搭接接头，后浇带混凝土宜在2个月后浇灌；有困难时也不应少于30天。后浇混凝土施工时的温度尽量与主体混凝土施工时的温度接近，后浇带可以选择在结构受力影响较小的部位曲折通过，尽可能不要在一个平面内。由于后浇带后浇，钢筋搭接，这时两侧结构处于悬臂状态，所以模板的支柱在本跨要加强，待后浇带浇灌后，方可拆除。但应注意：后浇带只能减少混凝土浇灌后在凝固过程中干缩的影响，不能解决建筑的温度伸缩问题，后浇带绝不能代替伸缩缝。
(4) 顶部楼层改用刚度较小的结构形式或顶部设局部温度缝，将结构划分为长度较短的区段。
(5) 采用收缩小的水泥、减少水泥用量、在混凝土中加入适宜的外加剂。
(6) 在建筑物两端及可能受温度变化而应力集中的部位的墙及板中，宜采用细而密的受力钢筋。
(7) 提高屋面，外墙的保温性能，适当增加保温层厚度。
(8) 必要时，可以采用施加预应力的方法，使混凝土构件内产生压应力。可以用后张无粘结筋，预压应力应不小于0.70MPa；预应力筋的间距不宜大于1800mm（此数值引自美国混凝土规范）。
6. 特别注意：对于商品房屋（包括住宅、公寓等个人居住建筑）的伸缩缝间距，建议最好不要超过规范规定的伸缩缝长度。

2. 构筑物混凝土结构伸缩缝最大间距（表2-13）

表2-13　　　　　　　　构筑物混凝土结构伸缩缝最大间距　　　　　　　　（m）

构 筑 物 名 称	伸缩缝最大间距	备　　注
地下块式设备基础	60	
设备基础地下室	70	
电缆隧道	35	
室外电缆沟、管沟	30	非严寒，非寒冷地区
	20	严寒，寒冷地区
地下烟道	20	
地下水池（有覆土）	40	

续表

构筑物名称	伸缩缝最大间距	备注
顶面外露水池	30	非严寒，非寒冷地区
	20	严寒，寒冷地区

注：1. 对圆形水池：当周长＞60m，宜设后浇带处理；并适当加强水平环向钢筋的配筋率。
2. 对矩形水池：超长时，优先采用设置永久伸缩缝处理。
3. 当采取一些有效技术措施后也可适当加大伸缩缝间距。
4. 严寒地区：累年最冷月平均温度低于或等于－10℃的地区。
5. 寒冷地区累年最冷月平均温度高于－10℃，低于或等于0℃的地区。

3. 建筑物沉降缝的宽度

当建筑物体型复杂、各部分之间高差、荷载差异较大，基底均匀性差，地基土压缩性差异大或基础类型不同时，通常宜考虑设置沉降缝将其分为相对能够独立沉降的几个部分。

遇有以下情况之一的建筑结构宜考虑设置沉降缝：
（1）建筑平面的转折部位。
（2）高度差异或荷载差异处。
（3）长高比过大的砌体承重结构或钢筋混凝土框架结构的适当部位。
（4）地基土的压缩性有显著差异处。
（5）建筑结构或基础类型不同处。
（6）分期建造房屋的交界处。

沉降缝最小宽度见表2-14的规定。

表2-14　　　　　沉降缝最小宽度　　　　　（mm）

房屋层数	沉降缝宽度
二～三	50～80
四～五	80～120
五层以上	＞120

注：1. 对于多层砌体复杂结构，应优先考虑采用沉降缝将其分为相对独立的几个部分。
2. 对于多、高层钢筋混凝土结构、混合结构、钢结构，建筑物各部分沉降差大体上可采用以下3种方法来处理：
（1）"放"——设置沉降缝，让各部分自由沉降，避免由于不均匀沉降产生附加内力。这种"放"的方法，似乎比较省事，而实际上并非如此，设置缝后，由于上部结构均须在缝的两侧设独立的抗侧力结构，形成双墙、梁、柱等，沉降缝可以设置在下列部位：
（2）"抗"——不设沉降缝，采用端承桩或利用刚度很大的基础。前者由坚硬的基岩或砂卵石层来承受；后者则利用基础本身的刚度来抵抗沉降差。这种"抗"的方法，虽然在一些情况下能"抗"住，但基础材料用量大，不经济。
以上两种方法都是较为极端的情况。目前较为常用的方法是介乎"放"与"抗"之间的方法——即所谓"调"。
（3）"调"——"放"与"抗"的完美结合，在设计与施工中采取措施，调整各部分沉降，减少其差异，降低由于沉降差产生的附加内力。如在施工中留后浇带作为临时沉降缝，等到沉降基本稳定后再连为整体，不设永久性沉降缝。

采取"调"的方法，具体有如下措施：

1) 调基底压力差。主、裙楼采用不同的基础形式。主楼部分因荷载大，采用整体箱形基础或筏形基础，尽可能地降低基底压力，并加大埋深，减小基础底面处的附加压力；底层部分采用较浅的独立基础加防水板或交叉梁基础等，增加基础部分的附加压力，使主、裙楼的沉降尽可能地减少。

2) 主、裙楼之间设置沉降后浇带，待主、裙楼之间沉降基本稳定后再封闭后浇带，使主、裙楼之间的沉降差尽可能地减少；条件允许时可以先施工主楼，待主楼基本建成，沉降基本稳定，再施工裙房，使后期沉降基本相近。

3) 调地基刚度。对可能产生较大压缩变形的地基进行处理，提高此部分地基刚度，减小其压缩变形，而对其他部分地基不做处理，使两者的最终沉降基本接近。

3. 对于主、裙房的建筑结构，当裙房伸出长度不大于底部长度的15%时（或10m左右）时可以不设缝。

4. 主楼与裙房的基础埋置深度相同或接近时，为了保证主楼的埋置深度、整体稳定性，应加强主楼与裙房的侧向约束，此时就不宜在主楼与裙房间设置永久缝［图2-10 (b)］。

如果主楼与裙房间必须设置缝，则此时主楼的基础埋深宜大于裙房基础埋深不小于2m［图2-10 (a)］，并采取有效措施防止主楼基础开挖对裙房地基产生扰动。

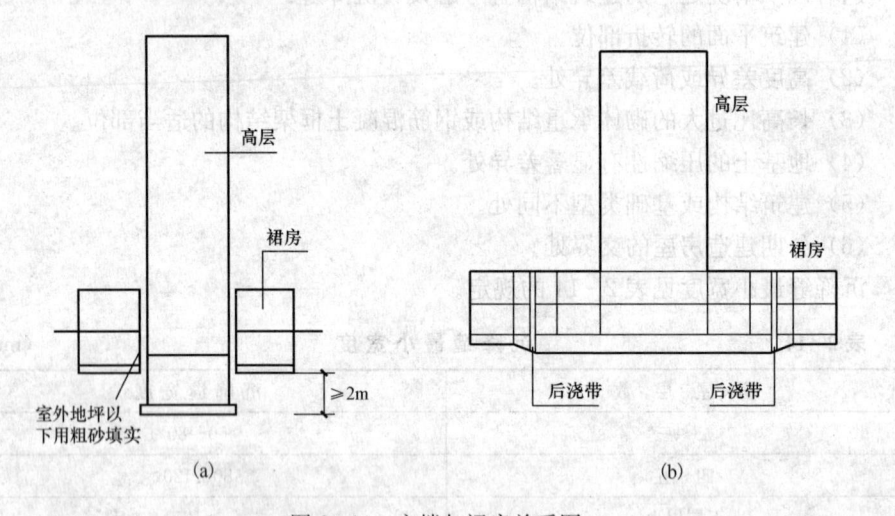

图2-10 主楼与裙房关系图

4. 防震缝的设置

(1) 抗震设计的建筑结构在遇到下列情况时宜设置防震缝：

1) 平面长度和外伸长度超出JGJ 3—2002《高层建筑混凝土结构技术规程》表4.3.3规定，又未采取加强措施的建筑。

2) 各部分刚度相差悬殊，采取不同材料和不同结构体系时。

3) 各部分质量相差很大时。

4) 各部分有较大错层，不能采取合理的加强措施时。

(2) 防震缝宽度应符合下列要求：

当房屋高度不超过 15m 时，各类防震缝的最小宽度为 100mm（钢结构为 150mm）；超过 15m 时应在 100mm 的基础上按表 2 - 15 增加。

表 2 - 15　　房屋高度超过 15m 时防震缝宽度增加值　　(mm)

抗震设防烈度		6 度	7 度	8 度	9 度
高度每增加值/m		5	4	3	2
结构类型	框架	20	20	20	20
	框-剪	14	14	14	14
	剪力墙	10	10	10	10
	钢结构	30	30	30	30

注：1. 防震缝两侧结构体系不同时，防震缝宽度应按不利的结构类型确定。
2. 防震缝两侧的房屋高度不同时，防震缝宽度可按较低的房屋高度确定。
3. 当相邻结构的基础存在较大沉降差时，宜增大防震缝的宽度。
4. 防震缝宜沿房屋全高设置；地下室、基础可不设防震缝，但在与上部防震缝对应处应加强构造和连接。
5. 结构单元之间或主楼与裙房之间如无可靠措施，不应采用牛腿托梁的做法设置防震缝。
6. 8、9 度框架结构房屋防震缝两侧结构高度、刚度或层高相差较大时，可根据需要在缝两侧房屋的尽端沿全高设置垂直于防震缝的抗撞墙，如图 2 - 11 所示，每一侧抗撞墙的数量不宜少于两道，宜分别对称布置，墙肢长度可不大于一个柱距，框架的内力应按设置和不设置抗撞墙两种计算模型的不利情况取值；抗撞墙的抗震等级可采用四级。防震缝两侧抗撞墙的端柱和框架的边柱，箍筋应沿房屋全高加密。

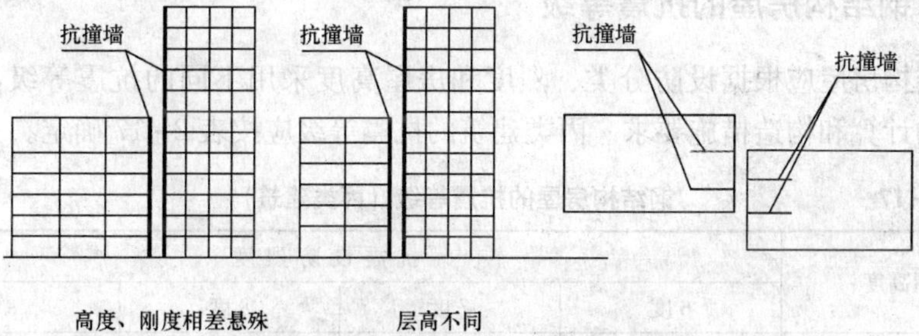

图 2 - 11　抗撞墙布置示意图

补充说明：《建筑抗震设计规范》（2010 年版）3.4.5 条条文说明：体型复杂的建筑并不一概提倡设置防震缝。由于是否设置防震缝各有利弊，历来有观点，总的倾向是：

（1）可设缝、可不设缝时，不设缝；设置防震缝可以使结构抗震分析模型较为简单，容易估计其地震作用和采取抗震措施，但需要考虑扭转地震效应，并按规范各章的规定确定缝宽，使防震缝两侧在预期的地震（如中震）下不发生碰撞或减轻引起的局部损坏。

（2）当不设置防震缝时，结构分析模型复杂，连接处局部应力集中需要加强，而且需要仔细估计地震扭转效应等可能导致的不利影响。

2.5 多、高层钢结构的主要抗震技术措施

2.5.1 钢结构房屋的最大适用高度（表2-16）

表2-16　　　　　　　　钢结构房屋最大适用高度　　　　　　　　（m）

结构类型	非抗震设计	6、7度(0.10g)	7度(0.15g)	8度(0.20g)	8度(0.30g)	9度(0.40g)
框架（纵横向刚接）	110	110	90	90	70	50
框架-中心支撑	260	220	200	180	150	120
框架偏心支撑（延性墙板）	260	240	220	200	180	160
筒体（框筒、筒中筒、桁架筒、束筒）和巨型框架	360	300	280	260	240	180

注：1. 房屋高度指室外地面到主要屋面板板顶的高度（不包括局部突出屋顶部分）。
　　2. 平面和竖向均不规则或建造于Ⅳ类场地的钢结构，适用的最大高度应适当降低。
　　3. 超过表内高度的房屋，应进行专门研究和论证，采取有效的加强措施。
　　4. 非抗震设计可以不考虑采用双重抗侧力体系。

2.5.2 钢结构房屋的抗震等级

钢结构房屋应根据设防分类、烈度和房屋高度采用不同的抗震等级，并应符合相应的计算和构造措施要求。丙类建筑的抗震等级应按表2-17确定。

表2-17　　　　　　钢结构房屋的抗震等级（丙类建筑）

房屋高度	抗震设防烈度			
	6度	7度	8度	9度
≤50m	—	四	三	二
>50m	四	三	二	一

注：1. 高度接近或等于高度分界时，应允许结合房屋不规则程度和场地、地基条件确定抗震等级。
　　2. 一般情况下，构件的抗震等级应与结构相同；当某个部位各构件的承载力均满足2倍地震作用组合下的内力要求时，7~9度的构件抗震等级应允许按降低一度确定。
　　3.《建筑抗震设计规范》（2010年版）对不同烈度不同层数所规定的"作用效应调整系数"和"抗震构造措施"共有7种，调整、归纳、整理为4个不同的要求，称之为抗震等级。

2.5.3 钢结构房屋的高宽比

钢结构房屋高宽比不宜超过表2-18的规定。

表 2-18　　　　　　　　　　钢结构房屋高宽比

设防烈度	6、7度 (0.05g～0.15g)	8度 (0.2g～0.3g)	9度 (0.4g)
最大高宽比	6.5	6	5.5

2.5.4　钢结构体系布置的基本原则

（1）高度不超过 50m 的钢结构房屋可采用纯框架结构、框架-支撑结构或其他结构类型；高度超过 50m 的钢结构房屋，抗震等级为一、二级宜采用偏心支撑、带竖缝的钢筋混凝土抗震墙板、内藏钢支撑的钢筋混凝土墙板或屈曲约束支撑等消能支撑及筒体结构。

（2）采用框架-支撑结构时，支撑框架在两个方向的布置宜基本对称，同一方向两相邻支撑框架之间楼盖的长宽比不宜大于 3，支撑框架的数量一般满足规范规定的水平位移限值即可。

（3）高度不超过 50m 的钢结构宜采用中心支撑，有条件时也可采用偏心支撑、屈曲约束支撑等消能支撑。

（4）中心支撑宜采用交叉支撑［图 2-12（a）］，也可采用人字形支撑［图 2-12（b）］或单斜杆支撑［图 2-12（c）］。抗震设防的结构不应采用 K 形支撑［图 2-12（d）］。支撑的轴线应交汇于框架梁柱轴线的交点，确有困难时偏离节点中心的尺寸不应超过支撑杆件宽度，并应计入由此产生的附加弯矩。当中心支撑采用只能受拉的单斜杆体系时，应同时设置不同倾斜方向的两组斜杆，且每组中不同方向单斜杆的截面面积在水平方向的投影面积之差不得大于 10%。

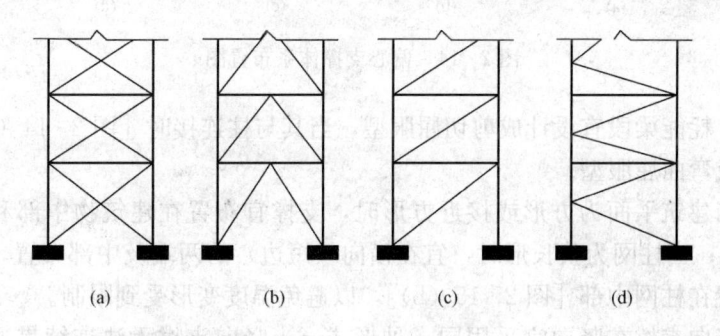

图 2-12　中心支撑布置图

（5）当中心支撑采用只能受拉的单斜杆体系时，应同时设置不同倾斜方向的两组斜杆［图 2-13（a）］，且每组中不同方向单斜杆的截面面积差不得大于 10%。不应采用如图 2-13（b）、（c）所示的布置方式。

（6）高度超过 50m、抗震设防烈度为 8、9 度的钢结构房屋，宜采用框架-偏心支撑结构体系。

(a) (b) (c)

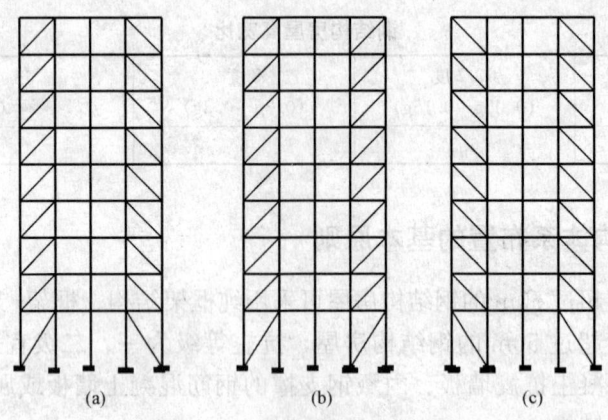

图 2-13 单斜杆体系支撑布置图

（7）偏心支撑的斜杆应至少有一端与梁连接，而不是在梁柱节点处连接或同一跨内的另一支撑与梁的交点处连接；支撑斜杆与梁的交点到梁柱节点间的梁段为"耗能梁段"。每根支撑至少应有一端与耗能梁段连接。常用的偏心支撑的类型如图 2-14 所示。

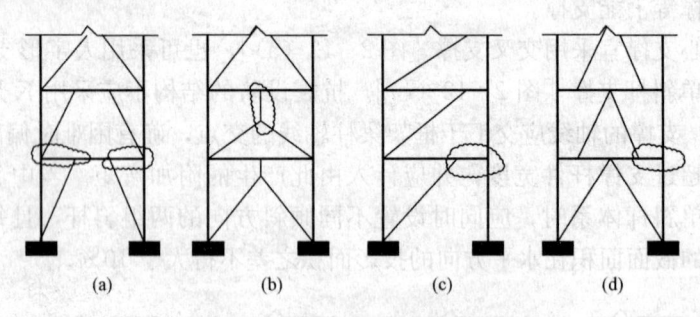

(a) (b) (c) (d)

图 2-14 偏心支撑体系布置图

注意：耗能梁段宜设计成剪切屈服型，当其与柱连接时[图 2-14 (c)、(d)]，不应设计成弯曲屈服型。

（8）当建筑平面为方形或接近方形时，支撑宜布置在建筑物中部和四角[图2-15 (a)]；当柱网为狭长形时，宜在横向（短边）的两端及中部布置，纵向（长边）宜布置在柱网中部[图 2-15 (b)]，以避免温度变形受到限制。

（9）竖向支撑在竖向宜采用同一种形式，当竖向支撑无法连续贯通时，应移到相邻柱间，且上下支撑至少应互相搭接一个楼层（图2-16）。

（10）有抗震设计要求的多层钢结构，可采用两向均为刚接的框架体系。多层及较低的高层钢结构，在低烈度设防地区，框架部分跨间或某一方向的梁柱之间可采用部分铰接，同时设置中心支撑承担水平力。

（11）对非抗震设计或设防烈度为 6 度的地区，顶部贯通设置支撑有困难时，可不设支撑而采用梁柱为刚接的框架。

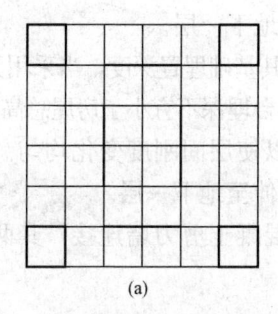

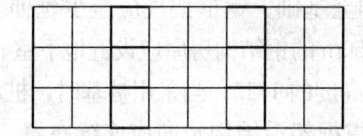

图 2-15 支撑体系平面布置图

(12) 框架柱一般采用热轧或焊接宽翼缘 H 型钢，并使其强轴（惯性矩较大的轴）对应于柱弯矩或柱计算长度较大的方向；框架柱在纵、横两个方向均与梁刚接时，宜采用箱形截面。

(13) 框架梁宜采用热轧窄翼缘 H 型钢或焊接工字型钢；大跨度梁、承受扭矩的梁以及要求具有很大抗弯刚度的框架梁，宜采用焊接箱形截面。

(14) 支撑斜杆宜采用焊接 H 型钢或轧制 H 型钢。

(15) 框架-支撑体系可将其中的支撑用延性剪力墙板代替，构成框架-剪力墙板结构体系，剪力墙承受水平荷载。延性墙板有以下几种类型：

1) 带纵、横肋的钢板。

2) 内埋人字形钢板支撑的钢筋混凝土墙板。

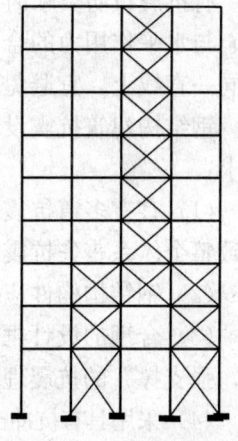

图 2-16 支撑体系竖向不连续时的布置图

3) 带竖缝的钢筋混凝土墙板。

(16) 超过 50m 的钢框架-筒体结构，在必要时可设置由筒体外伸臂或外伸臂和周边桁架组成的加强层。

(17) 框架-偏心支撑中的框架梁与框架柱为刚性连接，支撑斜杆两端与框架梁、柱的连接，构造上为刚性连接，在内力分析时可假定为铰接。

(18) 钢结构的楼盖宜采用压型钢板现浇钢筋混凝土组合楼板或非组合楼板。对不超过 50m 的钢结构尚可采用装配整体式钢筋混凝土楼板，也可采用装配式楼板或其他轻型楼盖；对超过 50m 的钢结构，必要时可设置水平支撑。采用压型钢板钢筋混凝土组合楼板和现浇钢筋混凝土楼板时，应与钢梁有可靠连接。采用装配式、装配整体式或轻型楼板时，应将楼板预埋件与钢梁焊接，或采取其他保证楼盖整体性的措施。

(19) 支撑的斜杆与框架横梁之间的夹角宜保持在 35°~60°之间。

(20) 钢结构房屋的地下室设置，应符合下列要求：

1) 设置地下室时，框架-支撑（抗震墙板）结构中竖向连续布置的支撑（抗震墙板）应延伸至基础；钢框架柱应至少延伸至地下一层。

2）超过 50m 的钢结构房屋应设置地下室。其基础埋置深度，当采用天然地基时不宜小于房屋总高度的 1/15；当采用桩基时，桩承台埋深不宜小于房屋总高度的 1/20。

（21）支撑框架沿结构竖向应连续布置，以使层间刚度变化均匀。设有地下室时，支撑框架应延伸至基础，框架柱应至少延伸至地下一层。

（22）垂直支撑可在地下室顶板处与钢筋混凝土剪力墙连接，其两侧的钢柱与型钢混凝土柱相连后过渡至基础。

2.5.5 钢结构抗震设计的特殊要求

有抗震设防要求时，钢结构的平立面宜对称、简单规整、使各层的抗侧刚度中心与水平作用力的合力重心重合或接近；竖向各层刚度中心在同一直线上或接近同一直线上，宜避免不规则的建筑方案。

钢结构建筑抗震设计除要符合一般建筑抗震设计原则外，尚宜符合以下各项要求：

（1）宜有多道抗震防线，采用双重抗侧体系，避免因部分结构或构件破坏而导致整个体系丧失抗震能力或丧失对重力荷载的承载能力。

（2）钢结构构件应合理控制其截面尺寸，避免局部失稳或整体失稳。

（3）合理的设计框架、支撑等杆系构件，使其达到"强节点弱杆件，强柱弱梁，强支撑"的抗震理念。

（4）采用具有抗冲击韧性好的节点，设计中应考虑地震时可能出现塑性铰的位置，使其仅发生在节点域以外，构件的拼接位置宜设在梁柱节点以外受力较小的位置。

（5）合理地选择节点构造形式，使节点的承载能力高于杆件的承载能力，并允许地震时节点域的板件有一定量的剪切变形，以提高整个框架的延性。

（6）"强焊缝弱板件"，即焊缝的承载力高于被连接钢材板件的承载力，在地震时避免出现焊缝的脆性断裂及钢柱撕裂等现象，提高杆件以至整个构件的延性。

（7）螺栓连接的延性和耐震性能优于焊缝连接，高烈度地震区的钢结构，其重要的杆件接头和节点宜采用高强度螺栓连接。

（8）钢结构房屋宜避免采用《建筑抗震设计规范》（2010 年版）3.4 节规定的不规则建筑结构方案而不设防震缝；需要设置防震缝时，缝宽应不小于相应钢筋混凝土结构房屋的 1.5 倍。

2.6 混合结构设计的基本原则及主要抗震技术措施

2.6.1 混合结构的结构类型

本节所述混合结构系指：由外围钢框架或型钢混凝土、钢管混凝土框架与钢筋混凝土核心筒共同组成的框架-筒体结构以及由外围钢框筒或型钢混凝土、钢管混凝土框筒与钢筋混凝土内核心筒共同组成的筒中筒结构。

特别注意以下几点：

（1）型钢混凝土框架可以是型钢混凝土梁与型钢混凝土柱（钢管混凝土柱）组成的框架，也可以是钢梁与型钢混凝土柱（钢管混凝土柱）组成的框架，外围的钢筒体可以是钢框筒、桁架筒或交叉网格筒。

（2）型钢混凝土外筒体主要指由型钢混凝土（钢管混凝土）构件构成的框筒、桁架筒或交叉网格筒。

（3）为减少柱子尺寸或增加延性而在混凝土柱中设型钢，而框架梁仍为混凝土梁时，该体系不宜视为混合结构。

（4）对于结构体系中局部构件（如框支梁柱）采用型钢梁柱（型钢混凝土梁柱）的，也不应视为混合结构。

（5）对于结构的底部采用钢筋混凝土，结构的上部采用钢结构的建筑也不能视为混合结构，这种结构属超限建筑。设计时应按《建筑勘察设计管理条例》第二十九条的规定，即要由省级以上有关部门组织的建筑工程技术专家委员会进行审定。

2.6.2 混合结构的最大适用高度

混合结构高层建筑的最大适用高度宜符合表 2-19 的要求。

表 2-19　　　　钢-混凝土混合结构房屋的最大适用高度　　　　（m）

结构体系		非抗震设计	抗震设防烈度			
			6	7	8	9
框架-筒体	钢框架-钢筋混凝土核心筒体	210	200	160	120	70
	型钢（钢管）混凝土框架-钢筋混凝土核心	240	220	190	150	70
筒中筒	钢外筒-钢筋混凝土核心筒体	280	260	210	160	80
	型钢（钢管）混凝土外筒-钢筋混凝土核心	300	280	230	170	90

注：1. 平面和竖向均不规则的结构或Ⅳ类场地上的结构，最大适用高度应当降低。
2. 混合结构的最大适用高度主要是依据已有的工程经验偏安全地确定的。近年来的试验和计算分析，对混合结构中钢结构部分应承担的最小地震作用有些新的认识，如果混合结构中钢框架承担的地震剪力过少，则混凝土核心筒的受力状态和地震下的表现与普通钢筋混凝土结构几乎没有差别，甚至混凝土墙体更容易破坏，因此对钢框架-核心筒结构体系的最大适用高度较 B 级高度的混凝土框架-核心筒体系的最大适用高度适当减少。

2.6.3 混合结构高层建筑的高宽比

混合结构高层建筑的高宽比不宜大于表 2-20 的规定。

表2-20　　　　　　　　钢-混凝土混合结构的最大高宽比

结构体系	非抗震设计	抗震设防烈度			
		6	7	8	9
框架-筒体	8	7	7	6	4
筒中筒	8	8	8	7	5

注：高层建筑的高宽比是对结构刚度、整体稳定、承载能力和经济合理性的宏观控制。钢（型钢混凝土）框架-钢筋混凝土筒体混合结构体系高层建筑，其主要抗侧力体系仍然是钢筋混凝土筒体，因此其高宽比的限值和层间位移限值均取钢筋混凝土结构体系的同一数值，而筒中筒体系混合结构，外围筒体抗侧刚度较大，承担水平力也较多，钢筋混凝土内筒分担的水平力相应减小，且外筒体延性相对较好，故高宽比要求适当放宽。

2.6.4　混合结构房屋抗震等级

混合结构房屋抗震设计时，混凝土筒体及型钢混凝土框架的抗震等级应按表2-21确定，并符合相应的计算和构造措施。

表2-21　　　　　　　　钢-混凝土混合结构抗震等级

结构类型		6		7		8		9
钢框架-钢筋混凝土核心筒	高度/m	≤150	>150	≤130	>130	≤100	>100	≤70
	钢筋混凝土核心筒	二	二	二	一	一	特一	特一
型钢混凝土框架-钢筋混凝土核心筒	钢筋混凝土核心筒	二	二	二	二	一	特一	特一
	型钢混凝土框架	三	三	二	二	一	一	一
钢外筒-钢筋混凝土核心筒	高度/m	≤180	>180	≤150	>150	≤120	>120	≤90
	钢筋混凝土核心筒	二	二	二	一	一	特一	特一
型钢混凝土外筒-钢筋混凝土核心筒	钢筋混凝土核心筒	二	二	二	一	一	特一	特一
	型钢混凝土外筒	三	三	二	二	一	一	一

注：钢结构构件抗震等级，抗震设防烈度为6、7、8、9度时应分别取四、三、二、一级。

2.6.5　混合结构房屋布置的基本原则

（1）混合结构房屋的结构布置除应符合一般建筑规定外，还应符合钢-混凝土混合结构平面布置的下列要求：

1）混合结构房屋的平面宜简单、规则、对称，具有足够的整体抗扭刚度，平面宜采用方形、矩形、多边形、圆形、椭圆形等规则平面，建筑的开间、进深宜统一。

2）筒中筒结构体系中，当外围框架柱采用 H 形截面柱时，宜将柱截面强轴方向布置在外围框架（外围筒体）平面内；角柱宜采用方形、十字形或圆形截面。

3）楼盖主梁不宜搁置在核心筒或内筒的连梁上。

（2）混合结构的竖向布置宜符合下列要求：

1）结构的侧向刚度和承载力沿竖向宜均匀变化，构件截面宜由下至上逐渐减小，无突变。

2）混合结构的外围框架柱沿高度宜采用同类结构构件。当采用不同类型结构构件时，应设置过渡层，且单柱的抗弯刚度变化不宜超过 30%。

3）对于刚度突变的楼层，如转换层、加强层、空旷的顶层、顶部突出部分、型钢混凝土框架与钢框架的交接层及邻近楼层，应采取可靠的过渡加强措施。

4）钢框架部分采用支撑时，宜采用偏心支撑和耗能支撑，支撑宜在两个主轴方向连续布置；框架支撑宜延伸至基础。

（3）钢筋（型钢）混凝土内筒的设计宜符合下列要求：

1）8、9 度抗震时，应在楼面钢梁或型钢混凝土梁与混凝土筒体交接处及混凝土筒体四角设置型钢柱；7 度抗震时，宜在上述部位设置型钢柱。

2）外伸臂桁架与核心筒墙体连接处宜设置构造型钢柱，型钢柱宜至少延伸至伸臂桁架高度范围以外上下各一层。

3）钢框架-钢筋混凝土核心筒结构，抗震等级为一、二级的筒体底部加强部位分布钢筋的最小配筋率不宜小于 0.35%，筒体一般部位的分布筋的配筋率不宜小于 0.30%，筒体每隔 2~4 层宜设置暗梁，暗梁的高度不宜小于墙厚，配筋率不宜小于 0.30%。筒中筒结构和钢筋混凝土（钢管混凝土、型钢混凝土）框架-钢筋混凝土核心筒结构中，筒体剪力墙的构造要求同剪力墙的要求。

4）当连梁抗剪截面不足时，可采取在连梁中埋设型钢或钢板等措施。

（4）混合结构中，外围框架平面内梁与柱应采用刚性连接；楼面梁与钢筋混凝土筒体及外围框架柱的连接可采用刚接或铰接。

（5）楼盖体系应具有良好的水平刚度和整体性，确保整个抗侧力结构在任意方向水平荷载作用下能协同工作，其布置宜符合下列要求：

1）楼面宜采用压型钢板现浇混凝土组合楼板、现浇混凝土楼板或预应力叠合楼板，楼板与钢梁应可靠连接。

2）设备机房层、避难层及外伸臂桁架上下弦杆所在楼层的楼板宜采用钢筋混凝土楼板并进行加强。

3）对于建筑物楼面有较大开口或为转换楼层时，应采用现浇楼板。对楼板大开口部位宜设置刚性水平支撑或采用考虑楼板变形的程序进行计算，并采取加强措施。

（6）混合结构中，当侧向刚度不足时，可设置刚度适宜的外伸臂桁架加强层，必要时可配合布置周边带状桁架。外伸臂桁架和周边带状桁架的布置应符合下列要求：

1) 外伸臂桁架和周边带状桁架宜采用钢桁架。

2) 外伸臂桁架应与抗侧力墙体刚接且宜伸入并贯通抗侧力墙体，上、下弦杆均应延伸至墙体内，墙体内宜设置斜腹杆；外伸臂桁架与外围框架柱宜采用铰接或半刚接，周边带状桁架与外框架柱的连接宜采用刚性连接。

3) 当布置有外伸桁架加强层时，应采取有效措施减少由于外框柱与混凝土筒体竖向变形差异引起的桁架杆件内力。

2.6.6　钢框架-混凝土核心筒体系竖向构件的差异压缩量问题

在设计"钢框架-混凝土核心筒体系"时，设计者必须对竖向构件的差异压缩量问题引起足够的重视。

1. 差异缩短量

据资料介绍，美国休斯敦市有栋75层的德克萨斯商业大厦，采用钢柱和槽形型钢混凝土墙并用的混合结构。在重力荷载作用下，钢柱的总缩短量比型钢混凝土墙大260mm。

美国另一栋80层的钢框架-混凝土核心筒结构的办公大楼，压应力引起的弹性缩短，钢柱是混凝土核芯筒的3倍；混凝土收缩和徐变的总缩短量，钢柱也比混凝土柱大28mm，见表2-22。

表 2-22　　　　80层钢框架-混凝土核心筒结构的综合缩短值　　　　　　（mm）

柱类型＼变形性质	弹性压缩	收缩	徐变	合计
钢柱	196	—	—	196
混凝土核心筒	61	61	46	168

2. 差异缩短产生的原因

(1) 轴压应力差。

1) 钢柱截面尺寸取决于水平荷载和重力荷载共同引起的轴力和弯矩，而且更多地取决于弯矩。因而，截面相同的柱，轴压力并不相同，甚至截面小的内柱，轴压力反而大，以致各柱的轴压应力有时差别很大。

2) 钢柱、混凝土柱（墙）混合结构中，钢材的弹性模量和抗压强度分别是混凝土的10倍和20倍，但由于钢柱截面小，钢柱的缩短量也比混凝土构件大得多。

3) 混合结构高楼多采用钢框架-混凝土核心筒体系，混凝土核心筒的截面面积与钢柱相比，大小悬殊，钢柱缩短量一般比核心筒大得多。

(2) 时间差。

1) 从表2-22可以看出，混凝土收缩和徐变所引起的柱缩短量，分别约占总缩短量的 36%和 28%，而且两者的总和比弹性压缩大得多，值得注意的是这一压缩量，不像弹性压缩那样是瞬间完成的，而是要分别经历半年或更长时间才能完成。

2) 混合结构高层建筑的施工，往往是先浇筑混凝土核心筒，用它作为爬塔等起重设备的支座和施工运输的通道，然后再浇筑筒和外框柱间的各楼层板，这将进一步扩大钢柱与核心筒的竖向变形差。

3. 压缩差的危害

（1）引起内力的变化。

在筒中筒、框架-核心筒体系中设置的伸臂钢桁架（刚臂），竖向抗弯刚度很大，核心筒与外柱的竖向变形差，将使桁架杆件产生较大的附加轴力。此外，外圈钢柱的先期超量压缩，还会降低刚臂的预期功效，甚至使刚臂上、下弦杆件轴力变号。

对于多跨框架梁，各柱的压缩差就意味着支座差异沉降，在引起附加应力的同时，也引起各柱之间荷载的重分布。

（2）引起非结构部件损坏。

各个竖向构件的差异缩短，如果不预先调整，必将造成各楼面的倾斜。相邻竖向构件的过量差异压缩，还易引起隔墙开裂。

核心筒因混凝土收缩、徐变而产生的后期较大压缩量，如果未采取相应措施，将会使电梯轨道、竖向管道受压屈曲，水平管道接口受剪破坏。

4. 应对措施

（1）根据重力荷载作用下各构件竖向变形的计算结果，确定各层钢柱的下料长度。

（2）根据各构件施工期和后期的缩短量，对相关构件的连接构造采取措施，以适应各构件的差异缩短量。

（3）由于外柱与混凝土内筒存在的轴向变形不一致，会使外挑桁架产生很大的附加内力，因而外伸桁架宜分段拼装。在设置多道外伸桁架时，本外伸桁架可在施工上一个外伸桁架时予以封闭；仅设一道外伸桁架时，可以在主体结构完成后再安装封闭，形成整体。

（4）采用外伸桁架主要是将筒体剪力墙的弯曲变形转换成框架柱的轴向变形以减小水平荷载下结构的侧移，所以必须保证外伸桁架与筒体刚接。外柱相对外伸桁架杆件来讲，截面尺寸较小，而轴向力又较大，故不宜承受很大的弯矩，因而外柱与桁架宜采用铰接。

2.6.7 型钢混凝土组合构件设计应注意的问题

（1）型钢混凝土组合结构是钢和混凝土两种材料的组合体，在此组合体中，箍筋的作用尤为突出。它除了增强截面抗剪承载力，避免结构发生剪切脆性破坏外,还起到约束核心混凝土,增强塑性铰区的变形能力和耗能能力的作用,对型钢混凝土组合结构构件而言,更起到保证混凝土与型钢、纵筋整体工作的重要作用,因此,为保证在大变形情况下能维持箍筋对混凝土的约束,箍筋应做成封闭箍且末端应有135°弯钩,弯钩平直段不小于$10d$(d箍筋直径)。

(2) 在确定型钢的截面尺寸时,宜满足型钢有一定的混凝土保护层厚度,以防止型钢发生局部压屈变形,保证型钢、钢筋混凝土相互粘结而整体工作,同时,也是提高耐火性、耐久性的必要条件。

(3) 型钢混凝土结构构件中的型钢板不宜过薄,应利于焊接和满足局部稳定要求。但由于型钢受混凝土和箍筋的约束,不易发生局部压屈失稳,因此,型钢钢板的宽厚比、高厚比要比《建筑抗震设计规范》对钢结构的规定放宽1.5～1.7倍左右。

(4) 为了更好地发挥传递的剪力作用,要求在型钢梁、柱上布置栓钉。

设置栓钉的位置及要求如下:

1) 对框架结构,在柱脚部位和柱脚向上一层的范围内,型钢翼缘外侧宜设置栓钉。

2) 对框架-剪力墙结构中的梁、柱,底部加强部位的梁、柱,宜设置栓钉。

3) 多、高层建筑型钢混凝土柱的顶部宜设置栓钉。

4) 过渡层内的型钢翼缘外侧应设置栓钉;当结构下部采用型钢混凝土柱,上部采用钢结构柱时,设置栓钉的范围除过渡层外,应延伸至梁下部以下2倍柱型钢截面高度处。

5) 当框架柱一侧为型钢混凝土梁,另一侧为钢筋混凝土梁时,钢混凝土中的型钢伸长段范围内,型钢上、下翼缘应设置栓钉。

6) 对于转换梁或托柱梁等主要承受竖向重力荷载的梁,因受力复杂,为增加混凝土和剪压区型钢上翼缘的粘结剪切力,宜在梁端1.5倍梁高范围内,型钢梁的上翼缘设置栓钉。

7) 型钢混凝土柱的加密区应设置栓钉。

8) 栓钉宜选用$\phi19mm$和$\phi22mm$,长度不应小于4倍栓钉直径,间距不宜大于200mm,也不宜小于6倍栓钉直径,且栓钉至型钢边缘的距离不宜小于50mm。

2.7 复杂高层建筑结构设计的基本原则及主要抗震技术措施

2.7.1 复杂高层建筑的主要类型

复杂高层建筑结构包括:带转换层的结构、带加强层的结构、错层结构、连体结构、多塔结构等。

2.7.2 复杂高层建筑结构设计的基本原则

复杂高层建筑结构传力途径复杂，竖向或平面不规则，所以均属不规则结构。结构设计时宜符合下列原则：

(1) 9度抗震设计时不应采用带转换层的结构、带加强层的结构、错层结构和连体结构。7度和8度抗震设计时，不宜采用超过上述两种的复杂建筑。

(2) 7度和8度抗震设计时，剪力墙结构错层高层建筑的房屋高度分别不宜大于80m和60m；框架-剪力墙结构错层高层建筑的房屋高度分别不应大于80m和60m。

(3) 抗震设计时，B级高度高层建筑不宜采用连体结构。

(4) 复杂高层建筑结构，宜采取基于性能的抗震设计方法。根据建筑结构的使用功能类别、重要性和设计地震动参数，确定合理的性能目标，对结构中的重要、复杂部位及重要、复杂构件等采用更高一级的抗震设计计算及构造措施，满足结构总体性能要求、构件与部件性能要求，满足结构的抗震能力和抗震要求。

2.7.3 带转换层高层建筑结构设计的主要技术措施

(1) 在高层建筑结构的底部，当上部楼层部分竖向构件（剪力墙、框架柱）不能连续贯通落地时，应设置结构转换层，在结构转换层布置转换结构构件，形成部分框支剪力墙结构或托柱转换层结构。转换结构构件可采用梁、桁架、空腹桁架、箱形结构、斜撑等；对部分框支剪力墙结构，9度抗震设防时不应采用转换结构，非抗震设计和6度抗震设计及7、8度时的地下室转换构件可以采用厚板转换。

(2) 抗震设计时，B级高度的底部带转换层的结构，当外筒框支层上采用剪力墙构成壁式框架时，其最大适用高度要适当降低，降低的幅度，可以参考抗震设防烈度、转换层位置的高低等具体情况研究确定，一般可以降低10%~20%。

(3) 部分框支剪力墙结构在地面以上设置转换层的位置，8度时不宜超过3层，7度时不宜超过5层，6度时可适当提高；底部带转换层的框架-核心筒和外框为密柱的筒中筒结构，其转换层位置可以适当提高。

(4) 当一个楼层有多处转换，形成转换层，或结构中有多处转换，致使结构多处不规则时，是结构整体转换；当结构中仅有个别构件进行转换（例如仅个别部位抽柱转换，个别榀剪力墙底部开大洞成为框支转换等），且转换层上、下部结构竖向刚度变化不大时，是结构的局部转换。

又如由多榀底部开大洞的框支剪力墙和多榀落地剪力墙构成的部分框支剪力墙等情况，一般为结构的整体转换。采用箱形转换、桁架转换等转换形式的带转换层结构（整个楼层的转换），采用厚板转换形式的带转换层的结构（整个楼层的转换），一般也是结构的整体转换。而采用剪力墙结构中仅有一片墙底开大洞形成的框支剪力墙，由于局部抽柱形成的梁托柱、搭接柱、斜撑等形式的局部转换，一般为结构局部转换。

对于已经满足在地下室顶板嵌固条件要求的建筑，当地下室仅有个别框支转换结构时，也可以按结构局部转换进行设计。

(5) 当为结构的整体转换时，房屋的最大适用高度、转换结构在地面以上的大空间层数、结构的平面和竖向布置、结构楼盖选型、结构的抗震等级、剪力墙底部加强部位的规定均可参考部分框支-剪力墙结构的有关规定；而当为结构的局部转换时，则上述要求可以根据工程实际情况适当放宽。

(6) 带转换层高层建筑结构设计时应注意以下问题：

1) **房屋的最大适用高度**：仅在个别楼层设置转换构件，且转换层上、下部结构的竖向刚度变化不大的结构房屋的最大适用高度仍可按表2-1、表2-2取用；对转换部位较多但仍为局部转换时，结构房屋的最大适用高度可比表2-1、表2-2规定的数值适当降低。

2) 转换结构在地面以上的大空间层数、结构的转换层位置可适当放宽。例如：采用剪力墙结构，其中仅有一片墙在底部开大洞形成一榀框支剪力墙，特别是由于局部抽柱形成的梁托柱、搭接柱、斜撑这一类形式的局部转换，转换层的位置更可以根据上下层刚度比适当放宽。

如：某工程在18层有局部退台，需要在此层设置3根单跨的托柱梁，虽然传力间接，但并未使结构的竖向刚度发生较大变化，可以不受高规有关高位转换的限制。

3) 结构的平面和竖向布置：注意结构布置宜简单、规则、均衡对称，尽可能地使水平荷载的合力中心与结构刚度中心接近，减小扭转的不利影响。

4) 结构的楼盖选型：转换层宜采用现浇式楼盖，转换层板可局部加厚，加厚范围不应小于转换构件向外延伸2跨，且应超过转换构件邻近落地剪力墙不少于1跨。

5) 结构的抗震等级：除转换结构及结构其他重要构件以外的部分，均可按表2-5～表2-9采用。

6) 剪力墙底部加强部位：楼板加厚范围内的落地剪力墙和框支剪力墙应按部分框支剪力墙结构确定其剪力墙底部加强部位，其他部分可按一般剪力墙结构确定其剪力墙底部加强部位。

补充说明：局部转换虽然在上述方面可以适当放宽，但由于转换部位本身受力复杂，故对局部转换部位的转换构件的抗震措施应加强。抗震设计时要注意提高转换构件的承载能力及延性，提高其抗震等级，水平地震作用的内力乘以增大系数，提高构件的配筋率，加强构造措施等，对转换构件相邻的有关构件（如落地剪力墙、楼板等），应在计算及构造上给予加强。

(7) 部分框支剪力墙结构的布置应符合下列要求：

1) 落地剪力墙和筒体底部墙体应加厚。

2) 转换层上部结构与下部结构的侧向刚度比应符合 JGJ 3—2002《高层建筑混凝土结构技术规程》附录 E 的规定。

3) 框支柱周围楼板不应错层布置。

4) 落地剪力墙和筒体的洞口宜布置在墙体的中部。

5) 框支梁上一层墙体内不宜设置边门洞，也不宜在框支中柱上方设置门洞。

6) 落地剪力墙的间距应符合下列规定：

a. 非抗震设计时，不宜大于 3B 和 36m。

b. 抗震设计时，当底部框支层为 1～2 层时，落地剪力墙的间距不宜大于 2B 和 24m；当底部框支层为 3 层及 3 层以上时，落地剪力墙的间距不宜大于 1.5B 和 20m。此处，B 落地墙之间楼盖的平均宽度。

7) 落地剪力墙与相邻框支柱的距离，1～2 层框支层时不宜大于 12m，3 层及 3 层以上框支层时不宜大于 10m。

8) 框支框架承担的地震倾覆力矩不应大于结构总地震倾覆力矩的 50%。

(8) 带托柱转换层的筒体结构，外围转换柱与内筒、核心筒的间距不宜大于 12m。

(9) 底部带转换层的高层建筑结构，其剪力墙底部加强部位的高度宜取至转换层以上两层且不宜小于房屋高度的 1/10。

(10) 底部带转换层的高层建筑结构，其抗震等级应符合 2.4.3 节，2.4.4 节的有关规定。对部分框支剪力墙结构，当转换层的位置设置在 3 层及 3 层以上时，其框支柱、剪力墙底部加强部位的抗震等级宜按 2.4.3 节，2.4.4 节中表 2-5～表 2-11 的规定提高一级采用，已为特一级时可不提高。

(11) 带转换层的高层建筑结构，特一、一、二、三级转换构件的水平地震作用计算内力应分别乘以增大系数 1.90、1.60、1.35、1.25；8 度抗震设计时，转换构件应考虑竖向地震的影响。

(12) 部分框支剪力墙结构框支柱承受的水平地震剪力标准值应按下列规定采用：

1) 每层框支柱的数目不多于 10 根的场合，当底部框支层为 1～2 层时，每根柱所受的剪力应至少取结构基底剪力的 2%；当底部框支层为 3 层及 3 层以上时，每根柱所受的剪力应至少取结构基底剪力的 3%。

2) 每层框支柱的数目多于 10 根的场合，当底部框支层为 1～2 层时，每层框支柱承受剪力之和应取结构基底剪力的 20%；当框支层为 3 层及 3 层以上时，每层框支柱承受剪力之和应取结构基底剪力的 30%。框支柱剪力调整后，应相应调整框支柱的弯矩及柱端梁的剪力和弯矩，但框支梁的剪力、弯矩可不调整。

2.7.4 带加强层高层建筑结构抗震设计技术措施

(1) 当框架-核心筒、筒中筒结构的侧向刚度不能满足要求时，可利用建筑避难层、设备层空间，设置适宜刚度的水平伸臂构件，形成带加强层的高层建筑结构。必要时，加强层也可同时设置周边水平环带构件。水平伸臂构件、周边环带构件可采用斜腹杆桁架、实体梁、箱形梁、空腹桁架等形式。

(2) 抗震设防烈度为9度时不应采用带加强层的高层建筑。

(3) 加强层的位置和数量综合考虑建筑使用功能和结构的合理程度后确定。当布置1个加强层时，可设置在 $0.6H \sim 0.7H$ 的房屋高度附近；当布置2个加强层时，可分别设置在顶层和 $0.5H$ 房屋高度附近；当布置多个加强层时，宜沿竖向从顶层向下均匀布置。

(4) 加强层宜尽可能少设，刚度不宜太大，只要能使结构在地震力、风力作用下满足规范规定的侧移限值即可。

(5) 加强层水平伸臂构件宜贯通核心筒，其平面布置宜位于核心筒的转角、T字节点处；水平伸臂构件与周边框架的连接宜采用铰接或半刚接。结构内力和位移计算中，设置水平伸臂桁架的楼层宜考虑楼板平面内的变形；水平伸臂构件与周边框架的连接宜采用铰接或半刚接。结构的内力及位移计算中，对设置水平水平伸臂桁架的楼层应考虑楼板平面内的变形。

(6) 加强层及其相邻层的框架柱、加强层及其相邻层的核心筒应加强配筋构造。

(7) 加强层及其相邻层楼盖的刚度和配筋应加强。

(8) 在施工程序及连接构造上应采取减小结构竖向温度变形及轴向压缩差的措施。

(9) 抗震设计时，带加强层高层建筑结构应符合下列构造要求：

1) 加强层及其相邻层的框架柱、核心筒剪力墙的抗震等级应提高一级采用，一级应提高至特一级，但抗震等级已经为特一级时，允许不再提高；

2) 加强层及其相邻层的框架柱，箍筋应全柱段加密，轴压比限值应按其他楼层的数值减小0.05采用。

(10) 采用三维空间分析方法进行整体计算时，计算模型中应合理反映水平加强构件与周边加强构件的实际工作状态；宜采用弹性或弹塑性时程分析法进行补充验算。

2.7.5 错层结构高层建筑抗震设计技术措施

因为错层结构属竖向布置不规则结构，错层附近的竖向抗侧力构件受力复杂，产生较多应力集中部位，框架结构错层时将产生许多短柱与长柱混合的不规则体系，对抗震很不利，所以高层建筑设计中宜尽量避免采用错层结构。7度和8度时抗震设防的剪力墙结构错层高层建筑的房屋高度分别不宜大于80m和60m；框架-剪力墙错层结构高层建筑的房屋高度不应大于80m和60m。当不可避免时，应采取以下主要技术措施：

（1）抗震设计时，高层建筑沿竖向宜避免错层布置。当房屋不同部位因功能不同使楼层错层时，宜采用防震缝划分为独立的结构单元。

（2）错层结构应尽量减少扭转影响，错层两侧宜采用结构布置和侧向刚度相近的结构体系。

（3）错层结构中，错开的楼层不应归并为一层计算，应各自进行结构整体计算。

（4）抗震设计时，错层处框架柱的截面高度不应小于600mm；混凝土强度等级不应低于C30；箍筋应全柱段加密；抗震等级应提高一级采用，一级应提高至特一级，但抗震等级已经为特一级时，允许不再提高。【强规】

（5）错层处平面外受力的剪力墙的截面厚度，非抗震设计时不应小于200mm，抗震设计时不应小于250mm，并均应设置与之垂直的墙肢或扶壁柱；抗震设计时，其抗震等级应提高一级采用。错层处剪力墙的混凝土强度等级不应低于C30，水平和竖向分布钢筋的配筋率，非抗震设计时不应小于0.3%，抗震设计时不应小于0.5%。

2.7.6 连体结构高层建筑结构抗震设计技术措施

1. 常用结构形式

连体结构可分为两种形式：第一种形式为架空连廊，即在两个建筑之间设置一个连廊或多个连廊，跨度几米到几十米不等，宽度一般在10m之内；第二种形式称为"凯旋门"式，这种形式的两个主楼结构一般均采用对称结构布置，在结构顶部若干层连接成整体楼层，连接的宽度与主体结构接近。

2. 连体结构的震害特点

历次震害表明，连体结构破坏较为严重，主要是连廊塌落，主体结构与连接体的连接部位破坏严重，如图2-17所示。

3. 连体结构的受力特点

连体结构因为通过连体将不同的结构连在一起，体型比一般结构复杂，因此连体结构受力要比一般单体结构或多

图2-17 连廊地震破坏图

塔结构更加复杂。连体结构设计应关注以下几个方面的问题。

(1) 扭转效应需要引起注意。连体结构扭转振动变形较其他结构大，扭转效应明显。在地震或风荷载作用下，结构除产生平动变形外，还将会产生扭转变形，扭转效应随两主楼不对称性的增加而加剧，即使对称双塔连体结构，由于连接体楼板变形，两主楼除有同向的平动外，还很有可能产生两主楼的相向运动，该振动形态是与整体结构的扭转振型耦合在一起的。

(2) 连体部分受力复杂。连体部分一方面要协调两侧主楼的变形，在水平荷载下承受较大的内力；另一方面，当本身跨度较大时，除竖向荷载外，竖向地震作用影响也较明显。连体结构的自振振型复杂，架空连廊对竖向地震反应比较敏感，尤其是跨度大、自重大的连廊。

(3) 重视连接体两端的连接方式的选择。连接体结构与两侧主楼的连接是一个关键问题，如果处理不当结构的安全将难以保证。一般可以根据不同情况采用刚性连接、铰接、滑动连接等，每种连接方式的处理方式不同，但均需要进行详细的分析设计。

(4) 连接方式的合理选择。

1) 强连接方式。当连接体结构包含多层楼盖，两侧主楼刚度相近（如凯旋门式），且连接体结构的刚度足够，能将主体结构连接为整体协调受力、变形时，可以设计成强连接。两端刚接、两端铰接的连接体结构均属于强连接结构。

2) 弱连接方式。如果连接体结构较弱（如为连廊结构），无法协调连接体两侧主楼共同工作，此时可以设计成弱连接，即一端设计成铰，另一端设计成滑动支座，或两端设计成滑动支座。

当连接体较低且跨度较小时，可以采用一端铰接，一端滑动支座，或采用两端滑动支座。采用阻尼器作为限复位装置时，也可归为弱连接方式。这种连接方式可以较好地处理连接体与主楼的连接，既能减轻连接体及其支座受力，又能将连接体的振动控制在允许的范围内，但此种连接仍要进行详细的分析计算。

3) 连接体结构与主体结构刚性连接时，连接体结构的主要结构构件应至少伸入主体结构一跨并可靠连接；必要时可延伸至主体部分的内筒，并与内筒可靠连接。

4) 当连接体结构与主体结构采用滑动连接时，支座滑移量应能满足两个方向在罕遇地震作用下的位移要求，并应采取防坠落、撞击措施。计算罕遇地震作用下的位移时，应采用时程分析方法进行复核计算。

(5) 连体结构的加强措施。

1) 7度（0.15g）和8度抗震设计时，连体结构的连接体应考虑竖向地震的影响。

2) 连接体结构可设置钢梁、钢桁架、型钢混凝土梁，型钢应伸入主体结构至少一跨并可靠锚固。连接体结构的边梁截面宜加大；楼板厚度不宜小于150mm，宜采用双层双向钢筋网,每层每方向钢筋网的配筋率不宜小于 0.25%。

3)当连接体结构包含多个楼层时,应特别加强其最下面一个楼层及顶层的构造设计。

4)抗震设计时,连接体及与连接体相邻的结构构件的抗震等级应提高一级采用,一级提高至特一级,但抗震等级已经为特一级时,允许不再提高。

2.7.7 竖向体型收进、悬挑结构抗震设计技术措施

(1)多塔楼结构以及体型收进、悬挑结构,竖向体型突变部位的楼板宜加强,楼板厚度不宜小于 150mm,宜双层双向配筋,每层每方向钢筋网的配筋率不宜小于 0.25%。

(2)抗震设计时,多塔楼高层建筑结构应符合下列要求:

1)各塔楼的层数、平面和刚度宜接近。

2)塔楼对底盘宜对称布置。塔楼结构与底盘结构质心的距离不宜大于底盘相应边长的 20%。

3)转换层不宜设置在底盘屋面的上层塔楼内;否则,应采取有效的抗震措施。

4)塔楼中与裙房连接体相连的外围柱、剪力墙,从固定端至裙房屋面上一层的高度范围内,柱纵向钢筋的最小配筋率宜适当提高,柱箍筋宜在裙楼屋面上、下层的范围内全高加密,剪力墙宜按《高层建筑混凝土结构技术规程》(2002 年版) 7.2.15 条的规定设置约束边缘构件;当塔楼结构与底盘结构偏心收进时,应加强底盘周边竖向构件的配筋构造措施。

5)大底盘多塔楼结构,可按《高层建筑混凝土结构技术规程》(2002 年版) 5.1.15 条规定的整体和分塔楼计算模型分别验算整体结构和各塔楼结构扭转为主的第一周期与平动为主的第一周期的比值,并应符合《高层建筑混凝土结构技术规程》(2002 年版) 4.4.5 条的有关要求。

注意:对大底盘多塔楼结构扭转第一周期与平动第一周期比值的算法,明确要求按整体和分塔楼模型分别验算。

(3)抗震设计时,悬挑结构设计应符合下列要求:

1)悬挑部位应采取降低结构自重的措施。

2)悬挑部位结构宜采用冗余度较高的结构形式。

3)结构内力和位移计算中,悬挑部位的楼层应考虑楼板平面内的变形,结构分析模型应能反映水平地震对悬挑部位可能产生的竖向振动效应。

4)8、9 度抗震设计时,悬挑结构应考虑竖向地震的影响;6、7 度抗震设计时,悬挑结构宜考虑竖向地震的影响。竖向地震应采用时程法或竖向反应谱法进行分析,并应考虑竖向地震为主的荷载组合。

5)抗震设计时,悬挑结构的关键构件以及与之相邻的主体结构关键构件的抗震等级应提高一级,一级应提高至特一级,抗震等级已经为特一级时,允许不再提高。

6) 在预估的罕遇地震作用下，悬挑结构关键构件的承载力宜符合不屈服的要求。

(4) 体型收进高层建筑结构、底盘高度超过房屋高度20%的多塔楼结构的设计应符合下列要求：

1) 体型收进处宜采取减小结构刚度变化的措施，上部收进结构的底层层间位移角不宜大于相邻下部区段最大层间位移角的1.15倍。

2) 结构偏心收进时，应加强下部两层结构周边竖向构件的配筋构造措施。

3) 抗震设计时，体型收进部位上、下各两层塔楼周边竖向结构构件的抗震等级宜提高一级采用，当收进部位的高度超过房屋高度的50%时，应提高一级采用，一级应提高至特一级，抗震等级已经为特一级时，允许不再提高。

2.8 门式刚架轻钢结构设计基本原则及主要抗震技术措施

2.8.1 门式刚架布置基本原则

(1) 门式刚架适用于主要承重结构为单跨或多跨实腹门式刚架、具有轻型屋盖和轻型外墙、无桥式吊车或有起重量不大于20t的A1~A5工作级别桥式吊车或3t悬挂式起重机的单层房屋钢结构的设计、制作和安装。不适用于强侵蚀介质环境及构件表面温度大于150℃的房屋。

(2) 在门式刚架轻型房屋钢结构体系中，屋盖宜采用压型钢板屋面板和冷弯薄壁型钢檩条，主刚架可采用变截面实腹刚架，外墙宜采用压型钢板墙面板和冷弯薄壁型钢墙梁。主刚架斜梁下翼缘和刚架柱内翼缘出平面的稳定性，由与檩条或墙梁相连接的隅撑来保证。主刚架间的交叉支撑可采用张紧的圆钢。

(3) 门式刚架分为单跨 [图2-18 (a)]、双跨 [图2-18 (b)]、多跨 [图2-18 (c)] 刚架以及带挑檐的 [图2-18 (d)] 和带毗屋的 [图2-18 (e)] 刚架等形式。多跨刚架中间柱与斜梁的连接可采用铰接。多跨刚架宜采用双坡或单坡屋盖 [图2-18 (f)]，必要时也可采用由多个双坡屋盖组成的多跨刚架形式。

(4) 门式刚架的跨度宜采用9~36m。当边柱宽度不等时，其外侧应对齐。门式刚架的平均高度宜采用4.5~12.0m，当有桥式吊车时不宜大于12m。门式刚架的间距，即柱网轴线间的纵向距离宜采用6~9m，一般取7.5m较佳。挑檐长度可根据使用要求确定，宜采用0.5~1.2m。其上翼缘坡度宜与斜梁坡度一致。

注意：对于跨度≥30m的斜梁，设计时宜考虑起拱。

(5) 设计时根据跨度、高度和荷载不同，门式刚架的梁、柱可采用变截面或等截面实腹焊接工字形截面或轧制H形截面。设有桥式吊车时，柱宜采用等截面构件。变截面构件通常是改变腹板的高度做成楔形，必要时也可改变腹板厚度。结构构件在安装单元内一般不改变翼缘截面，当必要时，可改变翼缘厚度；邻接

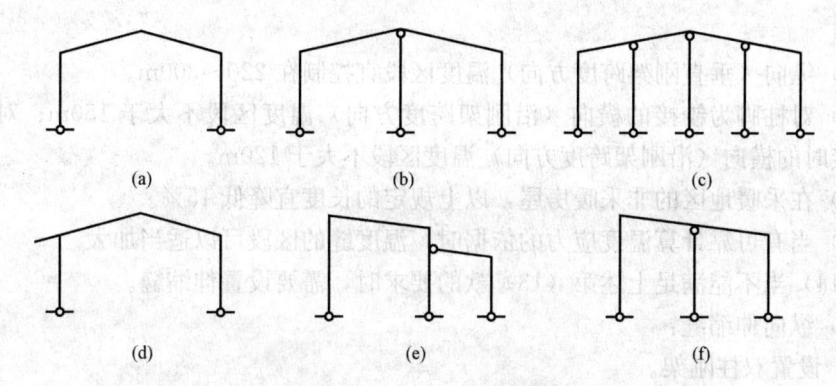

图 2-18 门式刚架形式示意图
(a) 单跨刚架；(b) 双跨刚架；(c) 多跨刚架；(d) 带挑檐刚架；
(e) 带毗屋刚架；(f) 单坡刚架

的安装单元可采用不同的翼缘截面，两单元相邻截面高度宜相等。

(6) 门式刚架横梁的截面高度，当为实腹式时，可取跨度的 1/30～1/40；当为格构式时，可取跨度的 1/15～1/25。其横梁可采用等高截面（跨度较小时）或变高截面形式，必要时，宜在节点处或弯矩较大处加腋。

(7) 在门式刚架斜梁和钢柱的翼缘板或腹板中，相邻板厚度级差变化一般以 2～4mm 为宜。

(8) 工字形截面构件腹板的受剪板幅，当腹板的高度变化不超过 60mm/m 时，可考虑屈曲后强度；当利用腹板屈曲后抗剪强度时，横向加劲肋的间距宜取腹板计算高度 h_w 的 1.0～2.0 倍。

(9) 竖向荷载通常是设计的控制荷载，但当风荷载较大、房屋较高或轻屋面的屋面坡度小时，尤其是部分封闭建筑，风荷载的作用不应忽视。对于屋面檩条在上吸风力的作用下，应考虑其下翼缘可能因受压而失稳，应对其进行验算。其次，在轻屋面门式刚架中，设防烈度为 7 度以下时，地震作用一般不起控制作用。当连有一层以上的附属建筑时，应进行抗震验算。

(10) 轻型钢结构房屋对雪荷载十分敏感，尤其是严寒地区和雪荷载较大的地区。门式刚架的设计应考虑雪荷载的不均匀分布、半跨堆载荷、高大女儿墙处雪的堆积以及多跨门式刚架天沟处雪的堆积引起的雪荷载的增大。

(11) 对跨高比 $l/h \leqslant 4$ 的门式刚架，应按《建筑结构荷载规范》（2006 年版）计算风荷载标准值 W_k 及体型系数 μ_s，不考虑风振系数 β_i；但当跨高比 $l/h > 4$ 时，门式刚架及围护结构的风荷载标准值 W_k 及体型系数 μ_s 宜按 CECS 102—2002《门式刚架轻型房屋钢结构技术规程》取用。

(12) 门式钢架的柱脚多按铰接支承设计，通常为平板支座，设一对或两对地脚螺栓。当用于工业厂房且有 5t 以上桥式吊车时，宜将柱脚设计成刚接。

(13) 门式刚架轻型房屋钢结构的温度区段长度（伸缩缝间距），应符合下列规定：

1) 纵向（垂直刚架跨度方向）温度区段宜控制在 220~300m。

2) 对柱脚为铰接的横向（沿刚架跨度方向）温度区段不大于 150m；对柱脚为刚接时的横向（沿刚架跨度方向）温度区段不大于 120m。

3) 在采暖地区的非采暖房屋，以上规定的长度宜降低 15%。

4) 当有可靠计算温度应力的依据时，温度缝的区段可以适当加大。

(14) 当不能满足上述第（13）款的要求时，需要设置伸缩缝。

1) 纵向伸缩缝：

a. 设置双柱刚架。

b. 采用单柱，在搭接檩条的螺栓连接处采用长圆孔，并使该处屋面板在构造上允许胀缩，吊车梁与柱的连接处采用长圆孔。

2) 横向伸缩缝：

a. 设置双柱刚架。

b. 采用单柱，屋面板采用浮动式屋面板体系，屋脊盖板采用可伸缩的形式。

(15) 在多跨刚架局部抽掉中间柱或边柱处，可布置托梁或托架。

(16) 山墙可设置由斜梁、抗风柱、墙梁及其支撑组成的山墙墙架，或采用门式刚架。

(17) 门式刚架轻型房屋钢结构的支撑设置应符合下列要求：

1) 在每个温度区段或分期建设的区段中，应分别设置能独立构成空间稳定结构的支撑体系。

2) 在设置柱间支撑的开间，宜同时设置屋盖横向支撑，以组成几何不变体系。

3) 对于横向长度≥60m 的结构，应在山墙处设置对称布置的横向支撑体系。

(18) 支撑和刚性系杆的布置宜符合下列规定：

1) 屋盖横向支撑宜设在温度区间端部的第一个或第二个开间。当端部支撑设在第二个开间时，在第一个开间的相应位置应设置刚性系杆。

2) 柱间支撑的间距应根据房屋纵向柱距、受力情况和安装条件确定。当无吊车时宜取 30~45m；当有吊车时宜设在温度区段中部，或当温度区段较长时宜设在三分点处，且间距不宜大于 60m。

3) 当建筑物宽度大于 60m 时，宜在内柱列适当增加柱间支撑。

4) 当房屋高度相对于柱间距较大时，柱间支撑宜分层设置。

5) 在刚架转折处（单跨房屋边柱顶和屋脊，以及多跨房屋某些中间柱柱顶和屋脊）应沿房屋全长设置刚性系杆。

6) 由支撑斜杆等组成的水平桁架，其直腹杆宜按刚性系杆考虑。

7) 在设有带驾驶室且起重量大于 15t 桥式吊车的跨间，应在屋盖边缘设置纵向支撑桁架。当桥式吊车起重量较大时，尚应采取其他有效技术措施增加吊车梁的侧向刚度。

(19) 刚性系杆可由檩条兼作，此时檩条应满足压弯杆件的刚度和承载力要求，长细比应符合 λ=200 的要求。当不满足时，可在刚架斜梁间设置钢管、H 形钢或其他截面的杆件。

(20) 在檐口位置、刚架斜梁与柱内翼缘交接点附近的檩条和墙梁处，应各设置一道隅撑。在斜梁下翼缘受压区应设置隅撑，其间距不大于相应受压翼缘宽度的 $16\sqrt{235/f_y}$ 倍时，不需要计算斜梁的整体稳定性。

如斜梁下翼缘受压区因故不设置隅撑，则必须采取保证刚架稳定的可靠措施。隅撑宜采用单角钢制作。隅撑可连接在刚架构件下（内）翼缘附近的腹板上 [图 2-19 (a)] 或翼缘上 [图 2-19 (b)]。隅撑与刚架、檩条或墙梁应采用螺栓连接，每端通常采用单个螺栓。

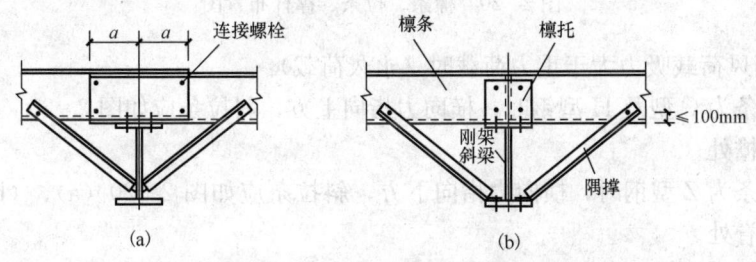

图 2-19 隅撑布置连接示意图

(21) 门式刚架轻型房屋钢结构的支撑，可采用带张紧装置的十字交叉圆钢支撑。圆钢与构件的夹角应在 30°～60°范围内，宜接近 45°。

(22) 当设有起重量不小于 5t 的桥式吊车时，柱间宜采用型钢支撑。在温度区段端部吊车梁以下不宜设置柱间刚性支撑。

(23) 当不允许设置交叉柱间支撑时，可设置其他形式的支撑；当不允许设置任何支撑时，可设置纵向刚架。

(24) 檩条、拉条、撑杆布置基本原则：

1) 檩条宜优先采用实腹式构件，也可采用空腹式构件；跨度大于 9m 时宜采用格构式构件，并应验算受压翼缘的稳定性。

2) 实腹式檩条宜采用卷边槽形和冷弯薄壁型钢。

3) 格构式檩条可采用平面桁架式、空间桁架式或下撑式。

4) 檩条一般设计成单跨简支构件，实腹式檩条也可设计成连续构件。

5) 当檩条跨度＜6m 时，宜在檩条间跨中设置拉条或撑杆。当檩条跨度≥6m 时，应在檩条跨度三分点处各设一道拉条或撑杆（图 2-20）。斜拉条应与刚性檩条连接。

6) 檩条、拉条、撑杆布置应注意以下 3 点：

a. 当风荷载吸力小于重力荷载时（永久荷载）：

当檩条为 C 型及 H 型钢时，横向力指向下方，斜拉条应如图 2-20 (a)、(b) 所示,布置在屋脊处;当檩条为 Z 型钢时,横向力指向上方,斜拉条应如图 2-20(c)所示,布置在屋檐处。

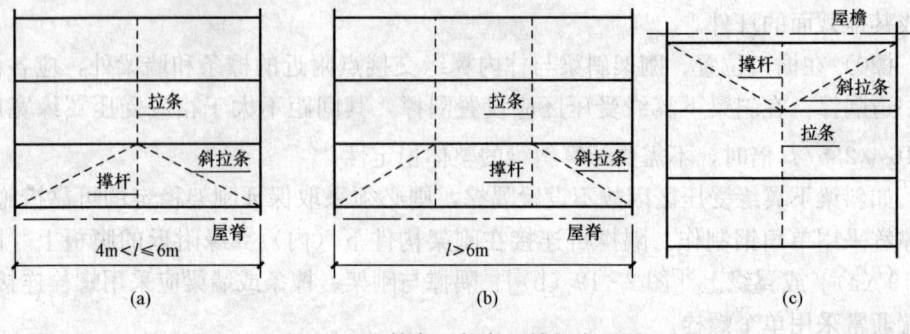

图 2-20 檩条、拉条、撑杆布置图

b. 当风荷载吸力大于重力荷载时(永久荷载):

当檩条为 C 型及 H 型钢时,横向力指向上方,斜拉条应如图 2-20(c)所示,布置在屋檐处。

当檩条为 Z 型钢时,横向力指向下方,斜拉条应如图 2-20(a)、(b)所示,布置在屋脊处。

c. 在风荷载较大的地区,建议宜在屋脊及屋檐处均设置斜拉条。

2.8.2 门式刚架主要节点设计原则

(1) 门式刚架斜梁与柱的连接应采用高强度螺栓连接,可采用端板竖放[图 2-21(a)]、端板横放[图 2-21(b)]和端板斜放[图 2-21(c)]3 种形式。斜梁拼接时宜使端板与构件外边缘垂直[图 2-21(d)]。

(2) 端板连接(图 2-21)应按所受最大内力设计。当内力较小时,端板连接应按能够承受不小于较小、被连接截面承载力的一半设计。

(3) 端板的厚度 t 除应根据支承条件计算外,还不应小于理论计算螺栓直径的 1.0 倍,且应≥16mm。

(4) 主刚架构件的连接应采用高强度螺栓,可采用承压型或摩擦型连接。当为端板连接且只受轴向力和弯矩,或剪

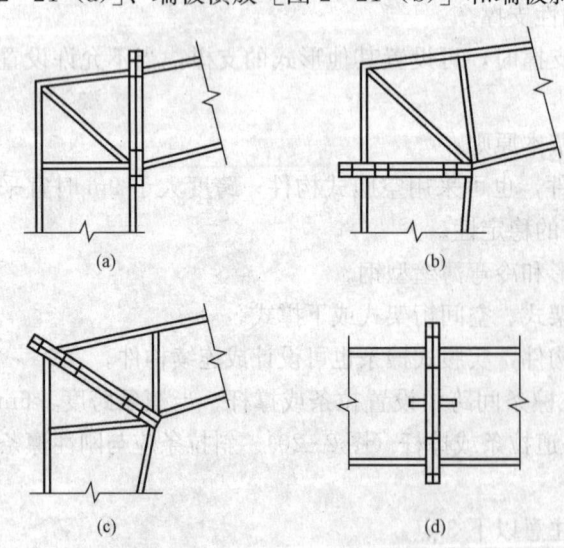

图 2-21 斜梁与柱连接示意图
(a) 端板竖放;(b) 端板横放;(c) 端板斜放;(d) 斜梁拼接

力小于其抗滑移承载力（按抗滑移系数为 0.3 计算）时，端板表面可不作专门处理。吊车梁与制动梁的连接可采用高强度摩擦型螺栓连接或焊接。吊车梁与刚架的连接处宜设长圆孔。高强度螺栓直径可根据需要选用，通常采用 M16～M24 螺栓。檩条和墙梁、刚架斜梁和柱的连接通常采用 M12 普通螺栓。

（5）端板连接的螺栓应成对对称布置。在斜梁的拼接处，应采用将端板两端伸出截面高度范围以外的外伸式连接［图 2-21（d）］。在斜梁与刚架柱连接处的受拉区，宜采用端板外伸式连接［图 2-21（a）～（c）］。当采用端板外伸式连接时，宜使翼缘内外的螺栓群中心与翼缘的中心重合或接近。

（6）螺栓中心至翼缘板表面的距离，应满足拧紧螺栓时的施工要求，不宜小于 35mm。螺栓端距不应小于 2 倍螺栓孔径。

（7）在门式刚架中，受压翼缘的螺栓不宜少于两排。当受拉翼缘两侧各设一排螺栓尚不能满足承载力要求时，可在翼缘内侧增设螺栓，其间距可取 75mm，且不小于 3 倍螺栓孔径。

2.8.3 门式刚架结构柱脚设计基本原则

（1）门式刚架轻型房屋钢结构的柱脚，宜采用平板式铰接柱脚［图 2-22（a）、(b)］。当有必要时，也可采用刚性柱脚［图 2-22（c）、(d)］。变截面柱下端的宽度应视具体情况确定，但不宜小于 200mm。

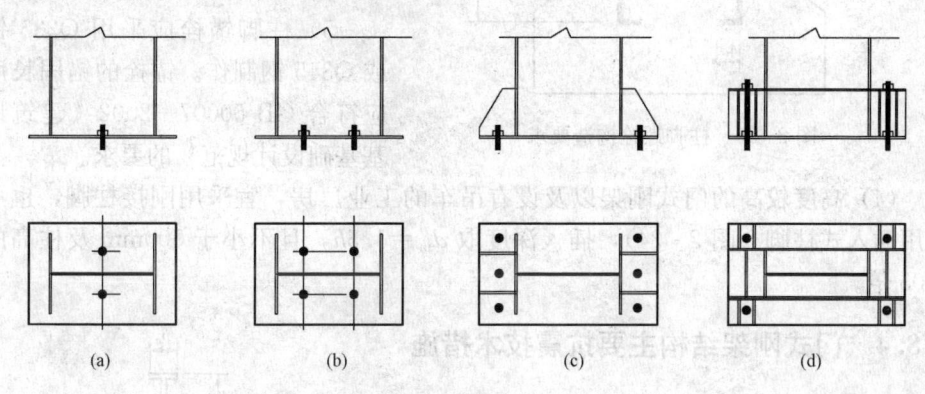

图 2-22 常用柱脚示意图
(a) 一对锚栓的铰接柱脚；(b) 两对锚栓的铰接柱脚；(c) 带加劲肋的刚性柱脚；
(d) 带靴梁的刚性柱脚

（2）柱脚底板的厚度除按计算外，一般不应小于 16mm，且不应小于柱翼缘厚度的 1.5 倍。

柱脚螺栓除按计算确定外，一般还应按以下原则选择：

刚架跨度 $L \leqslant 18m$ 时，采用 2M24；

刚架跨度 $27 \geqslant L > 18m$ 时，采用 4M24；

刚架跨度 30≥L＞27m 时，采用 4M27；

刚架跨度 L＞30m 时，采用 4M30。

(3) 钢柱基础顶部尺寸应符合以下要求（图 2-23）：

1) 钢柱柱脚锚栓中心至基础顶部边缘的距离不应小于 4d（d 为锚栓直径），且不应小于 150mm。

2) 钢柱柱脚底板边缘至基础顶部边缘的距离一般不宜小于 100mm。

3) 钢柱基础顶部应设 1：2 水泥砂浆或比基础混凝土强度等级高一级的细石混凝土二次浇灌层，其厚度为 30～50mm，钢柱安装后应用 C10 混凝土将柱脚全部包裹至地面以上 150mm。

4) 柱脚锚栓不宜用于承受柱脚底部的水平剪力。此水平剪力可由底板与混凝土基础间的摩擦力（摩擦系数可取 0.4）或设置抗剪键承受。无论计算是否需要设置抗剪键，建议对设有刚性柱间支撑的柱脚应设置抗剪键；计算柱脚锚栓的受拉承载力时，应采用螺纹处的有效截面面积。

5) 柱脚锚栓应采用 Q235 钢或 Q345 钢制作。锚栓的锚固长度应符合 GB 50007—2002《建筑地基基础设计规范》的要求。

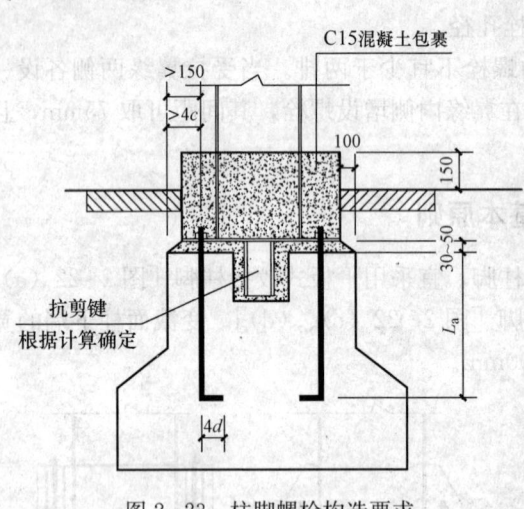

图 2-23 柱脚螺栓构造要求

(4) 高度较高的门式刚架以及设有吊车的工业厂房，宜采用刚接柱脚，也可采用插入式柱脚（图 2-24），插入深度取 $d_{in}=1.5h$，且不小于 500mm 及柱高的 0.05 倍。

2.8.4 门式刚架结构主要抗震技术措施

(1) 一般在抗震设防烈度小于等于 7 度 (0.10g) 的地区对不带桥式吊车的单层门式轻刚架房屋，可以不进行抗震计算。

(2) 对于带有桥式吊车的单层门式轻刚架房屋，抗震设防烈度大于 7 度的地区的、无论有无吊车的轻钢结构房屋均需要作抗震计算。

(3) 对于局部有一层且与门式刚架相连接的附属建筑，也需要进行抗震计算。

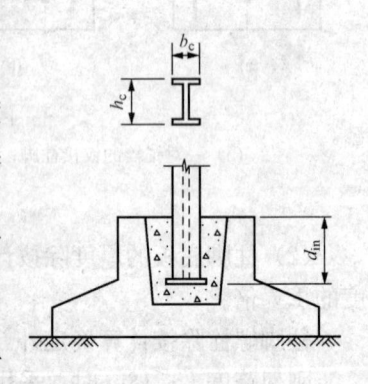

图 2-24 插入式柱脚示意图

(4) 抗震设防烈度 7 度 (0.15g) 以上的地区, 对于跨度≥60m 的门式刚架结构, 还应进行竖向地震作用的计算。

(5) 对于有柱间支撑的柱脚锚栓, 还应按支撑传来的抗拔力进行验算。

(6) 设有柱间支撑的柱脚底板应设置抗剪键。

2.9 砌体结构设计基本原则及主要抗震技术措施

2.9.1 砌体结构的施工质量控制等级选择的原则

(1) 砌体结构设计时, 应与业主商定工程采用的施工质量控制等级, 并应在工程设计图纸中加以说明。

(2) GB 50003—2001《砌体结构设计规范》中的 B 级, 即相当于我国目前一般的施工质量水平。当采用其他等级时, 应对砌体的强度指标进行调整。

(3) 砌体施工质量控制等级应按 GB 50203—2002《砌体工程施工质量验收规范》执行。砌体施工质量控制等级与砌体材料性能分项系数的关系列于表 2-23 中。

表 2-23　砌体施工质量控制等级

项 目	施工质量控制等级 γ_f		
	A 级 $\gamma_f=1.5$	B 级 $\gamma_f=1.6$	C 级 $\gamma_f=1.8$
现场质量管理	制度健全, 并严格执行, 非施工方质量监督人员经常到现场, 或现场设有常驻代表, 施工方有在岗专业技术管理人员, 人员齐全, 并持证上岗	制度基本健全, 并能执行, 非施工方质量监督人员间断到现场进行质量控制, 施工方有在岗专业技术管理人员, 并持证上岗	有制度, 非施工方质量监督人员很少到现场进行质量控制, 施工方有在岗专业技术管理人员
砂浆, 混凝土强度	试块按规定制作, 强度满足验收规定, 离散性小	试块按规定制作, 强度满足验收规定, 离散性小	试块强度满足验收规定, 离散性小
砂浆搅拌方式	机械拌和, 配合比计量控制严格	机械拌和, 配合比计量控制一般	机械或人工拌和, 配合比计量控制较差
砌筑工人	中级工以上, 其中高级工不少于 20%	高、中级工不少于 20%	初级以上

2.9.2 砌体房屋构件材料选择的基本原则

(1) 五层及五层以上房屋的墙, 以及受振动或层高大于 6m 的墙、柱所用材料的最低强度等级, 应符合下列要求:

1) 砖采用 MU10。
2) 砌块采用 MU7.5。

3) 石材采用 MU30。

4) 砂浆采用 M5。

注：对安全等级为一级或设计使用年限大于 50 年的房屋，墙、柱所用材料的最低强度等级应至少提高一级。

(2) 地面以下或防潮层以下的砌体，潮湿房间的墙，所用材料应符合表 2-24 的规定。

表 2-24　地面以下或防潮层以下的砌体、潮湿房间墙所用材料的最低强度等级

基土的潮湿程度	烧结普通、蒸压灰砂砖		混凝土砌块	石材	水泥砂浆
	严寒地区	一般地区			
稍潮湿的	MU10	MU10	MU7.5	MU30	M5
很潮湿的	MU15	MU10	MU7.5	MU30	M7.5
含水饱和的	MU20	MU15	MU10	MU40	M10

注：1. 在冬季室外温度为 -10℃ 以下的地区，砖的抗冻性能应满足有关规定。
　　2. 在冻胀地区，地面以下或防潮层以下的砌体，当采用多孔砖时，其孔洞应用水泥砂浆灌实；当采用混凝土砌块时，其孔洞应采用强度等级不低于 Cb20 的混凝土灌实。
　　3. 对安全等级为一级或设计使用年限大于 50 年的房屋，表中材料强度等级应至少提高一级。

2.9.3　砌体结构基础选型的基本原则

(1) 应根据砌体结构体系、砌体房屋的结构特点、建筑功能要求、地域、场地、地基情况、施工条件等因素选择适合的基础类别和形式。

(2) 多层砌体房屋，当无地下室、地基较好、荷载不大时，宜优先选用墙下条形刚性基础、独立柱基础；当基础宽度较大时，宜采用钢筋混凝土扩展基础；当地基较差且较均匀时，宜采用筏板基础。

按抗震设防的底部框架-抗震墙房屋的抗震墙应采用条形基础、筏式或桩基。

(3) 高层配筋砌块剪力墙房屋，可视有无防水要求选择基础形式：

1) 当无防水要求，不论有无地下室，当地基较好时，宜优先选用交叉条形基础。

2) 当有防水要求，可选用筏板基础或箱形基础。

3) 高层建筑的地下室，当需设停车库、机房等较大空间时，也可采用筏板基础（8 度时，筏板柱距、板厚及抗侧力构件应符合有关规定）。

4) 有地下室的单独基础，基础底面至地下室地面的距离不宜小于 1m。

5) 不论选用何种基础，均应对地下室的外墙承载力进行验算。

(4) 同一结构单元宜采用同一类型的基础，底面宜埋置在同一标高处，当底标高不一致时宜将地圈梁设置在同一标高处。

(5) 局部设置地下室对抗震很不利，一般不宜采用。若地基土较好，必须设置局部地下室时，交接处宜优先考虑设置抗震缝将其分开。若不便分开，则两部

分的地底标高不宜过大。一般按1：2放坡为好。

2.9.4 砌体房屋非抗震设计的原则

（1）应根据建筑功能要求，选择适合的砌体结构体系。

（2）结构方案应力求布置合理、受力明确，在满足建筑功能要求的同时，具有较好的整体刚度和稳定性，并注意便于施工、技术经济合理；对高层建筑，结构布置必须考虑有利于抵抗水平和竖向荷载，受力明确、传力直接，力争建筑体型简单、均匀对称，减少扭转影响。

（3）单层房屋宜尽量布置为刚性方案，多层房屋应布置成刚性方案，并尽量采用相应的构造措施。根据砌体结构的特点，保证结构正常使用极限状态的要求。

（4）多层及高层房屋各层结构布置宜力求一致，合理选择楼（屋）盖的类型；对底框和墙梁房屋的转换层、开间较大的中高层、高层建筑应选择平面内整体刚度较好的楼（屋）盖。

（5）为防止或减少房屋在正常使用条件下，由温差和砌体干缩引起的墙体竖向裂缝，砌体结构应在墙体中设置温度伸缩缝。伸缩缝应设在因温度和收缩变形可能引起应力集中、砌体产生裂缝可能性最大的部位。伸缩缝的最大间距见表2-25。

表2-25　　　　　　　　砌体房屋伸缩缝的最大间距　　　　　　　　（m）

屋盖或楼盖类别		间距
整体式或装配式钢筋混凝土结构	有保温层或隔热层的屋盖、楼盖	50
	无保温层或隔热层的屋盖	40
整体式或装配式钢筋混凝土结构	有保温层或隔热层的屋盖、楼盖	60
	无保温层或隔热层的屋盖	50
整体式或装配式钢筋混凝土结构	有保温层或隔热层的屋盖、楼盖	75
	无保温层或隔热层的屋盖	60
瓦材屋盖、木屋盖或楼盖、轻钢屋盖		100

注：1. 对烧结普通砖、多孔砖、配筋砌块砌体房屋取表中数值；对蒸压灰砂砖、蒸压粉煤灰砖和混凝土砌块房屋取表中数值乘以0.8系数。当有实践经验并采取有效措施时，可不遵守本表规定。
　　2. 层高大于5m的烧结普通砖、多孔砖、配筋砌块砌体结构单层房屋，其伸缩缝间距可按表中数值乘以1.3。
　　3. 在钢筋混凝土屋面上挂瓦的屋盖应按钢筋混凝土屋盖采用。
　　4. 对温差较大且变化频繁地区和严寒地区不采暖的房屋，表中数值应适当减小。

（6）为防止地基不均匀沉降或结构各部分之间高度、荷载差异过大引起墙体开裂或损坏，应在差异部位设置沉降缝，沉降缝和温度伸缩缝宜合并设置，并应保证缝隙的伸缩作用。

2.9.5 多层砌体结构的抗震设计原则

（1）多层房屋的层数和高度应符合下列要求：

1) 多层砌体房屋的层数和总高度不应超过表 2-26 的规定。

2) 对医院、教学楼等横墙较少的多层砌体房屋，总高度应比表 2-26 的规定降低 3m，层数相应减少一层；各层横墙很少的多层砌体房屋，还应根据具体情况再适当降低总高度和减少层数。

注：横墙较少是指同一楼层内开间大于 4.2m 的房间占该层总面积 40% 以上；横墙很少是指同一楼层内开间大于 4.8m 的房间占该层总面积 50% 以上。

3) 除医院、教学楼等以外的横墙较少的多层砖砌体房屋，当按规定采取加强措施并满足抗震承载力要求时，其高度和层数应允许仍按表 2-26 的规定采用。

4) 采用蒸压灰砂砖和蒸压粉煤灰砖砌体的房屋，当砌体的抗剪强度仅达到普通黏土砖砌体的 70% 时，房屋的层数应比普通砖房屋减少一层，高度应减少 3m。

表 2-26　　　　　　砌体房屋的层数和总高度限值　　　　　　　　　(m)

房屋类别		最小墙厚/mm	抗震设防烈度及设计基本地震加速度										
			6		7				8				9	
			0.05g		0.10g		0.15g		0.20g		0.30g		0.40g	
			高度	层数	高度	层数	高度	层数	高度	层数	高度	层数	高度	层数
多层砌体	普通砖	240	21	7	21	7	21	7	18	6	15	5	12	4
	多孔砖	240	21	7	21	7	18	6	18	6	15	5	9	3
	多孔砖	190	21	7	18	6	15	5	15	5	12	4	—	—
	小砌块	190	21	7	21	7	18	6	18	6	15	5	9	3
底部框架-抗震墙砌体房屋	普通砖多孔砖	240	22	7	22	7	19	6	19	6	13	4	—	—
	多孔砖	190	22	7	19	6	16	5	16	5	10	3	—	—
	小砌块	190	22	7	22	7	19	6	19	6	13	4	—	—

注：1. 室内外高差大于 0.6m 时，房屋总高度应允许比表中的数据适当增加，但不应多于 1m。

2. 乙类的多层砌体房屋按本地区设防烈度查表时，其层数应减少一层且总高度应降低 3m。

3. 本表小砌块砌体房屋不包括配筋混凝土小型空心砌块砌体房屋。

4. 关于房屋层数和高度的几点具体规定：

(1) 全地下室：全部埋置在室外地坪以下，或有部分结构露出地表面无窗洞口时，可视为全下室。计算总层数时可以不作为一层考虑。但应保证地下室结构的整体性和上部结构的连续性。

(2) 半地下室，分 3 种情况：

第一种情况：半地下室作为一层使用，开有门窗洞口采光和通风。半地下室有大部分或部分埋置于室外地面下。此类半地下室作为一层计算，总高度从地下室室内地面算起。

第二种情况：半地下室层高较小，一般在 2.2m 左右，地下室外墙无门窗洞口或仅有较小的通气窗口，对半地下室外墙的截面削弱很少。半地下室大部分埋置在室外地坪以下，或高出地面部分不超过 1.0m，此类半地下室可以不算作一层。

第三种情况：嵌固条件好的半地下室。当半地下室开有门窗洞口且作为一层使用，而且层高也与上部相当时，一般应按一层计算层数和总高度。

注意：无论是全地下室还是半地下室，抗震强度验算时均需要当作一层考虑，应满足墙体承载力要求。

5. 带阁楼的坡屋顶计算层数和高度的规定，大致可以有以下3种情况。

第一种情况：坡屋面有吊顶，但并不利用此空间。吊顶采用轻质材料，水平刚度小。此类坡屋面不作为一层，但总高度应计算到山尖墙的1/2高度处。

第二种情况：坡屋面有阁楼，阁楼层的地面为钢筋混凝土板或木楼盖，阁楼作为储物或居住使用，最低处在2m以上，此时阁楼层应作为一层计算，总高度应计算到山尖墙的1/2高度处。

第三种情况：坡屋面的阁楼层面积小于顶层楼面积，应按阁楼层面积与顶层楼面积之比确定层数和高度。

当阁楼层面积≤1/2顶层楼面积，且阁楼层最低处高度≤1.8m时，阁楼层不作为一层计算，高度也不计入总高度之内。而将此局部阁楼作为房屋的局部突出构件进行抗震计算。

5）6、7度且丙类设防的横墙较少的多层砌体房屋，当按规定采取加强措施并满足抗震承载力要求时，其高度和层数应允许仍按表2-26的规定采用。

6）普通砖、多孔砖和小砌块砌体承重房屋的层高不应超过3.6m；底部框架-抗震墙房屋的底部层高不应超过4.5m。

注：当使用功能确有需要时，采用约束砌体等加强措施的普通砖墙体的层高不应超过3.9m。

(2) 有抗震设防要求的多层砌体房屋，房屋的总高度和总宽度之比的最大值宜符合表2-27的要求。

表 2-27　　　　　　　多层砌体房屋最大高宽比

抗震设防烈度	6	7	8	9
最大高宽比	2.5	2.5	2.0	1.5

注：1. 单面走廊房屋的总宽度不包括走廊宽度。
　　2. 建筑平面接近正方形时，其高宽比宜适当减少。

作为脆性材料的砌体结构应该有高宽比的限制。砌体结构高宽比限制是考虑下列因素后确定的：

1）以剪切变形为主的砌体结构，应尽量避免弯曲变形的产生。

2）从静力试算结果得到，水平侧力作用下一般只能建3层及以下的砌体结构建筑，但实际地震作用的往复性，又区别于单一的静力作用，因此，可以适当放宽其高宽比。

3）宏观震害调查表明，除在Ⅳ类地基上的非板式砌体结构外，一般按6、7度2.5，8度2.0，9度1.5的高宽比控制，可以避免在房屋底层出现水平裂缝，即不出现弯曲破坏。

因此，控制砌体结构的高宽比，主要是为了在结构中不出现弯曲破坏，从而可以省略对砌体结构的整体倾覆验算。

(3) 有抗震设防的多层砌体房屋，其建筑布置除应满足以上的规定外，尚应符合下列要求：

1）应优先采用横墙承重或纵横墙共同承重的结构体系，不应采用砌体墙和混凝土墙混合承重的结构体系；不应采用楼梯间为钢筋混凝土筒的砌体结构。

2) 纵横墙的布置宜均匀对称,沿平面内对齐,沿竖向应上下连续;纵横向墙体的数量不宜相差过大。

3) 同一轴线上的窗间墙宽度宜均匀;洞口面积,6、7度时不宜大于墙面积的60%;8、9度时不宜大于55%。

4) 当平面轮廓凹凸尺寸超过典型尺寸25%时,转角处应采取加强措施。

5) 楼板局部大洞口的尺寸不宜超过楼板宽度的30%,且不应在墙体两侧同时开洞。

6) 横向中部应设置内纵墙,其累计长度不宜少于房屋总长度的60%(高宽比大于4的墙段不计入)。

7) 在同一结构单元内,宜避免出现错层、夹层等情况。

8) 楼梯间不宜设置在房屋尽端及拐角处。

9) 不应在房屋转角处设置转角窗。

10) 教学楼、医院等横墙较少、跨度较大的房屋,宜采用现浇钢筋混凝土楼、屋盖。

11) 有条件时宜设置地下室,但不宜采用局部地下室。

12) 不宜采用底层为开敞大房间的布置方案,当必须采用时,应采用底部框架-抗震墙结构。

13) 不应采用无锚固的钢筋混凝土预制挑檐。8、9度时不应采用预制阳台。

(4) 房屋有下列情况之一时应设置防震缝,缝两侧均应设置墙体,缝宽应根据抗震设防烈度和房屋高度确定,一般可采用70~100mm。

1) 房屋立面高差超过6m或层数相差2层以上。

2) 房屋有错层,且楼板高差大于层高的1/4。

3) 同一房屋内,采用不同结构类型,其刚度、质量截然不同或材料差异很大的各部分。

(5) 多层砌体房屋抗震横墙的间距不应超过表2-28的限值。

表2-28 房屋抗震横墙的间距限值 (m)

房屋类别		抗震设防烈度			
		6度	7度	8度	9度
多层砌体房屋楼、屋盖形式	现浇或装配整体式钢筋混凝土楼、屋盖	15	15	11	7
	装配式钢筋混凝土楼	11	11	9	4
	木屋盖	9	9	4	—
底部框架-抗震墙砌体房屋	上部各层	同多层砌体房屋			
	底层或底部两层	18	15	11	—

注:多层砌体房屋顶层(除木屋盖外)横墙的间距应允许适当放宽,但应采取相应的加强措施。

(6) 多层砌体房屋中砌体墙段的局部尺寸限值，宜符合表2-29的要求。

表2-29　　　　　　　　　房屋局部尺寸的限值　　　　　　　　　　(m)

部　　位	6度	7度	8度	9度
承重窗间墙最小宽度	1.0	1.0	1.2	1.5
承重外墙尽端至门窗洞边的最小距离	1.0	1.0	1.2	1.5
非承重外墙尽端至门窗洞边的最小距离	1.0	1.0	1.0	1.0
内墙阳角至门窗洞边的最小距离	1.0	1.0	1.5	2.0
无锚固女儿墙（非出入口处）的最大高度	0.5	0.5	0.5	—

注：1. 个别或少数墙段的局部尺寸不足时，应采取局部加强措施弥补（如设置构造柱），且最小宽度不得小于1/4层高。
　　2. 出入口处的女儿墙应有可靠的锚固措施。

(7) 有抗震设防要求的多层砖砌体房屋设置构造柱的原则。

多层砌体房屋中设置钢筋混凝土构造柱及圈梁，是为了提高砌体结构的延性、增强抗震能力，保证砌体结构"大震不倒"。因此设计中应严格执行规范要求。

构造柱设置部位，一般情况下应符合表2-30的要求。

表2-30　　　　　多层砌体房屋有抗震设防要求时构造柱的设置部位

房　屋　层　数				设　置　部　位	
6度	7度	8度	9度		
四、五	三、四	二、三		楼、电梯间四角；楼梯段上下端对应的墙体处；外墙四角对应处；错层部位横墙与外纵墙交接处；大房间内外墙交接处；较大洞口两侧	隔12m或单元墙与外纵墙交接处；楼梯间对应的另一侧内横墙与外纵墙交接处
六	五	四	二		隔开间横墙（轴线）与外纵墙交接处；山墙与内纵墙交接处
七	≥六	≥五	≥三		内墙（轴线）与外墙交接处；内墙的局部较小墙垛处；内纵墙与横墙（轴线）交接处

注：1. 较大洞口，内墙指大于2.1m的洞口；外墙在内外墙交接处已设置构造柱时允许适当放宽，但洞侧墙体应加强。一般情况下，房屋的构造柱的设置部位，应符合表2-30的规定。
　　2. 外廊式和单面走廊式的多层房屋，应根据房屋增加一层后的层数，按表2-30的规定设置构造柱，且单面走廊两侧的纵墙均应按外墙处理。
　　3. 对横墙较少（如教学楼、医院等）的房屋，应根据房屋增加一层后的层数，按表2-30的规定设置构造柱；当横墙较少的房屋为外廊式或单面走廊式时，应按上述（2）款要求设置构造柱；但6度不超过四层、7度不超过三层和8度不超过二层时，应按增加二层后的层数对待。
　　4. 各层横墙很少的房屋，应按增加二层后的层数设置构造柱。
　　5. 采用蒸压灰砂砖和蒸压粉煤灰砖砌体的房屋，当砌体的抗剪强度仅达到普通黏土砖砌体的70%时，应按增加一层后的层数按上述1~4款的要求设置构造柱；但6度不超过四层、7度不超过三层和8度不超过二层时，应按增加二层后的层数对待。

(8) 多层砖砌体房屋的现浇钢筋混凝土圈梁设置应符合下列要求。【强规】

1) 装配式钢筋混凝土楼、屋盖或木楼、屋盖的砖房，横墙承重时按表2-31的要求设置圈梁；纵墙承重时每层均应设置圈梁，且抗震横墙上的圈梁间距应比表中要求适当加密。

2) 现浇或装配整体式钢筋混凝土楼、屋盖和墙体有可靠连接的房屋，应允许不另设圈梁，但楼板沿墙体周边应加强配筋并应与相应的构造柱钢筋可靠连接。

表2-31　　　　　　多层砖砌体房屋现浇钢筋混凝土圈梁设置要求

墙　类	抗震设防烈度		
	6\7度	8度	9度
外墙和内纵墙	屋盖处及每层楼盖处	屋盖处及每层楼盖处	屋盖处及每层楼盖处
内横墙	同上；屋盖处间距不应大于7m；楼盖处间距不应大于15m；构造柱对应部位	同上；屋盖处沿所有横墙，且间距不应大于7m；楼盖处间距不应大于7m；构造柱对应部位	同上；各层所有横墙

补充说明：a. 圈梁应闭合，遇有不可躲避的洞口时应上下搭接。

b. 圈梁宜与预制板设在同一标高处或紧靠板底。

c. 圈梁在表2-31要求的间距内无横墙时，应利用梁或板缝中的配筋替代圈梁。

d. 圈梁的截面高度不应小于120mm，宽度不小于240mm。

e. 圈梁最小配筋：6、7度时，$4\phi10$；$\phi6@250$；8度时$4\phi12$，$\phi6@200$；9度时，$4\phi14$，$\phi6@150$。

2.10　建筑地基与基础设计基本原则及主要抗震技术措施

2.10.1　地基基础设计的一般原则

(1) 基础设计安全等级、结构设计使用年限、结构重要性系数应按有关规范的规定采用，但结构重要性系数γ_0不应小于1.0。

(2) 地基基础设计等级按表2-32选用。

表2-32　　　　　　　　　地基基础设计等级

设计等级	建筑和地基类型
甲级	重要的工业与民用建筑物； 30层以上的高层建筑； 体型复杂，层数相差超过10层的高低层连成一体建筑物； 大面积的多层地下建筑物（如地下车库、商场、运动等）； 对地基变形有特殊要求的建筑物；复杂地质条件下的坡上建筑物（包括高边坡）； 对原有工程影响较大的新建建筑物；场地和地基条件复杂的一般建筑物； 位于复杂地质条件及软土地区的二层及二层以上地下室的基坑工程
乙级	除甲级、丙级以外的工业与民用建筑物
丙级	场地和地基简单、荷载分布均匀的七层及七层以下民用建筑及一般工业建筑物； 次要的轻型建筑物

2.10.2 房屋地基基础的合理选型原则

(1) 房屋基础选型应根据工程地质和水文地质条件、建筑体型与功能要求、荷载大小和分布情况、相邻建筑基础情况、施工条件和材料供应以及地区抗震烈度等综合考虑,选择经济合理的基础形式。

(2) 砌体结构优先采用刚性条形基础,如灰土条形基础、Cl5素混凝土条形基础、毛石混凝土条形基础和四合土条形基础等。当基础宽度大于2.5m时,可采用钢筋混凝土扩展基础,即柔性基础。

(3) 多层内框架结构,如地基土较差时,中柱宜选用柱下钢筋混凝土条形基础,中柱宜用钢筋混凝土柱。

(4) 框架结构,无地下室、地基较好、荷载较小时,可采用单独柱基,在抗震设防区可按《建筑抗震设计规范》(2010年版)6.1.11条设柱基拉梁;无地下室、地基较差、荷载较大时,为增强整体性,减少不均匀沉降,可采用十字交叉梁条形基础。如采用上述基础不能满足地基基础强度和变形要求,又不宜采用桩基或人工地基时,可采用筏板基础(有梁或无梁)。

(5) 框架结构,有地下室、上部结构对不均匀沉降要求严、防水要求高、柱网较均匀时,可采用箱形基础,柱网不均匀时,可采用筏板基础;有地下室、无防水要求,柱网、荷载较均匀、地基较好时,可采用独立柱基,抗震设防区加柱基拉梁,或采用钢筋混凝土交叉条形基础或筏板基础。筏板基础上的柱荷载不大、柱网较小且均匀时,可采用板式筏形基础。当柱荷载不同、柱距较大时,宜采用梁板式筏基。无论采用何种基础都要处理好基础底板与地下室外墙的连接节点。

(6) 框剪结构,无地下室、地基较好、荷载较均匀时,可选用单独柱基或墙下条基,抗震设防地区柱基下宜设拉梁并与墙下条基连接在一起;无地下室、地基较差、荷载较大时,柱下可选用交叉条形基础并与墙下条基连接在一起,以加强整体性,如还不能满足地基承载力或变形要求,可采用筏板基础。

(7) 剪力墙结构,无地下室或有地下室,无防水要求,地基较好,宜选用交叉条形基础;当有防水要求时,可选用筏板基础或箱形基础。

(8) 高层建筑一般都设有地下室,可采用筏板基础;如地下室设置有均匀的钢筋混凝土隔墙时,采用箱形基础。

(9) 当地基较差,为满足地基强度和沉降要求,可采用桩基或人工处理地基。

(10) 多栋高楼与裙房在地基较好(如卵石层等)、沉降差较小、基础底标高相等时基础可不分缝(沉降缝)。当地基一般,通过计算或采取措施(如高层设混凝土桩等)控制高层和裙房间的沉降差后,高层和裙房基础也可不设缝,建在同一筏基上,施工时可设后浇带以调整高层与裙房的初期沉降差。

(11) 当高层与裙房或地下车库基础为整块筏板钢筋混凝土基础时,在高层基础附近的裙房或地下车库基础内设后浇带,以调整地基的初期不均匀沉降和混凝土初期收缩。后浇带宽800~1000mm。自基础开始在各层相同位置直到裙房屋顶板全部设后浇带，包括内外墙体。施工时后浇带两边梁板必须支撑好，直到后浇带封闭，混凝土达到设计强度后方可拆除。后浇带内的混凝土采用比原构件提高一级的微膨胀混凝土。如沉降观测记录在高层封顶时，沉降曲线平缓，可在高层封顶一个月后封闭后浇带。沉降曲线不缓和则宜延长封闭后浇带时间。基础后浇带封闭前应覆盖，以免杂物垃圾掉落难于清理。应提出清除杂物垃圾的措施，如后浇带处垫层局部降低等。有必要时后浇带中应设置适量加强钢筋，如梁面、底钢筋相同等措施。

2.10.3 天然地基基础设计的主要技术措施

地基基础除按规范进行承载力及变形验算外，设计还应符合下列规定：

(1) 对于无抗震设防要求的高层建筑箱形和筏形基础，基础底面不应出现拉应力。

(2) 抗震设计的基础底面压力，应符合《建筑抗震设计规范》(2010年版)的要求，但高宽比大于4的高层建筑，地震作用下基础底面不宜出现拉应力；其他建筑，基础底面与地基土之间零压力区面积不应超出基础底面面积的15%。

(3) 下列建筑可不进行天然地基及基础的抗震承载力验算：

1) 砌体房屋。

2) 地基主要受力层范围内不存在软弱黏性土层的下列建筑：

a. 一般的单层厂房和单层空旷房屋。

b. 不超过8层且高度在24m以下的一般民用框架房屋。

c. 基础荷载与b项相当的多层框架厂房和多层混凝土抗震墙房屋。

3) 规范规定可不进行上部结构抗震验算的建筑。

注：软弱黏性土层指7度、8度和9度时，地基承载力特征值分别小于80、100和120kPa的土层。

(4) 高层建筑筏形和箱形基础的埋置深度应满足地基承载力、变形和稳定性要求。位于岩石地基上的高层建筑，其基础埋深应满足抗滑要求。

(5) 在抗震设防区，除岩石地基外，天然地基上的箱形和筏形基础其埋置深度不宜小于建筑物高度的1/15；桩箱或桩筏基础的埋置深度（不计桩长）不宜小于建筑物高度的1/18。

(6) 建筑物基础存在浮力作用时应进行抗浮稳定性验算。

对于简单的浮力作用情况，基础抗浮稳定性应符合下式要求：

$$G_k/w_k = k \geqslant w_r$$

式中 G_k——建筑物自重及压重之和；

w_k——浮力作用设计值；

w_r——抗浮稳定安全系数。

一般情况下取 1.1，浮力作用条件清晰，抗浮设防水位论证充分时可取 1.0。抗浮稳定性不满足设计要求时，可采用增加压重或设置抗浮构件等措施。在整体满足抗浮稳定性要求而局部不满足时，也可采用增加结构刚度的措施。

2.10.4　桩基础设计的主要技术措施

（1）关于负摩擦力的问题。

当桩周土的沉降超过桩身沉降时，将对桩产生向下的作用力，即为负摩擦力。产生负摩擦力的场地条件：

1）桩穿过欠压密的软黏土或新填土。
2）地面有大面积堆载时。
3）在桩基周围因大面积降水。
4）湿陷性黄土地基。

设计注意：

1）并不是沿桩全长都会发生负摩擦，而是在一定长度范围内产生，正、负摩擦的分界点叫中性点，见表 2-33、表 2-34。
2）对端承桩，中性点基本接近桩底。
3）对摩擦端承桩，中性点一般存在于软土层厚度的 2/3～4/5 范围。
4）对纯摩擦桩可不考虑负摩擦力。

表 2-33　　　　　　　　　　中 性 点 深 度 l_n

持力层性质	黏性土、粉土	中密以上砂	砾石、卵石	基岩
中性点深度比 l_n/l_0	0.5～0.6	0.7～0.8	0.9	1.0

注：1. l_n、l_0——自桩顶算起的中性点深度和桩周软弱土层下限深度。
　　2. 桩穿过自重湿陷性黄土层时，l_n 可按表列值增大 10%（持力层为基岩除外）。
　　3. 当桩周土层固结与桩基固结沉降同时完成时，取 $l_n=0$。
　　4. 当桩周土层计算沉降量小于 20mm 时，l_n 应按表列值乘以 0.4～0.8 折减。

表 2-34　　　　　　　　　　负 摩 阻 力 系 数 ξ_n

土　类	ξ_n
饱和软土	0.15～0.25
黏性土、粉土	0.25～0.40
砂土	0.35～0.50
自重湿陷性黄土	0.20～0.35

注：1. 在同一类土中，对于挤土桩，取表中较大值，对于非挤土桩，取表中较小值。
　　2. 填土按其组成取表中同类土的较大值。

（2）对可能出现负摩阻力的桩基设计原则应符合下列规定：

1）对于填土建筑场地，宜先填土并保证填土的密实性，软土场地填土前应采取预设塑料排水板等措施，待填土地基沉降基本稳定后方可成桩。

2) 对于有地面大面积堆载的建筑物，应采取减小地面沉降对建筑物桩基影响的措施。

3) 对于自重湿陷性黄土地基，可采用强夯、挤密土桩等先行处理，消除上部或全部土的自重湿陷；对于欠固结土宜采取先期排水预压等措施。

4) 对于挤土沉桩，应采取消减超孔隙水压力、控制沉桩速率等措施。

5) 对于中性点以上的桩身可对表面进行处理，以减少负摩阻力。

(3) 软土地基的桩基设计原则应符合下列规定：

1) 软土中的桩基宜选择中、低压缩性土层作为桩端持力层。

2) 桩周围软土因自重固结、场地填土、地面大面积堆载、降低地下水位、大面积挤土沉桩等原因而产生的沉降大于基桩的沉降时，应视具体工程情况分析计算桩侧负摩阻力对基桩的影响。

3) 采用挤土桩时，应采取消减孔隙水压力和挤土效应的技术措施，减小挤土效应对成桩质量、邻近建筑物、道路、地下管线和基坑边坡等产生的不利影响。

4) 先成桩后开挖基坑时，必须合理安排基坑挖土顺序和控制分层开挖的深度，防止土体侧移对桩的影响。

(4) 湿陷性黄土地区的桩基设计原则应符合下列规定：

1) 基桩应穿透湿陷性黄土层，桩端应支承在压缩性低的黏性土、粉土、中密和密实砂土以及碎石类土层中。

2) 湿陷性黄土地基中，设计等级为甲、乙级建筑桩基的单桩极限承载力，宜以浸水载荷试验为主要依据。

3) 自重湿陷性黄土地基中的单桩极限承载力，应根据工程具体情况分析计算桩侧负摩阻力的影响。

(5) 季节性冻土和膨胀土地基中的桩基设计原则应符合下列规定：

1) 桩端进入冻深线或膨胀土的大气影响急剧层以下的深度应满足抗拔稳定性验算要求，且不得小于4倍桩径及1倍扩大端直径，最小深度应大于1.5m。

2) 为减小和消除冻胀或膨胀对建筑物桩基的作用，宜采用钻、挖孔（扩底）灌注桩。

3) 确定基桩竖向极限承载力时，除不计入冻胀、膨胀深度范围内桩侧阻力外，还应考虑地基土的冻胀、膨胀作用，验算桩基的抗拔稳定性和桩身受拉承载力。

4) 为消除桩基受冻胀或膨胀作用的危害，可在冻胀或膨胀深度范围内，沿桩周及承台作隔冻、隔胀处理。

(6) 岩溶地区的桩基设计原则应符合下列规定：

1) 岩溶地区的桩基，宜采用钻、冲孔桩。

2) 当单桩荷载较大，岩层埋深较浅时，宜采用嵌岩桩。

3) 当基岩面起伏很大且埋深较大时，宜采用摩擦型灌注桩。

(7) 坡地岸边上桩基的设计原则应符合下列规定：

1) 对建于坡地岸边的桩基，不得将桩支承于边坡潜在的滑动体上。桩端进入潜在滑裂面以下稳定岩土层内的深度，应能保证桩基的稳定。

2) 建筑桩基与边坡应保持一定的水平距离；建筑场地内的边坡必须是完全稳定的边坡，当有崩塌、滑坡等不良地质现象存在时，应按现行国家标准 GB 50330—2002《建筑边坡工程技术规范》的规定进行整治，确保其稳定性。

3) 新建坡地、岸边建筑桩基工程应与建筑边坡工程统一规划，同步设计，合理确定施工顺序。

4) 不宜采用挤土桩。

5) 应验算最不利荷载效应组合下桩基的整体稳定性和基桩水平承载力。

(8) 抗震设防区桩基的设计原则应符合下列规定：

1) 桩端进入液化土层以下稳定土层的长度（不包括桩尖部分）应按计算确定；对于碎石土，砾、粗、中砂，密实粉土，坚硬黏性土尚不应小于 2～3 倍桩身直径，对其他非岩石土尚不宜小于 4～5 倍桩身直径。

2) 承台和地下室侧墙周围应采用灰土、级配砂石、压实性较好的素土回填，并分层夯实，也可采用素混凝土回填。

3) 当承台周围为可液化土或地基承载力特征值小于 40kPa（或不排水抗剪强度小于 15kPa）的软土，且桩基水平承载力不满足计算要求时，可将承台外每侧 1/2 承台边长范围内的土进行加固。

4) 对于存在液化扩展的地段，应验算桩基在土流动的侧向作用力下的稳定性。

(9) 抗拔桩基的设计原则应符合下列规定：

1) 应根据环境类别及水土对钢筋的腐蚀、钢筋种类对腐蚀的敏感性和荷载作用时间等因素确定抗拔桩的裂缝控制等级。

2) 对于严格要求不出现裂缝的一级裂缝控制等级，桩身应设置预应力筋；对于一般要求不出现裂缝的二级裂缝控制等级，桩身宜设置预应力筋。

3) 对于三级裂缝控制等级，应进行桩身裂缝宽度计算。

4) 当基桩抗拔承载力要求较高时，可采用桩侧后注浆、扩底等技术措施。

第3章　建筑结构分析计算及需要提供的审查文件

3.1　建筑结构设计计算的基本步骤

新版建筑结构设计规范在结构可靠度、设计计算、配筋构造方面均有重大更新和补充，特别是对抗风、抗震及结构的整体性、规则性作出了更高更具体的要求，使结构设计往往不可能一次完成，而应当从整体到局部、分层次完成。如何正确运用设计软件进行结构设计计算，以满足新规范的要求，是每个设计人员都非常关心的问题。以工程中常用的SATWE软件为例，对结构设计计算步骤归纳如下。

3.1.1　确定重要参数

设计人员开始计算以前，首先应根据规范、规程的具体规定和软件使用手册对参数意义的描述，以及工程的实际情况，对软件初始参数和特殊构件进行正确设置。但有些参数是要经过一次试算后才能正确选取的。其关系到整体计算结果，必须首先确认其合理取值，才能保证后续计算结果的正确性。这些参数包括合理的振型数、最大地震力作用方向和结构基本周期、钢结构计算"有侧移"还是"无侧移"等。现将这几个参数分析如下：

1. 振型数的合理选取

振型数是软件在进行抗震计算时考虑振型的数量。该值取的太少或太多，都不能正确反映模型应当考虑的振型数量，还可能使计算结果失真。《高层建筑混凝土结构技术规程》（2002年版）5.1.13-2条规定，抗震计算时，宜考虑平扭耦联计算结构的扭转效应，振型数不应小于15，对多塔楼结构的振型数不应小于塔楼数的9倍，且计算振型数应使振型参与质量不小于总质量的90%。一般而言，振型数的多少与结构层数及结构自由度有关，当结构层数较多或结构层刚度突变较大时，振型数应当取得多些，如有弹性节点、多塔楼、转换层等结构形式时。

振型数取值是否合理，可以看软件计算书中 x、y 向的有效质量系数是否大于90%。具体操作是，首先根据工程实际情况及设计经验预设一个振型数，计算后考察有效质量系数是否大于90%，若小于90%，可逐步加大振型个数，直到 x、y 两个方向的有效质量系数都大于90%为止。

必须指出的是，结构的振型数并不是取的越大越好，其最大值不能超过结构的总自由度数。例如对采用刚性楼板假定的单塔结构,考虑扭转耦联作用时,其振型数不得超过结构层数的3倍。如果选取的振型数已经增加到结构层数的3倍,其有效质量系数仍不能满足要求,则不能再增加振型数,而应认真分析原因,考虑结构方案是否合理。

2. 最大地震力作用方向

地震沿着不同方向作用,结构地震反应的大小也各不相同,那么必然存在某个角度使得结构地震反应值最大,这个方向就是最不利地震作用方向。设计软件可以自动计算出最大地震力作用方向并在计算书中输出,设计人员如发现该角度绝对值大于15°,则应将该数值回填到软件的"水平力与整体坐标夹角"选项里并重新计算,以体现最不利地震作用方向的影响。

3. 结构基本周期

结构基本周期是计算风振(包括顺风向及横向风振)的重要指标。设计人员往往事先并不知道其准确值,可以先填一个经验值,待计算后从计算书中读取其值,再填入软件的"结构基本周期"选项,重新计算即可。

4. 钢结构工程采用"有侧移"还是"无侧移"

对于钢结构建筑,还应通过一次试算确定是采用"有侧移"还是"无侧移"对其进行计算。因为选择"有侧移"或"无侧移"计算关系到柱的计算长度系数如何选取的问题,对结构的用钢量有很大影响。

JGJ 99—1998《高层民用建筑钢结构技术规程》5.2.11 条规定:

(1) 对于有支撑的结构,当层间位移角≤1/1000 时(也就是说是强支撑时),可以按无侧移结构考虑计算柱计算长度系数;

(2) 对纯框架结构,或有支撑的结构,当层间位移角>1/1000 时(也就是说是弱支撑时),可以按有侧移结构考虑计算柱计算长度系数。

通过一次试算将这些对全局起控制作用的整体参数先行计算出来,正确设置,否则其后的计算结果与实际差别会很大。

3.1.2 正确判断整体结构的合理性

整体结构的科学性和合理性是新规范特别强调的内容。新规范用于控制结构整体性的主要指标有:周期比、位移比、刚度比、层间受剪承载力之比、刚重比、剪重比等。

1. 周期比

周期比是控制结构扭转效应的重要指标。它的目的是使抗侧力构件的平面布置更有效、更合理,使结构不至出现过大的扭转。也就是说,周期比不是要求结构足够结实,而是要求结构布局合理。《高层建筑混凝土结构技术规程》(2002年版)4.3.5 条对结构扭转为主的第一自振周期 T_t 与平动为主的第一自振周期 T_1 之比的要求给出了规定。如果周期比不满足规范的要求,说明该结构的扭转效应明显，设计人员需要增加结构周边构件的刚度，降低结构中间构件的刚度，以增大结构的整体抗扭刚度。

设计软件通常不直接给出结构的周期比，需要设计人员根据计算结果中的周期值自行判定第一扭转（平动）周期。以下介绍实用周期比计算方法。

（1）扭转周期与平动周期的判断：从计算书中找出所有扭转系数大于0.5的扭转周期，按周期值从大到小排列。同理，将所有平动系数大于0.5的平动周期值从大到小排列。

（2）第一周期的判断：从周期列队中选出数值最大的扭转（平动）周期，查看SATWE软件的"结构整体空间振动简图"，看该周期值所对应的振型的空间振动是否为整体振动，如果其仅仅引起局部振动，则不能作为第一扭转（平动）周期，要从队列中取出下一个周期进行观察，以此类推，直到选出某周期值对应的振型图为结构整体振动，即为第一扭转（平动）周期。

（3）周期比计算：将第一扭转周期值除以第一平动周期值即可。

2. 层间位移角及位移比

层间位移角的要求是从宏观上保证结构具有必要的侧向刚度，结构构件基本处于弹性工作状态，非结构构件不破坏。其限值在《建筑抗震设计规范》（2010年版）和《高层建筑混凝土结构技术规程》（2002年版）中均有明确的规定，不再赘述。但需要指出的是，规范中规定的位移比限值是按刚性板假定作出的，如果在结构模型中设定了弹性板，则必须在软件参数设置时选择"对所有楼层强制采用刚性楼板假定"，以便计算出正确的位移比。在位移比满足要求后，再去掉"对所有楼层强制采用刚性楼板假定"的选择，以弹性楼板设定进行后续配筋计算。

楼层最大位移与楼层平均位移的比值，主要为了控制结构扭转效应不致过大。《高层建筑混凝土结构技术规程》（2002年版）4.3.5条，分别规定了楼层最大位移（层间位移）与平均位移（层间位移）之比值的下限1.2和上限1.5（或1.4），并规定地震作用位移计算应考虑质量偶然偏心的影响。考虑质量偶然偏心的要求，除规则结构外，应比现行国家标准《建筑抗震设计规范》（2010年版）的规定严格，这是高层建筑结构设计的需要，也与国外有关标准的规定一致。

3. 刚度比

刚度比是控制结构竖向不规则的重要指标。根据《建筑抗震设计规范》（2010年版）和《高层建筑混凝土结构技术规程》（2002年版）的要求，软件提供了3种刚度比的计算方式，分别是"剪切刚度"、"剪弯刚度"和"地震力与相应的层间位移比"。正确认识这3种刚度比的计算方法和适用范围是刚度比计算的关键。

（1）剪切刚度主要用于底部大空间为一层的转换结构及对地下室嵌固条件的判定。

（2）剪弯刚度主要用于底部大空间为多层的转换结构。

(3) 地震力与层间位移比是执行《建筑抗震设计规范》(2010 年版) 3.4.4 条和《高层建筑混凝土结构技术规程》(2002 年版) 4.3.5 条的相关规定，通常绝大多数工程都可以用此法计算刚度比，这也是 PKPM 系列软件的缺省方式。

4. 层间受剪承载力之比

层间受剪承载力之比也是控制结构竖向不规则的重要指标。其限值可参考《建筑抗震设计规范》(2010 年版) 和《高层建筑混凝土结构技术规程》(2002 年版) 的有关规定。

5. 刚重比

刚重比是结构刚度与重力荷载之比。它是控制结构整体稳定性的重要因素，也是影响重力二阶效应的主要参数。该值如果不满足要求，则可能引起结构失稳倒塌，应当引起设计人员的足够重视。

6. 剪重比

剪重比是抗震设计中非常重要的参数。规范之所以规定剪重比，主要是因为长周期作用下，地震影响系数下降较快，由此计算出来的水平地震作用下的结构效应可能太小。而对于长周期的结构，地震动态作用下的地面加速度和位移可能对结构具有更大的破坏作用，采用振型分解法时无法对此作出准确的计算。因此，出于安全考虑，规范规定了各楼层水平地震力的最小值，该值如果不满足要求，则说明结构有可能出现比较明显的薄弱部位，必须进行调整。

除以上计算分析以外，设计软件还会按照规范的要求对整体结构地震作用进行调整，如最小地震剪力调整、特殊结构地震作用下内力调整、$0.2Q_0$ 调整、"强柱弱梁""强剪弱弯""强节点弱构件"调整等，因程序可以完成这些调整，就不再详述了。

3.1.3 单个构件的优化设计

结构单个构件的内力和配筋计算，包括梁、柱、剪力墙轴压比计算和构件截面优化设计等。

(1) 软件对钢筋混凝土梁计算显示超筋有以下情况：

1) 当梁的弯矩设计值 M 大于梁的极限承载弯矩 M_u 时，提示超筋。

2) 规范对混凝土受压区高度限制【强规】。

一级： $\xi \leqslant 0.25$ （计算时取 $A_S'=0.5A_S$）

二、三级： $\xi \leqslant 0.35$ （计算时取 $A_S'=0.3A_S$）

四级及非抗震： $\xi \leqslant \xi_b$

当 ξ 不满足以上要求时，程序提示超筋。

3)《建筑抗震设计规范》(2010 年版)：要求梁端纵向受拉钢筋的最大配筋率不宜大于 2.5%，当大于此值时，提示超筋。

4) 混凝土梁斜截面计算要满足最小截面的要求，如不满足则提示超筋。

（2）剪力墙超筋分以下3种情况：

1）剪力墙暗柱超筋：软件给出的暗柱最大配筋率是按照4%控制的，而各规范均要求剪力墙主筋的配筋面积以边缘构件方式给出，没有最大配筋率。所以程序给出的剪力墙超筋是警告信息，设计人员可以酌情考虑。

2）剪力墙水平筋超筋则说明该结构抗剪能力不够，应予以调整。

3）剪力墙连梁超筋大多数情况下是在水平地震力作用下抗剪不够。规范中规定允许对剪力墙连梁刚度进行折减，折减后的剪力墙连梁在地震作用下基本上都会出现塑性变形，即连梁开裂。设计人员在进行剪力墙连梁设计时，还应考虑其配筋是否满足正常状态下极限承载力的要求。

（3）柱轴压比计算：柱轴压比的计算在《高层建筑混凝土结构技术规程》（2002年版）和《建筑抗震设计规范》（2010年版）中的规定并不完全一样，《建筑抗震设计规范》（2010年版）6.3.6条规定，计算轴压比的柱轴力设计值既包括地震组合，也包括非地震组合，而《高层建筑混凝土结构技术规程》（2002年版）6.4.2条规定，计算轴压比的柱轴力设计值仅考虑地震作用组合下的柱轴力。软件在计算柱轴压比时，当工程考虑地震作用，程序仅取地震作用组合下的柱轴力设计值计算；当该工程不考虑地震作用时，程序才取非地震作用组合下的柱轴力设计值计算。因此设计人员会发现，对于同一个工程，计算地震力和不计算地震力其柱轴压比结果会不一样。

（4）剪力墙轴压比计算：为了控制在地震力作用下结构的延性，《高层建筑混凝土结构技术规程》（2002年版）和《建筑抗震设计规范》（2010年版）对剪力墙均提出了轴压比的计算要求。需要设计者注意的是，软件在计算短肢剪力墙轴压比时，是按单向计算的，这与《高层建筑混凝土结构技术规程》中规定的短肢剪力墙轴压比按双向计算有所不同，设计人员可以酌情考虑。

（5）构件截面优化设计：计算结果不超筋，并不表示构件初始设置的截面和形状合理，设计人员还应进行构件优化设计，使构件在保证受力要求的条件下截面的大小和形状合理，并节省材料。但需要注意的是，在进行截面优化设计时，应以保证整体结构合理性为前提，因为构件截面的大小直接影响到结构的刚度，从而对整体结构的周期、位移、地震力等一系列参数产生影响，不可盲目减小构件截面尺寸，使结构整体安全性降低。

3.1.4 设计结果应满足的要求

在施工图设计阶段，还必须满足规范规定的抗震措施和抗震构造措施的要求。GB 50010—2002《混凝土结构设计规范》、《高层建筑混凝土结构技术规程》（2002年版）和《建筑抗震设计规范》（2010年版）均对结构的抗震构造提出了非常详细的规定，这些措施是很多震害调查和抗震设计经验的总结，也是保证结构安全的最后一道防线，设计人员应该仔细阅读，不可麻痹大意。

3.2 手算方面的问题及审查要点

3.2.1 结构设计中必要的手算工作

结构设计一般应有以下必要的手算工作内容：荷载收集计算；标准构件选用的计算；浅基础的地基承载力、变形、基础强度计算；人工挖孔桩强度、承载力等计算，雨篷、挑梁抗倾覆计算、局部受压计算、雨篷梁抗扭计算；挡土墙的抗倾覆、抗滑移及基底承载力、墙身强度计算等。

3.2.2 楼、屋面板上的永久荷载、活荷载的收集与计算

（1）在计算书中应分别写出楼、屋面板上的建筑面层做法及各层的厚度及材料容重。特别注意：当有板底抹灰或吊顶时，还应写明抹灰做法及吊顶做法、抹灰材料自重及厚度、吊顶材料及自重，这些荷载容易被设计者遗忘。

（2）填充墙自重荷载收集计算。在计算书中写明墙体材料名称、厚度、两侧抹灰材料、厚度、材料容重、各层墙体的高度等，计算出各段墙的线荷载标准值（kN/m）。注意：当墙体开有门窗洞口时，应结合洞口大小对墙体的线荷载进行适当的折减。

（3）楼、屋面设备、名称荷载的大小及位置。特别注意：设备是否有振动荷载存在。

（4）当填充墙（一般指轻质隔墙）在楼板上灵活布置（无固定位置）时，隔墙应按活荷载考虑；应将隔墙每延米长墙重（kN/m）的 1/3 作为楼面均布活荷载的附加值（kN/m、kN/m^2）计入，且此附加值不应小于 1.0kN/m^2。

如：某房间的均布活荷载标准值为 2.5kN/m^2，非固定隔墙自重标准值为 1.2kN/m，则由隔墙产生的楼面附加活荷载标准值为：1/3×1.2kN/m^2＝0.4kN/m^2，故这个房间的活荷载标准值应为：(2.5+1.2)kN/m^2＝3.7kN/m^2。

（5）楼、屋面活荷载的标准值（kN/m^2），一般可按《建筑结构荷载规范》（2006 年版）选取。对一些特殊房间的活荷载，则需要按这些房间所在行业的规范确定。

（6）楼梯间的荷载计算。进行结构的整体计算时，楼梯间的楼面荷载的输入通常有两种处理办法：①在楼梯间将楼板厚度定义为"0"的条件下，按均布永久荷载标准值和均布活荷载的标准值输入；②将楼梯间定义为洞口的条件下，按楼梯梯段及休息平台的实际支承情况，将楼梯间的均布永久荷载和均布活荷载分别导算到各自的支承梁（墙）上，按作用在梁（墙）上的线荷载输入。当然第二种楼梯间荷载输入方式符合工程实际情况，应优先采用。

3.2.3 特殊构件的手算

进行结构的整体计算时，经常要对计算简图进行适当的简化，这时就需要对一些构件进行手算。

（1）在计算书中应给出构件的布置简图和计算简图，作用在计算构件上的荷载（静载、活载）值及作用位置，计算内容应清晰，计算公式、采用的表格要写明其出处，构件的编号应与施工图一致。

（2）对于钢结构构件，还应在计算书中写明钢材的牌号和质量等级、构件重要性系数 γ_0。

特别注意： 要根据不同的钢板厚度或直径选取不同的钢材强度设计值。

（3）对钢筋混凝土构件，还应在计算书中写明所采用的混凝土强度等级、钢筋种类、构件的重要性系数 γ_0、构件所处的环境类别以及受力钢筋保护层厚度。

（4）对于砌体结构构件，还应在计算书中写明砌体材料的类别和强度等级、砂浆的强度等级、构件的重要性系数 γ_0 和砌体的施工质量控制等级。

3.2.4 标准图集的选用及复核计算

为了减少设计人员的计算及绘图工作量，国家（或地方）结合多年的工程经验和总结，编制了一些通用的结构构件标准图集（国标、部标、省标），供设计人员选用。但设计人员在选用时应注意以下几点：

首先要全面仔细地阅读标准图的使用条件说明，对完全符合标准图选用条件的构件，可以直接选用。

对不完全符合标准图使用要求的工程，考虑是否能通过适当的手算复核，对其进行适当的局部修改后再用于工程中。

由于目前工程界通用图集的编制比较混乱，通用图中的问题较多，所以建议设计人员，尽量不用或少用标准图。

3.3 结构计算应该注意的问题

3.3.1 高层建筑结构的刚度和舒适度

高层建筑应具有充分的刚度，结构设计中应使侧向刚度成为主要考虑的因素。就极限状态而论，必须限制水平位移，防止由于重力荷载大，在产生二阶 $p-\Delta$ 效应时使建筑物突然倒塌。对于正常使用极限状态，首先，必须将位移控制在一个合理的范围，使结构处于弹性状态，对混凝土结构还需要限制裂缝不超过规范的允许值；其次是保证非受力构件和重要设施完好；第三是结构必须具有足够的刚度，以防止动力运动较大时使人体产生不舒适的感觉。

1. 结构刚度控制

为判断高层建筑的侧向刚度,较多国家采用的既简单又能比较准确反映结构侧向刚度的参数是"水平位移指标",该指标为建筑顶端最大位移与建筑高度之比。此外,还有层间水平位移与层高之比。

建立水平位移指标的限值是一个重要的设计规定,但遗憾的是至今还没有一个可以被世界各国工程界广泛接受的限值。实际上各国采用的位移限值(包括在地震和风荷载作用下)大小差别非常大,通常在 1/200~1/1000 的范围内,同时有的国家对地震和风荷载的作用下的限值要求也不同,有的国家不区分地震和风荷载取统一限值。

2. 高层建筑在风荷载作用下的舒适度

高层建筑结构一般都比较柔,在风荷载的作用下位移相对较大,如果建筑物在阵风的作用下出现较大的摆动,常常使人感觉不舒服,有时甚至无法忍受。研究表明,人体对风振加速度最为敏感,为了保证高层建筑在风荷载作用下人们能有一个良好的工作或居住环境,就需要对平行于风荷载作用方向与垂直于风荷载方向的最大加速度加以限制。

为提高使用质量,新版规范增加了对结构水平摆动、楼盖垂直颤动的限制条件,即提出了舒适度的要求。

《高层建筑混凝土结构技术规程》(2002 年版) 4.6.6 条:高度超过 150m 的高层建筑结构应具有良好的使用条件,满足舒适度要求,按现行国家标准 GB 50009《建筑结构荷载规范》规定的 10 年一遇的风荷载取值计算的顺风向和横风向结构顶点最大加速度 a_{max} 不应超过表 3-1 的限值。结构顶点的顺风向和横风向振动最大加速度可按现行行业标准 JGJ 99—1998《高层民用建筑钢结构技术规程》的有关规定计算,也可通过风洞试验结果判断确定,计算时阻尼比宜取 0.02。

表 3-1　　　　　　　　结构顶点最大加速度限值 a_{max}

使 用 功 能	$a_{max}/(m/s^2)$
住宅、公寓	0.15
办公、旅馆	0.25

特别说明:(1)阻尼比取值,对混凝土结构取 0.02;对混合结构根据房屋高度和结构类型取 0.01~0.02。

(2)计算时风荷载的重现期是 10 年,即取 10 年一遇的风荷载标准值作用下计算结构顶点的顺风向和横风向振动最大加速度。

3. 楼板颤动对舒适度的影响

楼板的颤动,一般是由于人们行走、运动或机械设备运行等产生的。有关楼板颤动对人体舒适度的影响,我国研究的还不是很多,美国、日本、加拿大、欧洲等一些国家对此进行过一些研究。

(1)《高层建筑混凝土结构技术规程》(2002年版) 4.7.7规定，楼盖结构宜具有适宜的刚度、质量及阻尼，其竖向振动舒适度应符合下列规定：

1) 钢筋混凝土楼盖结构竖向频率不宜小于3Hz，轻钢楼盖结构竖向频率不宜小于8Hz。自振频率计算时，楼盖结构的阻尼比可取0.02。

2) 不同使用功能、不同自振频率的楼盖结构，其振动峰值加速度不宜超过表3-2的限值。楼盖结构竖向振动加速度可按本规范附录C计算。

表3-2　　　　　　　　　楼盖竖向振动加速度限值

人员活动环境	峰值加速度限值	人员活动环境	峰值加速度限值
住宅、办公	0.005g	室内人行天桥	0.015g
商场	0.015g	室外人行天桥	0.005g

注：本条为《高层建筑混凝土结构技术规程》(2010年版)新增内容。舒适度控制指标与计算方法、假定密切相关，简单的频率控制方法不能适应刚度偏柔的工程需要，采用振动峰值加速度限值控制较为合适。本条附录C引自美国ATC40。

(2)《钢结构设计手册》(下册)(第3版)是这样规定的。对于有些场合需要控制组合楼板的颤动问题，不同的生活条件与工作条件对振动控制的要求是不一样的，振动与感觉及环境条件有关。比较理想的是应控制组合板的自振频率在20Hz以上。一般当自振频率在12Hz以下时，产生振动的可能性较大。因此一般要求组合楼板的自振频率控制在15Hz以上。目前组合板的自振周期一般按下列公式近似方法计算：

$$T = k\sqrt{w}$$
$$f = 1/T = 1/k\sqrt{w}$$

式中　T——组合楼板的自振周期 (s)；

　　　f——组合楼板的自振频率 (Hz)；

　　　w——永久荷载产生挠度 (cm)；

　　　k——支承条件系数，两端简支：$k=0.178$；两端固定：$k=0.175$；一端固定，一端简支：$k=0.177$。

(3) JGJ 99—1998《高层民用建筑钢结构技术规程》的7.3.8条。

组合板的自振频率f可按下式估算，但不得小于15Hz：

$$f = 1/T = 1/0.178\sqrt{w}$$

式中　w——永久荷载产生的挠度 (cm)。

注意：1) 日本一般要求控制在12Hz。

2) 加拿大建筑法规 (National Building Code of Canada, NBC) 中建议，轻型钢结构住宅楼、学校、会堂、健身房和其他类似建筑的楼盖的自振频率应大于15Hz。

3) 欧洲规范，如Bachman和Ammann (1987) 就建议控制在9Hz以上。

4) 人行走道的频率为1.4～2.5Hz。可参见CJJ 69—1995《城市人行天桥与人行地道技术规范》。

(4)《混凝土结构设计规范》(2010 年版)规定:对有舒适度要求的楼盖结构,应进行竖向自振频率验算。

对大跨度混凝土楼盖结构,宜进行竖向自振频率的验算,其自振频率不宜小于表 3-3 的限制。

表 3-3 楼盖竖向自振频率

房 屋 类 型	跨 度/m	
	7～9	>9
住宅、公寓	6Hz	5Hz
办公、旅馆	4Hz	3Hz
大跨度公建	3Hz	

3.3.2 楼梯构件参与整体计算的问题

发生强烈地震时,楼梯间是重要的紧急逃生竖向通道,楼梯间(包括楼梯板)的破坏会延误人员撤离及救援工作,从而造成严重伤亡。为此新一轮规范修订增加了楼梯间的抗震设计要求。对于框架结构,楼梯构件与主体结构整浇时,梯板起到斜撑的作用,对框架结构的刚度、承载力、规则性的影响比较大,应参与抗震整体计算。

《建筑抗震设计规范》(2010 年版)3.6.6 条:计算模型的建立、必要的简化计算与处理,应符合结构的实际工作状况,计算中应考虑楼梯构件的影响。

《建筑抗震设计规范》(2008 年版)3.3.6 条,已经注意到地震中楼梯的梯板具有斜撑的受力状态,增加了楼梯构件的计算要求:针对具体结构的不同,"考虑"的结果,楼梯构件的可能影响很大或不大,然后区别对待,楼梯构件自身应计算抗震,但并不要一律参与整体结构计算。

汶川 5·12 特大地震被损坏建筑的一个特点是楼梯构件的破坏,如图 3-1 所示。

《建筑抗震设计规范》(2008 年版)的 3.6.6 条:结构计算中应考虑楼梯构件的影响。本条规定主要考虑到楼梯的梯板具有斜撑的受力状态,对结构整体刚度有较明显的影响。以前的结构设计中计算分析模型一般是不输入楼梯构件的,原因有两个:一是工程师普遍认为楼梯构件对结构受力影响不大,通过构造措施就可以保证安全;二是结构设计软件没有提供楼梯参与整体分析的功能,若用通用有限元程序计算,斜板、梯梁和梯柱的输入和网格剖分较麻烦。

以工程实例分析楼梯对框架结构的整体影响问题如下。

(1)工程概况:某 8 层钢筋混凝土框架结构,抗震设防烈度 7 度(0.10g),地震分组为一组,基本风压 0.45kN/m²,场地类别为Ⅱ类。其标准层平面布置和空间布置如图 3-2 和图 3-3 所示。

图 3-1 楼梯构件破坏图

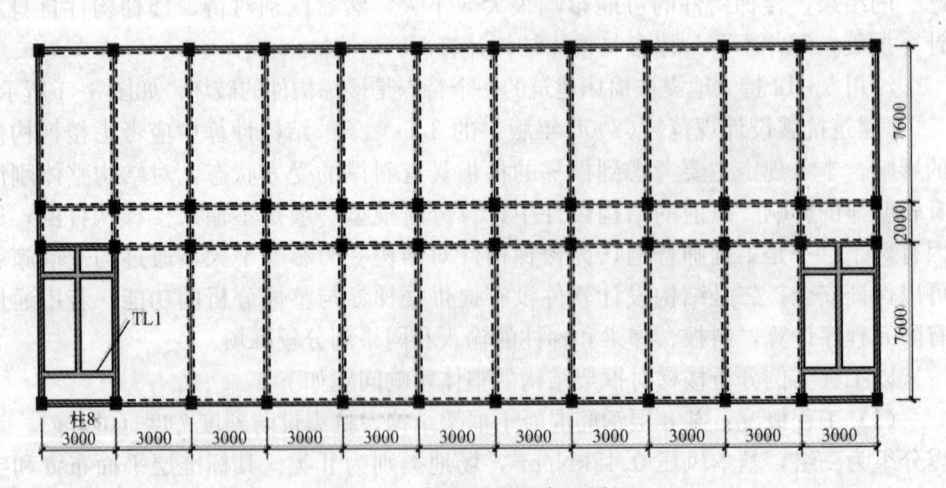

图 3-2 标准层平面布置图

图 3-3 空间布置图

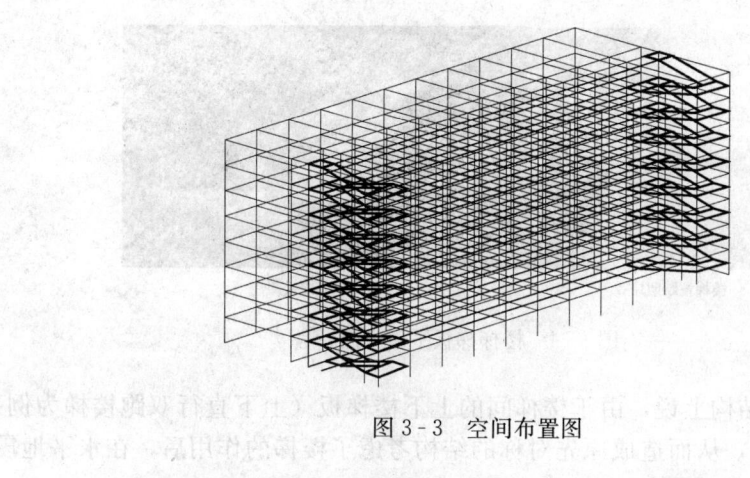

(2) 计算分别按不输入梯梁、梯柱两种情况和输入梯梁、梯柱两种情况考虑。

(3) 计算结果汇总见表 3-4 和表 3-5。

表 3-4　　　　　　不考虑梯梁、梯柱参与计算（y 向）

楼梯模型	不参与空间分析	参与空间分析	相差
层刚度/(kN/m)	834 197	894 342	7%
顶点最大位移/mm	22.49	21.84	−3%
T_1 第一周期	1.562（扭转因子 0.05）	1.478（扭转因子 0.15）	−5%
地震作用力/kN	1759.55	1874.37	7%

表 3-5　　　　　　考虑梯梁、梯柱参与计算（y 向）

楼梯模型	不参与空间分析	参与空间分析	相差
层刚度/(kN/m)	834 197	1 047 105	26%
顶点最大位移/mm	22.49	18.48	−19%
T_1 第一周期	1.562（扭转因子 0.05）	1.290（扭转因子 0.35）	−17%
地震作用力/kN	1759.55	2113.40	20%

(4) 对计算结果分析如下：

1) 考虑楼梯参与结构整体受力后，结构的自振周期减小，振型改变，第一阶振型有可能转变为扭转振型，而原先不考虑楼梯时第一阶振型为平动振型。

2) 由于楼梯板在水平力作用下具有"斜撑"的受力状态，在水平地震作用下，将产生较大轴向拉（压）力；楼梯板由原先只考虑竖向力时的受弯构件，转变为"压弯、拉弯"构件，受力状态复杂化。图 3-4 为楼梯梯板平破坏图。

3) 考虑楼梯后，楼梯间处的水平抗侧刚度较大，结构整体的水平抗侧刚度分布将不均匀，主要集中在楼梯间处。故在水平地震作用下，楼梯间的柱分配到的水平剪力较其他处明显偏大。特别是休息平台下的楼梯梁和楼梯柱，其受力非常不利。

楼梯拉断照片　　　　　　　楼板拉应力云图

图 3-4　楼梯梯板平破坏图

4）此外，从结构上说，由于楼梯间的上下楼梯板（上下直行双跑楼梯为例）沿中心线并不对称，从而造成原先对称的结构考虑了楼梯的作用后，在水平地震作用下的内力分布不对称。

（5）通过上述分析结果可以看出在框架结构的计算中，楼梯对结构的整体影响是不可忽视的，因此作者建议对于纯框架及框架中加有少量剪力墙的结构在计算时，应将楼梯建模并输入模型进行整体计算，考虑楼梯构件刚度对结构的贡献。对于框架-剪力墙结构宜将楼梯建模并输入模型进行整体计算；对于剪力墙结构为了简化计算可以不考虑楼梯的影响。

当然如果设计采取措施，如梯板滑动支承于平台上时，楼梯构件对于结构的刚度等的影响较小时，是否参与整体抗震计算差别不大。

（6）楼梯间的设计还应符合以下要求：

1）宜采用现浇钢筋混凝土楼梯。

2）对框架结构，楼梯间的布置不应导致结构平面特别不规则。

3）楼梯构件与主体结构整浇时，应计入楼梯构件对地震作用及效应的影响，应进行楼梯构件的抗震承载力验算。

4）宜采取构造措施，减少楼梯对主体结构刚度的影响。

5）楼梯间两侧填充墙与柱之间应加强拉结。

3.3.3　如何合理确定框架柱的计算长度系数问题

（1）不规则框架、高烈度地震区的框架或高风压地区的框架，结构整体计算时，框架柱的计算长度系数不宜采用《混凝土结构设计规范》（2002年版）表7.3.11-2 中的经验系数，而宜按该规范 7.3.11 条第 3 款的公式计算。

当水平荷载产生的弯矩设计值占总弯矩设计值的 75% 以上时，框架柱的计算长度 l_0 可按下列两个公式计算，并取其中的较小值：

$$l_0 = [1+0.15(\Psi_u+\Psi_l)]H$$
$$l_0 = (2+0.2\Psi_{min})H$$

上式的计算公式表明，框架柱的计算长度系数与框架梁、柱的线刚度比有关，物理意义明确，更能真实地反映框架柱失稳时的临界状态，有助于消除或减小采用较小的经验系数给结构带来的不安全性。

(2)《混凝土结构设计规范》表 7.3.11-2 中提供的框架柱的计算长度系数，是在对结构进行弹性分析的基础上结合工程经验确定的经验系数，仅适用于一般多层建筑中梁、柱为常用截面尺寸的刚接规则框架。

(3) 对于不规则框架，在下列情况下，采用上述经验系数来计算框架柱的计算长度对结构是偏于不安全的：

1) 框架的柱、梁线刚度比过大时。
2) 框架各跨跨度相差较大，或各跨荷载相差较大时。
3) 复式框架等复杂框架结构。
4) 框架-剪力墙结构中的框架，框架-核心筒结构中的框架。
5) 对于高宽比超过规范规定的高宽比限值的框架结构。
6) 对于抗震设防烈度在 8、9 度地区的框架结构。

(4) 设计者经常使用的 SATWE 程序对这个问题的处理方式是：

1) 在 2008 年 10 月以前的版本中，如果设计点取"混凝土柱的计算长度系数计算执行混凝土规范 7.3.11-3 条"时，程序将无条件地对所有柱的长度系数均按照《混凝土结构设计规范》（2002 年版）7.3.11-3 条执行，并不判断该柱水平荷载产生的设计弯矩是否超过其总设计弯矩的 75%。这点显然是不合理的。

2) 在 2008 年 10 月以后的版本中完善了以前的不足。

a. 当不勾选"混凝土柱的计算长度系数计算执行混凝土规范 7.3.11-3 条"时，程序自动执行《混凝土结构设计规范》（2002 年版）中 7.3.11-2 条。

b. 当勾选"混凝土柱的计算长度系数计算执行混凝土规范 7.3.11-3 条"时，程序自动对每个柱的每一组基本内力，计算其水平荷载产生的设计弯矩与总设计弯矩的比值。如果比值超过 75%，则自动执行《混凝土结构设计规范》中 7.3.11-3 条；比值不超过的柱则自动执行《混凝土结构设计规范》（2002 年版）中 7.3.11-2 条。这样处理显然是合理的。

(5) 既然程序 SATWE 能够自动识别各柱是否执行《混凝土结构设计规范》（2002 年版）中 7.3.11-3 条，那么设计者应该在总信息中始终勾选"混凝土柱的计算长度系数计算执行混凝土规范 7.3.11-3 条"。

设计者使用其他程序计算时，应该仔细阅读程序的使用说明，查看程序对这个问题的处理方式，如果没有处理措施，那么需要设计者人工干预以处理。

注意：柱的计算长度系数的取值大小，仅影响柱的配筋，对结果的整体刚度计算并没有太多的影响。

3.3.4 关于越（跃）层柱的计算长度系数问题

(1) 2009 年版的 PKPM 系列程序已能自动区分越（跃）层柱，给出不同的计算长度系数。例如，同层的其他柱计算长度系数如果是1.25，那么越（跃）层柱一层的计算长度系数是 $K_1 = 1.25(h_1+h_2)/h_1$，二层的计算长度系数是 $K_2 = 1.25(h_1+h_2)/h_2$，因为考虑了柱子跨层的情况。如图3-5所示，把 $(h_1+h_2)/h_1$，$(h_1+h_2)/h_2$ 称为柱的折算长度系数。

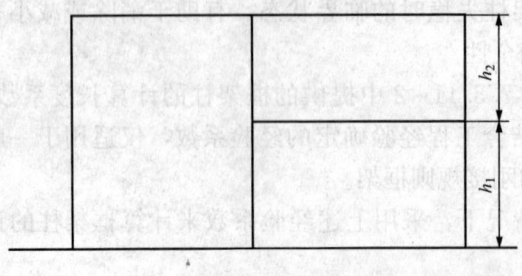

图3-5 越（跃）层柱简图

注意：设计者在使用任何程序前一定要看此程序是否有自动识别越（跃）层柱的功能，如果没有，设计者就必须对其人工干预，调整柱的计算长度系数。

(2) 越（跃）层柱的计算模型问题。

越（跃）层柱的特点是：在越（跃）层点不受楼板的约束。越（跃）层柱的计算模型可以是整根接起来的模型，也可以是每层逐根的计算模型。只要符合越（跃）层柱的变形特点，这两种模型的计算结果是可以一致的。图3-6、图3-7所示为越（跃）层柱计算模型图。

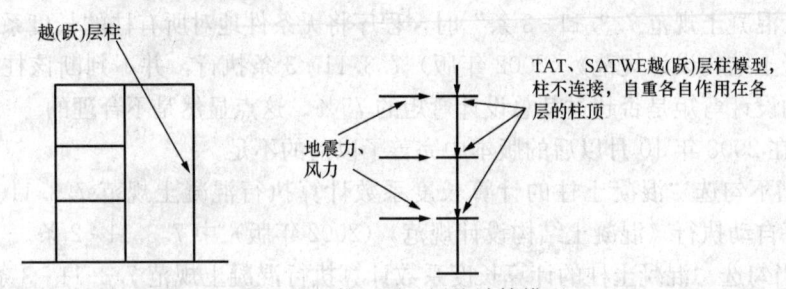

图3-6 越（跃）层柱计算模型

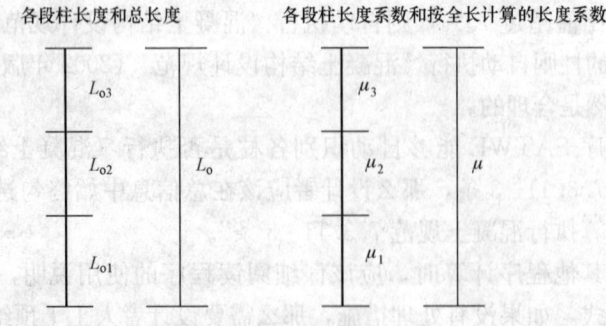

长度系数应满足：$L_{o1}*\mu_1 = L_{o2}*\mu_2 = L_{o3}*\mu_3 = L_o*\mu$

图3-7 越（跃）层柱计算模型

越（跃）层柱的长度系数：

对单边越（跃）层柱，长度系数中含有柱的折算长度。

对全越（跃）层柱，SATWE的长度系数中含有柱的折算长度。

设计时，应注意以下几点：

1) 2009 年版以后的 PKPM 程序已能够自动计算越（跃）层柱的计算长度系数，但比较乱，计算结果不一定正确，请设计者注意人工核实。

2) 若用 SATWE 程序进行结构计算时选择了"强制执行刚性板假定"，则对于有越（跃）层的柱，程序将不会再按越（跃）层柱处理，而是按在越（跃）层节点处两个方向都有约束的普通柱计算。因此对于有越（跃）层柱的结构，在计算内力和配筋时，必须解除"强制执行刚性板的假定"。

3) 对地下室的越（跃）层柱，目前程序不能够自动识别，这是因为程序一般都会对地下楼板强制采用刚性楼板的假定。

4) 在某个方向上只要有一个水平构件与柱连接，即便是悬臂梁，目前的 SATWE 程序都会认为在该方向上有水平约束，而不按越（跃）层柱处理。对这种情况设计人员必须按越（跃）层柱修改计算长度系数。作者建议遇有这种情况时，最好是将悬臂梁取消，将荷载加到节点上进行计算。

5) 设计人员修改柱的计算长度系数后，千万不要再进行"形成 SATWE 数据检查"操作，而应该直接计算，否则程序会按修改前的计算长度系数进行计算。

6) 使用其他程序计算时，设计者一定要仔细阅读程序使用说明，看程序对越（跃）层柱是如何处理的，如果程序未作处理，则设计者必须进行人工干预。

3.3.5 关于分缝结构计算应注意的问题

1. 分缝结构

所谓分缝结构，就是指将一个不规则或超长结构，采用抗震缝、伸缩缝、沉降缝将其分为几个相对独立的结构。对于分缝建筑，其上每个部分有独立的变形，但没有独立的迎风面。对分缝结构的计算应注意以下问题：

（1）对缝两侧的建筑刚度相差过大时，最好是将分缝结构的各块分开建模、分开计算。这种方法针对缝自顶到底将结构完全分开，只有基础相连的情况。计算风荷载时，程序把缝所在的面也作为迎风面，该方向的风荷载计算值偏大，为此需定义遮挡面。

（2）对缝两侧的建筑刚度相差不大时，缝两侧也可各部分一起计算，建立一个整体计算模型，原则上各种设缝结构均可做整体计算，但应把每个结构单元定义为独立的塔，参与振型取得足够多，使有效质量系数超过 90%，定义遮挡面，准确计算风荷载。

2. 工程实例

工程概况：本工程是杭州西溪湿地公园工程，地下一层，地上三层，平面为三角形布置，外围是钢筋混凝土框架结构，在三角形中间，再建造一个三角形的钢框架结构（上部为全玻璃顶），两部分之间设置抗震缝，分成各自独立的单元，模型图如图 3-8 和图 3-9 所示；抗震设防烈度为 6 度，设计基本地震加速度

0.05g，设计地震分组为第一组，场地特征周期为 $T_g=0.45$，场地类别为Ⅲ类，基本风压 0.45kN/m²；基本雪压 0.45kN/m²。

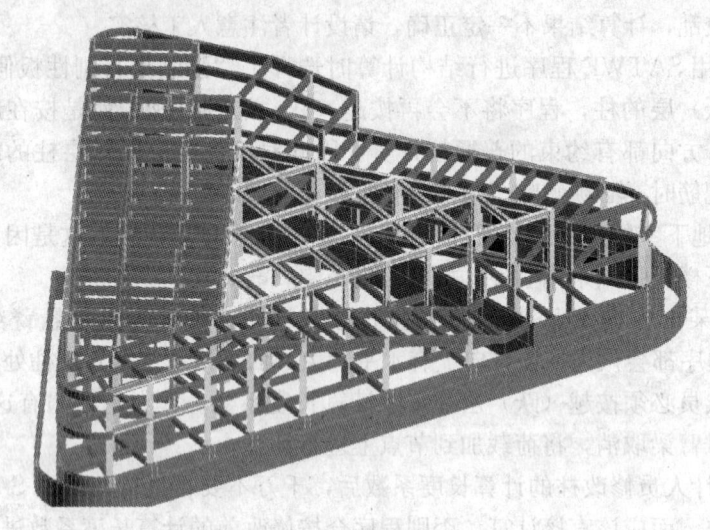

图 3-8 整体计算模型图

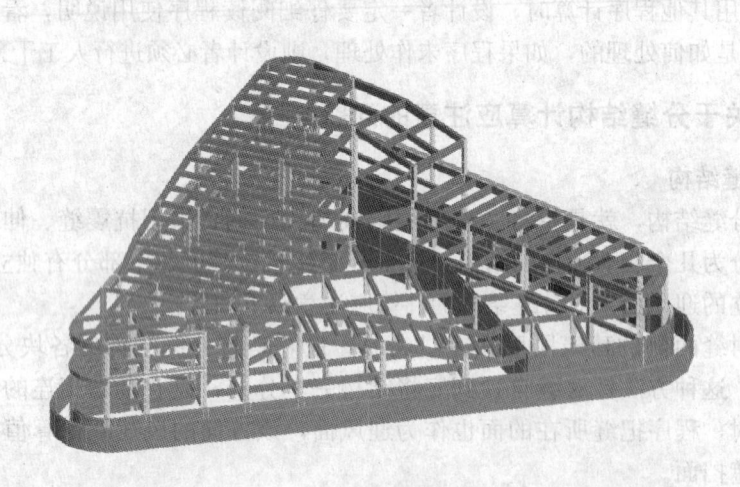

图 3-9 分开计算混凝土结构模型图

表 3-6 中的计算结果分析说明如下。

(1) 由整个结构振型图可以看出，整体计算时，第三周期出现扭转完全是中间钢结构部分在扭转振动。这样会使设计误认为是整个结构在扭转。

(2) 整体计算时，由于中间钢结构部分的存在，造成有效质量系数很难满足要求。

(3) 造成两种计算结果不同的主要原因是：两种结构的阻尼比是不一样的，混凝土的阻尼比为 0.05，小于 50 层的钢结构的阻尼比为 0.035，而计算程序只能填一种材料的阻尼比。本计算是按混凝土考虑的。

由此可见，整体计算是不合理的，应该将两种结构分开计算，以便真实地反映各部分的振动特性。

表3-6　　　　　　　　　两种计算模型计算结果汇总表

结果	计算模型	整体计算（带有钢结构部分）	分开计算（纯混凝土结构部分）
周期 T		$T_1=0.701$（扭转因子0.14） $T_2=0.694$（扭转因子0.09） $T_t=0.609$（扭转因子0.93）	$T_1=0.774$（扭转因子0.10） $T_2=0.749$（扭转因子0.10） $T_3=0.534$（扭转因子0.36）
位移		$X=1/1303$（第3层） $Y=1/1493$（第6层）	$X=1/1244$（第3层） $Y=1/1374$（第6层）
有效质量系数	振型数	15　　　45　　　60	15　　　45　　　60
	X方向	83.24%　85.04%　99.5%	83.65%　99.94%　100%
	Y方向	81.81%　84.95%　99.5%	83.20%　99.82%　100%

3.3.6 关于计算振型数的合理选取问题

（1）《高层建筑混凝土结构技术规程》（2002年版）5.1.13条2款：抗震计算时，宜考虑平扭耦连计算结构的扭转效应，振型数不应小于15个，对多塔楼结构的振型数不应小于塔楼数的9倍，且计算振型数应使振型参与质量不小于总质量的90%。

（2）《建筑抗震设计规范》（2008年版及2010年版）5.2.2条在条文说明中均提到：振型个数一般可以取振型参与质量达到总质量的90%所需的振型数。

特别注意：这点经常被设计人员忽视，认为只有高层建筑才有这个要求，实际上所有建筑都应该有这个要求。

（3）振型数的合理选取原则。对一块刚性楼板有3个自由度，对一个弹性节点有2个自由度，如图3-10所示。

规范给出的具体个数，如振型数不应少于15个，对多塔楼结构的振型数不应少于塔楼数的9倍，均是一种粗略估计取法。对于有弹性楼板的结构、大开洞的错层结构、连体结构、空旷的工业建筑以及体育馆等，如果还按此选取振型数则会造成地震力明显不足。如3.3.5节中所述的工程实例——一个空旷的3层建筑（计算楼层6层），振型数取15个时，有效质量系数还不到85%；振型数取45个时，有效质量系数才能达到大于90%的要求。

规范、规程规定的振型参与质量的判定法是一个严格的、通用的、只有计算机

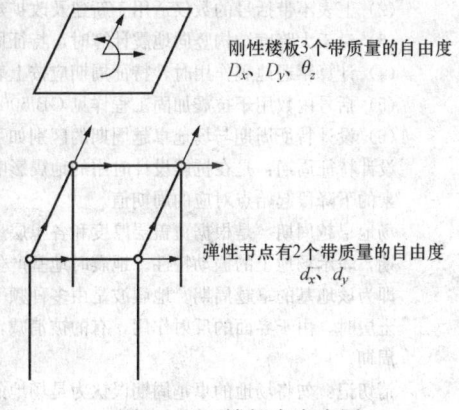

图3-10　楼板自由度图

才能实现的方法。无论任何结构类型，设计者都应保证各地震方向的振型参与质量都超过总质量的 90%以上，这是选取足够计算振型唯一的判断条件。

选取振型数时设计者还需要注意以下几点：

(1) 振型数不能超过结构固有的振型总数，因一个楼层最多只有 3 个有效动力自由度，所以一个楼层也就最多可选 3 个振型。如果所选振型多于结构固有的振型总数，则会造成地震力计算异常。这一条仅适用于刚性楼板假定。

(2) 对于有弹性楼板的结构、大空间无楼板的结构、连体结构、空旷的工业建筑，可以取大于楼层 3 倍的任意振型数来计算。

(3) 对于进行耦联计算的结构，所选振型数应大于 9 个，多塔结构应更多些，但应是 3 的倍数。

(4) 一个结构所选振型的多少还必须满足有效质量系数大于 90%的要求。

(5) 如果通过增加计算振型数仍然不能满足有效质量系数大于 90%的要求，那么就只好调整结构的平立面布置来解决。

3.3.7 关于抗震设计时场地特征周期的合理选取问题

抗震设计用的地震系数曲线中，反映地震震级、震中距和场地类别等因素的下降段起点对应的周期值，简称特征周期。

特征周期应根据场地类别和设计地震分组按表 3-7 选用。

表 3-7　　　　　设计地震分组与场地分类的关系

设计地震分组	场 地 类 别				
	I_0	I_1	II	III	IV
第一组	0.20(0.20)	0.25(0.20)	0.35(0.30)	0.45(0.40)	0.65(0.65)
第二组	0.25(0.20)	0.30(0.20)	0.40(0.30)	0.55(0.40)	0.75(0.65)
第三组	0.30(0.25)	0.35(0.30)	0.45(0.40)	0.65(0.55)	0.90(0.95)

注：(1) 计算 8、9 度罕遇地震作用时，特征周期应增加 0.05。
　　(2) 上表不带括号的数仅适用于新建及改扩建工程。
　　(3) 对于大跨度结构竖向地震计算时，特征周期均可按设计第一组采用。
　　(4) 计算罕遇地震作用时，特征周期应按上表增加 0.05s。【强规】
　　(5) 括号内数用于抗震加固工程详见 GB 50023—2009《建筑抗震鉴定标准》的规定。
　　(6) 设计特征周期与场地卓越周期的区别如下。
　　设计特征周期：是在抗震设计时用的地震影响系数曲线中，反映地震震级、震中距和场地类别等因素的下降段起始点对应的周期值。
　　场地卓越周期：是根据覆盖层厚度和各土层地脉动测试时域曲线及频谱分析曲线进行分析计算的周期，表示场地土的振动特性。地震时地基产生多种周期的振动，其中振动次数（振次）最多的周期即为该地基的卓越周期。地震波是由多种频率不同的波组成的，当这些波从基岩传到建筑物的基础土层时，由于界面的反射作用，有的被消减，有的被放大，其中被放大得最多的波的周期称为卓越周期。
　　请切记：勿将场地的卓越周期误认为是场地的特征周期，以免造成安全隐患。场地卓越周期一般均小于场地的特征周期。

3.3.8 多塔结构设计应注意的问题

(1)《高层建筑混凝土结构技术规程》(2010 年版) 5.1.15 条：对多塔楼结构，宜按整体模型和各塔楼分开的模型分别计算，并采用较不利的结果进行结构设计。当塔楼周边的裙楼超过两跨时，分塔楼模型宜至少附带两跨的裙楼结构。

注意：本条为新增内容，增加了分塔楼模型计算要求。多塔楼结构振动形态复杂，整体模型计算有时不容易判断结果的合理性；辅以分塔楼模型计算分析，取二者的不利结果进行设计较为妥当。

(2) 进行多塔结构计算时还应注意多塔结构周期比、位移比、层间位移验算问题。

对于同一大底盘的多塔（上部无连接或有连接但为弱连接）结构，如图 3-11 和图 3-12 所示，在与裙房交界处、与连廊交界处，需要将各个塔楼切开，只保留各单塔楼主体结构范围以内的部分，从而形成多个独立的单塔。对每个独立的单塔，依次调整控制其扭转效应、验算其周期比。

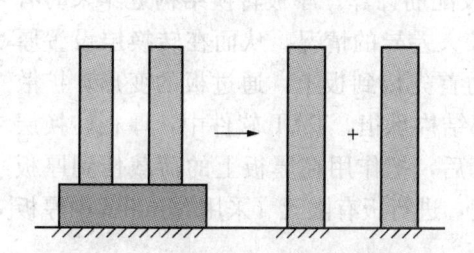

图 3-11 上部无连接的多塔结构 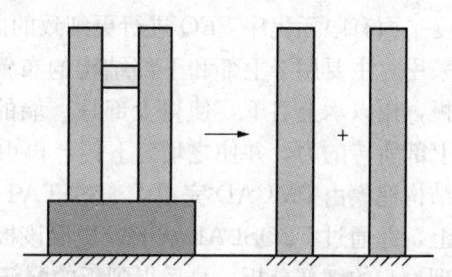　　　图 3-12 上部有弱连接的多塔结构

对于上部有强连接的同基多塔结构，如果多塔结构存在足够强的上部连接，以至于这些连接能够使两个或多个塔楼形成整体的扭转振型，那么此时应进一步在分拆调整验算的基础上，将这几个塔楼作为一个整体（即看成一个复合的单塔）进行结构计算、进行周期比验算，如图 3-13 和图 3-14 所示。

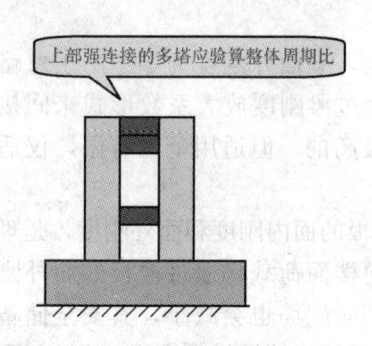

图 3-13 上部有强连接的多塔结构 　　　图 3-14 上部有强连接的实际工程图

3.3.9 关于 PKPM 系列软件楼板模型的合理选取问题

在建筑结构分析中，楼板刚度的合理考虑是一个重要的因素，它不仅影响结构的分析效率，更重要的是直接决定了分析结果的精度、可靠性和实用价值。PKPM 系列软件从工程实用角度出发，提供了多种楼板刚度模型，设计师应该根据结构的实际受力特点，采用相应的计算模型。若采用模型不当，不仅可能使分析结果误差过大，而且还可能影响梁计算配筋的安全储备，甚至使分析结果的可靠性得不到保证。

1. PKPM 系列软件不同楼板模型的适用范围

在 PKPM 系列软件中，楼板模型根据不同的应用情况有不同的假设，应使计算模型尽可能符合结构的实际受力情况。

TAT 软件假定楼板在平面内为无限刚性，平面外刚度为零；对于空旷结构可定义弹性节点，不考虑楼板作用；对于一些特殊的结构，如框支剪力墙结构等，需先进行简化，使其上部结构传力合理，计算完以后，还应对托梁部位采用高精度平面有限元程序 FEQ 进行更细致的内力及配筋计算。厚板转换结构近年来时有采用，主要用于上部和下部结构的布置有较大差异的情况，从而在转换层设置厚板，用以承上启下，使得上部柱、墙的内力首先传到板上，通过板的变形，扩散上部所传的力，并使之均匀下传，再由下部结构承担。TAT 软件中，厚板转换层结构建模由 PMCAD 完成，通过 TAT 计算后，把作用在厚板上的荷载传到厚板上，并通过 FEQSLAB 从 PM 截取该板厚度，进行板有限元（采用 Mindlin 中厚板理论）的细部分析，最后得到板的配筋。

而在 SATWE、PMSAP 软件中，则实现了 4 种类型的楼板刚度模型：刚性楼板、弹性楼板 6、弹性楼板 3 和弹性膜。对同一个工程，可整体采用一种楼板模型，也可综合采用几种不同的楼板模型。不同楼板模型除影响整体结构的计算结果外，也影响楼板本身的计算结果。在 PMCAD 的楼板模块和复杂楼板有限元分析程序 SLABCAD 中都不用 TAT、SATWE、PMSAP 的楼板计算结果，其楼板设计与采用哪种楼板模型无关。而 PMSAP 因其自身具有楼板配筋功能，所以其楼板设计结果与楼板简化假定有关。

刚性楼板模型：假定楼板平面内刚度无限大，平面外刚度为零。由于忽略了楼板的平面外刚度，使结构总刚度偏小，程序通过梁刚度放大系数形式来间接考虑楼板的面外刚度，刚性楼板模型分析效率是最高的，但适用范围有限，仅适用于楼板形状较规则的普通工程。

弹性楼板 6 模型：采用壳单元真实地计算楼板的面内刚度和面外刚度，是理论上最符合楼板实际情况的计算模型，但部分竖向楼面荷载将通过楼板的面外刚度直接传递给竖向构件，从而使梁的弯矩减小，相应配筋也会减小，其安全储备小于刚性楼板模型的梁。因此，作者建议不要轻易采用弹性楼板 6 模型。在 SATWE

或 PMSAP 软件中，弹性楼板 6 模型主要是针对板柱结构和板柱-剪力墙结构的，其既可以较真实地模拟楼板的刚度和变形，又不存在梁配筋安全储备减小的问题。

弹性楼板 3 模型：是采用中厚板弯曲单元计算楼板平面外刚度，而平面内是无限刚度。该假定与厚板转换层结构的转换厚板特性一致，转换厚板一般面内刚度很大，其面外刚度是结构传力的关键。通过厚板的面外刚度，改变传力途径，将厚板以上部分结构承受的荷载安全地传递下去。当板柱结构板的面内刚度足够大时，也可采用弹性楼板 3 模型。

弹性膜模型：是采用平面应力膜单元真实地计算楼板的平面内刚度，同时又假定楼板的平面外刚度为零。空旷的工业厂房和体育场馆结构、楼板局部开大洞结构、楼板平面较长或有较大凹入以及平面弱连接结构等，考虑楼板面内刚度有较大削弱，而采用弹性楼板 6 模型又会影响梁配筋的安全储备，可以采用弹性膜模型。

随着现代多、高层建筑的发展，结构体系越来越呈现出多样复杂化的特点，板柱结构、厚板转换层结构、楼板局部开大洞结构以及大开间预应力板结构越来越多。对于这些特殊结构，其楼板受力是相当复杂的，传统的楼板设计方法已难适应这些复杂工程的要求。PKPM 系列软件中复杂楼板有限元分析与设计 SLAB-CAD 软件是专门针对上述各种复杂楼板的有限元分析与配筋设计而开发的，其分析对象是结构的某一层楼板或楼板局部，通过二次有限元分析从而减少因局部模型失真所导致的误差。

2. 楼板刚度模型的常见工程应用分析

《高层建筑混凝土结构技术规程》（2002 年版）5.1.5 条规定：进行高层建筑内力与位移计算时，可假定楼板在其自身平面内为无限刚性，相应地设计时应采取必要措施保证楼板平面内的整体刚度。这对于大多数工程来说是可以接受的。但在下列情况下，应对采用刚性楼板假定的计算结果进行修正，或采用弹性楼板的计算模型：

（1）楼面有很大的开洞或缺口、楼面宽度狭窄、楼板可能产生显著的面内变形和应力集中效应。

（2）平面上有较长的外伸段，容易产生局部振动而引发凹口处破坏。

（3）底层大空间剪力墙结构的转换层楼面。

（4）错层结构。

（5）楼面的整体性较差。

3. 设计应注意的问题

实际工程中，无论采用哪一种弹性板模型，在布置弹性板时都应注意布置成弹性板带［图 3-15（b）中的阴影部分］，将各刚性板分开，这样才能保证所建立的弹性板模型能真正发挥作用。而图 3-15（a）中的阴影部分尽管定义为弹性板，但由于四边与外侧刚性板重合，故弹性板是无效定义，不能达到预想的目的。

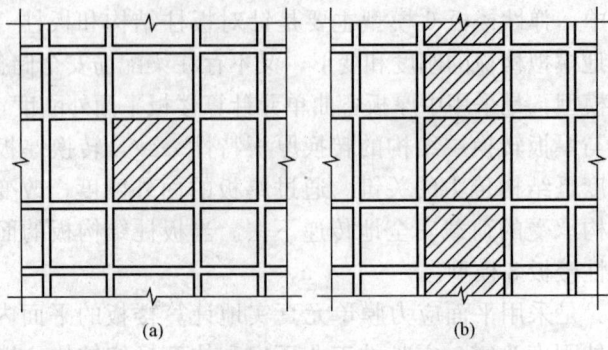

图 3-15 无效的弹性板定义与弹性板带

4. 弹性板的定义实例

两主楼之间的弱连接部位应定义为弹性楼板，如图 3-16、图 3-17 所示。

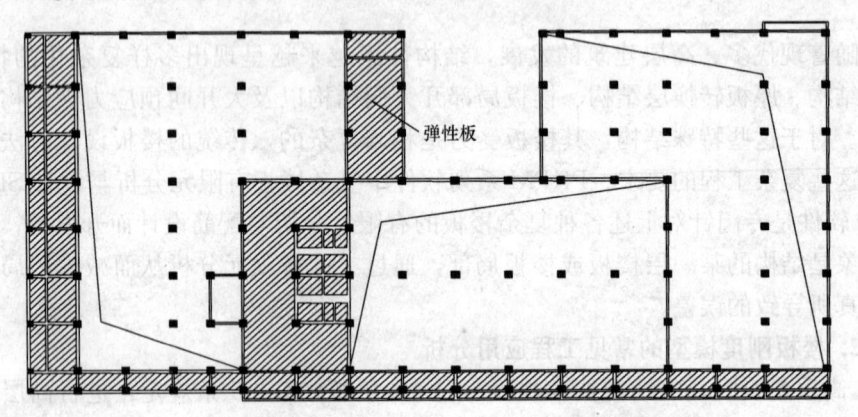

图 3-16 弱连接部位弹性楼板正确定义图一

全楼定义为弹性楼板，如图 3-18 所示。

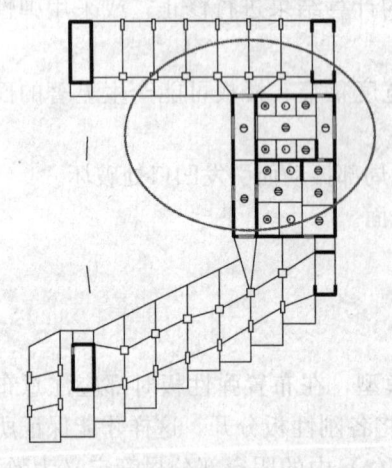

图 3-17 弱连接部位弹性楼板
正确定义图二

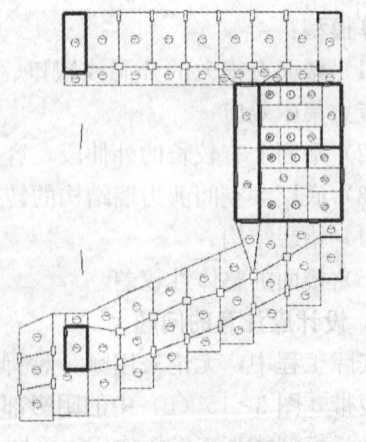

图 3-18 全楼弹性楼板正
确定义图

削弱部位的楼板，如图3-19所示。

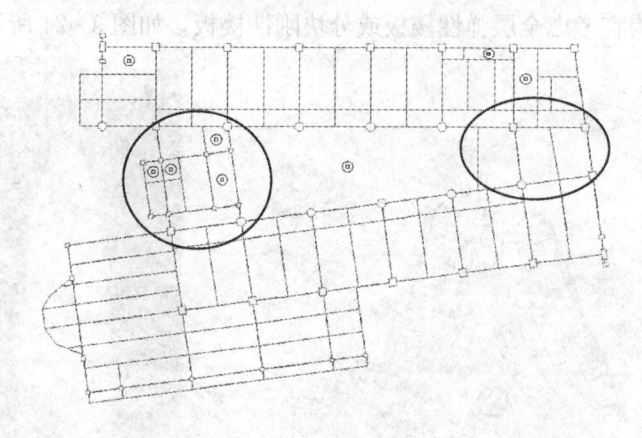

图3-19 削弱部位弹性楼板正确定义图

转换层的楼板——弹性楼板错误的定义，如图3-20所示。
转换层的楼板——弹性楼板正确的定义，如图3-21所示。

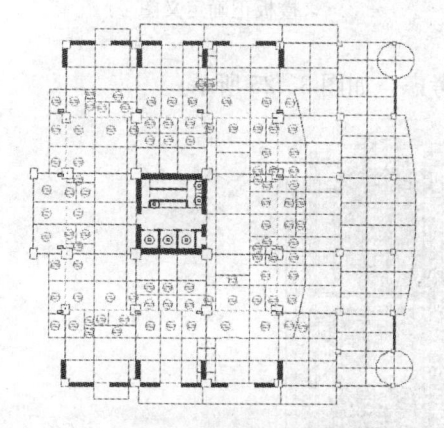

图3-20 转换层楼板弹性楼板
错误定义图

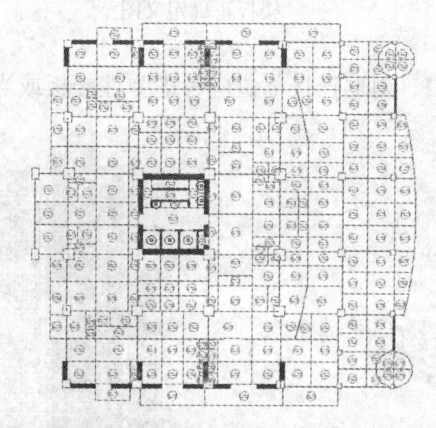

图3-21 转换层楼板弹性楼板
正确定义图

工业厂房、体育馆等空旷结构宜全楼定义弹性楼板，如图3-22所示。

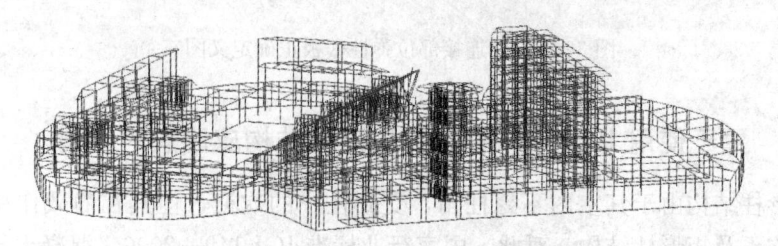

图3-22 空旷结构全楼弹性楼板正确定义图

上部采用全层弹性楼板，如图 3-23 所示。

对连体结构宜考虑全层弹性楼板或分块刚性楼板，如图 3-24 所示。

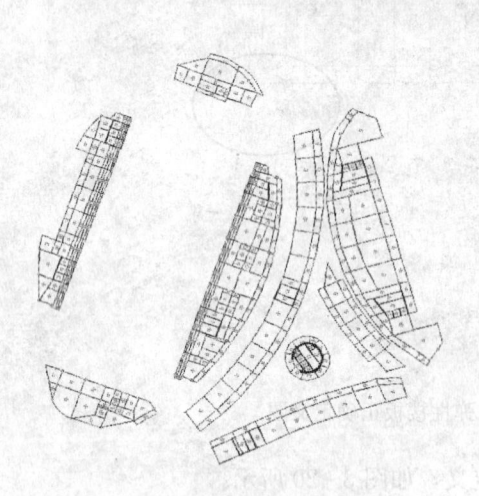

图 3-23　空旷结构上层全层弹性楼板正确定义图

图 3-24　连体结构全层弹性楼板正确定义图

对弱连接部位应考虑弹性楼板或当荷载考虑，如图 3-25 所示。

图 3-25　弱连接部位弹性楼板正确定义图三

3.3.10　关于使用 PKPM 软件计算异形柱结构应注意的问题

异形柱结构由于其室内不露柱角，受到住户的欢迎，但其在静载作用下及抗震性能均不及矩形柱结构。对此，国家行业标准 JGJ 149—2006《混凝土异形柱结构技术规程》[以下简称《异形柱规程》（2006 年版）]对异形柱的设计作了较严格的规定。

PKPM 软件能够计算异形柱结构。虽然《异形柱规程》已颁布实施 4 年,PKPM 软件仍有部分功能还与《异形柱规程》(2006 年版)的规定不一致。另外,设计人员使用 PKPM 软件设计异形柱结构时须注意合理选择计算参数,不能完全照搬矩形结构设计的参数,否则会影响计算结果的正确性,降低异形柱结构的安全度。

为此,在设计异形柱结构时,应注意以下问题。

1. 异形柱结构的计算参数合理设置问题

PKPM 软件 2008 年版在结构体系选项中增加了"异形柱框架结构"和"异形柱框剪结构"两种结构体系,设计者只有将结构体系设置成异形柱框架结构或异形柱框剪结构,SATWE 才执行《异形柱规程》中的内力调整、构造要求等部分相关规定,但不是所有的主要规定。

目前,SATWE 还没执行《异形柱规程》的主要规定有:异形柱细长比限值、抗震构造措施与抗震验算、异形柱截面肢端最小配筋率、异形柱加密区最小配箍特征值等。

2. 刚域合理选择问题

对于异形柱结构,由于异形柱柱肢较长,与梁重叠较多,对整体结构的刚度、变形、自振周期和梁的内力都会有不容忽略的影响,所以在软件输入参数设置中应将梁柱重叠部分定义为刚域。

3. 柱计算长度系数合理选择问题

因异形柱在荷载有些作用方向角区域受压弯的稳定性能差,荷载的二阶效应较明显,所以其计算长度系数一定要按《混凝土结构设计规范》(2002 年版)的 7.3.11-3 的方法计算。另外,异形柱的荷载偏心距增大系数与《混凝土结构设计规范》对于矩形柱的规定不同[详见《异形柱规程》(2006 年版)的规定],并且《异形柱规程》(2006 年版)的偏心距增大系数计算公式对异形柱的长细比适用范围也不同。《混凝土结构设计规范》(2002 年版)对矩形柱长细比的适用范围是 $l_0/h \leqslant 30$,而《异形柱规程》(2006 年版)对异形柱的长细比适用范围是 $l_0/r_\alpha \leqslant 70$,这里 l_0 是柱计算长度,h 是柱截面高度,r 是柱截面回转半径,r_α 是异形柱截面对垂直于弯矩作用方向角 α 的形心轴的回转半径。

4. 柱配筋计算原则合理选择问题

对于异形柱,PKPM 软件总是按双偏压计算,不论用户是否选了截面中的"按双偏压计算",这是符合《异形柱规程》(2006 年版)要求的。规程对角柱的内力调整系数和构造措施有专门规定,使用软件计算时不要忘记人工定义角柱,并使用图形查看功能确认。

5. 附加地震作用方向合理选择问题

《异形柱规程》(2006 年版)4.2.4-1 条规定:"一般情况下,应允许在结构两个主轴方向分别计算水平地震作用并进行抗震验算,各方向的水平地震作用应由该方向抗侧力构件承担，7度（0.15g）及8度（0.20g）时尚应对与主轴成45°方向进行补充验算。"对一般矩形或接近矩形平面的结构须在"斜交抗侧力构件方向附加地震数"参数中输入"45"；当结构平面是有90°折角的平面，且该折角与0°及90°夹角均不小于15°时，还应在此参数中输入该角度。SATWE将分别计算和输出关于0°，90°，45°，135°（与45°正交的角度）及另外输入角度及与其正交角度的地震作用产生的内力，并输出这几个方向地震作用产生的位移最大值。

6. 双向地震同时作用合理选择问题

《异形柱规程》（2006年版）4.2.4-2条规定："在计算单向水平地震作用时应计入扭转影响；对扭转不规则的结构，水平地震作用计算应计入双向水平地震作用下的扭转影响。"实际上所有空间的结构都要计算双向地震作用，一般建筑要分别计算相互垂直的两个水平方向的地震作用，取其地震效应的较大值。《建筑抗震设计规范》（2010年版）和《异形柱规程》（2006年版）的上述条文所讲的双向水平地震作用是指双向水平地震同时作用。在SATWE软件中无论用户在结构规则性信息中选择"规则"或"不规则"，该软件均按不规则计算。对于双向地震同时作用，用户在判断结构确实属于扭转不规则时选择此选项。判断结构是否属于扭转不规则，可在选中位置按"规则"进行计算，根据计算结果来确定是否选择该项。

7. 周期折减系数合理选择问题

《异形柱规程》（2006年版）4.3.6条规定："计算各振型地震影响系数所采用的结构自振周期，应考虑非承重填充墙体对结构整体刚度的影响予以折减。"异形柱框架结构可取0.60~0.75；框架-剪力墙结构可取0.70~0.85。注意，这个取值范围是针对实心黏土砖的填充墙，对于非实心黏土砖的填充墙，折减可少一些，即折减系数可大些。因现在填充墙材料类型众多、刚度性能差别较大，设计人员要根据情况和以上原则选择适宜的系数。

8. 结构扭转不规则的限值合理选择问题

《异形柱规程》（2006年版）3.2.5-1条规定："扭转不规则时，楼层竖向构件的最大水平位移和层间位移与该楼层两端弹性水平位移和层间位移平均值的比值不应大于1.45"。此条限值与《建筑抗震设计规范》（2010年版）的限值1.5不同，设计者须注意。

9. 底部抽柱的异形柱结构计算问题

《异形柱规程》（2006年版）附录A对底部抽柱带转换层的异形柱结构做了规定：转换层上部结构与下部结构的侧向刚度比宜接近1，转换层上、下部结构侧向刚度可按《高层建筑混凝土结构技术规程》（2002年版）E.0.2条的规定执行。SATWE有3种层刚度比计算的方法，即"层剪切刚度比"、"层剪弯刚度比"和"地震剪力与地震层间位移比"。底部抽柱的异形柱结构应选"层剪弯刚度比"进行计算。

10. 关于薄弱层的问题

《异形柱规程》（2006年版）3.2.5-2条规定："楼层承载力突变时，其薄弱层地震剪力应乘以 1.20 的增大系数；楼层受剪承载力不应小于相邻上一楼层的 65%。"目前的 SATWE 程序不能根据楼层承载力突变而自动判断薄弱层，需要设计人员人工指定薄弱层。

11. 关于水平转换构件内力调整问题

《异形柱规程》（2006 年版）3.2.5-3 条规定："竖向抗侧力构件不连续（底部抽柱带转换层的异形柱结构）时，该构件传递给水平转换构件的地震内力应乘以 1.25~1.50 的增大系数。"对于此规定，SATWE 软件根据《高层建筑混凝土结构技术规程》（2002 年版）10.2.6 条调整，但水平转换构件需要用户在 SATWE 计算前处理的特殊构件定义中人工指定。

3.3.11 关于使用 PKPM 软件计算斜屋面结构的问题

工程上将屋面结构设计成斜向屋顶的建筑越来越多，有的是为了建筑造型，有的则是为了使用功能。这样的建筑在建模时有别于平屋顶建筑，可以通过修改底标高和顶标高来实现柱、墙、斜梁、斜杆等构件的上延或下延。

1. 斜坡梁建模注意事项

(1) 斜屋面应单独建一个标准层，其层高可取屋脊高。

(2) 当斜梁下端需要与下层梁或墙相连时，其下层梁或墙的连接处必须有节点，如果没有相应的连接节点，需要人工在下层梁或墙中间增加节点，以保证其与上层梁的连接。

(3) 当两横向斜梁下端与下层的纵向梁或墙垂直相连，并且需要形成斜的房间时，应在上层斜坡梁的下端部位同时输入可能与下层梁重叠的封口梁，封口梁的截面与下层梁一致，如果下层是墙，则也要输入 100×100 的虚梁封口，这是因为有了封口梁才能形成房间，才能将斜房间的荷载向周边梁传递。

(4) TAT、SATWE 软件目前都不能设计屋面斜板，这两个软件只能计算屋面斜梁。但注意屋面板在外荷载作用下，其平面内的变形不能忽视，因此，在结构设计中，应按弹性板进行设计。目前工程界能够进行屋面斜板内力分析的软件有：PMSAP、SAP2000、ETABS、MIDAS 等。

(5) 采用能够计算屋面斜板内力分析的软件计算时，斜屋面板应定义为"弹性膜"后计算，这样才可以保证屋面梁的配筋不会减少。

(6) 在斜杆与其他杆件的连接上，目前 SATWE 处理如下：对于混凝土斜杆，SATWE 计算时默认为两端固接；对于钢斜杆，SATWE 计算时默认为两端铰接。如有需要，可以在 SATWE 前处理中修改斜杆的连接设置。

SATWE 在进行整体分析时，斜杆与柱的计算单元是一样的。

(7) 计算长度系数。对于计算长度系数，目前程序是这样处理的：对于混凝土斜杆，如果斜杆与 Z 轴夹角小于 20°，则计算长度系数按框架柱考虑；如果与 Z 轴夹角大于 20°，则计算长度系数取 1.0。对于钢斜杆，程序统一取 1.0。用户可在

SATWE前处理中修改斜杆计算长度系数。

(8) 对于混凝土斜杆的配筋，SATWE程序按照柱进行配筋设计；对于钢斜杆，按《钢结构设计规范》设计。

2. 工程实例

如果斜梁角度大于45°时，注意此时应将斜梁定义为斜杆，按斜杆输入。因为此时的杆件受力已接近柱的受力状态，是一个压弯构件。否则计算结果可能失真。下面举一工程实例说明这个问题。

海口某学员（这是听我讲过课的一个学员）做了这样一个工程，RC混凝土三层框架结构，坡屋面，层高4m+3.6m+5.0m，斜梁倾角48°，如图3-26和图3-27所示。

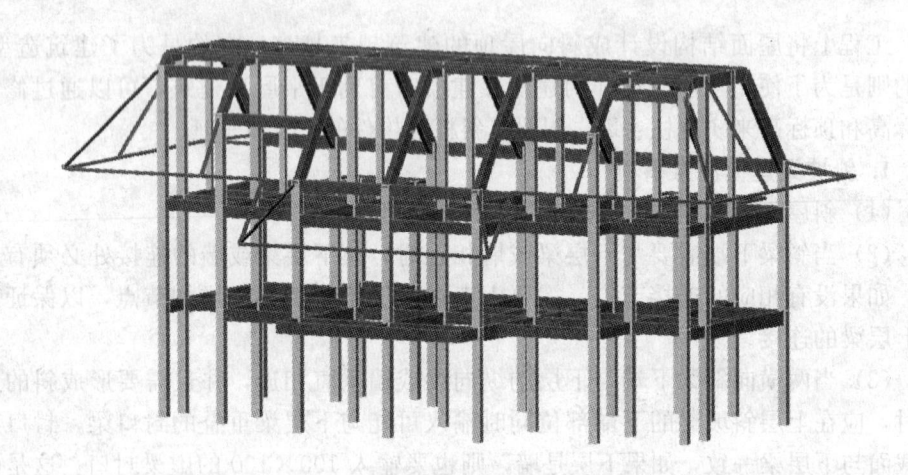

图3-26 带有悬挂檐口的空间计算模型图

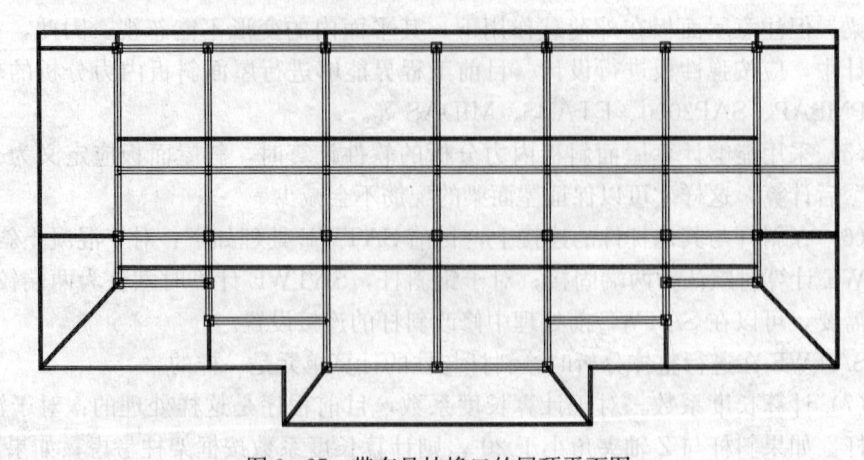

图3-27 带有悬挂檐口的屋顶平面图

第一次学员就按上述空间建模上机计算，主要计算结果如图3-28所示。

```
================================================================
                  周期、地震力与振型输出文件
                      （总刚分析方法）
================================================================

考虑扭转耦联时的振动周期(秒)、X,Y方向的平动系数、扭转系数

   振型号    周 期     转 角       平动系数 (X+Y)        扭转系数
     1      0.8087     0.06      0.87 ( 0.87+0.00 )      0.13
     2      0.7594    90.08      1.00 ( 0.00+1.00 )      0.00
     3      0.6683     0.26      0.13 ( 0.13+0.00 )      0.87
     4      0.2316   179.96      0.92 ( 0.92+0.00 )      0.08
     5      0.2244    89.97      1.00 ( 0.00+1.00 )      0.00
     6      0.1923     0.06      0.08 ( 0.08+0.00 )      0.92

   地震作用最大的方向 =     -0.013 (度)

================================================================

   仅考虑 X 向地震作用时的地震力
   Floor  : 层号
   Tower  : 塔号
   F-x-x  : X 方向的耦联地震力在 X 方向的分量
   F-x-y  : X 方向的耦联地震力在 Y 方向的分量
   F-x-t  : X 方向的耦联地震力的扭矩

   振型    1 的地震力
```

```
文件(F) 编辑(E) 格式(O) 查看(V) 帮助(H)

=== 工况   1 === X 方向地震力作用下的楼层最大位移

Floor  Tower    Jmax     Max-(X)     Ave-(X)     Ratio-(X)      h        DxR/Dx
                JmaxD    Max-Dx      Ave-Dx      Ratio-Dx    Max-Dx/h
Ratio_AX
  3      1      150       8.04        6.83        1.18        5100.
                150       0.36        0.31        1.16        1/9999.    99.9%      0.83
  2      1       90       7.68        6.40        1.20        3600.
                 90       3.21        2.67        1.20        1/1120.    26.3%     10.27
  1      1       46       4.53        3.79        1.20        4000.
                 46       4.53        3.79        1.20        1/ 882.    98.2%      2.72

X方向最大值层间位移角：    1/ 882.

=== 工况   2 === Y 方向地震力作用下的楼层最大位移

Floor  Tower    Jmax     Max-(Y)     Ave-(Y)     Ratio-(Y)      h        DyR/Dy
                JmaxD    Max-Dy      Ave-Dy      Ratio-Dy    Max-Dy/h
Ratio_AY
  3      1      170       6.84        6.83        1.00        5100.
                168       0.37        0.35        1.07        1/9999.    99.9%      0.83
  2      1       94       6.51        6.48        1.00        3600.
                 94       2.66        2.65        1.01        1/1352.    32.2%      9.04
  1      1       47       3.90        3.89        1.00        4000.
                 47       3.90        3.89        1.00        1/1026.    99.9%      2.79

Y方向最大值层间位移角：    1/1026.

=== 工况   3 === X 方向风荷载作用下的楼层最大位移
```

图3-28 模型计算结果

根据计算结果，学员发现尽管层间最大位移出现在 1 层：$\Delta x=1/882$，$\Delta y=1/1026$，满足要求，但顶层的层间位移 $\Delta x=1/9999$，$\Delta y=1/9999$。电话咨询我问这个结果是否正常，我明确告诉他不正常，肯定是建模有问题。我请他将模型发给我，我一看模型，就发现可能是屋面吊挂的檐口部分引起的不合理；我请他将吊挂檐口部分取消重新计算，如图 3-29 和图 3-30 所示。

图 3-29 取消悬挂檐口后空间计算模型图

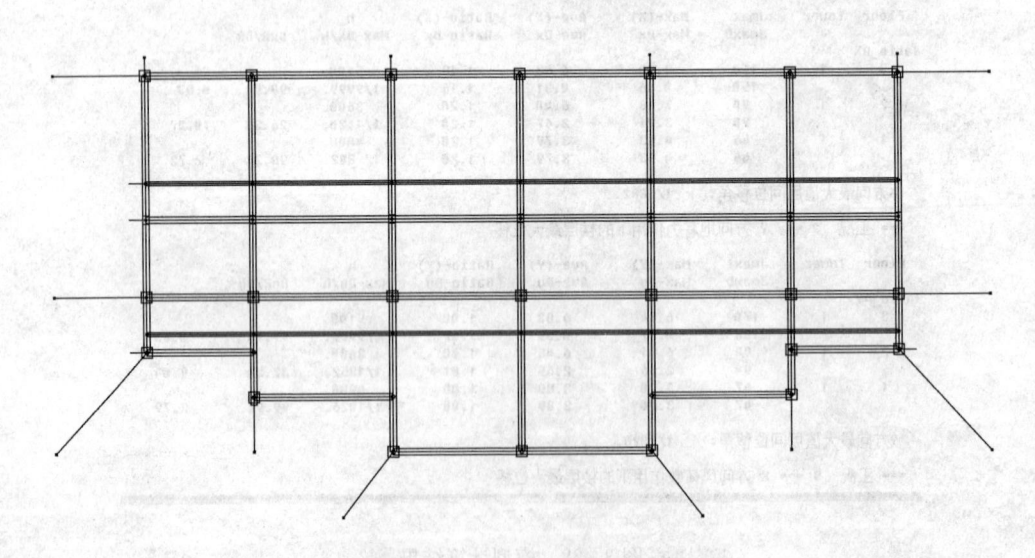

图 3-30 取消悬挂檐口后屋顶平面图

修改后的空间模型上机计算结果如图 3-31 所示。

由上述计算结果可见：层间最大位移出现在 1 层，$\Delta x=1/894$，$\Delta y=1/1048$；顶层的层间位移 $\Delta x=1/7224$，$\Delta y=1/7731$。

```
件(F)  编辑(E)  格式(O)  查看(V)  帮助(H)

===================================================================
                   周期、地震力与振型输出文件
                          (VSS求解器)
===================================================================

考虑扭转耦联时的振动周期(秒)、X,Y 方向的平动系数、扭转系数

振型号    周期       转角          平动系数 (X+Y)              扭转系数
  1      0.7907    180.00        0.94 ( 0.94+0.00 )            0.06
  2      0.7491     90.00        1.00 ( 0.00+1.00 )            0.00
  3      0.6332    179.99        0.06 ( 0.06+0.00 )            0.94
  4      0.2393    180.00        0.83 ( 0.83+0.00 )            0.17
  5      0.2306     90.00        1.00 ( 0.00+1.00 )            0.00
  6      0.1966      0.00        0.20 ( 0.20+0.00 )            0.80

地震作用最大的方向 =       0.000 (度)


=== 工况  1 === X 方向地震力作用下的楼层最大位移
Floor   Tower   Jmax    Max-(X)   Ave-(X)   Ratio-(X)   h
                JmaxD   Max-Dx    Ave-Dx    Ratio-Dx    Max-Dx/h    DxR/Dx
Ratio_AX
  3       1     136     7.92      6.99      1.13        5100.
                144     0.71      0.50      1.40        1/7228.     99.9%      1.00
  2       1      86     7.59      6.52      1.16        3600.
                 86     3.17      2.73      1.16        1/1134.     25.8%      5.99
  1       1      38     4.48      3.85      1.16        4000.
                 38     4.48      3.85      1.16        1/ 894.     99.3%      1.86

X方向最大值层间位移角:    1/ 894.

=== 工况  2 === Y 方向地震力作用下的楼层最大位移
Floor   Tower   Jmax    Max-(Y)   Ave-(Y)   Ratio-(Y)   h
                JmaxD   Max-Dy    Ave-Dy    Ratio-Dy    Max-Dy/h    DyR/Dy
Ratio_AY
  3       1     151     7.01      6.87      1.02        5100.
                151     0.66      0.57      1.16        1/7731.     99.9%      1.00
  2       1      70     6.38      6.38      1.00        3600.
                 70     2.62      2.62      1.00        1/1376.     31.3%      4.97
  1       1      27     3.82      3.81      1.00        4000.
                 27     3.82      3.81      1.00        1/1048.     99.9%      1.90

Y方向最大值层间位移角:    1/1048.
```

图 3-31 模型计算结果

经过分析还是有问题，我请他再将斜梁按斜杆建模，这样更加符合结构的实际情况，如图 3-32 和图 3-33 所示。

修改后的空间模型上机计算结果，如图 3-34 所示。

由上述计算结果可见：顶层的层间位移 $\Delta x=1/1683$，$\Delta y=1/1769$；层间最大位移出现在 1 层，$\Delta x=1/971$，$\Delta y=1/1079$。这个结果才符合工程的真实情况。

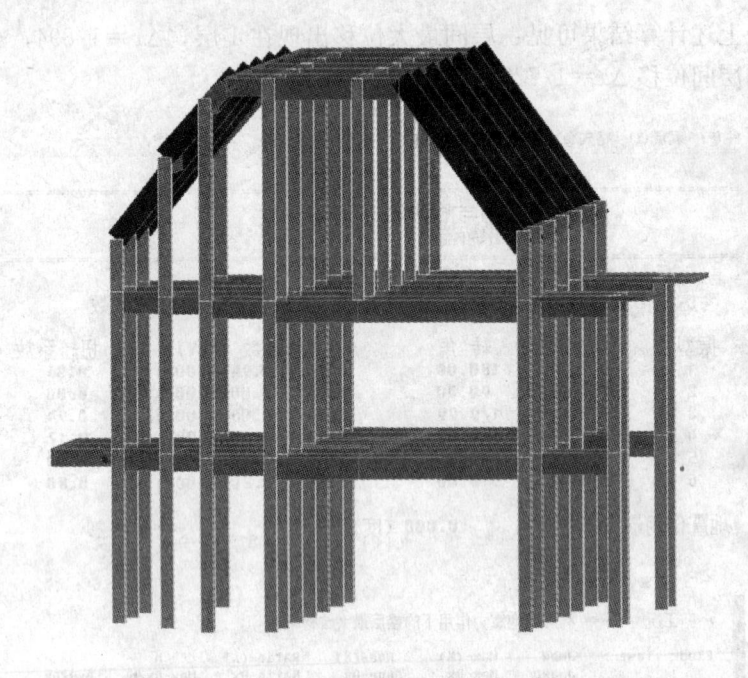

图 3-32 将斜梁按斜杆输入的空间模型图

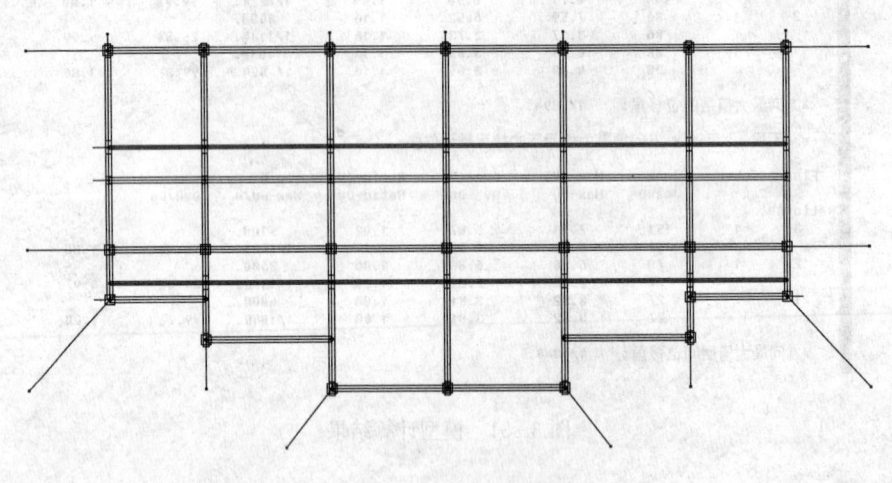

图 3-33 将斜梁按斜杆输入建模平面图

3. 结论

(1) 对于斜屋面建筑,在建模时,将一些建筑装饰的杆件(包括一些悬臂杆、悬挂杆)尽可能取消,人工将荷载加在节点上。

(2) 对于斜屋面的梁,按梁输入还是按斜杆输入应慎重考虑。建议对梁的倾角大于45°时,应按斜杆输入;当然如果难以判断时,也可以分别按梁及斜杆输入,取其不利工况配筋。

WZQ.OUT - 记事本

文件(F)　编辑(E)　格式(O)　查看(V)　帮助(H)

周期、地震力与振型输出文件
(VSS求解器)

考虑扭转耦联时的振动周期(秒)、X,Y 方向的平动系数、扭转系数

振型号	周期	转角	平动系数 (X+Y)	扭转系数
1	0.7755	0.15	0.95 (0.95+0.00)	0.05
2	0.7084	90.04	1.00 (0.00+1.00)	0.00
3	0.5992	0.07	0.05 (0.05+0.00)	0.95
4	0.3492	0.54	0.90 (0.90+0.00)	0.10
5	0.2680	110.68	0.01 (0.00+0.01)	0.99
6	0.2229	90.26	0.99 (0.00+0.99)	0.01

地震作用最大的方向 = -0.272 (度)

WDISP.OUT - 记事本

文件(F)　编辑(E)　格式(O)　查看(V)　帮助(H)

=== 工况 1 === X 方向地震力作用下的楼层最大位移

Floor	Tower	Jmax JmaxD	Max-(X) Max-Dx	Ave-(X) Ave-Dx	Ratio-(X) Ratio-Dx	h Max-Dx/h	DxR/Dx	Ratio_AX
3	1	141	9.88	7.16	1.24	5100.		
		143	3.93	2.38	1.32	1/1683	36.7%	1.88
2	1	86	7.88	5.98	1.17	3600		
		86	2.98	5.95	1.17	1/1241.	26.9%	1.81
1	1	38	4.12	3.58	1.17	4000.		
		38	4.12	3.58	1.17	1/ 971.	99.4%	1.20

X方向最大值层间位移角：　1/971.

=== 工况 2 === Y 方向地震力作用下的楼层最大位移

Floor	Tower	Jmax JmaxD	Max-(Y) Max-Dy	Ave-(Y) Ave-Dy	Ratio-(Y) Ratio-Dy	h Max-Dy/h	DyR/Dy	Ratio_AY
3	1	143	6.64	6.52	1.02	5100.		
		143	6.52	8.49	1.02	1/1769.	99.6%	1.80
2	1	78	6.14	6.12	1.02	3600.		
		78	2.47	2.46	1.02	1/1468.	38.9%	5.55
1	1	27	3.73	3.72	1.02	4000.		
		27	3.73	3.72	1.02	1/1073.	99.9%	1.96

Y方向最大值层间位移角：　1/1073.

图 3-34　计算结果

(3) 通过上述的例子还需要提醒设计人员：对一个工程，在判断层间位移角时，不仅要关注最大层间位移，同时还要关注其他楼层的层间位移是否有异常情况。如果异常，就需要仔细分析出现异常的原因，否则会给工程埋下安全隐患；当然，这些异常一般均出现在不规则、比较复杂的结构中。

3.4　结构整体分析计算及需要提供的主要审查文件

3.4.1　采用计算程序进行结构计算的基本要求

(1) 所选计算程序的技术条件应符合国家规范及有关标准的规定，并应说明其适用范围；对特殊部位的简化处理要求等。

(2) 对计算模型进行必要的简化处理，简化后的模型应符合实际工程情况，计算中应考虑楼梯构件的影响。

(3) 对于复杂结构及B级高度的建筑结构应采用不少于两个不同力学模型的程序对其进行分析计算，并对其进行分析与比较。

(4) 对于型钢混凝土和钢管混凝土构件宜按实际情况直接参与计算，并按国家现行有关标准进行截面设计。

(5) 对于所有的计算结果，应经过仔细的分析、判断，确认其合理、有效后方可用于工程设计。

3.4.2 结构整体计算时需要提供的输入文件

随着科技的发展，计算机程序在各行业均得到了极大的应用，对于结构专业也不例外。在工程界有许多各式各样的应用软件，一般的建筑结构都可以直接采用这些软件进行计算分析，但无论采用哪个软件进行计算分析，首先都需要输入必要数据和图形文件，这些数据及图形主要有：

(1) 结构的总信息文件。包括：总信息、地震信息、风荷载信息、静荷载信息、活荷载信息、材料强度信息、配筋信息、荷载组合信息、结构调整信息、地下室信息等。

(2) 结构的几何平面简图。图中应标注几何尺寸，梁、柱、墙的尺寸，洞口大小及位置尺寸，主要构件的材料强度等级等。

(3) 结构的各层简图。图中应标注作用在楼层上的均布静荷载标准值、均布活荷载标准值、局部均布活荷载标准值、作用在梁上的线荷载及集中荷载的标准值及作用位置，作用在柱节点上的静（活）载的标准值等。

3.4.3 结构整体计算后应当输出的文件

1. 施工图送审必须提供的文本文件

(1) 总信息文本文件：如SATWE中的"WMASS.OUT"文件。

审查结构设计信息文本文件。主要检查以下5项：
1) 设计参数选择的是否恰当合理。
2) 结构各层层刚度比是否满足要求。
3) 抗震倾覆验算是否满足要求。
4) 结构整体稳定验算结果是否满足规范要求。
5) 楼层抗剪承载力、承载力比值是否满足规范要求。

(2) 周期、振型、地震力文件：如SATWE中的"WZQ.OUT"文件。

审查结构的周期、振型、地震力输出文件，主要检查以下4项：
1) 第一扭转周期与第一平动周期的比值是否满足规范的要求。
2) X、Y方向的有效质量系数是否满足规范的要求。

3) 薄弱层部位判别验算及处理措施是否正确。

4) 转换层上、下部结构和转换结构的计算模型和采用的软件是否正确。

(3) 位移文本文件：如 SATWE 中的"WDISP.OUT"文件。

审查位移输出文件，主要检查以下 3 项：

1) 在 X、Y 方向地震力作用下的楼层最大位移比是否满足规范的要求。注意：此时是不考虑偶然偏心作用的。

2) 考虑偶然偏心地震力作用下的 X、Y 楼层最大层间位移与平均层间位移的比值是否满足要求。注意：要分别查看 $X(Y)-5\%$ 及 $X(Y)+5\%$ 两种工况偶然偏心作用下的最不利工况。

3) 在 X、Y 方向风荷载作用下的楼层最大位移是否满足规范要求。

(4) 超配筋信息文件：如 SATWE 中的"WDISP.OUT"文件。

审查超配筋信息文件主要检查是否存在超配筋现象，是否对其进行了必要的处理。

2. 施工图送审必须提供的图形文件

(1) 提供各楼层结构平面布置图：主要检查几何尺寸、构件截面大小、构件材料强度等级是否与施工图一致。

(2) 提供各楼层荷载平面简图：主要检查原始荷载的输入与输出是否一致。

(3) 提供各楼层配筋简图：主要核对施工图配筋是否与计算结果一致。

(4) 提供结构底层柱底、墙底组合内力的基础设计荷载简图：注意要提供各工况的组合内力简图，主要检查基础计算是否满足要求。

(5) 各楼层柱、墙轴压比图：主要检查是否满足规范要求。

(6) 柱计算长度系数简图：主要检查特殊柱的计算长度系数是否进行了人工干预等。

第4章 建筑结构施工图设计常遇问题分析及对策

4.1 设计荷载选取方面常遇问题的分析

4.1.1 关于地下室顶板均布活荷载的取值问题

(1)《全国统一措施》(2003年版)规定：一般民用建筑的非人防地下室的顶板（一般在0.00处），宜考虑施工时堆放建筑材料、施工工具等的荷载，该荷载的标准值不宜小于5kN/m²。

(2)《建筑结构专业技术措施》(2007年版)规定：一般民用建筑的非人防地下室顶板（0.00处）的活荷载宜不小于4kN/m²。

(3) 广东JGJ 3—2002《高层建筑混凝土结构技术规程》补充规定2.1.2：首层楼面宜考虑施工荷载，每平方米宜不少于10kN。构件承载力验算时，施工荷载的分项系数可取1.0。施工单位有特别要求时，应做施工阶段构件承载力验算。

4.1.2 关于计算地下结构外墙时，地面活荷载的取值问题

计算地下室外墙时，通常需要考虑室外地面活荷载的影响，一般取值不宜小于10kN/m²；如果室外紧邻车道（包括消防车道），则还应考虑车辆荷载。

4.1.3 关于地下结构设计时，如何合理选取设防水位和抗浮水位的问题

随着高层及超高层建筑的涌现，基础的埋置也越来越深。同时，相对独立的地下构筑物也越来越多，建筑防水设计与建筑结构的抗浮设计问题显得十分重要。因此，必须搞清楚地下水储存状态及其变化规律，既要保证建（构）筑物抗浮设计的安全，又不能过于浪费，对于采用抗浮桩，更要慎重。

(1) 首先，设计人员需要认真研究确定建筑的设防水位与抗浮水位。

GB 50021—2001《岩土工程勘察规范》的4.1.13条：详细勘察应论证地下水在施工期间对工程和环境的影响。对情况复杂的重要工程，需要论证使用期间水位的变化和需要提出抗浮设防水位时，应进行专门研究。

抗浮设防水位是很重要的设计参数，但要预测建筑物在使用期间的水位可能发生的变化和最高水位有时相当困难，这些变化不仅与气象、水文地质等自然因

素有关，同时还涉及地下水开采、上下游水量的调配、跨流域调水等复杂因素。因此规定要专门研究。

(2) GB 50108—2008《地下工程防水技术规范》的规定。

1) 地下工程必须进行防水设计，防水设计应定级准确、方案可靠、施工简便、经济合理。

2) 地下工程必须从工程规划、建筑结构设计、材料选择、施工工艺等全面系统地做好地下工程的防排水。

3) 地下工程的防水设计，应考虑地表水、地下水、毛细管水等的作用，以及由于人为因素引起的附近水文地质改变的影响。单建式的地下工程，应采用全封闭、部分封闭防排水设计；附建式的全地下或半地下工程的防水设防高度，应高出室外地坪高程 500mm 以上。

(3) 抗浮设计应注意以下问题。

1) 当基础埋置在水体稳定且连续的含水层土中时（图 4-1），基础底板受水浮力作用，其水头高度为 h。

2) 当基础埋置在隔水层土中。

a. 若隔水层土质在建筑使用期间可始终保持非饱和状态，且下层承压水不可能冲破隔水层，肥槽回填采用不透水材料时［图 4-1（c）］，可以认为基础底板不受上层滞水的浮力作用。

b. 若隔水层为饱和土，基础应考虑浮力的作用，但应考虑渗流作用的影响，对抗浮力进行折减。

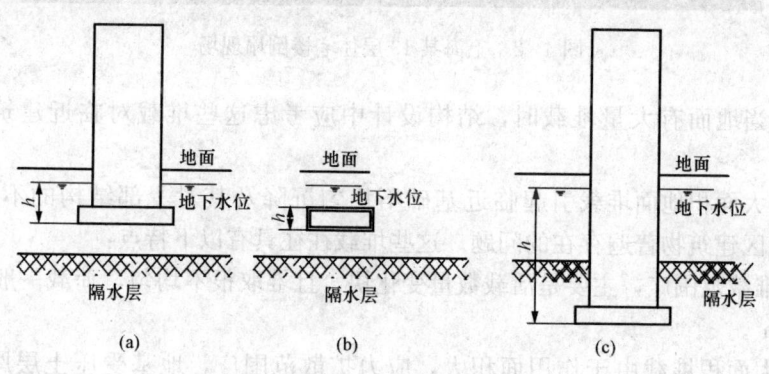

图 4-1 基础在土中的埋置情况

(4) 对于抗浮水位的确定，目前尚无统一规定，各勘察单位提供的抗浮水位有时差异很大，有的取南水北调、官厅水库放水、丰水年的最高水位等不利因素的简单叠加，此时可考虑取 $K \geqslant 0.9$。若所提供的水位已对上述不利因素同时出现的可能性进行了合理分析组合，此时可以考虑取 $K \geqslant 1.0$。

(5) 北京规定，如果勘察报告未提供抗浮设防水位，可取历史最高水位与最近 3~5 年的最高水位的平均值（水位高度包括上层滞水）。

4.1.4 关于地面堆载料荷载合理取值问题

因未合理考虑地面大量堆载而对已有建筑（或正在施工的工程）造成工程事故的工程实例举不胜举。如2010年上海正在建设的某13层住宅楼发生倒塌，根据上海市政府公布的调查结果，该房屋倾倒的主要原因是：紧贴7号楼北侧在短期内堆土过高，最高处达10m左右。与此同时，紧临大楼南侧的地下车库基坑正在开挖，开挖深度达4.6m。大楼两侧的压力差使土体产生水平位移，过大的水平力超过了桩基的抗侧能力，导致房屋倾倒。如图4-2所示为该住宅楼倒塌时的现场。

图4-2 上海某13层住宅楼倒塌现场

因此当地面有大量堆载时，结构设计中应考虑这些堆载对临近建筑结构的影响。

(1) 大面积地面堆载引起临近基础不均匀沉降及其对上部结构的不良影响，是软土地区建筑物普遍存在的问题。这些堆载往往具有以下特点：

1) 堆载范围广，主要是活载数量变化快，且堆取很不均匀，荷载一般在50～150kN/m^2。

2) 大面积堆载由于作用面积大，应力扩散范围广，地基受压土层厚度不均匀，因而使地基变形具有以下特点：

a. 基础的沉降量和不均匀沉降量大。有资料记载，因大面积堆载的影响，使得基础的沉降量加大1.2～2倍。

b. 建筑物中间的沉降大，边缘的沉降小，地面凹陷。

c. 基础的沉降稳定时间长。由于荷载面积大，影响深度大，土层固结速率缓慢，有资料记载，3年内基础的平均沉降速率波动在0.3～0.4mm/d，10年内在0.05mm/d，且沉降仅为最终计算量的60%～80%。

d. 位于堆载两侧的基础和墙基础发生内倾。

（2）减小大面积堆载对临近建筑结构影响的主要措施。

为了减少大面积堆载对建筑物的不利影响，应根据地面荷载的大小、范围分布、使用特点及地基土的性质等采取以下措施：

1）地面堆载应均衡，并应根据使用要求、堆载特点、结构类型和地质条件确定允许堆载量和范围。堆载不宜压在基础上。大面积的填土，宜在基础施工前3个月完成。

2）对场地进行预先处理、对软土地区可采用预压法和复合地基等。

3）控制堆载限额、范围及速率，堆载力求均衡，避免大量、迅速、集中堆载。

4）增强上部建筑的增体刚度，提高柱、墙的抗弯能力。

5）建筑物宜采用静定结构，以适应不均匀变形的要求。

6）对带有吊车的工业建筑，应预留便于调整轨道的设施。

7）遇有下列情况，可考虑采用桩基础。

a. 由地面堆载引起的柱基础内侧边缘的中点的地基变形计算值不能满足 GB 50007—2002《地基基础设计规范》的有关要求。

b. 车间内设有起重量30t以上，工作级别大于A5的吊车的建筑。

c. 基础下软弱土层较薄，采用桩基也比较经济。

（3）如果地面堆载的等效均布活载标准值小于表4-1中的数值时，一般可以不考虑堆载对临近建筑地基不均匀沉降的影响。

表4-1　可不考虑地面堆载对临近建筑物不均匀沉降影响的地面荷载标准值

地基压缩模量 E_a/MPa	≤5	6	7	8	9	10
地面荷载标准值 /(kN/m²)	30	35	40	45	50	55

4.1.5　关于计算地下结构时，土压力的合理选取问题

在设计地下结构时，经常会遇到合理选择土压力的问题。依据地下结构支承情况不同，土对结构的压力应分别按主动土压力、静止土压力、被动土压力考虑。不能任何情况下都按主动土压力计算。

主动土压力——当结构受到外力作用而远离土体时，土对结构产生的压力叫主动土压力。

被动土压力——当结构受到外力作用而推向土体时，土对结构产生的压力叫被动土压力。

静止土压力——当结构受到外力作用无水平位移时，土对结构产生的压力叫静止土压力。

通用计算公式为：$E_0 = \frac{1}{2} r h^2 K_0$——适用于无黏性土，但土压力系数 K_0 各不相同。

主动土压力系数 $K_0 = \tan^2(45 - \varphi/2)$，$\varphi = 30$ 时，$K_0 = 0.333$；

静止土压力系数 $K_0 = 1 - \sin\varphi$，$\varphi = 30$ 时，$K_0 = 0.50$；

被动土压力系数 $K_0 = \tan^2(45 + \varphi/2)$，$-\varphi = 30$ 时，$K_0 = 3.0$。

作者建议设计时按下列原则划分。

(1) 适合采用主动土压力的结构：挡土墙、无盖板的水池、地坑、地上悬臂挡墙等有水平位移远离土体的结构。

(2) 适合采用静止土压力的结构：民用建筑地下结构外墙、有顶盖的水池、地坑等无水平位移的结构，但应注意地下结构的施工开挖方式。

1) 当采用大开挖，无护坡桩或连续墙支护时可取 $K_0 = 1 - \sin\varphi$。

2) 当地坑开挖采用护坡桩或连续墙支护时，可以考虑基坑支护与地下室外墙共同工作或按静止土压力再乘以 0.66 的折减系数：$K_0 = 0.66(1 - \sin\varphi)$。

(3) 适合采用被动土压力的结构：顶盖为弓形的水池、地坑、地下通廊，结构有水平位移压缩土体的结构。

4.1.6 关于地下结构设计时如何考虑车辆荷载问题

在设计地下结构时，有时还需要考虑车辆荷载的影响，车辆荷载可按以下原则计算。

(1) 车辆荷载引起的侧压力可按下式换算成等代土层厚度 H_0 计算：

$$H_0 = \sum G / (B_0 L_0 \gamma)$$

式中 H_0——等代土厚（m）；

B_0——挡土墙计算长度（m）；

L_0——墙后填土破坏棱体长度（m）；

γ——土的重力密度（kN/m³）；

$\sum G$——布置在 $B_0 L_0$ 面积内车轮荷载总和（kN）。

(2) 挡土墙计算长度 B_0 取下列两种长度的较大者。

1) 挡土墙的沉降缝、伸缩缝间距，但不大于 15m。

2) 一辆重车的扩散长度，但不大于 15m。

对汽车-10 级、汽车-15 级：$B_0 = 4.2 + (2a_0 + H_y)\tan 30°$；

对汽车-20 级：$B_0 = 5.6 + (2a_0 + H_y)\tan 30°$。

式中 a_0——挡土墙顶面以上填土高度（m）；

H_y——挡土墙顶面至计算截面的高度（m）。

有履带车、平板挂车或其他车辆通过时，其荷载应根据实际情况确定，验算时，横向可只按有一辆车的荷载作用考虑。

(3) 履带车、平板挂车对应的汽车荷载等级可按表 4-2 的规定确定。

表 4-2　　履带车、平板挂车对应的汽车荷载等级

履带车、平板挂车的类别	履带-50	挂车-80	挂车-100	挂车-120
对应的汽车荷载等级	汽-10	汽-15	汽-20	汽超-20

当地下墙高度在 $H=2\sim 8m$ 范围时，也可近似按表 4-3 直接等效为均布荷载 q_k。

表 4-3　　　等效为均布荷载 q_k　　　(kN/m^2)

荷 载 等 级	砂性土	碎石土	黏性土
汽车-10、履带-50	9	9	7.5
汽车-15、履带-80	12	14	12
汽车-20，履带-100	15	17	14.5

4.1.7　关于高低跨屋面设计应注意的荷载取值问题

(1) 对于雪荷载，作者认为设计者往往不够重视，特别是经过 2007 年底及 2008 年初我国南方遭受百年不遇的雪灾后，设计人员应对雪荷载有足够的认识。按 GB 50009《建筑结构荷载规范》表 6.2.1 第 8 项规定，高低屋面在低屋面处的积雪分布系数为 2.0，因此在设计低屋面处的屋面结构时，必须考虑此种情况，否则有可能不安全（图 4-3）。

(2) 对于屋面上易形成灰堆处，当设计屋面板、檩条时，在高低跨处两倍于屋面高差但不大于 6m 的分布范围内取活载 $2kN/m^2$ 进行计算。

(3)《全国统一技术措施》（2003 年版）2.1.2 条 4 款 5）规定：高低层相邻的屋面，设计低层屋面构件时应适当考虑施工时的临时荷载，该荷载应不小于 $4kN/m^2$。

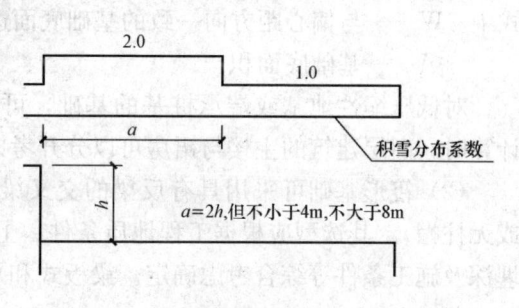

图 4-3　高低跨屋面积雪分布系数示意图

注意：此荷载仅用于直接接触的板及梁计算，整体计算时可以不考虑施工临时荷载的影响。

4.1.8　关于高层建筑抗风设计应同时考虑横向效应与顺风向效应的组合问题

对于建筑物来讲，横风向效应与顺风向效应是同时发生的，因此计算时必须

考虑两者的效应组合,但在强度计算与位移计算时要求是不同的。

(1) 强度计算时,作用效应应按下列公式计算:

$$S = \sqrt{S_C^2 + S_A^2}$$

式中　S——考虑横风向风振的风荷载效应;

　　　S_C——顺风向风荷载效应;

　　　S_A——横风向风荷载效应。

(2) 位移计算时,结构顺风向和横风向的侧向位移应分别符合规范对位移限值的要求,不需要按矢量和的方向叠加控制结构的层间位移。

4.2　地基与基础设计方面常遇问题的分析

4.2.1　关于高层建筑筏形基础设计时应注意的问题

多、高层建筑,当采用条形基础不能满足上部结构对地基承载力和变形的要求,或当建筑物要求基础具有足够的刚度以调节不均匀沉降时,可采用筏形基础。

(1) 筏形基础的平面尺寸,在地基土比较均匀的条件下,基底平面形心宜与上部结构竖向永久荷载的重心重合。当不重合时,在荷载效应准永久组合下,宜通过调整基地面积使偏心距 e 符合下式要求:

$$e \leqslant 0.1W/A$$

式中　W——与偏心距方向一致的基础底面边缘的抵抗矩;

　　　A——基础底面积。

对低压缩性地基或端承桩基的基础,可适当放松上述偏心距的限制。按上式计算时,高层建筑的主楼与裙房可以分开考虑。

(2) 筏形基础可采用具有反梁的交叉梁板结构,也可采用平板结构(有柱帽或无柱帽),其选型应根据工程地质条件、上部结构体系、柱距、荷载大小、基础埋深及施工条件等综合考虑确定。梁板式和平板式筏形基础综合比较见表 4-4。

表 4-4　　　　　梁板式和平板式筏形基础综合比较表

基础类型	基础刚度	地基反力	混凝土用量	钢筋用量	柱网布置	工期	土方量及降水量	施工难度	综合费用	需要的基础高度
梁板式	有突变	有突变	低	稍高	严格	较长	高	较大	较高	较高
平板式	均匀	均匀	高	低	灵活	较短	低	较小	较低	较低

当地下水位较高、防水要求严格时,可在地基底板上面设置架空层。如为带反梁的筏形基础,应在基础板上表面处的基础梁内留排水洞,其尺寸一般为

150mm×150mm。

(3) 梁板式筏基底板除计算正截面受弯承载力外，其厚度应满足受冲切承载力和受剪切承载力的要求。对多层建筑的梁板式筏基，其底板厚度不宜小于250mm，对12层以上建筑的梁板式筏基，其底板厚度与最大双向板格的短边净跨之比不应小于1/14，且板厚不应小于400mm。板式筏基的板厚除应满足受冲切承载力外，其最小厚度也不应小于400mm。

在设计交叉梁板式筏形基础时，应注意不能因柱截面较大而使基础梁的宽度很大，造成浪费。在满足 $V \leqslant 0.25 f_c b h_0$ 的条件下，当柱宽≤400mm时，梁宽可取大于柱宽；当柱宽>400mm时，梁宽不一定要大于柱宽，可采用梁水平加腋的做法。

基础梁高也不宜过大，如果不能满足 $V \leqslant 0.25 f_c b h_0$ 的条件，也可不必将梁的截面在整个跨内加大，仅需在支座剪力最大部位加腋（竖向加腋或水平加腋）。

(4) 筏形基础底板是否需要外挑板，可按以下原则确定：

1) 当地基土质较好，基础底板即使不外挑，也能满足承载力和沉降要求，当有柔性防水层时，基础底板不宜外挑。

2) 条件同第1)款，但无柔性防水层时，基础底板宜按构造外挑，外挑长度可取0.5~1.0m。

3) 当地基土质较差，承载力或沉降不能满足设计要求时，可根据计算结果将基础底板外挑。挑出长度大于1.5~2.0m时，对于梁板式筏基，应将基础梁与板一同挑出，以减少板的内力。对于平板式筏基，宜设置柱下平板柱帽。

(5) 筏形基础混凝土的强度等级，应根据耐久性要求按所处环境类别确定，一般情况下，对于多层建筑不宜低于C25，对于高层建筑不宜低于C30；当有防水要求时，混凝土的抗渗等级应根据地下水最大水头 H 与防水混凝土厚度 h 的比值按表4-5确定，且不应低于0.6MPa。

表4-5　　　　　　　　　基础防水混凝土的抗渗等级

最大水头 H 与防水混凝土厚度 h 的比值	设计抗渗等级/MPa	最大水头 H 与防水混凝土厚度 h 的比值	设计抗渗等级/MPa
$H/h<10$	0.6	$25 \leqslant H/h<35$	1.6
$10 \leqslant H/h<15$	0.8	$35 \leqslant H/h$	2.0
$15 \leqslant H/h<25$	1.2		

(6) 当高层建筑与相连的裙房之间不设置沉降缝时，宜在裙房一侧设置用于控制沉降差的后浇带。当高层建筑基础面积满足地基承载力和变形要求时，后浇带宜设在与高层建筑相邻裙房的第一跨内。当需要满足高层建筑地基承载力、降低高层建筑沉降量、减小高层建筑与裙房间的沉降差而增大高层建筑基础面积时，后浇带可设在距主楼边柱的第二跨内，此时应满足以下条件：

1) 地基土质较均匀。
2) 裙房结构刚度较好且基础以上的地下室和裙房结构层数不少于两层。
3) 后浇带一侧与主楼连接的裙房基础底板厚度与高层建筑的基础底板厚度相同（图 4-4）。
4) 根据沉降实测值和计算值确定的后期沉降差满足设计要求后，后浇带混凝土方可进行浇筑。

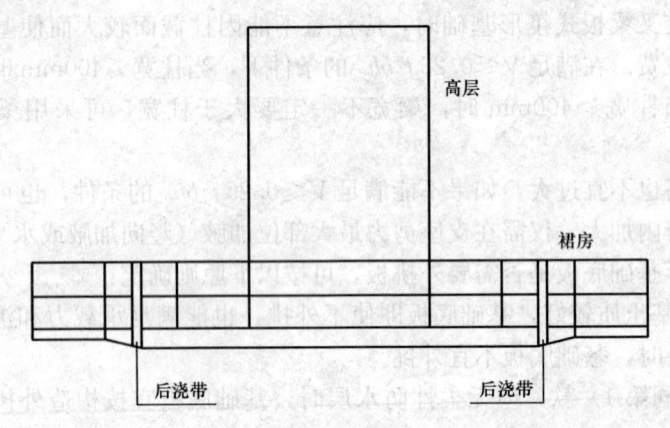

图 4-4　后浇带位置图

(7) 筏形基础宜在纵、横方向每隔 30～40m 留一道施工后浇带，后浇带宽 800～1000mm 左右。后浇带宜设置在柱距三等分范围内以及剪力墙附近，其方向宜与梁正交，沿竖向应在同一跨内，底板及外墙的后浇带宜增设附加防水层；后浇带浇灌时间宜滞后 2 个月以上，其混凝土强度等级应提高一级，并宜采用无收缩混凝土，低温入模。

(8) 高层建筑主体结构地下室底板与扩大地下室底板交界处，其截面厚度和配筋应适当加强。

(9) 高层建筑地下室外墙设计应满足水土压力及地面荷载侧压作用下的承载力要求，其竖向和水平贯通分布钢筋的配筋率不宜小于 0.3%，间距不宜大于 150mm。

注意：规定钢筋间距不宜大于 150mm，主要考虑到高层建筑的筏形基础的板厚一般较厚，配筋直径较大，为便于混凝土施工和保证混凝土质量而作出此规定的。因此，在不妨碍施工和保证混凝土质量的前提下，钢筋间距小于 150mm 是允许的，但一般不小于 100mm。

(10) 筏形基础的梁、板，应优先采用 HRB335 级和 HRB400 级钢筋（包括基础梁箍筋）。梁板式筏基的底板和基础梁的配筋除满足计算要求外，纵、横方向的底部钢筋尚应有 1/2～1/3 全跨贯通，且其配筋率不应小于 0.15%，顶部钢筋按计算配筋全部贯通。

(11) 筏形基础底板钢筋的接头位置，应选择在底板内力较小的部位，宜采用搭接接头或机械连接接头,不应采用现场电弧焊焊接接头。

(12) 筏形基础地梁并无延性要求,其纵向钢筋伸入支座内的锚固长度、箍筋间距、弯钩做法等均可按非抗震构件的要求进行设计。

(13) 当地基土比较均匀、上部结构刚度较好、梁板式筏基梁的高跨比或平板式筏基板的厚跨比不小于1/6（或梁板式筏基梁的线刚度不小于柱线刚度的3倍,当为平板式筏基时,梁的刚度可取板的折算刚度),且相邻柱荷载及柱间距的变化不超过20%时,筏形基础可仅考虑局部弯曲作用。筏形基础的内力,可按基底反力直线分布进行计算。按基底反力直线分布计算的梁板式筏基,其基础梁的内力可按连续梁分析,边跨跨中弯矩及第一内支座的弯矩值宜乘以1.2的增大系数。

(14) 筏形基础应采用双向钢筋网片分别配置在板的顶面和底面,钢筋间距不宜小于150mm,也不宜大于300mm；受力钢筋直径不宜小于12mm。

当筏板厚度$h \geqslant 1000$mm时,在施工图上需要注明,施工时需要严格按GB/T 50496—2009《大体积混凝土施工规范》中的有关规定施工。

当筏板厚度>2000mm时,宜在板厚中间部位设置直径不小于12mm、间距不大于300mm的双向钢筋网。

在同一大面积整体筏形基础上建有多幢高层和低层建筑时,筒体下筏板厚度和配筋宜按上部结构、基础与地基土的共同作用的基础变形和基底反力计算确定。

带裙房的高层建筑下的大面积整体筏形基础,其主楼下筏板的整体挠度值不应大于0.5‰,主楼与相邻的裙房柱的差异沉降不应大于1‰,裙房柱间的差异沉降不应大于2‰。

大面积整体筏形基础角隅处的地下室楼板板角,除配置两个垂直方向的上部钢筋外,尚应布置斜向上部构造钢筋,钢筋直径不小于10mm、间距不大于200mm,该钢筋伸入板内的长度不宜小于1/4的短边跨度；与基础整体弯曲方向一致的垂直于外墙的上部钢筋,钢筋直径不小于10mm、间距不大于200mm,钢筋锚入墙内30d。

筏形基础地下室施工完毕后,应及时进行基坑回填工作。填土应按设计要求选料,回填时应先清除基坑中的杂物,在相对的两侧或四周同时回填并分层夯实,回填土的压实系数不应小于0.94。

(15) 筏板基础（包括箱形基础）的双向底板厚度,一般由底板的受冲切承载力确定,无需验算受剪承载力。通常在确定基础板厚度时,可根据以往工程经验,先假定一个厚度,然后根据此厚度计算其受冲切承载力,当受冲切承载力能满足设计要求并稍有余量时,即可确定此厚度为基础底板的厚度,并按此厚度进行底板抗弯计算。工程界有种说法：高层建筑的基础底板厚度,可以按每层5cm来确定。这种说法并不科学,也是不确切的。因为基础底板的厚度,常取决于其受冲切承载力,而冲切力除了与建筑物层数有关外,与建筑物的柱网区格之大小也有关。

(16) GB 50010—2002《混凝土结构设计规范》中10.2.16条规定,当梁的腹

板高度 $h_w \geqslant 450$mm 时，在梁的两侧面应沿高度配置纵向构造钢筋，每侧纵向构造筋的截面面积不应小于腹板截面面积 bh_w 的 0.1%，且间距不大于 200mm。但此规定对于截面很大的基础梁，应该是不适应的。这是因为地梁埋在土中，外界温度变化对其影响很小，因此，地梁两侧的构造钢筋的直径，可取 12~16mm，间距可取 250~300mm，沿梁腹板均匀布置即可。

（17）筏板基础梁、板构件（包括箱形基础之底板）无需要验算裂缝宽度。这主要是因为我国通过对大量工程基础构件内的钢筋应力的实测，发现钢筋的应力一般均在 20~30MPa，最大值也不过 70MPa，远小于计算钢筋的应力值。此结果表明，我们采用的设计方法与基础的实际工作状态有较大的出入。在这种情况下，再要求计算裂缝宽度是不必要的。

（18）高层建筑结构基础嵌岩时，宜在基础周边及底面设置砂质或其他材质的褥垫层，垫层厚度可取 50~100mm，不宜采用肥槽填充混凝土的做法。

（19）卧置于地基上的混凝土板，板中受拉钢筋的最小配筋率可适当降低，但不应小于 0.15%。

4.2.2 关于地下室采用独立基础加防水板的做法时，应注意的问题

独立基础加防水板是近年来伴随基础设计与施工发展而形成的一种新的基础组合形式，由于其传力简单、明确及施工简单，造价较低等，在工程中应用相当普遍。在独立基础加防水板的做法中，防水板一般只用来抵抗水浮力，不考虑其地基承载能力，独立基础承担全部结构荷重并考虑水浮力的影响。

多、高层建筑大多数都建有地下室，绝大多数都采用筏板基础或箱形基础（也可以是桩筏基础或桩箱基础）。当多层框架结构建有地下室且有防水要求时，如地基较好，应优先选用独立基础加防水板的做法。这种做法也适用于高层建筑的裙房。

设计柱下独立基础加防水板的地下室时应注意以下问题：

（1）多层框架结构的地下室采用独立基础加防水板的做法时，柱下独立基础承受上部结构的全部荷载，防水板仅按防水要求设置。柱下独立基础的沉降受很多因素的影响，很难准确计算，因而其沉降引起的地基土对防水板的附加反力也很难准确计算。有资料介绍，当防水板位于地下水位以下时，防水板承受的向上的反力可按上部建筑自重的 10% 加水浮力计算；另一些资料则认为，防水板承受的向上的反力可取水浮力和上部建筑荷载的 20% 两者中的较大值计算。由此可见，在这种情况下，防水板所受到的向上的反力具有很大的不确定性。所以，当地下室采用独立基础加防水板的做法时，为了减少柱基础沉降对防水板的不利影响，在防水板下宜设一定厚度的易压缩材料，如聚苯板或松散焦渣等。这时，防水板仅考虑地下水浮力的作用，不考虑地基土反力的作用。柱下独立基础加防水板做法如图 4-5 所示。

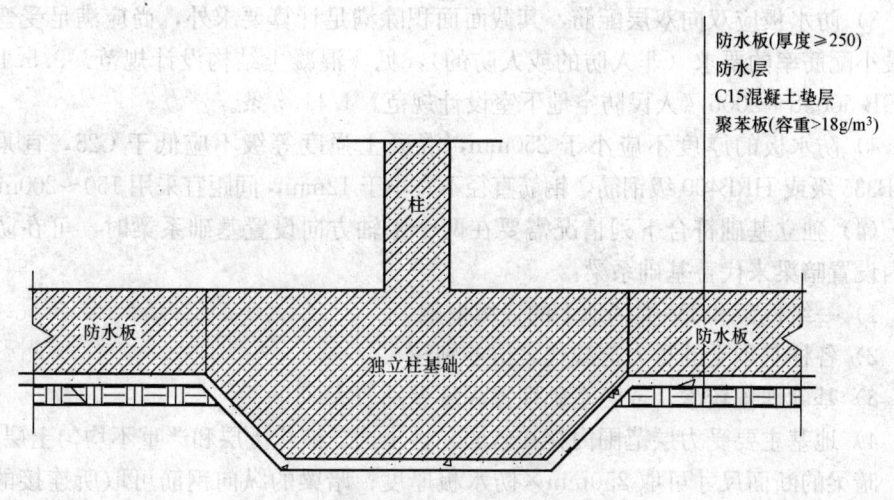

图中标注：
- 防水板(厚度≥250)
- 防水层
- C15混凝土垫层
- 聚苯板(容重>18g/m³)
- 柱
- 防水板
- 独立柱基础
- 防水板

图 4-5　独立基础加防水板的做法示意图

(2) 柱下独立基础的设计计算。

1) 地下室采用柱下独立基础加防水板时，柱下独立基础的设计计算方法与地下室的多层框架结构相同。基础的底面面积、基础的高度和基础底板的配筋，均应按上部结构整体计算后输出的底层柱底组合内力设计值中的最不利组合并考虑某些附加荷载进行设计计算，不可仅采用静荷载的组合内力来进行设计计算。

2) 防水板下设易压缩材料时，柱下独立基础除承受上部结构荷载及柱基自重外，还应考虑防水板的自重、板面建筑装修荷载和板面使用荷载。这些荷载使柱子的轴向压力增加，设计计算时应计入其影响，增加的轴向力可近似地按柱子的负荷面积计算。当独立基础的设计由 N_{min} 组合内力设计值控制时，则可不考虑作用在防水板上的使用荷载。

3) 柱下独立基础的配筋尚应考虑防水板板底向上荷载的作用影响。当防水板按无梁楼板进行设计计算时，柱下独立基础的最终配筋应取按柱下独立基础计算所需钢筋截面面积与防水板底面在向上竖向荷载（如水浮力等）作用下柱下板带支座所需钢筋截面面积之和。

(3) 防水板的设计与计算。

1) 当柱距较规则、荷载较均匀时，防水板通常按无梁楼板设计，此时柱基础可视为柱帽（托板式柱帽）。

2) 防水板的配筋应按下列均布荷载计算，并取其配筋较大者：

a. 作用在防水板顶面向下的竖向均布荷载，包括板自重、板面装修荷载和等效均布活荷载。

b. 作用在防水板底面向上的竖向均布荷载，包括水浮力及防空地下室底板等效静荷载（无人防要求时不计此项荷载），但应扣除防水板自重和板面装修荷载。

3) 防水板应双向双层配筋，其截面面积除满足计算要求外，尚应满足受弯构件最小配筋率的要求（非人防的或人防的），见《混凝土结构设计规范》9.5.1条和 GB 50038—2005《人民防空地下室设计规范》4.11.7条。

4) 防水板的厚度不应小于 250mm，混凝土强度等级不应低于 C25，宜采用 HRB335 级或 HRB400 级钢筋，钢筋直径不宜小于 12mm，间距宜采用 150~200mm。

(4) 独立基础符合下列情况需要在两个主轴方向设置基础系梁时，可在防水板内设置暗梁来代替基础系梁：

1) 一级框架和Ⅳ类场地上的二级框架。

2) 各柱基承受的重力荷载代表值差别较大。

3) 基础埋置较深，或各基础埋置深度差别较大。

4) 地基主要受力层范围内存在软弱黏性土层、液化土层和严重不均匀土层。

暗梁的断面尺寸可取 250mm×防水板厚度；暗梁的纵向钢筋可取所连接的两根柱子中轴力较大者的 1/10 作为拉力来计算，且配筋总量不少于 $4\phi14$（上下各不少于 $2\phi14$），箍筋不少于 $\phi6@200$。

为了保证带防水板的柱下独立基础有必要的埋深，基础底面至防水板顶面（地下室板顶面）的距离不宜小于 1.0m。对于防水要求较高的地下室，宜在防水板下铺设延性较好的防水材料，或在防水板上增设架空层。

4.2.3 关于柱下独立基础底板配筋计算应注意的问题

1. 独立柱基础底板的计算

独立柱基础在轴心荷载或单向偏心荷载作用下底板受弯可按《地基基础设计规范》（2002 年版）公式（8.2.7-4，5）简化方法计算。

但设计者请注意：使用上述公式是有前提条件的，对于矩形基础，只有当台阶的宽高比小于或等于 2.5 和偏心距小于或等于 1/6 基础宽度时，任意截面的弯矩才可按规范给出的公式（8.2.7-4，5）计算。为什么要有这样的使用条件限制呢？解释如下：

(1) 柱下独立基础承受地基反力的作用后，基础底板沿柱子四周产生弯曲，当弯曲应力超过基础的抗弯曲能力时，基础底板将发生弯曲破坏，由于独立基础底板的长宽尺寸一般较接近，使底板发生双向弯曲，其内力常常采用简化方法计算，即将独立基础的底板看作固定在柱子四周的四面挑出的悬臂板。

(2) 要求独立基础台阶宽高比 $\tan\alpha \leqslant 2.5$ 的实质是为了保证独立基础有必要的抗弯刚度，否则，基础底面上地基反力难以符合线性分布的假定，基础底面上的地基反力也不能按对角线划分，因而也不能按规范公式（8.2.7-4，5）计算基础长宽两个方向的弯矩。

(3) 独立基础的偏心矩 $e \leqslant b/6$，意味着基底面积上地基反力设计值的最小值 $p_{min} \geqslant 0$，这才符合规范公式（8.2.7-4，5）的计算条件。

(4) 当仅独立基础的偏心矩 $e \geq b/6$ 时，则应按规范 5.2.2 条公式计算反力最大值。

2. 关于柱下独立基础最小配筋率的问题

《混凝土结构设计规范》（2002 年版）：对卧置于地基上的混凝土板，板中受拉钢筋的最小配筋率可以适当降低，但不宜小于 0.15％。但对柱下独立基础（包括台阶式、锥形基础）均没有给出计算最小配筋率时所取截面的具体位置。作者认为取如图 4-6 所示的 45°线交接处的截面较为合理。

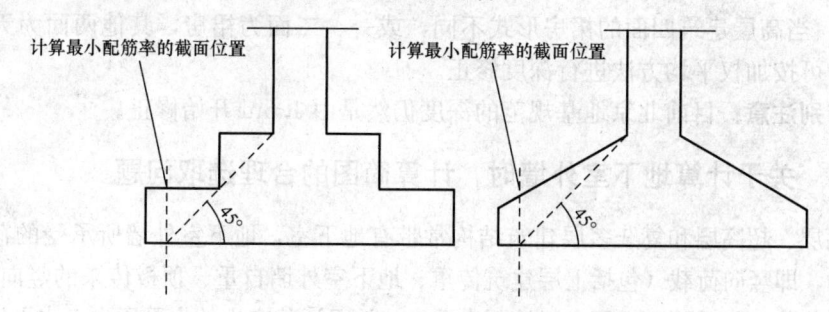

图 4-6 独立柱基础最小配筋率截面位置

补充说明：（1）作者的观点曾在《建筑地基基础设计规范》（2002 年版）宣贯师培训班培训时，得到黄熙龄院士的确认。

（2）目前的绝大多数计算软件均是按基础总高度来计算的，这显然是不合理的。

3. 关于基础出现零应力区的问题

《建筑抗震设计规范》（2010 年版）4.2.4 款规定：对高宽比大于 4 的高层建筑，在地震力的作用下基础不宜出现脱离区（零应力区）；其他建筑，基础底面与土之间的脱离区（零应力）面积不应超过基础底面面积的 15％。

补充说明：（1）基础允许出现零应力区仅限于在地震工况起控制作用时，其他工况下任何建筑均不允许基础出现零应力区。

（2）为了节约基础部分的造价，在计算基础的底面积及配筋时就需要依据工程的设计条件，考虑是否需要使其出现部分拉应力的问题。

4.2.4 关于带有裙房的高层建筑结构在计算承载力时基础埋置深度的合理选取问题

（1）GB 50007—2002《建筑地基基础设计规范》5.2.4 条有以下两点请注意：

1) 对于地下室，如采用箱形基础或筏形基础时，基础埋置深度自室外地面标高算起；当采用独立基础或条形基础时，应从室内地面标高算起。

2) 对于主裙楼一起的结构，对于主楼结构地基承载力的深度修正，宜将基础底面以上范围内的荷载，按基础两侧的超载考虑，当超载宽度大于基础宽度两倍时，可将超载折算成土层厚度作为基础埋深，基础两侧超载不等时，取小值。

(2)《北京市建筑设计技术细则（结构专业）》（2004年版）3.2节4款：

1) 地基承载力进行深度修正时，对于有地下室之满堂基础（包括箱形基础、筏形基础及有整体防水板之单独柱基），其埋置深度一律从室外地面标高起算。

2) 当高层建筑侧面附有裙房且为整体基础时（不论是否有沉降缝分开），可将裙房基础底面以上的总荷载折合成土重，再以此土重换算成若干深度的土，并以此深度进行深度修正。

3) 当高层建筑四面的裙房形式不同，或一、二面为裙房，其他两面为天然地面时，可按加权平均方法进行深度修正。

特别注意： 目前北京地基规范的深度仍然是由1.5m开始修正。

4.2.5 关于计算地下室外墙时，计算简图的合理选取问题

高层、超高层和复杂多层建筑结构常带有地下室，地下室外墙所承受的荷载分为两种，即竖向荷载（包括上层建筑传重、地下室外墙自重、顶板传来的竖向荷载）和水平荷载（包括侧向土压力、地下水压力、地面活载产生的水平压力、水平地震作用及人防等效静荷载）。在地下室外墙截面的实际设计中，竖向荷载、地震作用产生的内力一般不起控制作用，外墙配筋主要由垂直于外墙面的水平荷载产生的弯矩确定，即通常不考虑地下室外墙的压弯作用，而仅按外墙受弯来计算配筋。地下室外墙土侧压力的大小及分布规律取决于墙体在土压力作用下是否产生位移、墙后填土形状等因素。由于楼盖结构或内横墙的约束，墙体基本不发生侧移，墙后填土无侧向变形，因而地下室外墙承受的土压力按静止土压力考虑。且对于一般工程，可取各土体性能参数的加权平均值计算静止土压力。地下室外墙计算模型一般根据支承、有无横隔墙、隔墙间距等情况简化为单跨或多跨连续单向板、双向板计算。

首先，请大家看一下计算程序是如何假定计算模型的。以SATWE为例，地下室外墙平面外按两种模型计算平面外弯矩，如图4-7所示。

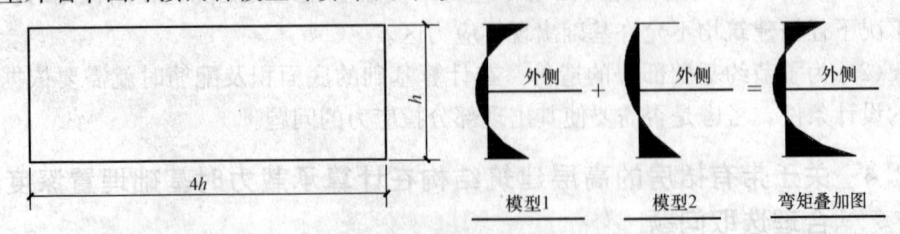

图4-7 地下室外墙计算简图

(1) 按上下端固接，左右端长度取4倍的墙高并固接。用这样的模型1计算板上下端和中部的弯矩。

(2) 按上端铰接，下端固接，左右端长度取4倍的墙高并固接。用这样的模型2计算板上下端和中部的弯矩。

（3）对两种模型得到的板上、中、下弯矩取平均值。取上端、下端、中部3个弯矩平均值的最大值。

显然，程序的计算假定无论板的边界支承情况如何，均按竖向单向板计算是不合理的。因此，作者建议还是应该按板的边界实际支承情况，分别按单向、双向板计算。

4.2.6 关于弹性基础梁（板）模型计算时用到的"基床系数"合理选取问题

在进行弹性地基梁（板）计算时要用到一个系数叫"基床系数"，所谓"基床系数"就是：地基上任一点所受的压力强度 p 与该点的地基沉降量 s 成正比，$k=p/s$，这个比例系数 k 称为基床反力系数，简称"基床系数"。

实际上就是把地基土体划分成许多的土柱，然后用一根独立的弹簧来代替，k 就是弹簧刚度，也叫"文克勒系数"。

在同一类土中，相对偏硬的土取大值，偏软的土取小值，若考虑垫层的影响 k 值还可取大些；当有多种土层时，应按土的变形情况取加权平均值。k 值的改变对荷载均匀的基础的内力影响不大，但荷载不均匀时则会对内力产生一定的影响。

基床系数的确定比较复杂，k 值取决于地基土层的分布情况、基底压力的大小和形状、土层的压缩性、压缩层厚度、基础荷载、邻近荷载、基础刚度等。

为此，建议大家在计算时，可以参考以下资料，综合考虑后选取较为合理的"基床系数"。

SATWE程序中给出的"机床系数缺省值"为20 000，但不是所有工程都可以采用这个值，应根据工程的持力层土的特性合理选取。用户可以根据实际工程人工输入地质调整系数，即实际选取的基床系数与20 000的比值，以下是作者收集到的有关"机床系数建议值"，供设计者参考。

（1）表4-6是GB 50040—1996《动力机器基础设计规范》推荐的各类土的"机床系数"。

表4-6　　　　天然地基的抗压刚度系数（基床系数）C_z 值　　　　（kN/m³）

地基承载力的标准值 f_k/kPa	土 层 名 称		
	黏性土	粉土	砂土
300	66 000	59 000	52 000
250	55 000	49 000	44 000
200	45 000	40 000	36 000
150	35 000	31 000	28 000
100	25 000	22 000	18 000
80	18 000	16 000	—

(2) 表 4-7 是《地基与基础》(第 3 版. 北京：中国建筑工业出版社，2003)推荐的"基床系数" k 值。

表 4-7　　　　　　　　　　基床系数 k 值

土 的 名 称		状 态	$k/(kN/m^3)$
天然地基	淤泥质土、有机质土或新填土		$0.1×10^4 \sim 0.5×10^4$
	软弱黏性土		$0.5×10^4 \sim 1.0×10^4$
	黏土、粉质黏土	软塑	$1.0×10^4 \sim 2.0×10^4$
		可塑	$2.0×10^4 \sim 4.0×10^4$
		硬塑	$4.0×10^4 \sim 10.0×10^4$
	砂土	松散	$1.0×10^4 \sim 1.5×10^4$
		中密	$1.5×10^4 \sim 2.5×10^4$
		密实	$2.5×10^4 \sim 4.0×10^4$
	砾石	中密	$2.5×10^4 \sim 4.0×10^4$
	黄土及黄土类粉质黏土		$4.0×10^4 \sim 5.0×10^4$
桩基	软弱土层内摩擦桩		$1.0×10^4 \sim 5.0×10^4$
	穿过软弱土层达到密实砂层或黏性土层的桩		$5.0×10^4 \sim 15.0×10^4$
	打至岩层的支承桩		$800×10^4$

(3) 表 4-8 是《弹性地基梁及矩形板计算》(中国船舶工业总公司第九设计院编写)中推荐的"基床系数"。

表 4-8　　　　　　　　　基床系数的参考数值表

地基的一般特征	土 壤 种 类	$k/(kN/m^3)$
松软土壤	流砂	981~4905
	新填筑的砂土	981~4905
	湿的软黏土	981~4905
	弱淤泥质土壤或有机质土壤*	4905~9810
中等密实土壤	黏土及亚黏土	
	软塑的*	9810~19 620
	可塑的*	19 620~29 240
	砂	
	松散的*	9810~14 715
	中密的*	14 715~24 525
	密实的*	24 525~39 240
	石土中密的	24 525~39 240
	黄土及黄土性亚黏土*	39 240~49 050

续表

地基的一般特征	土 壤 种 类	$k/(kN/m^3)$
密实土壤	紧密下卧层砂 紧密下卧层砾石 碎石 砾砂 硬塑土壤	49 050～98 100
极密实土壤	人工夯实的亚黏土 硬黏土	98 100～196 200
硬土壤	软质岩石 中等风化或强风化的坚硬岩石 冻土层	196 200～981 000
硬质岩石	完好的坚硬岩石	981 000～14 715 000
人工桩基*	木桩: 　打至岩层的桩 　穿到弱土层达到密实砂层及黏土层的桩 　软弱土层内摩擦桩 钢筋混凝土桩 　打至岩层的桩 　穿过弱土层及黏土层的桩	49 050～147 150 9050～147 150 9810～49 050 74 848 000 49 050～147 150
建筑材料	砖 块石砌体 混凝土 钢筋混凝土	3 924 000～4 905 000 4 905 000～5 886 000 7 484 600～14 715 000 7 484 800～14 715 000

注：1. 凡有*号，原文注明适用于地基面积大于 10m² 的。
2. 上表系数与基础埋置深度无关。

(4) 表 4-9 为《机械工程手册》第 38 篇机器基础推荐的基床系数。

表 4-9　　　　　　天然地基的抗压刚度系数（基床系数）C_z 值　　　　　　（kN/m³）

地基承载力的标准值 f_k/kPa	土 层 名 称			
	岩石、碎石土	黏性土	粉 土	砂土
1000	176 000	—	—	—
800	135 000	—	—	—
700	117 000	—	—	—
600	102 000	—	—	—
500	88 000	88 000	—	—
400	75 000	75 000	—	—
300	61 000	61 000	53 000	48 000

续表

地基承载力的标准值 f_k/kPa	土 层 名 称			
	岩石、碎石土	黏性土	粉 土	砂土
250		53 000	44 000	41 000
200		45 000	36 000	34 000
150		35 000	28 000	26 000
100		25 000	20 000	18 000
80		18 000	14 000	—

注：1. 表中所列的数值适用于地基面积大于等于 20m² 时；当基础面积小于 20m² 时，则表中数值应乘以 $\sqrt[3]{20/F}$。

2. 表中的地基承载力的标准值 f_k(kPa) 不考虑宽度和深度修正。

作者建议设计人员应结合工程所在地地勘资料对土层的物理力学特性分析后，依据以上 4 个表中提供的数值综合分析确定"基床系数"。

4.2.7　关于山坡建筑基础设计应注意的问题

近年来建在山坡上的建筑越来越多，如图 4-8（a）所示，且经常设置一侧开口的半地下室，土层侧压力直接作用在主体结构上。当建筑物层数不多时，存在抗倾覆和抗滑移的问题，应进行验算。此外，尚应考虑土压力对主体结构计算的影响。因为近年来发生过很多因滑坡导致建筑倒塌的事故，如图 4-8（b）所示，所以作者建议对这种情况应优先选择挡土墙与主体结构分开设计，以简化主体结构设计。挡土墙与主体未分开时，由于墙体不对称布置易造成严重扭转，应该避免采用该方案。

《建筑抗震设计规范》（2008 年版）3.3.5 条：山区建筑场地和地基基础设计应符合下列要求：

（1）山区建筑场地应根据地质、地形条件和使用要求，因地制宜设置符合抗震设防要求的边坡工程；边坡应避免深挖高填，坡高大且稳定性差的边坡应采用后仰放坡或分阶放坡。

（2）建筑基础与土质、强风化岩质边坡的边缘应留有足够的距离，其值应根据抗震设防烈度的高低确定，并采取措施避免地震时地基基础破坏。

设计请注意以下几点：

1）边坡设计应符合 GB 50330—2002《建筑边坡工程技术规范》的要求。

2）边坡的稳定性验算时，有关的摩擦角应按设防烈度的高低相应修正。有关摩擦角的修正是指：地震主动土压力按库仑理论计算时，土的重度除以地震角的余弦，填土的内摩擦角减去地震角，土对墙背的摩擦角增加地震角。通常地震角的范围取 1.5°~10°，取决于地下水位以上和以下，以及设防烈度高低，可参见 GB 50023—2009《建筑抗震鉴定标准》4.2.9 条。

3) 有关山区建筑距边坡的距离，可参见 GB 50007—2002《建筑地基基础设计规范》5.4.2 条，但注意计算时其边坡坡角需要按地震烈度的高低修正——减去地震角，滑动力矩需要计入水平地震和竖向地震产生的效应。

图 4-8　山坡建筑

4.2.8　高层建筑与裙房之间不设缝时应注意的问题

现实中经常会遇到高层建筑与裙房之间不能设置（包括沉降缝、伸缩缝、抗震缝）缝的工程，设计这类工程时应注意采取有效技术措施以减少高层部分的沉降，同时使裙房的沉降量不致过小，从而使两者之间的沉降差尽量减少，具体可按以下原则处理。

（1）减少高层部分的沉降的主要技术措施有：

1）采用压缩模量较高的中密以上的砂土类或卵石层作为基础持力层，其持力层厚度不宜小于 4m，并应较均匀分布且无软弱下卧层。

2）适当扩大基础底面积，以减少基底单位面积上的附加压力。

3）如高层部分层数较多（大于 30 层）或基础持力层为压缩模量较小、变形较大的土层时，建议采用人工地基处理，以减少高层部分的沉降量。

高层部分的人工地基，可以采用桩基，也可采用加固地基的方法，以减少其沉降量。采用复合地基处理，应有合适的条件，并有必要的试验数据。凡采用复合地基处理的工程，应进行沉降观测。

（2）使裙房沉降不致过小的技术措施有：

1）裙房的柱基础应尽可能地减少基底面积，优先采用柱下独立基础或条形基础，不宜采用满堂筏板基础。对有防水要求的工程，可采用独立柱基础加防水板的方法，此时注意在防水板下应铺设一定厚度的易压缩材料。

2) 尽量提高裙房地基的承载力。如果勘探报告上所提的地基土承载力特征值有个变化幅度，如 200~220kPa，则宜取其上限。

3) 土的承载力应进行深度修正，当有整体防水板时，无论内、外墙（柱）基础，其计算埋置深度 d 一律按下式计算：

$$d = (d_1 + 3d_2)/4$$

式中　d_1——自地下室室内地面起计算的基础埋置深度；

　　　d_2——自设计室外地面起计算的基础埋置深度。

4) 裙房基础的埋置深度可以小于高层部分基础的埋置深度，以使裙房基础持力层的压缩性高于高层部分持力层的压缩性。

(3) 高层与裙房之间不设缝时，应设置施工后浇带。一般宜设在裙房距主楼边的第二跨内。后浇带混凝土宜根据实测沉降值并计算后期沉降差能满足设计要求后方可进行浇灌。

4.2.9　关于桩基础设计时应注意的问题

(1) 当天然地基或人工处理地基的承载力或变形不能满足结构设计要求，经方案比较采用其他类型的基础并不经济，或施工技术上存在困难时，方可采用桩基础。

(2) 对于人工挖孔灌注桩基础设计应注意以下问题：

1) 计算人工挖孔灌注桩的侧阻力时，若人工挖孔桩周护壁振捣密实且混凝土强度与桩身一致，桩身周长可按护壁外径计算；但计算桩端阻力时则不考虑护壁面积。

2) 人工挖孔桩的长度必须大于 6m；小于 6m 不应按桩设计，可按挖孔墩设计。这主要是从桩的受力机制考虑的。

3) 人工挖孔桩直径 $2.5m \geqslant d \geqslant 0.8m$，规定最小直径主要是从施工的角度考虑，规定最大直径主要是从技术经济性考虑的。

(3) 抗拔桩设计方面的问题：在地下水位较高的地下室、大跨度空旷结构、门式刚架轻型房屋钢结构厂房刚接柱脚，存在着抗拔桩受力状态，在设计中往往缺少抗拔桩抗裂性验算、抗拔桩静载试验及其配筋做法等要求说明。抗拔桩设计时，桩身配筋量仅按强度要求进行计算，缺少裂缝宽度验算，按裂缝宽度控制计算结果的配筋量远大于按强度要求计算的配筋量。采用预制桩作为抗拔桩时，往往只注意桩身的抗拉强度要求，桩基与承台间连接钢筋的强度要求、接桩段的裂缝宽度要求经常被忽视。

(4) 关于独立柱基础下布桩的几个问题。

1) 《混凝土构造手册》要求：柱下桩基承台中的桩数，当采用一般直径（非大直径桩≤800mm）时，一般宜不少于 3 根。

2) 《建筑结构专业技术措施》规定：柱下桩基当采用小直径（≤250mm）桩

时，一般应不少于3根，仅在荷载很小或经专门研究后，才可考虑用双桩或单桩。

3) DGJ08-11—1999《上海市地基基础设计规范》：柱下独立承台的桩数不宜小于3根，但在地基土对桩的支承能力、桩身结构强度及施工质量有可靠保证的前提下，柱下独立承台可采用一根或两根，墙下条形承台可采用单排桩，但必须按以下要求设置承台之间的拉梁：

a. 单桩基的承台，应在两个相互垂直的方向设置拉梁。

b. 两桩的承台，应在其短向设置拉梁。

c. 单排桩条形承台，应在垂直承台方向的适当部位设置拉梁。

d. 连梁底面宜与承台底面位于同一标高，连梁宽度不宜小于200mm，其高度除计算确定外，可取承台中心距的1/10～1/15。

e. 连梁配筋，上下各不宜少于2根φ12的钢筋，并按受拉要求锚入承台。

（5）上海规范要求桩间拉梁的底标高与承台底标高一致，其他的规范均要求桩间拉梁顶标高与承台顶标高一致。这是为什么呢？

作者认为以上两种设置拉梁的主要目的是不完全一样的。上海的工程地质基本都是淤泥质土层，土对桩的约束相对较弱，为了弥补这些不足，将拉梁底设在与承台底同一标高，主要是为了增加承台对桩的水平约束。而将拉梁顶设置与承台顶一致，主要是考虑用拉梁承担一部分柱底的弯矩及剪力。

（6）桩基承台之间的连接应符合下列要求：

1) 单桩承台，宜在两个互相垂直的方向上设置连系梁，当桩与柱的截面直径之比大于2时（实际就是指桩的截面刚度是柱的16倍），可不设联系梁。

2) 两桩承台，宜在其短向设置连系梁。

3) 有抗震要求的柱下独立承台，宜在两个主轴方向设置连系梁。

4) 连系梁顶面宜与承台顶面位于同一标高（注意上海规范规定与承台底面一致）。连系梁的宽度不应小于250mm，梁的高度可取承台中心距的1/10～1/15，且不宜小于400mm。

5) 连系梁的纵向钢筋应采用HRB335级或HRB400级，并按计算确定，取不小于连系梁所拉结的柱子中轴力较大者的1/10计算连系梁轴心受拉或轴心受压所需要的钢筋截面面积。连系梁内上、下纵向钢筋的直径不宜小于14mm，且均不应少于2根，并按受拉要求锚入承台内；连系梁的箍筋直径不宜小于8mm，间距不宜大于200mm；位于同一轴线上的相邻跨连系梁纵筋应连通。

全国的《结构技术措施》（2003年版）是这样规定的：

1) 有抗震设防时，桩顶处应沿纵横方向设置拉梁，梁高为$L_0/12$，拉力取柱最大轴力的10%（8、9度）或5%（6、7度），计算拉梁配筋。当柱距较大，设置拉梁有困难时，应将承台加高做大，原槽浇灌或采取其他有效措施。

2) 作用在桩顶的弯矩，可按桩和连梁的抗弯线刚度进行分配；当梁的抗弯线刚度大于桩的抗弯线刚度5倍以上时，桩顶可只考虑轴向力和水平力。

3) 作用于桩顶的水平力，可以按与连梁相连的各柱水平力的平均值计算，水平力可由左右各一跨范围内的桩共同承担。

(7) 关于两桩承台的几个问题。

JGJ 94—2008《建筑桩基设计规范》4.2.3 条规定，承台的钢筋配置应符合下列规定：柱下独立两桩承台，应按现行国家标准 GB 50010《混凝土结构设计规范》中的深受弯构件配置纵向受拉钢筋、水平及竖向分布钢筋。承台纵向受力钢筋端部的锚固长度及构造应与柱下多桩承台的规定相同。

请设计者注意：国标 06SG812《桩基承台》中已有两桩承台图，但选用时应注意以下事项：

1) 环境类别是"二类"。
2) 承台计算没有考虑地震工况组合。
3) 图中配筋并未按深受弯构件配置，深受弯构件的配筋构造要求见《混凝土结构设计规范》10.7.9 条。
4) 承台仅适用于受压桩的承台，对于受拉桩的承台不应采用。

(8) 对于大直径嵌岩桩，当岩层面为斜面时的处理方法。

对于桩端岩层面为斜面时，应根据岩层的倾斜角度区别对待，如图 4-9 所示。

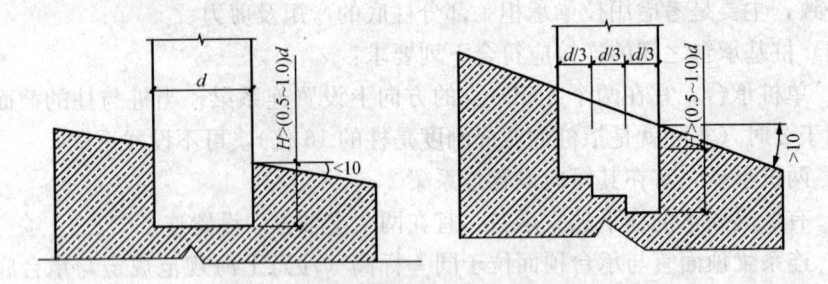

图 4-9 基岩顶面为斜面时的桩端做法

4.3 结构布置方面常遇问题的分析

4.3.1 常遇平面不规则的类型

1. 扭转不规则

(1) 扭转不规则：单向偶然偏心地震作用下的位移比超过 1.2。

(2) 扭转特别不规则。

A 类高层建筑：单向偶然偏心地震作用下的位移比超过 1.5，或者 $T_t/T_1 > 0.90$。

B 类高层建筑、混合结构、复杂高层：单向偶然偏心地震作用下的位移比超过 1.4，或者 $T_t/T_1 > 0.85$。

2. 凹凸不规则

(1) 平面太狭长：$L/B>6$（抗震设防烈度6、7度）；$L/B>5$（抗震设防烈度8、9度）。

(2) 凹进太多：$l/B_{max}>0.35$（抗震设防烈度6、7度）；$l/B_{max}>0.30$（抗震设防烈度8、9度）。

(3) 凸出太细：$l/b>2.0$（抗震设防烈度6、7度）；$l/b>1.5$（抗震设防烈度8、9度）。

如图4-10～图4-12所示是一些典型的平面不规则图形。

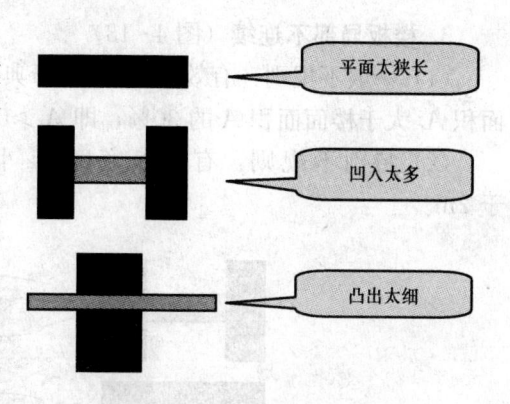

图4-10 平面凹凸不规则

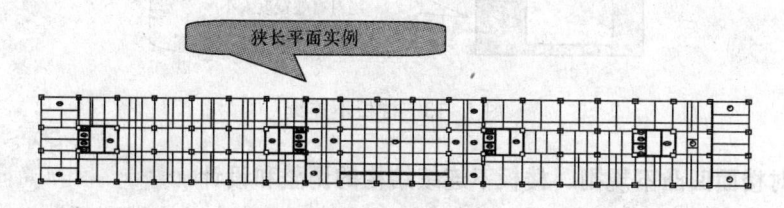

图4-11 平面狭长扭转不规则

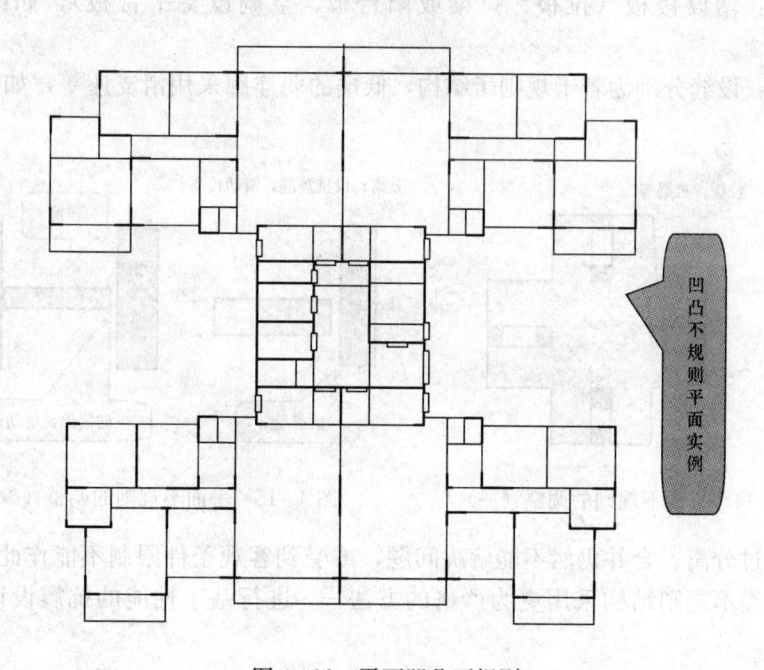

图4-12 平面凹凸不规则

3. 楼板局部不连续（图 4-13）

(1) 一般不规则：有效宽度 B_e 小于典型宽度 B 的 50%，即 $B_e<0.5B$；开洞面积 A_t 大于楼面面积 A 的 30%，即 $A_t>0.3A$。

(2) 特别不规则：有效净宽度 B_e 小于 5m 或一侧楼板最小有效宽度小于 2m。

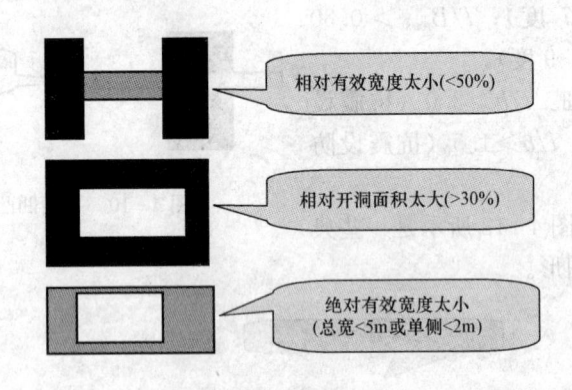

图 4-13 楼板不连续

4. 对楼面凹凸不规则、楼板不连续结构的调整和设计

通过楼面调整消除凹凸不规则或楼板不连续，基本方法有以下两种。

合并：增设楼板（拉板、拉梁或阳台板、空调设备平台板），如图 4-14 所示。

分离：设缝分割为若干规则子结构，低矮的弱连廊采用滑支座等，如图 4-15 所示。

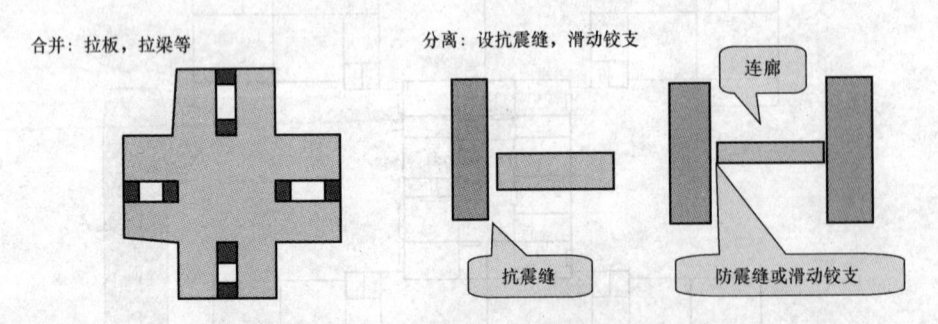

图 4-14 平面不规则的调整（一） 图 4-15 平面不规则的调整（二）

若通过分离、合并仍然不能解决问题，或受到客观条件限制不能作此类调整，则须对此类不规则结构采用更为严格的方法——进行基于性能的抗震设计，设计要点如下。

主体结构设计：中震弹性设计，考虑弹性楼板（图 4-16、图 4-17）；偶然偏心、双向地震取不利；位移角及承载力均作小震、中震双控。

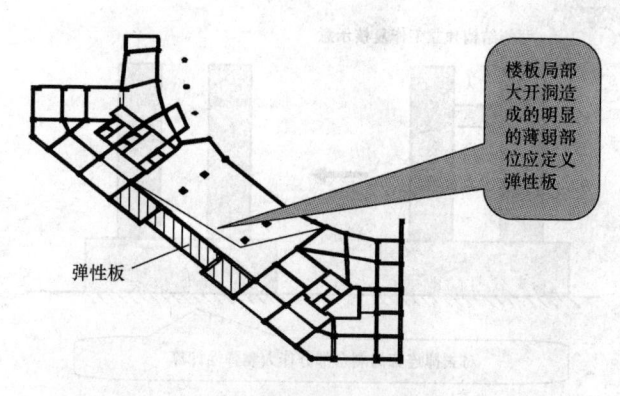

图 4-16 弹性楼板的假定（一）

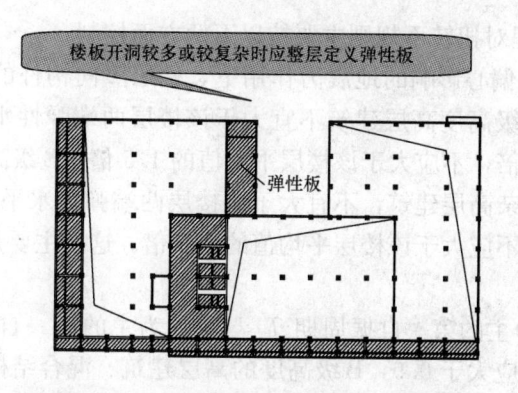

图 4-17 弹性楼板的假定（二）

另外，对于楼面不规则结构应特别关注有效质量系数。

楼面不规则结构采用弹性楼板进行计算时，往往要指定较多参与振型才能使有效质量系数达到 90%。原因在于结构存在大量局部振动振型，每个振型对地震反应的贡献都较小。

当弱联系楼盖凹凸或不连续足够严重，以至于不能满足大震弹性设计要求时，则应对两侧主体结构按独立工作进行大震弹性设计（图 4-18）。

4.3.2 如何通过计算来判断和控制结构的不规则性

(1) 将各有关规范、规程对不规则性的认定标准简述如下：

1)《建筑抗震设计规范》（2010 年版）4.3.1 条规定：建筑设计应符合抗震概念设计的要求，不规则的建筑方案应按规定采取加强措施；特别不规则的建筑方案应进行专门研究和论证，采取特别的加强措施；不应采用严重不规则的设计方案。【强规】

2)《高层建筑混凝土结构技术规程》（2002 年版）第 4 章的 4.3～4.4 节对高层建筑结构的平面及竖向布置均作了具体规定。

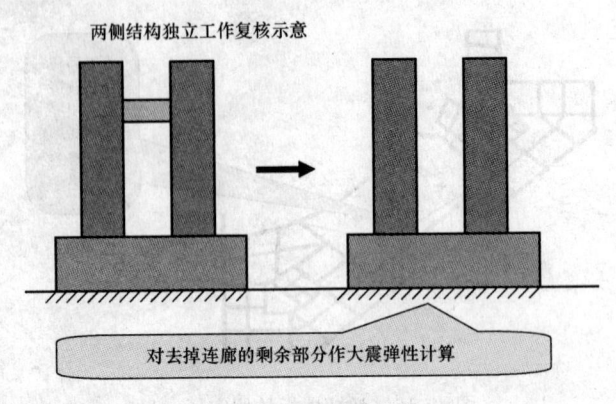

图4-18 多塔弱连接

3) 规范、规程对扭转不规则主要按以下两方面控制：

a. 在考虑偶然偏心影响的地震力作用下，楼层竖向构件的最大弹性水平位移（或层间位移），A级高度高层建筑不宜大于该楼层两端弹性水平位移（或层间位移）平均值的1.2倍，不应大于该楼层平均值的1.5倍；B级高度高层建筑、混合结构高层建筑、复杂高层建筑，不宜大于该楼层两端弹性水平位移（或层间位移）平均值的1.2倍，不应大于该楼层平均值的1.4倍。这条主要是为了限制结构的平面不规则性。

b. 结构扭转为主的第一自振周期T_t与平动为主的第一自振周期T_1之比：A级高度高层建筑不应大于0.9，B级高度的高层建筑、混合结构高层建筑、复杂高层建筑不应大于0.85。这条主要是为了控制结构的空间扭转刚度不要太弱。

(2) 设计者在工程设计时如何正确、灵活把握好控制尺度？

1) 对多、高层建筑均要控制建筑平面布置的规则性；对多层建筑，《建筑抗震设计规范》并未提到结构周期比的控制问题，《高层建筑混凝土结构技术规程》（2002年版）同时要求控制扭转周期与平动周期的比。作者认为对多层建筑可以不控制周期比；但对高层建筑就必须对两个方面同时进行控制。

2) 一些情况下可以有条件地适当放松扭转位移比的限制条件；根据《超限高层建筑工程抗震设防专项审查技术要点》[建质（2010）109号，第十一条（七）]规则性要求的严格程度，可依抗震设防烈度不同有所区别。当计算的最大水平位移、层间位移值很小时，扭转位移比的控制可略有放宽。

3)《北京市建筑设计技术细则（结构专业）》（2004年版）5.2.4条2款规定：当楼层最大层间位移角之绝对值很小时，《高层建筑混凝土结构技术规程》（2002年版）4.3.5条的限制可以适当放松。例如：最大层间位移角的数值小于《高层建筑混凝土结构技术规程》（2002年版）表4.6.3中的限值的50%时，即例如剪力墙结构的最大层间位移角为1/2000时，可以放松约10%；当绝对值更小时，还可继续放松，但宜以放松20%为限。

4)《抗震规范解答》2.20 条中认为：当层间位移角不大于位移角限值的 1/3，扭转位移比的控制可略有放宽，但是具体可以放宽到多少没有明确。

5) 广东省实施《高层建筑混凝土结构技术规程》补充规定也提出了有条件放松结构扭转位移比的限制的具体规定，详见《高层建筑混凝土结构技术规程》补充 3.3 节的相关内容。

6) 上海《高层建筑混凝土结构技术规程》3.4.3 条的条文解释认为：对于带有较大裙房的高层建筑，当裙房高度不大于建筑总高度的 20%、裙房楼层的最大层间位移角不大于 1/3000 时，位移比限值可以适当放松。但是具体可以放宽到多少没有明确。

7) 如果通过计算不能满足要求时，应优先调整结构的布置，使其满足规范要求。

8) 调整结构的平面扭转不规则需要设计者灵活运用"加减法"。

(3) 工程实例。

工程实例 1　上海世博建筑——中国馆（不控制周期比的实例）

工程概况：中国馆采用钢筋混凝土筒体＋组合楼盖结构体系。利用落地的楼电梯间设置 4 个 18.6m×18.6m 的钢筋混凝土筒体作为抗侧力结构。4 个落地筒体除承担竖向荷载外，主要承担风荷载及水平地震作用。依建筑的倒梯形造型，设置了 20 根 800mm×1500mm 的矩形钢管混凝土斜柱，为楼盖大跨度钢梁提供竖向支承，满足了室内没有柱子的大空间建筑的使用功能要求。楼盖一般采用密肋钢梁-混凝土板组合楼盖。图 4-19 为中国馆效果图，图 4-20 为中国馆剖面图。

图 4-19　中国馆效果图

图 4-20 中国馆剖面图

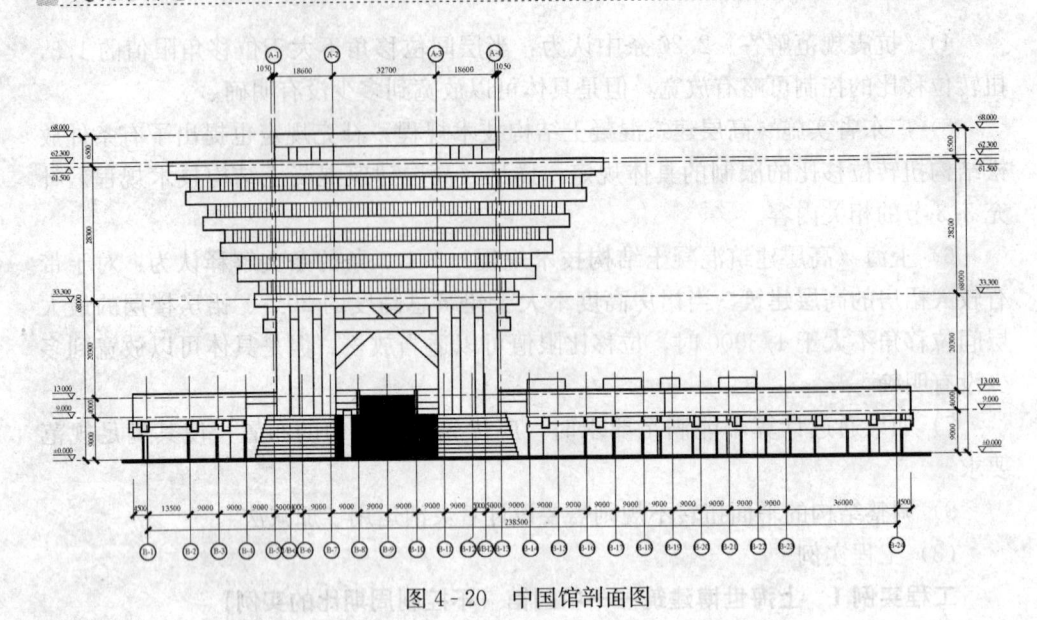

中国馆结构设计特点：展区部分层叠出挑，至屋面由混凝土筒体出挑 34.75m，不但竖向质量分布不均匀，楼盖的转动惯量也较大，导致结构的扭转周期成为第一周期。为此设计中采用了通过增大结构平动刚度来控制结构扭转反应而不控制结构周期比的思想，并采取了以下主要加强措施：

1) 在各混凝土筒体的转角部位设置方钢管，除方便与钢管混凝土斜柱的连接外，更主要的是可提高混凝土筒体的极限变形能力，提高结构的抗震性能。

2) 剪力墙的抗震等级提高至特一级，适当提高底部加强区剪力墙的水平分布筋配筋率至 0.6%，控制筒体剪力墙在大震弹性作用下的剪应力水平不大于 $0.1f_{ck}$，控制筒体剪力墙的轴压比不大于 0.4，连梁内增设型钢。

3) 加强建筑外围作为建筑造型骨架的桁架与斜柱的连接。计算分析和振动台试验结果均表明结构具有较好的承载力和延性，最大位移比约为 1.20，扭转反应较小，可达到预定的抗震性能目标。

4) 为让 33.3m 标高楼盖通过自相平衡地受压来承担更多的斜柱根部的水平分力，尽可能减少剪力墙承受的剪力，除增大该标高楼板厚度外，还将该标高筒体内连梁的尺寸加大至 700mm×3500mm，以增强其轴向刚度。

工程实例 2　应用"加法"解决扭转不规则

工程概况：天津海河大道 35 层住宅，地下一层，地上为 32 层，局部 35 层，建筑物室外地坪至主体结构檐口的高度为 94.9m，平面尺寸为 25m×13.4m，高宽比为 7，基础埋深为高度的 1/20，在中部大堂入口上空三层楼面采用梁式转换，形成局部框支转换层。本工程 2003 年 10 月完成设计，2005 年 12 月 12 日结构封顶，如图 4-21~图 4-23 所示。

第4章 建筑结构施工图设计常遇问题分析及对策

图4-21 工程鸟瞰图

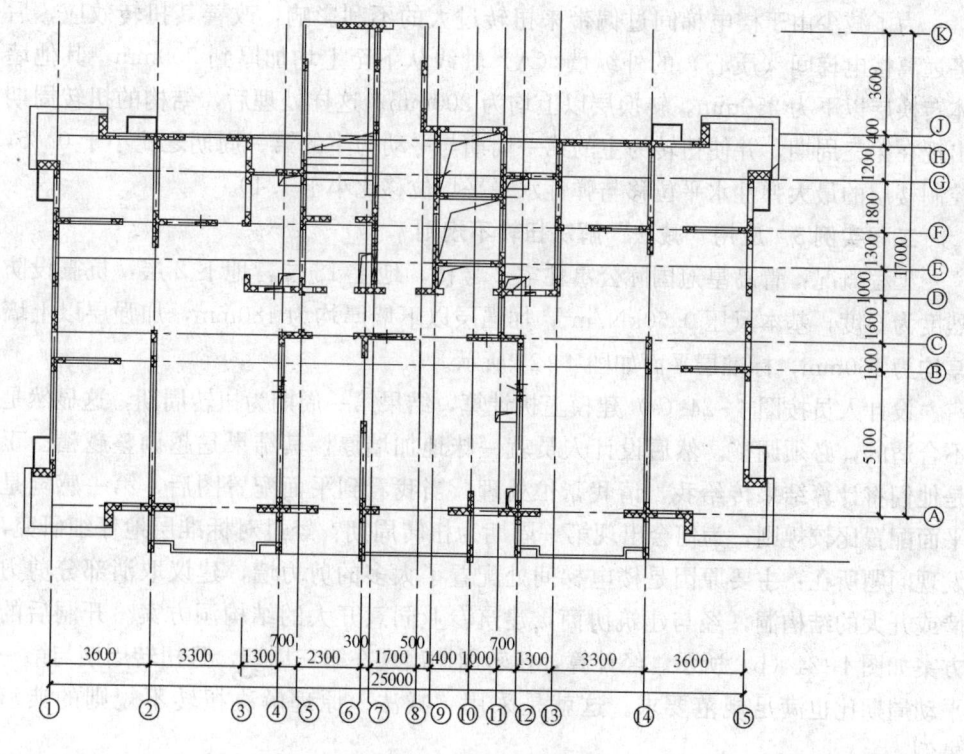

图4-22 标准层平面图

设计人员在第一次计算时，转换层以下的墙均取为250mm，转换层以上均取为200mm，结果扭转周期出现在第二周期，且扭转为主的第一周期与平动为主的第一周期之比大于0.90。

183

图 4-23 转换层平面图

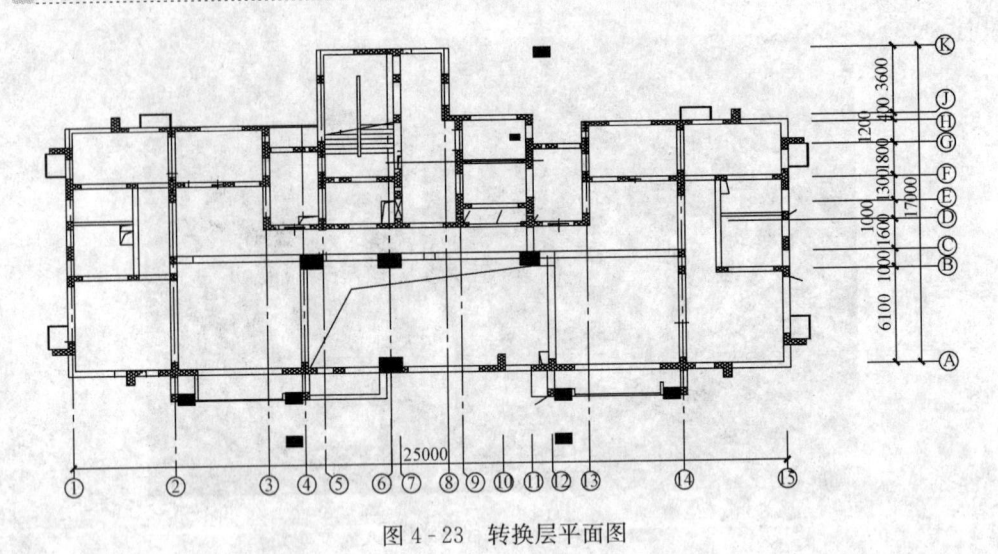

为了减少由于楼电梯间过偏带来扭转过大的不利影响，改善其扭转效应，后将远离楼电梯间（质心）的外纵墙（A）轴线从下至上均加厚到300mm，其他墙体转换层以下为250mm，转换层以上均为200mm。这样处理后，结构的扭转周期出现在第三周期，并使扭转为主的第一周期与平动为主的第一周期之比小于0.85，控制楼层的最大弹性水平位移与弹性水平平均位移比小于1.40。

工程实例3 应用"减法"解决扭转不规则

工程概况：青岛皇冠国际公寓住宅2号楼，地上18层，地下2层，抗震设防烈度为6度，基本风压0.60kN/m^2，加强层以下墙厚均为180mm，加强层以上墙厚均为160mm，标准层平面如图4-24所示。

设计人员按图4-24（a）建模上机计算，结果第一周期为扭转周期，这显然是不合适的，必须调整。然后设计人员就一味地加墙厚，其结果是越调整越糟。于是他们将计算结果传给我，请我帮忙处理，当我看到平面配置图后，第一感觉是平面配置比较规则，为何会出现第一周期为扭转周期？经过对标准层地仔细研究，发现问题所在：主要原因是楼电梯间处配置了太多的剪力墙，建议取消部分剪力墙或开大的结构洞，经与建筑协商，建筑专业同意开大的结构洞方案。开洞后的方案如图4-24（b）所示。经计算，扭转周期出现在第三周期，且扭转周期与第一平动周期比也满足规范要求。这就是采用"减法"原理解决扭转不规则的典型事例。

4.3.3 井字梁楼（屋）盖结构设计应注意的问题

（1）钢筋混凝土井字梁是从钢筋混凝土双向板演变而来的一种结构形式。双向板是受弯构件，当其跨度增加时，相应板厚也随之加大。但板的下部受拉区的

第4章 建筑结构施工图设计常遇问题分析及对策

(a)

(b)

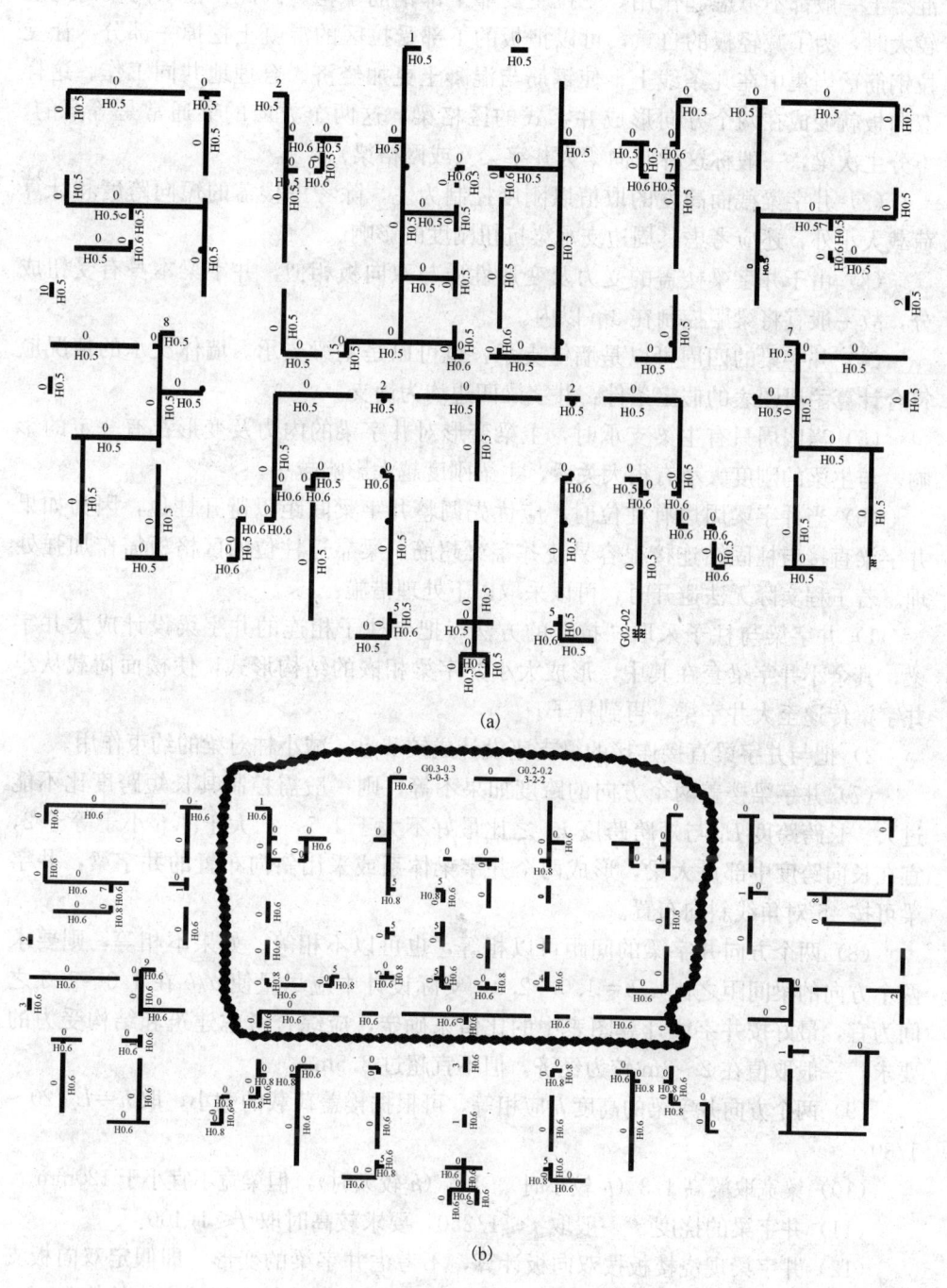

图 4-24 标准层平面图
(a) 调整前；(b) 调整后

混凝土一般都不考虑起作用，受拉主要靠下部钢筋承担。因此，在双向板的跨度较大时，为了减轻板的自重，可以把板的下部受拉区的混凝土挖掉一部分，让受拉钢筋适当集中在几条线上，使钢筋与混凝土更加经济、合理地共同工作。这样双向板就变成在两个方向形成井字式的区格梁，这两个方向的梁通常是等高的，不分主次梁，一般称这种双向梁为井字梁（或网格梁）。

(2) 井字梁截面高度的取值以刚度控制为主，除考虑楼盖的短向跨度和计算荷载大小外，还应考虑其周边支承梁抗扭刚度的影响。

(3) 由于井字梁楼盖的受力及变形性质与双向板相似，井字梁本身有受扭成分，故一般宜将梁距控制在 3m 以内。

(4) 井字梁的四周可以是墙体支承，也可以是主梁支承。墙体支承的情况应符合计算手册图表的假定条件：井字梁四边均为简支。

(5) 当四周只有主梁支承时，主梁变形对井字梁的内力及变形都有一定的影响，与主梁的刚度大小有很大关系，主梁刚度越大影响越小。

(6) 当井字梁周边有柱位时，应优先调整井字梁间距以避开柱位，因为如果井字梁直接与柱固结连接很容易使井字梁超筋，梁靠近柱位的区格板需作加强处理。若工程实际无法避开时，可以采取以下处理措施：

1) 井字梁与柱子采取"抗"的方法，把与柱子相连的井字梁设计成大井字梁，其余小井字梁套在其中，形成大小井字梁相嵌的结构形式，使楼面荷载从小井字梁传递至大井字梁，再到柱子。

2) 把与井字梁直接连接的梁支座设计成铰节点，减小柱对梁的约束作用。

(7) 井字梁楼盖两个方向的跨度如果不等，则一般需控制其长短跨度比不能过大。长跨跨度 L_1 与短跨跨度 L_2 之比最好不大于 1.5，如大于 1.5 小于等于 2，宜在长向跨度中部设大梁，形成两个井字梁体系或采用斜向布置的井字梁，井字梁可按 45°对角线斜向布置。

(8) 两个方向井字梁的间距可以相等，也可以不相等。如果不相等，则要求两个方向的梁间距之比 $a/b=1.0\sim2.0$。实际设计中应尽量使 a/b 在 $1.0\sim1.5$ 之间为宜，最好按井字梁计算图表中的比值来确定，应综合考虑建筑和结构受力的要求，一般取值在 $2\sim3m$ 较为经济，但不宜超过 3.5m。

(9) 两个方向井字梁的高度 h 应相等，可根据楼盖荷载的大小，取 $h=L_2/20\sim1/30$。

(10) 梁宽取梁高 1/3（h 较小时）、1/4（h 较大时），但梁宽不宜小于 120mm。

(11) 井字梁的挠度 f 一般取 $f\leqslant1/250$，要求较高时取 $f\leqslant1/400$。

(12) 井字梁现浇楼板按双向板计算，不考虑井字梁的变形，即假定双向板支承在不动支座上。双向板的最小板厚为 80mm，且应大于等于板较小边长的 1/40。

(13) 井字梁的配筋计算和一般梁的配筋计算基本上相同。但在设计中必须注意以下几点：

1) 在利用计算机程序计算时，必须均按主梁输入，只有这样才能使两个方向在交点处按变形协调分配荷载。

2) 在两个方向梁交点的格点处，短跨度方向梁下面的纵向受拉钢筋应放在长跨度方向梁下面的纵向受拉钢筋的下面，这与双向板的配筋方向相同。

3) 在两个方向梁交点的格点处不能看成是梁的一般支座，而是梁的弹性支座，梁只有在两端支承处的两个支座。因此，两个方向的梁在布筋时，梁下面的纵向受拉钢筋不能在交点处断开，而应直通两端支座。钢筋不够长时，宜优先采用机械连接；也可采用焊接，其焊接质量必须符合有关规范要求；不应采用搭接方案。

4) 由于两个方向的梁并非主、次梁结构，所以两个方向的梁在格点处不必设附加横向钢筋。但是在交点处，两个方向的梁在其上部应配置适量的构造负钢筋，不宜少于2根ϕ12，以防在荷载不均匀分布时可能产生的负弯矩，这种负钢筋一般相当于其下部纵向受拉钢筋面积的1/3。

5) 井字梁和边梁的节点宜采用铰接节点，但边梁的刚度仍要足够大，并采取相应的构造措施。若采用刚接节点，边梁需进行抗扭强度和刚度计算。边梁的截面高度大于或等于井字梁的截面高度，并最好大于井字梁高度的20%~30%。

6) 与柱连接的井字梁或边梁按框架梁考虑，必须满足抗震受力（抗弯、抗剪及抗扭）要求和有关构造要求。梁截面尺寸不够时，梁高不变，可适当加大梁宽。

7) 对于边梁截面高度的选取，应按单跨梁的规定执行，一般可取$h=L/10 \sim L/15$（L为边梁跨度）。梁柱截面及区格尺寸确定后可进行计算，根据计算情况对截面再作适当调整。

8) 在边梁内应按计算配置附加的抗扭纵筋和箍筋，以满足边梁的延性和裂缝宽度限制要求。

（14）井式梁板结构的布置一般有以下5种，下面分别予以说明。

1) 正式网格梁。网格梁的方向与屋盖或楼板矩形平面两边相平行。正向网格梁宜用于长边与短边之比不大于1.5的平面，且长边与短边尺寸越接近越好。

2) 斜向网格梁。当屋盖或楼盖矩形平面长边与短边之比大于1.5时，为提高各项梁承受荷载的效率，应将井式梁斜向布置。该布置的结构平面中部双向梁均为等长度、等效率，于矩形平面的长度无关。当斜向网格梁用于长边与短边尺寸较接近的情况，平面四角的梁短而刚度大，对长梁起到弹性支承的作用，有利于长边受力。为构造及计算方便，斜向梁的布置应与矩形平面的纵横轴对称，两向梁的交角可以是正交也可以是斜交。此外斜向矩形网格对不规则平面也有较大的适应性。

3) 三向网格梁。当楼盖或屋盖的平面为三角形或六边形时，可采用三向网格梁。这种布置方式具有空间作用好、刚度大、受力合理、可减小结构高度等优点。

4) 设内柱的网格梁。当楼盖或屋盖采用设内柱的井式梁时，一般情况沿柱网双向布置主梁，再在主梁网格内布置次梁，主次梁高度可以相等也可以不等。

5) 有外伸悬挑的网格梁。单跨简支或多跨连续的井式梁板有时可采用有外伸悬挑的网格梁。这种布置方式可减少网格梁的跨中弯矩和挠度。

4.4 多、高层钢筋混凝土结构设计常遇问题的分析

4.4.1 抗震设计时，框架结构如采用砌体填充墙，其布置应注意的问题

历次地震灾害表明，砌体填充墙对框架结构会产生有利和不利两个方面的影响。如果填充墙布置及构造合理，可以减轻地震对框架的作用。同时在低烈度区对层数不多的框架可以利用部分砌体填充墙作为抗侧力构件，但设计、施工时应保证填充墙与主体结构共同工作。当然若砌体填充墙布置的不合适，则可能会出现以下情况：如沿建筑高度填充墙布置不连续，使上、下层刚度突变形成薄弱层；使柱受填充墙约束形成短柱；不对称不均匀布置填充墙使抗侧刚度偏心造成整体扭转；填充墙对框架的斜向支撑作用引起梁端、柱端附加剪力等。如图4-25所示即为因填充墙布置不当，引起结构地震破坏的工程实例。

图4-25 上下层因填充墙造成刚度变化较大引起的破坏

因此，结构设计师应重视对填充墙的布置要求。框架结构如采用砌体填充墙，其布置应符合以下4个方面的要求。

（1）框架结构的填充墙及隔墙宜选用轻质墙体材料。抗震设计的砌体填充墙，其布置应符合下列要求：

1）避免形成上、下层刚度变化过大。

2）避免形成短柱。

3）减少因抗侧刚度偏心所造成的扭转。

（2）抗震设计时，砌体填充墙及隔墙应具有自身稳定性，并符合下列要求：

1）砌体的砂浆强度等级不应低于M5，墙顶应与框架梁或楼板密切结合。

2）砌体填充墙应沿框架全高每隔500mm左右设置2根$\phi 6mm$的拉结筋，拉结筋伸入墙内的长度，6、7度时不应小于墙长的1/5且不应小于700mm，8、9度时宜沿墙全长贯通。

3）墙长大于5m时，墙顶与梁（板）宜有钢筋拉结；墙长大于层高的2倍时，宜设置钢筋混凝土构造柱；墙高超过4m时，墙体半高处（或门洞上皮）宜设置与柱连接且沿墙全长贯通的钢筋混凝土水平系梁。

（3）填充墙由建筑师布置并表示在建筑施工图上，若在结构施工图上部表示，容易被结构工程师忽视。结构工程师应重视并了解框架间砌体填充墙的布置情况：是否存在上部楼层砌体填充墙较多，而底部墙体较少的情况；是否有通长整开间的窗台墙砌在柱子之间；砌体填充墙是否偏于结构平面一侧布置等。如果砌体填充墙的布置存在上述不良情况，有条件时应建议建筑师作适当调整（例如：将一部分砌体填充墙改为轻钢龙骨石膏板墙；将空心砖填充墙改为石膏板空心墙等）。

（4）抗震设计时，结构工程师应考虑填充墙及隔墙的设置对结构抗震的不利影响，避免不合理设置而导致主体结构的破坏。

4.4.2 抗震设计时，框架结构不应采用部分由砌体墙承重的混合结构形式的问题

框架-砌体混合结构：这类结构大致可以分为竖向混合（如底部框架-上部砖混的结构）和水平混合（部分框架-部分砖混的结构）两类。它们表现出各自不同的典型震害。

框架-砌体竖向混合结构多为底部软弱层破坏。在底框砖混建筑中，底层框架结构的刚度远小于上部结构，地震作用下底层框架变形集中，损伤严重，成为整个结构的软弱楼层，使结构发生局部性的破坏，甚至倒塌，而结构的其他部分则没能发挥其抗震能力。如图4-26所示为几个典型的底部软弱层破坏的震害实例图。

对于框架-砌体水平混合结构，由于结构体系混乱，在地震作用下框架和砌体承重墙抗侧力构件的刚度和变形能力不协调，框架部分与砌体部分受力复杂，极易导致严重破坏。如图4-27所示为框架-砌体水平混合结构的震害实例图。

图4-26 竖向混合底框砖混结构的底层震害

图4-27 水平混合框架-砌体结构的震害

这种竖向混合的建筑规范还是允许设计的，即《建筑抗震设计规范》中的底部框架砌体房屋，其设计应满足按《建筑抗震设计规范》（2010年版）7.5节的相关要求。

但对于水平混合的建筑，规范是不允许设计的。《高层建筑混凝土结构技术规程》（2010年版）6.1.6条以强制性条文的形式规定：框架结构按抗震设计时，不应采用部分由砌体墙承重的混合形式；框架结构中的楼、电梯间的局部出屋顶的电梯机房、楼梯间、水箱间等，应采用框架承重，不应采用砌体墙承重。对该条规定解释如下：

（1）框架结构和砌体结构是两种截然不同的结构体系，两种体系所采用的承重材料的性质完全不同（前者采用钢筋混凝土，可以认为是延性材料；而后者采用砖或砌块，是脆性材料），其抗侧刚度、变形能力等，相差也很大，在地震作用下不能协同工作。震害表明，如果将它们在同一建筑物中混合使用，而不以防震缝分开，地震发生时，抗侧力刚度远大于框架的砌体墙就会首先遭到破坏，导致框架内力急剧增大，导致框架破坏甚至倒塌。

（2）对于框架结构中的楼、电梯间及局部出屋面的电梯机房、楼梯间、水箱间等，应采用框架承重，不应采用砌体承重。楼梯间休息平台板宜用柱支承，而不宜采用折梁做法。

4.4.3 抗震设计时对框架梁配筋的要求

抗震设计时，为什么要对框架梁纵向受拉钢筋的最大、最小配筋率、梁端截面的底部与顶面纵向钢筋配筋量的比值及箍筋配置等提出要求？这些问题可以从以下几个方面理解：

（1）钢筋混凝土框架梁是由钢筋和混凝土两种材料组成的以受弯为主的构件，在荷载作用下，钢筋受拉、混凝土受压，如果配筋适当，框架梁在较大的荷载作用下才会发生破坏，破坏时钢筋中的应力可以达到屈服强度，而混凝土的抗压强度也能得到充分利用。对于普通的钢筋混凝土（受弯构件），所谓"适筋梁"，是指梁的破坏是由于钢筋首先达到屈服（此时梁的混凝土还未发生受压破坏），随着受拉钢筋应变逐渐增大，混凝土受压区高度减小，混凝土的压应变增大而最终导致破坏，适筋梁的破坏属于延性破坏；当梁钢筋的屈服与混凝土受压破坏同时发生时，这种梁称为"平衡配筋梁"，相应的配筋率称为平衡配筋率；当梁的钢筋应力未到达屈服，混凝土即发生受压破坏，这种梁称为"超筋梁"。平衡配筋率是适筋梁和超筋梁这两种梁破坏形式的界限情况，故又称为界限配筋率，它是保证钢筋达到屈服的最大配筋率 ρ_{max}。超筋梁的破坏是突然的，缺乏足够的预兆，具有脆性破坏的性质（受压脆性破坏）。超筋梁的承载力与钢筋强度无关，仅取决于混凝土的抗压强度。

若梁的配筋减少到梁的受弯裂缝一旦出现，钢筋应力即达到屈服强度，这时梁的配筋率称为最小配筋率 ρ_{min}。因为当配筋率 ρ 更小时,梁开裂后钢筋应力不仅达到屈服强度,而且将迅速经过流幅进入强化阶段,在极端情况下,钢筋甚至可能被拉断。配筋率低于 ρ_{min} 的梁称为"少筋梁",这种梁一旦开裂,即标志着破坏。尽管开裂后梁仍保留有一定的承载力,但梁已发生严重的开裂,这部分承载力实际上是不能利用的。少筋梁的承载力取决于混凝土的抗拉强度,也属于脆性破坏(受拉脆性破坏),因此是不经济的,而且也很不安全,因为混凝土一旦开裂,承载力很快下降,故在混凝土结构中不允许采用少筋梁。

根据《混凝土结构设计规范》(2002 年版)9.5.1 条的要求,钢筋混凝土构件中的纵向受力钢筋的最小配筋百分率不应低于表 4-10 规定的数值。

表 4-10　　钢筋混凝土结构构件中纵向受力钢筋的最小配筋百分率 ρ_{min}　　(%)

受力类型		最小配筋百分率
受压构件	全部纵向钢筋	0.6
	一侧纵向钢筋	0.2
受弯构件、偏心受拉构件、轴心受拉构件一侧的受拉钢筋		0.2 和 $45f_t/f_y$ 中的较大值

补充说明:

1) 受压构件全部纵向钢筋最小配筋百分率,当采用 HRB400 级钢筋时,应按表中规定减小 0.1;当混凝土强度等级为 C60 及以上时,应按表中规定增大 0.1。

2) 偏心受拉构件中的受压钢筋,应按受压构件一侧纵向钢筋考虑。

3) 受压构件的全部纵向钢筋和一侧纵向钢筋的配筋率以及轴心受拉构件和小偏心受拉构件一侧受拉钢筋的配筋率应按构件的全截面面积计算;受弯构件、大偏心受拉构件一侧受拉钢筋的配筋率应按全截面面积扣除受压翼缘面积 $(b'_f - b)h'_f$ 后的截面面积计算。

4) 当钢筋沿构件截面周边布置时,"一侧纵向钢筋"系指沿受力方向两个对边中的一边布置的纵向钢筋。

(2) 在抗震设防地区,根据《混凝土结构设计规范》(2002 年版)11.3.6 条的要求,框架梁纵向受拉钢筋的最小配筋百分率不应小于表 4-11 规定的数值。

表 4-11　　框架梁纵向受拉钢筋的最小配筋百分率 ρ_{min}　　(%)

抗震等级	梁中位置	
	支座(取较大值)	跨中(取较大值)
一级	0.40 和 $80f_t/f_y$	0.30 和 $65f_t/f_y$
二级	0.30 和 $65f_t/f_y$	0.25 和 $55f_t/f_y$
三、四级	0.25 和 $55f_t/f_y$	0.20 和 $45f_t/f_y$

通过比较表 4-10 和表 4-11 可以看出,当抗震等级为三、四级时,框架梁跨

中纵向受拉钢筋最小配筋百分率两者是相同的。表 4-10 与表 4-11 的区别仅在于表 4-11 由于考虑抗震的需要，适当加大了框架梁支座纵向受拉钢筋的配筋百分率，以及较高抗震等级时框架梁跨中纵向受拉钢筋的配筋百分率。

钢筋混凝土框架梁纵向受拉钢筋，在不同钢筋种类和不同混凝土强度等级条件下的最小配筋百分率见表 4-12。

表 4-12　　　　框架梁纵向受拉钢筋最小配筋百分率 ρ_{min}　　　　（%）

按下列要求取较大值	钢筋种类	混凝土强度等级						
		C20	C25	C30	C35	C40	C45	C50
0.20 和 $45f_t/f_y$	HPB235	0.24	0.27	0.31	0.34	0.37	0.39	0.41
	HPB300	0.20	0.21	0.24	0.27	0.29	0.30	0.32
	HRB335 HRBF335	0.20	0.20	0.21	0.24	0.26	0.27	0.28
	HRB400 HRBF400	0.20					0.21	0.23	0.24
	HRB500 HRBF500	0.20						
0.25 和 $55f_t/f_y$	HRB335 HRBF335	0.25	0.26	0.29	0.31	0.33	0.35	
	HRB400 HRBF400	0.25				0.26	0.28	0.29	
	HRB500 HRBF500	0.25						
0.30 和 $65f_t/f_y$	HRB335 HRBF335	0.30	0.31	0.34	0.37	0.39	0.41	
	HRB400 HRBF400	0.30				0.31	0.33	0.34	
	HRB500 HRBF500	0.30						
0.40 和 $80f_t/f_y$	HRB335 HRBF335	0.40	0.42	0.46	0.48	0.50		
	HRB400 HRBF400	0.40					0.42		
	HRB500 HRBF500	0.40						

(3) 非抗震设计的框架梁，纵向受拉钢筋的最大配筋率 ρ_{max} 见表 4-13。表中的 ρ_{max} 值是根据框架梁截面界限受压高度 $x_b = \xi_b h_0$ 计算出来的。这里的 ξ_b 是框架梁截面的"相对界限受压区高度"，即当梁的纵向受拉钢筋屈服与受压区混凝土破坏同时发生时，梁截面的受压区高度与梁截面有效高度之比值。

表 4-13　　非抗震设计的框架梁纵向受拉钢筋最大配筋率 ρ_{max}　　（%）

钢筋种类		混凝土强度等级					
		C25	C30	C35	C40	C45	C50
HRB335	HRBF335	2.18	2.62	3.06	3.50	3.89	4.23
HRB400	HRBF400	1.71	2.06	2.40	2.75	3.05	3.32
HRB500	HRBF500	1.32	1.58	1.85	2.12	2.34	2.56

混凝土强度等级≤C50 时，采用不同种类的钢筋配筋的框架梁的相对界限受压区高度见表 4-14。

表 4-14　　混凝土强度等级≤C50 时梁的相对界限受压区高度 ξ_b 值

钢筋种类	HRB335 HRBF335	HRB400 HRBF400	HRB500 HRBF500
ξ_b	0.550	0.518	0.482

(4) 抗震设计的框架梁，根据《建筑抗震设计规范》（2010 年版）6.3.3 条的规定【强规】，梁的钢筋配置，应符合下列各项要求：

1) 梁端计入受压钢筋的混凝土受压区高度和有效高度之比，一级抗震等级不应大于 0.25；二、三级抗震等级不应大于 0.35。

2) 梁端截面的底面和顶面纵向钢筋配筋量的比值，除按计算确定外，一级抗震等级不应小于 0.5；二、三级抗震等级不应小于 0.3。

3) 梁端箍筋加密区的长度、箍筋最大间距和最小直径应按表 4-15 采用，当梁端纵向受拉钢筋配筋率大于 2% 时，表中箍筋最小直径数值应增大 2mm。

表 4-15　　梁端箍筋加密区的长度、箍筋最大间距和最小直径

抗震等级	加密区长度/mm（取较大值）	箍筋最大间距/mm（取最小值）	箍筋最小直径/mm
一	$2.0h_b$, 500	$h_b/4$, $6d$, 100	10
二	$1.5h_b$, 500	$h_b/4$, $8d$, 100	8
三	$1.5h_b$, 500	$h_b/4$, $8d$, 100	8
四	$1.5h_b$, 500	$h_b/4$, $8d$, 100	6

注：1. d 为纵向钢筋直径，h_b 为梁截面高度。

2. 箍筋直径大于 12mm，数量不少于 4 肢且肢距不大于 150mm 时，一、二级的最大间距应允许适当放宽，但不得大于 150mm。

上述 3 项关于梁端配筋和箍筋的要求,其目的是要保证作为框架结构主要耗能构件的框架梁,在地震作用下其梁端塑性铰区应有足够的延性。因为,在影响框架梁延性的各种因素中,除梁的剪跨比、截面剪压比等因素外,梁截面纵向受拉钢筋配筋率 ρ,截面受压区高度 x 的影响更加直接和重要。《建筑抗震设计规范》中关于框架梁钢筋配置的上述 3 项要求,是作为强制性条文提出的,因此,应引起结构工程师们特别注意。

梁的变形能力主要取决于梁端的塑性转动量,而梁的塑性转动量与梁截面混凝土相对受压区高度有关。当相对受压区高度在 0.25~0.35 范围时,梁的位移延性系数可达到 3~4。计算梁端截面纵向受拉钢筋时,应采用与柱交界面的组合弯矩设计值,并应计入受压钢筋。计算梁端相对受压区高度时,宜按梁端截面实际受拉和受压钢筋面积进行计算。

梁端底面与顶面纵向钢筋的比值,对梁的变形能力有较大的影响。梁端底部的钢筋不仅可增加负弯矩时梁的塑性转动能力,还能防止地震中梁在梁底出现正弯矩时过早屈服或破坏过重,从而影响承载力和变形能力的正常发挥。

有关实验和震害经验表明,梁端的破坏主要集中于 1.5~2.0 倍梁高的长度范围内,当箍筋间距小于 $6d$~$8d$(d 为纵筋直径)时,混凝土压溃前受压钢筋一般不会压屈,延性较好。因此规定了箍筋的加密范围、最大间距和最小直径,限制了箍筋的最大肢距;当纵向受拉钢筋的配筋率超过 2% 时,箍筋的要求相应提高,即箍筋的最小直径应增大 2mm。

4.4.4 抗震设计时框架梁钢筋配置要求

抗震设计时,为什么要在框架梁顶面和底面沿梁全长配置一定数量的纵向钢筋?梁的箍筋配置有哪些要求?

这些问题可以从以下几个方面理解。

1. 框架梁纵向钢筋设置的规定

(1) 对于非抗震设计,当框架梁支座负弯矩钢筋按框架梁的弯矩包络图配置时,框架梁跨中的上部钢筋,通常仅仅是架力钢筋不是受力钢筋。

(2) 对于抗震设计,由于在发生地震时,框架梁支座上部负弯矩区有可能延伸至跨中,因此《建筑抗震设计规范》(2010 年版)6.3.4 条规定:

1) 梁端纵向受拉钢筋的配筋率不宜大于 2.5%。

注意: 梁纵向受拉钢筋计算,需计入受压钢筋,而且一级不少于受拉钢筋的 50%,二、三级不少于 30%;因此,如果因为计算时未计入受压钢筋导致受拉钢筋超过 2.5%,则受压钢筋相应加大,对于"强柱弱梁"的实现十分不利。

2) 沿梁全长顶面和底面的配筋,一、二级抗震等级不应少于 $2\phi14$,且分别不应小于梁两端顶面和底面纵向配筋中较大截面面积的 1/4;三、四级抗震等级时不应小于 $2\phi12$。

3) 沿梁全长顶面的钢筋截面面积,除满足最小构造配筋要求外,尚应满足框架梁负弯矩包络图的要求。

4) 一、二、三级框架梁内贯通中柱的每根纵向钢筋直径,对框架结构不应大于矩形截面柱在该方向柱截面尺寸的 1/20;或纵向钢筋所在位置圆形截面柱弦长的 1/20;对其他结构类型的框架不宜大于矩形截面柱在该方向截面尺寸的 1/20,或纵向钢筋所在位置圆形截面柱弦长的 1/20。

注意:沿梁全长顶面的钢筋,不一定是"贯通梁全长"的钢筋,它可以是梁端截面角部纵向受力钢筋的延伸,也可以是另外配置的钢筋。当为另外配置的钢筋时,应与梁端支座负弯矩钢筋机械连接、焊接或受拉绑扎搭接,当为受拉绑扎搭接时,在搭接长度范围内,梁的箍筋间距不应大于搭接钢筋较小直径的 5 倍,且不应大于 100mm;当为梁端截面角部纵向受力钢筋的延伸时,被延伸的钢筋可以没有接头,也可以有接头,当有接头时,其接头的构造要求与另外配置的钢筋相同。当采用机械连接时,连接接头的性能等级不应低于Ⅱ级。当为焊接连接时,应采用等强焊接接头,并注意焊接质量的检查和验收。

2. 框架梁箍筋的设置应满足的基本规定

(1) 梁的箍筋除了承受剪力满足梁斜截面受剪承载力外,还起着约束混凝土,改善其受压性能、提高混凝土对受力钢筋的粘结锚固强度及防止受压钢筋压屈等作用。

(2) 非抗震设计的梁(包括框架梁)箍筋的设置,除应满足梁斜截面受剪承载力计算要求外,还应符合下列规定:

1) 按计算不需要设置箍筋的梁,当截面高度梁>300mm 时,应沿梁全长设置箍筋;当截面高度 $h=150\sim300$mm 时,可仅在构件端部各 1/4 跨度范围内设置箍筋;但当在构件中部 1/2 跨度范围内有集中荷载作用时,则应沿梁全长设置箍筋;当截面高度 $h<150$mm 时,可不设置箍筋。

2) 梁中箍筋的间距应符合下列规定:

a. 梁中箍筋的最大间距宜符合表 4-16 的规定。当 $V>0.7f_tbh_0+0.05N_{po}$ 时,为了防止斜拉破坏,箍筋的配筋率 $\rho_{sv}(\rho_{sv}=A_{sv}/bs)$ 尚不应小于 $0.24f_t/f_{yv}$。式中 A_{sv} 为梁截面宽度 b 范围内各肢箍筋截面面积之和;s 为箍筋间距。

表 4-16	梁中箍筋的最大间距	(mm)
梁高 h	$V>0.7f_tbh_0+0.05N_{po}$	$V\leqslant 0.7f_tbh_0+0.05N_{po}$
$150<h\leqslant 300$	150	200
$300<h\leqslant 500$	200	300
$500<h\leqslant 800$	250	350
$h>800$	300	400

b. 当梁中配有按计算需要的纵向受压钢筋时,箍筋应做成封闭式;此时,箍筋的间距不应大于 15d（d 为纵向受压钢筋的最小直径）,同时不应大于 400mm;当一层内的纵向受压钢筋多于 5 根且直径>18mm 时,箍筋间距不应大于 10d;当梁的宽度>400mm 且一层内的纵向受压钢筋多于 3 根时,或当梁的宽度不大于400mm 但一层内的纵向受压钢筋多于 4 根时,应设复合箍筋。

c. 梁中纵向受力钢筋搭接长度范围内应配置箍筋,其直径不应小于搭接钢筋较大直径的 1/4。当钢筋受拉时,钢筋间距不应大于搭接钢筋较小直径的 5 倍,且不大于 100mm;当钢筋受压时,箍筋间距不应大于搭接钢筋较小直径的 10 倍,且不大于 200mm。当受压钢筋直径>25mm 时,尚应在搭接接头两个端面外 100mm 范围内各设置两个箍筋。

d. 对截面高度>800mm 的梁,其箍筋直径不宜小于 8mm;对截面高度≤800mm 的梁,其箍筋直径不宜小于 6mm。梁中配有计算需要的纵向受压钢筋时,箍筋直径尚不应小于纵向受压钢筋最大直径的 1/4 倍。

e. 在弯剪扭构件中,箍筋的配筋率 ρ_{sv} 不应小于 $0.28 f_t/f_{yv}$。箍筋间距应符合表 4-16 的规定,其中受扭所需的箍筋应做成封闭式,且应沿截面周边布置;当采用复合箍筋时,位于截面内部的箍筋不应计入受扭所需的箍筋面积;受扭箍筋的末端应做成 135°弯钩,弯钩端头平直段长度不应小于 10d（d 为箍筋直径）。

f. 在超静定结构中,考虑协调扭转而配置的箍筋,其间距不宜大于 0.75b。此处,b:对矩形截面构件为矩形截面构件的宽度 b_b;对工字形和 T 形截面构件为腹板的宽度 b;对箱形截面构件为箱形截面侧壁总宽度 b_h。

(3) 抗震设计的框架梁,其箍筋的设置与非抗震设计的框架梁的主要区别在于,抗震设计的框架梁梁端应设置箍筋加密区,梁端箍筋加密区的长度、箍筋最大间距和箍筋最小直径应符合表 4-15 的规定。

抗震设计的框架梁梁端设置箍筋加密区的目的是:保证在地震作用下框架梁梁端的塑性铰区有足够的延性,以提高框架结构耗散地震能量的能力,防止大震倒塌破坏。抗震设计的框架梁除梁端设置箍筋加密区外,其箍筋的设置尚应符合下列规定:

1) 当梁端纵向受拉钢筋的配筋率大于 2% 时,表 4-15 中箍筋最小直径应增大 2mm。

2) 有抗震设计要求的梁的梁端纵向受拉钢筋的控制配筋率不宜大于 2.5%,配筋率应按梁截面的有效高度 h_0 计算,即 h_0 不应按梁截面的全高 h 计算。

3) 梁箍筋加密区长度内的箍筋肢距:一级抗震等级,不宜大于 200mm 和 20 倍箍筋直径的较大值;二、三级抗震等级,不宜大于 250mm 和 20 倍箍筋直径的较大值;四级抗震等级,不宜大于 300mm。

4) 梁端设置的第一个箍筋应距框架节点边缘不大于 50mm。非加密区的箍筋间距不宜大于加密区箍筋间距的 2 倍。沿梁全长箍筋的配筋率 ρ_{sv} 应符合下列规定：

一级抗震等级　　　　　　$\rho_{sv} \geqslant 0.30 f_t/f_{yv}$
二级抗震等级　　　　　　$\rho_{sv} \geqslant 0.28 f_t/f_{yv}$
三、四抗震等级　　　　　$\rho_{sv} \geqslant 0.26 f_t/f_{yv}$

特别注意：a.《高层建筑混凝土结构技术规程》和《混凝土结构设计规范》均有此规定，但《建筑抗震设计规范》并没有这条规定。

b. 在审图中发现，这条规定常常被设计人员忽视，特别是对梁宽大于300mm时，如果跨中箍筋间距取加密区箍筋间距的2倍，往往均不能满足要求。工程中可采取加密跨中箍筋间距或采用多肢箍解决这个问题。

5）梁的箍筋末端应做成135°弯钩，弯钩端头平直段长不应小于箍筋直径的10倍，且不小于75mm；在纵向受力钢筋搭接长度范围内的箍筋，其直径不应小于搭接钢筋较大直径的1/4，其间距不应大于搭接钢筋较小直径的5倍，且不应大于100mm。

6）不同配筋率要求的梁箍筋最小面积配筋率见表4-17。

表4-17　　　　　　　　　　梁箍筋最小面积配筋率

箍筋种类	配筋率	混凝土强度等级				
		C20	C25	C30	C35	C40
HPB235	$0.26 f_t/f_{yv}$	0.136	0.157	0.177	0.194	0.212
	$0.28 f_t/f_{yv}$	0.147	0.169	0.191	0.209	0.228
	$0.30 f_t/f_{yv}$	0.157	0.181	0.204	0.224	0.244
HPB300	$0.26 f_t/f_{yv}$	0.106	0.123	0.139	0.152	0.166
	$0.28 f_t/f_{yv}$	0.115	0.132	0.150	0.164	0.179
	$0.30 f_t/f_{yv}$	0.123	0.142	0.160	0.175	0.191
HRB335 HRBF335	$0.26 f_t/f_{yv}$	0.095	0.110	0.124	0.136	0.148
	$0.28 f_t/f_{yv}$	0.103	0.118	0.133	0.147	0.160
	$0.30 f_t/f_{yv}$	0.110	0.127	0.143	0.157	0.171
HRB400 HRBF400	$0.26 f_t/f_{yv}$	0.079	0.092	0.103	0.113	0.123
	$0.28 f_t/f_{yv}$	0.086	0.099	0.111	0.122	0.133
	$0.30 f_t/f_{yv}$	0.092	0.106	0.119	0.131	0.143
HRB500 HRBF500	$0.26 f_t/f_{yv}$	0.065	0.076	0.085	0.094	0.102
	$0.28 f_t/f_{yv}$	0.071	0.082	0.092	0.101	0.110
	$0.30 f_t/f_{yv}$	0.076	0.088	0.099	0.109	0.118

7）抗震设计框架梁非加密区构造配箍表见表4-18和表4-19。

以下提供用HPB235及HPB300作箍筋时抗震框架梁非加密区构造配箍表，以方便读者选用。

表 4-18　　抗震框架梁非加密区构造配箍表（箍筋 HPB235）

一级抗震框架梁非加密区构造配箍（构造配箍率 $\rho_{sv}=0.030f_t/f_{yv}=nA_{sv}/bs$）

梁宽/mm	C30 $\rho_{sv}=0.204\%$	C35 $\rho_{sv}=0.224\%$	C40 $\rho_{sv}=0.244\%$
200	2φ8—200	2φ10—200	2φ8—200
250	2φ10—200	2φ10—200	2φ10—200
300	2φ10—200	2φ10—200	2φ10—200
350	2φ10—200	2φ10—200	3φ10—200
400	3φ10—200	3φ10—200	3φ10—200
450	3φ10—200	3φ10—200	4φ10—200
500	3φ10—200	3φ10—200	4φ10—200
550	3φ10—200	4φ10—200	4φ10—200
600	4φ10—200	4φ10—200	4φ10—200

二级抗震框架梁非加密区构造配箍（构造配箍率 $\rho_{sv}=0.028f_t/f_{yv}=nA_{sv}/bs$）

梁宽/mm	C20 $\rho_{sv}=0.146\%$	C25 $\rho_{sv}=0.169\%$	C30 $\rho_{sv}=0.191\%$	C35 $\rho_{sv}=0.209\%$	C40 $\rho_{sv}=0.228\%$
200	2φ8—200	2φ8—200	2φ8—200	2φ8—200	2φ8—200
250	2φ8—200	2φ8—200	2φ8—200	2φ8—200	2φ10—200
300	2φ8—200	3φ8—200	3φ8—200	2φ10—200	2φ10—200
350	3φ8—200	3φ8—200	3φ8—200	3φ8—200	3φ10—200
400	3φ8—200	3φ8—200	4φ8—200	3φ8—200	3φ10—200
450	3φ8—200	4φ8—200	4φ8—200	4φ8—200	4φ8—200
500	3φ8—200	4φ8—200	4φ8—200	4φ8—200	4φ8—200
550	4φ8—200	4φ8—200	4φ10—200	4φ8—200	4φ8—200
600	4φ8—200	4φ10—200	4φ10—200	4φ8—200	4φ8—200

三、四级抗震框架梁非加密区构造配箍（构造配箍率 $\rho_{sv}=0.026f_t/f_{yv}=nA_{sv}/bs$）

梁宽/mm	C20 $\rho_{sv}=0.136\%$	C25 $\rho_{sv}=0.157\%$	C30 $\rho_{sv}=0.177\%$	C35 $\rho_{sv}=0.194\%$	C40 $\rho_{sv}=0.212\%$
200	2φ8—200	2φ8—200	2φ8—200	2φ8—200	2φ8—200
250	2φ8—200	2φ8—200	2φ8—200	2φ8—200	2φ10—200
300	2φ8—200	2φ8—200	2φ10—200	2φ10—200	2φ8—200
350	3φ8—200	3φ8—200	3φ8—200	3φ8—200	3φ8—200
400	3φ8—200	3φ8—200	3φ8—200	4φ8—200	4φ8—200
450	4φ8—200	4φ8—200	4φ8—200	4φ8—200	4φ8—200
500	4φ8—200	4φ8—200	4φ8—200	4φ8—200	4φ8—200
550	4φ8—200	4φ8—200	4φ8—200	4φ8—200	4φ10—200
600	4φ8—200	4φ8—200	4φ10—200	4φ10—200	4φ10—200

表 4-19　抗震框架梁非加密区构造配箍表（箍筋 HPB300）

一级抗震框架梁非加密区构造配箍（构造配箍率 $\rho_{sv}=0.030f_t/f_{yv}=nA_{sv}/bs$）

梁宽/mm			C30 $\rho_{sv}=0.160\%$	C35 $\rho_{sv}=0.175\%$	C40 $\rho_{sv}=0.191\%$
200			2φ8—200	2φ8—200	2φ8—200
250			2φ8—200	2φ8—200	2φ10—200
300			2φ8—200	2φ10—200	2φ10—200
350			2φ8—200	2φ10—200	2φ10—200
400			3φ8—200	2φ10—200	2φ10—200
450			4φ8—200	4φ8—200	4φ8—200
500			4φ8—200	4φ8—200	4φ8—200
550			4φ8—200	4φ8—200	4φ10—200
600			4φ8—200	4φ10—200	4φ10—200

二级抗震框架梁非加密区构造配箍（构造配箍率 $\rho_{sv}=0.028f_t/f_{yv}=nA_{sv}/bs$）

梁宽/mm	C20 $\rho_{sv}=0.115\%$	C25 $\rho_{sv}=0.132\%$	C30 $\rho_{sv}=0.150\%$	C35 $\rho_{sv}=0.164\%$	C40 $\rho_{sv}=0.179\%$
200	2φ8—200	2φ8—200	2φ8—200	2φ8—200	2φ8—200
250	2φ8—200	2φ8—200	2φ8—200	2φ8—200	2φ8—200
300	2φ8—200	2φ8—200	2φ8—200	2φ8—200	2φ10—200
350	2φ8—200	2φ8—200	3φ8—200	2φ10—200	2φ10—200
400	2φ8—200	2φ10—200	3φ8—200	2φ10—200	2φ10—200
450	2φ8—200	2φ10—200	4φ8—200	4φ8—200	4φ8—200
500	3φ8—200	4φ8—200	4φ8—200	4φ8—200	4φ8—200
550	3φ8—200	4φ8—200	4φ8—200	4φ8—200	4φ8—200
600	3φ8—200	4φ8—200	4φ8—200	4φ8—200	4φ10—200

三、四级抗震框架梁非加密区构造配箍（构造配箍率 $\rho_{sv}=0.026f_t/f_{yv}=nA_{sv}/bs$）

梁宽/mm	C20 $\rho_{sv}=0.106\%$	C25 $\rho_{sv}=0.123\%$	C30 $\rho_{sv}=0.139\%$	C35 $\rho_{sv}=0.152\%$	C40 $\rho_{sv}=0.166\%$
200	2φ8—200	2φ8—200	2φ8—200	2φ8—200	2φ8—200
250	2φ8—200	2φ8—200	2φ8—200	2φ8—200	2φ10—200
300	2φ8—200	2φ8—200	2φ8—200	2φ8—200	2φ10—200
350	2φ8—200	2φ8—200	2φ8—200	3φ8—200	3φ8—200
400	2φ8—200	2φ8—200	3φ8—200	3φ8—200	3φ8—200
450	3φ8—200	3φ8—200	3φ8—200	3φ8—200	3φ8—200
500	3φ8—200	3φ8—200	3φ8—200	4φ8—200	4φ8—200
550	3φ8—200	3φ8—200	4φ8—200	4φ8—200	4φ8—200
600	3φ8—200	3φ8—200	4φ8—200	4φ8—200	4φ8—200

4.4.5 抗震设计时，为了提高框架柱的延性，设计应当注意的问题

柱是框架结构的竖向构件，地震时柱破坏和丧失承载能力比梁破坏和丧失承载能力更容易引起框架倒塌。国内外历次地震灾害表明，影响钢筋混凝土框架延性和耗能能力的主要因素是：柱的剪跨比、轴压比、纵向受力钢筋的配筋率和塑性铰区箍筋的配置等。为了实现延性耗能框架柱，除了应符合"强柱弱梁、强剪弱弯"及《建筑抗震设计规范》（2010年版）第6章有关条文规定、限制最大剪力设计值外，尚应注意以下问题：

（1）尽可能采用大剪跨比的柱，避免采用小剪跨比的柱。剪跨比反映了柱端截面承受的弯矩和剪力的相对大小。柱的破坏形态与其剪跨比有关。剪跨比大于2的柱为长柱，其弯矩相对较大，一般易实现延性压弯破坏；剪跨比不大于2，但大于1.5的柱为短柱，一般发生剪力破坏，若配置足够的箍筋，也可能实现延性较好的剪切受压破坏；剪跨比不大于1.5的柱为超短柱，一般会发生剪切斜拉破坏，工程中应尽量避免采用超短柱。在初步设计阶段，通常假定反弯点在柱高度中间，用柱的净高和计算方向柱截面高度的比值来初判柱是长柱还是短柱：比值大于4的柱为长柱，比值在3与4之间的柱为短柱，比值不大于3的柱为极短柱。

（2）抗震设计的框架柱，柱端截面的剪力一般较大（特别是在高烈度地震区），因而剪跨比较小，容易形成短柱或极短柱，地震发生时，易产生斜裂缝，发生脆性的剪切破坏。

（3）多、高层建筑的框架结构、框架-剪力墙结构和框架-核心筒结构等，因设置设备层，往往层高较低而柱截面尺寸又较大，常常难以避免短柱；楼面局部错层处、楼梯间处、雨篷梁处等，也容易形成短柱；框架柱间的砌体填充墙，当隔墙、窗间墙砌筑不到顶时，也会形成短柱。

（4）抗震设计时，如果同一楼层内均为短柱，只要各柱的抗侧刚度相差不大，按规范的规定进行内力分析和截面设计，并采取相应的加强措施，结构的安全性是可以得到保证的。

（5）抗震设计时，应避免同一楼层内同时存在长柱和少数短柱，因为少数短柱的抗侧刚度远大于一般长柱的抗侧刚度，在水平地震作用下会产生较大的水平剪力，特别是纯框架结构中的少数短柱，在中震或大震下，很可能遭受严重破坏，导致同层其他柱的相继破坏，这对结构的安全是十分不利的。

（6）框架-剪力墙结构和框架-核心筒结构中出现短柱，与纯框架结构中出现短柱，对结构安全的影响程度是不太一样的。因为前者的主要抗侧力构件是剪力墙或核心筒，框架柱是第二道抗侧力防线。所以工程设计时，可以根据不同情况采取不同的措施来加强短柱。

（7）当多、高层建筑结构中存在少数短柱时，为了提高短柱的抗震性能，可采取以下一些措施：

1) 限制短柱的轴压比。当柱为剪跨比 $\lambda \leqslant 2$ 的短柱时，其轴压比限制值应比《建筑抗震设计规范》规定值减少 0.05；当柱为剪跨比 $\lambda \leqslant 1.5$ 的极短柱时，其轴压比至少应比《建筑抗震设计规范》减少 0.1。

2) 限制短柱的剪压比，即短柱截面的剪力设计值应符合下式要求：

$$V_c \leqslant 0.15\beta_c f_c bh_0/\gamma_{RE} = 0.176\beta_c f_c bh_0$$

式中　　β_c——混凝土的强度影响系数；当混凝土的强度等级不大于 C50 时取 1.0；当混凝土的强度等级为 C80 时取 0.8；当混凝土的强度等级在 C50 和 C80 之间时可按线性内插取值；

f_c——混凝土的轴力抗压强度设计值；

b——矩形截面的宽度，T 形截面、工字形截面腹板的宽度；

h_0——柱截面在计算方向的有效高度；

γ_{RE}——柱受剪承载力抗震调整系数，取为 0.85。

3) 尽量提高短柱混凝土的强度等级，减少柱子的截面尺寸，从而加大柱子的剪跨比；有条件时可采用符合《建筑抗震设计规范》要求的高强混凝土。

4) 加强对短柱混凝土的约束，可采用螺旋箍筋。螺旋箍筋可选用圆形或方形，其配箍率可取规范规定的各抗震等级螺旋箍配箍率之上限。

一般情况下，当剪跨比 $\leqslant 2$ 的短柱采用复合螺旋箍或井字形复合箍时，其体积配箍率不应小于 1.2%，设防烈度为 9 度时，不应小于 1.5%。对于剪跨比 $\leqslant 1.5$ 的超短柱，其体积配箍率还应提高一级。短柱的箍筋直径不宜小于 10mm，肢距不应大于 200mm，间距不应大于 100mm（一级抗震等级时，尚不应大于纵向钢筋直径的 6 倍），并应沿柱全高加密箍筋。短柱的箍筋应采用 HRB335 级或 HRB400 级钢筋。

5) 限制短柱纵向钢筋的间距和配筋率。纵向钢筋的间距不应大于 200mm；一级抗震等级时，单侧纵向受拉钢筋的配筋率不宜大于 1.2%。

6) 当不可避免采用短柱时，应适当增设剪力墙，不宜采用纯框架结构。

7) 尽量减小梁的高度，从而减小柱端处梁对短柱的约束，在满足结构侧向刚度条件下，必要时也可将部分梁作成铰接或半刚接。

当工程不可避免采用超短柱时，可以采用必要的措施使其成为长柱，常见的措施之一是采用分体柱（图 4-28）。分体柱是用聚苯板将柱分为等截面的单元柱，一般分为 4 个单元柱，截面的内力设计值由各单元柱共同分担，按现行规范进行单元柱的承载力验算。在柱的上、下两端，留有整截面过渡区，过渡区内配置复合箍。分体柱各单元的剪跨比是整体柱的 2 倍，这样就可以避免超短柱。

4.4.6　抗震设计时，如何合理确定框架柱的截面尺寸

在确定框架柱截面尺寸时，应考虑以下几个方面的因素：

(1) 在地震区：当框架柱的抗震等级为一级时，柱的混凝土强度不宜低于

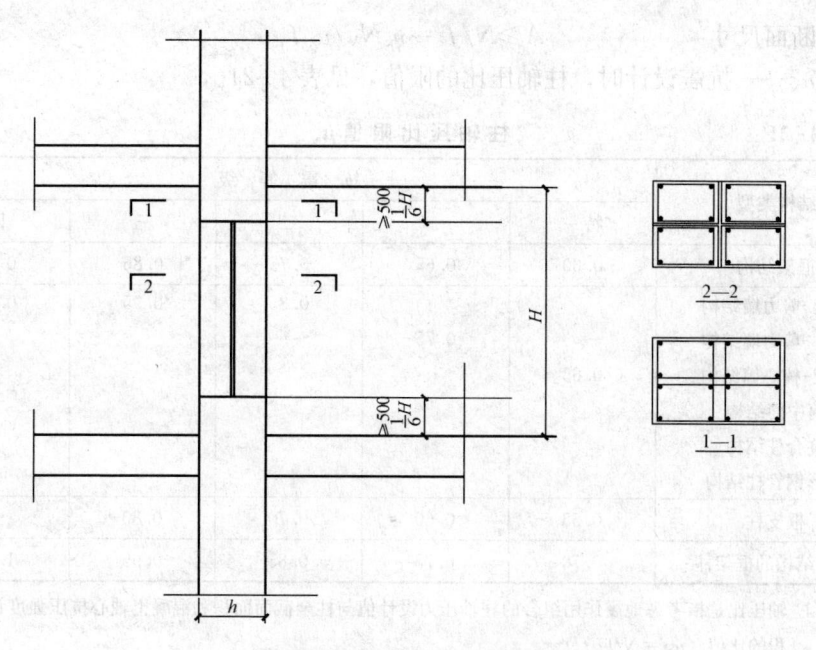

图 4-28 超短柱处理示意图

C30；抗震等级为二～四级，柱的混凝土强度不宜低于 C25；当抗震设防烈度为 8 度时，柱的混凝土强度等级不宜超过 C70；当抗震设防烈度为 9 度时，柱的混凝土强度等级不宜超过 C60。

(2) 在初步设计阶段，多、高层建筑框架柱的断面尺寸 $h \times b$，可以依据柱所承担的楼层面积计算由竖向荷载（包括静载和活载）产生的轴向力设计值 N_V（荷载的综合分项系数可以取 1.25）来估算。

注意： 各种结构体系单位面积上荷载可按下列情况考虑。

框架结构的单位面积的重量标准值在：$11 \sim 14 \text{kN/m}^2$

框架-剪力墙结构的单位面积的重量标准值在：$12 \sim 16 \text{kN/m}^2$

选取时主要考虑填充墙多少、墙体的材料等。

(3) 地震区有地震作用参与组合时，柱的轴向压力设计值 N 可以取为

$$N = \eta_E N_V$$

式中 η_E——水平地震作用下柱轴向压力增大系数；可以依据抗震设防烈度大小分别按表 4-20 选取。

表 4-20　　水平地震作用下柱轴向压力增大系数

	抗震设防烈度					
	6 (0.05g)	7 (0.10g)	7 (0.15g)	8 (0.20g)	8 (0.30g)	9 (0.40g)
η_E	1.02	1.05	1.10	1.15	1.20	1.25

注：对边柱可以适当取大值，对中柱取小值。

柱断面尺寸 $A \geqslant N/f_c = \eta_E N_V / \mu_N f_c$

式中 μ_N——抗震设计时，柱轴压比的限值，见表 4-21。

表 4-21 柱轴压比限值 μ_N

结构类型	抗震等级				
	特一	一	二	三	四
框架结构	0.60	0.65	0.75	0.85	0.90
框架-剪力墙结构 板柱-剪力墙结构 框架-核心筒结构 筒中筒结构 叠合柱结构 矩形钢管柱结构	0.65	0.75	0.85	0.95	0.95
框支柱	0.55	0.60	0.70	0.80	—
地下结构的框架柱	0.70	0.75	0.85	0.95	1.05

注：1. 轴压比是指考虑地震作用组合的柱轴压力设计值与柱全截面面积和混凝土轴心抗压强度设计值乘积的比值（$\mu_N = N/hbf_c$）。

2. 表中数值适用于混凝土强度等级不大于 C60 的柱。当柱混凝土强度等级为 C65~C70 时，轴压比的限值应比表中数值减小 0.05；当柱混凝土强度等级为 C75~C80 时，轴压比的限值应比表中数值减小 0.10。

3. 表内数值适用于剪跨比大于 2 的柱。对剪跨比大于 1.5 但小于 2 的柱，其轴压比限值应比表中的数值减小 0.05；对于剪跨比小于 1.5 的柱（超短柱），其轴压比的限值因专门研究并采取特殊构造措施。

4. 建造于 Ⅳ 类场地且较高的高层建筑，柱轴压比限值应适当减小。

5. 剪跨比大于 2 的框架柱，纵筋配筋率比计算值增加不小于 0.8% 且纵向总配筋率不小于 3%，箍筋采用 HRB400 级热轧钢筋且体积配箍率不小于 1.8%，其轴压比限值可增加 0.05；纵筋配筋率比计算值增加不小于 1.6% 且纵向总配筋率不小于 4%，箍筋采用 HRB400 级热轧钢筋且体积配箍率不小于 2%，其轴压比限值可增加 0.10。

6. 沿柱全高采用井字复合箍，且箍筋肢距不大于 200mm、间距不大于 100mm、直径不小于 12mm，或沿柱全高采用复合螺旋箍，且螺距不大于 100mm、肢距不大于 200mm、直径不小于 12mm，或沿柱全高采用连续复合矩形螺旋箍，且螺距不大于 80mm、肢距不大于 200mm、直径不小于 10mm 时，轴压比限值均可按表中数值增加 0.10；上述三种箍筋的体积配箍率均应按增大的轴压比相应加大。

7. 当柱的截面中部设置附加芯柱，且附加纵向钢筋的总面积不少于柱截面面积的 0.8% 时，其轴压比限值可按表中数值增加 0.05。此项措施与注（6）的措施同时采用时，轴压比限值可按表中数值增加 0.15，但箍筋的体积配箍率仍可按轴压比增加 0.10 的要求采用。

8. 柱轴压比限值不应大于 1.05。

(4) 柱的截面尺寸，还宜符合下列要求：

1) 柱截面的宽度和高度，抗震等级为四级或层数不超过 2 层时，不宜小于 300mm；抗震等级一、二、三级且层数超过 2 层时不宜小于 400mm；圆柱的直径，抗震等级四级或层数不超过 2 层时不宜小于 350mm，抗震等级一、二、三级且层数超过 2 层时不宜小于 450mm。

2) 剪跨比宜大于 2。

3) 柱截面长边与短边的比值不宜大于 3。

框架柱的剪跨比可按下式计算：

$$\lambda = M/Vh_0$$

式中　λ——框架柱的剪跨比，反弯点位于柱高度中部的框架柱，可取柱净高与计算方向 2 倍柱截面有效高度的比值；

M——柱端截面未经调整的组合弯矩计算值，可取柱上、下端的较大值；

V——柱端截面与组合弯矩计算值对应的组合剪力计算值；

h_0——计算方向上柱截面的有效高度。

4) 框架柱的受剪截面还应符合下列要求（截面基本尺寸要求）。

无地震作用组合时：

$$V_c \leqslant 0.25\beta_c f_c bh_0$$

有地震作用组合时（剪跨比＞2）：

$$V_c \leqslant 0.235\beta_c f_c bh_0$$

有地震作用组合时（剪跨比≤2）：

$$V_c \leqslant 0.176\beta_c f_c bh_0$$

式中　V_c——框架柱的剪力设计值；

β_c——混凝土强度影响系数，当混凝土强度等级≤C50 时取 1.0；当混凝土强度等级为 C80 时取 0.8；当混凝土强度等级在 C50～C80 之间时可以按线性内插取用；

bh_0——柱截面宽度、有效高度。

5) 依据工程经验统计可知：多、高层框架-剪力墙结构，框架-核心筒结构中的柱截面一般情况下均由柱轴压比计算控制；而对纯框架结构，在高烈度地区或高风压区柱截面往往由层间位移角限值控制；框架结构中剪跨比不大于 2 的柱，其截面有时会由受剪截面条件（剪压比）控制。

4.4.7　框架柱的轴压比

抗震设计时，为什么要限制框架柱的轴压比？当框架柱的轴压比超过规范的要求较多时，可采取哪些具体的措施？

试验研究表明，轴压比的大小与柱的破坏形态和变形能力是密切相关的。随着轴压比的不同，柱将产生两种破坏形态：受拉钢筋首先屈服的大偏心受压破坏；破坏时受拉钢筋并不屈服的小偏心受压破坏。而且，轴压比是影响柱的延性的重要因素之一，柱的变形能力随轴压比增大而急剧降低。

抗震设计时，应限制框架柱的轴压比，其目的主要是为了保证框架柱的延性，保证柱的塑性变形能力和保证框架的抗倒塌能力。抗震设计时，除了预计不可能进入屈服的柱外，通常都希望框架柱最终的破坏为大偏心受压破坏。当框架柱的轴压比超出规范要求较多时，在既不可能加大柱截面尺寸，又不可能提高混凝土强度等级的情况下，采用型钢混凝土柱或采用叠合柱均是行之有效的措施。型钢混凝土柱的混凝土强度等级不宜低于 C30，纵向钢筋的配筋率不宜小于 0.8%；当型钢混凝土柱的型钢含钢率不低于 5%时，可使框架柱的截面面积减小 30%～40%。

对型钢混凝土结构，考虑地震作用组合的框架柱的轴压比按下式计算：

$$\mu_N = N/(f_c A_c + f_a A_a)$$

式中 　μ_N ——抗震设计时柱轴压比的限值见表 4-21；

　　　N——考虑地震作用参与组合的轴压力设计值；

　　　f_a——型钢材料强度设计值；

　　　A_a——型钢截面面积；

　　　f_c——混凝土抗压强度设计值；

　　　A_c——混凝土柱全截面面积。

对叠合柱结构，考虑地震作用组合的框架柱的轴压比按下式计算：

$$\mu_N = N/(f_{cc} A_{cc} + f_{co} A_{co} + f_a A_a)$$

式中 　μ_N ——抗震设计时柱轴压比的限值见表 4-21；

　　　N——考虑地震作用参与组合的轴压力设计值；

　　　f_a——型钢材料强度设计值；

　　　A_a——型钢截面面积；

　　　f_{cc}——钢管内混凝土抗压强度设计值；

　　　f_{co}——钢管外混凝土抗压强度设计值；

　　　A_{cc}——钢管内混凝土柱截面面积；

　　　A_{co}——钢管外混凝土柱截面面积。

注意：

(1) 尽管利用箍筋对混凝土进行约束，可以提高混凝土的轴心抗压强度和混凝土的受压极限变形能力。但在计算柱的轴压比时，目前仍然不考虑箍筋约束对混凝土抗压强度的提高作用。

(2) 影响柱延性的因素很多，如：轴压比、配箍率、箍筋强度、混凝土强度、混凝土压应变、剪跨比、纵筋含钢率和强度、保护层厚度等。其中，轴压比是重要因素，但并非唯一因素。如果单纯的限制轴压比而不考虑其他因素的影响，显然是不全面的。比如，在轴压比较高的情况下，如果选用高强度的箍筋，且间距较密，含箍率较高，同样能有较好的延性。

(3) 在实际工程中，每根柱承受的轴压力 N 是固定不变的。如果把轴压比规定得很严，柱子就会越短，转动能力就越差。因此，设计时单纯严格控制轴压比，对提高抗震能力不一定有利。所以，在加强柱身的约束，且纵筋较多，且有一定数量抗震墙的条件下，可以适当地放松柱轴压比，请注意规范、规程中对轴压比的限制，写的是"宜"，即可有一定的放松条件。

4.4.8 抗震设计时，框架柱钢筋的配置应注意的问题

《建筑抗震设计规范》2010年版在2001年版的基础上进一步提高了框架结构中柱和边柱纵向钢筋的最小配筋率的要求。

（1）框架柱纵向钢筋的配置应满足下列要求。

柱全部纵向钢筋的配筋率，不应小于表4-22的规定，柱截面每一侧纵向钢筋的配筋率不应小于0.2%。

表4-22　　　　　柱截面纵向钢筋的最小总配筋百分率　　　　　　（%）

柱类别	抗震等级 一级	二级	三级	四级	非抗震
中柱边柱	0.9 (1.0)	0.7 (0.8)	0.6 (0.7)	0.5 (0.6)	0.5 (0.6)
角柱	1.1 (1.2)	0.9 (1.0)	0.8 (0.9)	0.7 (0.8)	0.7 (0.8)
框支柱	1.1 (1.2)	0.9 (1.0)	0.8 (0.9)	0.7 (0.8)	0.7 (0.8)

注：1. 括号内数值为《高层建筑混凝土结构技术规程》、《混凝土结构设计规范》的规定，括号外的数为《建筑抗震设计规范》（2010年版）的规定。
　　2. 对纯框架结构柱：《建筑抗震设计规范》（2010年版）要求其纵向钢筋最小总配筋率应比表中增加0.1%；《混凝土结构设计规范》（2002年版）要求其纵向钢筋最小总配筋率应比表中增加0.1%。
　　3. 抗震设计时，建造于Ⅳ类场地且较高的高层建筑，表中的数值应增加0.1。
　　4. 钢筋强度标准值小于400MPa时，应分别按表中数值增加0.1采用。
　　5. 当混凝土强度等级为C60及以上时，应按表中数值加0.1。
　　6. 边柱、角柱及抗震墙端柱在小偏心受拉时，柱内纵筋总截面面积应比计算增加25%；目的是为了避免柱的受拉纵筋屈服后再受压时，由于包兴格效应导致纵筋压屈。

（2）柱全部纵向钢筋的配筋率，抗震设计时不应大于5%；剪跨比不大于2的一级框架柱，每侧纵向钢筋配筋率不宜大于1.2%。

（3）抗震设计时，柱宜采用对称配筋；截面尺寸大于400mm的柱，其纵向钢筋的间距不宜大于200mm；柱钢筋的净距不应小于50mm。

（4）柱的纵向钢筋不应与箍筋、拉筋及预埋件等焊接。

（5）柱纵向受力钢筋的连接方法，应符合下列规定：

1）框架柱：一、二、三级抗震等级的底层，宜优先采用机械连接接头，也可以采用绑扎搭接或等强焊接接头，三级抗震等级的其他部位及四级抗震等级，可采用绑扎搭接接头或等强焊接接头；纵向钢筋直径大于20mm时，宜采用机械连接或等强焊接接头，采用机械连接接头时，应注明接头的等级的性能不低于Ⅱ级；纵向受拉钢筋直径大于28mm、受压钢筋直径大于32mm时，不宜采用绑扎搭接接头。

设计者特别注意：对大偏心受拉（受拉）柱不得采用绑扎搭接接头。

2）框支柱宜采用机械连接接头。

3）柱纵向钢筋连接接头的位置应错开，同一截面内钢筋接头面积百分率不宜超过50%；当柱纵向钢筋总根数不多于8根时，可以在同一截面内连接。

4）柱纵向受力钢筋接头的位置宜设在构件受力较小的部位，抗震设计时，宜避开梁端、柱端箍筋加密区；当无法避开时，应采用性能等级为Ⅰ级或Ⅱ级的机械连接接头，且钢筋接头的面积百分率不宜超过50%。

5）钢筋的机械连接、绑扎搭接及焊接，尚应符合国家现行有关标准的规定。

(6) 框架柱箍筋配置的一些要求：

抗震设计时，柱钢筋在规定的范围内应加密，加密区的箍筋最大间距和最小直径，应满足表4-23的要求。

表4-23 柱钢筋加密区的箍筋最大间距和最小直径

抗震等级	箍筋最大间距/mm（采用较小值）	箍筋最小直径/mm
一	6d, 100	10
二	8d, 100	8
三	8d, 150（柱根100）	8
四	8d, 150（柱根100）	6（柱根8）

注：1. d 为柱纵筋最小直径。
2. 柱根指底层柱下端加密区。
3. 一级框架柱的箍筋直径大于12mm且箍筋肢距不大于150mm、二级框架柱箍筋直径不小于10mm且箍筋肢距不大于200mm时，除底层柱下端外，最大间距应允许采用150mm。
4. 三级框架柱的截面尺寸不大于400mm时，箍筋最小直径应允许采用6mm；四级框架柱的剪跨比不大于2时，箍筋直径不应小于8mm。
5. 框支柱和剪跨比不大于2的柱，箍筋间距不应大于100mm。

(7) 抗震设计时，柱箍筋加密区的范围应符合下列规定：

1）底层柱的上端和其他各层柱的两端，应取矩形截面柱之长边尺寸（或圆形截面柱之直径）、柱净高之1/6和500mm中的最大值。

2）底层柱刚性地面上、下各500mm。

3）底层柱柱根以上1/3柱净高。

4）剪跨比≤2的柱、因填充墙等形成的柱净高与截面高度之比不大于4的柱、框支柱全高范围。

5）一、二级框架的角柱的全高范围。

6）设计需要提高变形能力的柱的全高范围。

(8) 柱箍筋加密区箍筋的体积配筋率，应符合下列规定：

$$\rho_v \geqslant \lambda_v f_c / f_{yv}$$

式中　f_c——混凝土轴心抗压强度设计值，当柱混凝土强度等级低于 C35 时，应按 C35 计算；

　　　f_{yv}——箍筋或拉筋的抗拉强度设计值；

　　　λ_v——最小配筋特征值 λ_v 宜按表 4-24 采用。

表 4-24　　　　　　柱箍筋加密区的箍筋最小配箍特征值 λ_v

抗震等级	箍筋形式	≤0.3	0.4	0.5	柱 轴 压 比 0.6	0.7	0.8	0.9	1.0	1.05
一级	普通箍、复合箍	0.10	0.11	0.13	0.15	0.17	0.20	0.23	—	—
	螺旋箍、复合或连续复合螺旋箍	0.08	0.09	0.11	0.13	0.15	0.18	0.21	—	—
二级	普通箍、复合箍	0.08	0.09	0.11	0.13	0.15	0.17	0.19	0.22	0.24
	螺旋箍、复合或连续复合螺旋箍	0.06	0.07	0.09	0.11	0.13	0.15	0.17	0.20	0.22
三、四级	普通箍、复合箍	0.06	0.07	0.09	0.11	0.13	0.15	0.17	0.20	0.22
	螺旋箍、复合或连续复合螺旋箍	0.05	0.06	0.07	0.09	0.11	0.13	0.15	0.18	0.20

注：1. 普通箍指单个矩形箍筋或单个圆形箍筋；螺旋箍指单个螺旋箍筋；复合箍指由矩形、多边形圆形箍筋或拉筋组成的箍筋；复合螺旋箍指由螺旋箍与矩形、多边形、圆形箍筋或拉筋组成的箍筋；连续复合螺旋箍指全部螺旋箍为同一根钢筋加工成的箍筋。

2. 框支柱宜采用复合螺旋箍或井字复合箍，一、二级抗震等级时，其最小配箍特征值应比表内数值增加 0.02，且体积配箍率不应小于 1.5%。

3. 对一、二、三、四级抗震等级的框架柱，其箍筋加密区的箍筋体积配箍率尚且分别不应小于 0.8%、0.6%、0.4% 和 0.4%。

4. 剪跨比≤2 的柱宜采用复合螺旋箍或井字复合箍，其加密区体积配箍率不应小于 1.2%；设防烈度为 9 度时，不应小于 1.5%。

5. 计算复合螺旋箍的体积配箍率时，其中非螺旋箍筋的体积应乘以换算系数 0.8。

特别说明：

a.《建筑抗震设计规范》2010 年版删除了 2001 年版中关于复合箍应扣除重叠部分箍筋体积的规定。但是 2010 年版并没有明确提出如何考虑重叠部分箍筋的体积，只是讲：因重叠部分对混凝土的约束情况比较复杂，如何计算有待进一步研究。

b. 体积配箍率随轴压比增大而增加的对应关系如下：采用 HRB335 级普通箍筋且混凝土强度等级大于 C35 时，一、二、三级轴压比分别小于 0.6、0.5 和 0.4 时，体积配箍率取表 4-24 中的最小值；轴压比分别超过 0.6、0.5 和 0.4，但在最大轴压比范围内，轴压比每增加 0.1，体积配箍率增加 $0.02(f_c/f_y) \approx 0.0011(f_c/16.7)$；超过最大轴压比范围，轴压比每增加 0.1，体积配箍率增加

$0.03(f_c/f_y) \approx 0.0001 f_c$。

c. 框架节点核芯区箍筋的最大间距和最小直径宜按表4-24采用；一、二、三级框架节点核芯区配箍特征值分别不宜小于0.12、0.10和0.08，体积配箍率分别不宜小于0.6%、0.5%和0.4%。柱剪跨比不大于2的框架节点核芯区，体积配箍率不宜小于核芯区上、下柱端的较大配箍率。

（9）抗震设计时，柱箍筋设置尚应符合下列要求：

1）箍筋应为封闭式，其末端应有135°弯钩，弯钩端部直段长度不应小于10倍的箍筋直径，且不小于75mm。

2）箍筋加密区的箍筋肢距，一级抗震等级不宜大于200mm；二、三级抗震等级不宜大于250mm和20倍箍筋直径的较大值；四级抗震等级不宜大于300mm。每隔一根纵向钢筋宜在两个方向有箍筋约束；采用拉筋组合时，拉筋宜紧靠纵向钢筋并勾住封闭箍。

3）柱非加密区的箍筋，其体积配箍率不宜小于加密区配筋率的一半，其箍筋间距不应大于加密区箍筋间距的2倍，且一、二级抗震等级不应大于10倍纵向钢筋直径，三、四级抗震等级不应大于15倍纵向钢筋直径。

4.4.9 抗震设计时，如何实现"强柱弱梁、强剪弱弯、强节点弱构件"的抗震设计理念

所谓"强柱弱梁"：从抗弯角度讲，要求柱端截面的屈服弯矩要大于梁端截面的屈服弯矩，使塑性铰尽可能地出现在梁端部，从而形成强柱弱梁。在梁端出现塑性铰，一方面框架结构不会变为可变体系，而且塑性铰的数目多，消耗地震能的能力强；另一方面，受弯构件具有较高的延性，结构的延性有保证。

所谓"强剪弱弯"：要求构件的抗剪能力要比其抗弯能力强，从而避免梁、柱构件过早发生脆性的剪切破坏。

所谓"强节点弱杆件"：由于节点域的受力非常复杂，容易发生破坏，所以在结构设计时只有保证节点不出现脆性剪切破坏，才能充分发挥梁、柱的承载能力及变形能力。即在梁、柱塑性铰顺序出现完成之前，节点区不能过早破坏。

尽管我国的各版《建筑抗震设计规范》都有这样的概念设计理念，但是由于地震的复杂性、楼板的影响和钢筋屈服强度的超强，难以通过精确的承载力计算来真正实现"强柱弱梁"的理念。

由多次地震破坏的情况来看，框架结构的柱端出现塑性铰、柱端剪切破坏、节点区破坏等现象比较常见，如图4-29所示。这些震害表明，各版《建筑抗震设计规范》中要求柱铰机制的破坏模式没能得以实现"强柱弱梁、强剪弱弯、强结点弱构件"等抗震设计理念。

图 4-29 框架柱出现塑性铰破坏

地震后的工程破坏实例表明，需提高框架结构"强柱弱梁"的抗震设计理念。我国各版《建筑抗震设计规范》均通过提高各结构的柱端弯矩增大系数，按实配计算；也就是说：规范保证"强柱弱梁"是通过柱端弯矩放大系数来实现的。纵观1989年版抗震规范，到2001年版抗震规范，再到2010年版抗震规范，这个"柱端弯矩放大系数"总是在不断地增大。尽管如此，震害表明还是很难实现"强柱弱梁"。这说明其中的原因可能并没有这么简单。例如，楼板对框架梁的增强作用、钢筋的超强、强震下结构的传力机制等因素。

《建筑抗震设计规范》(1989年版)在引入柱弯矩增大系数时，已经说明，要真正实现"强柱弱梁"，除了按实际配筋计算外，还应计入梁两侧有效翼缘范围楼板钢筋的影响。因此，建议结构抗震设计在进行框架刚度和承载力计算时，所计入的梁两侧有效翼缘范围应相互协调，承载力计算应适当计入楼板的钢筋，例如，按欧洲规范Eurocode8，至少应计入柱宽以外楼板厚度2倍范围的板中分布钢筋。

《建筑抗震设计规范》1989年版和2001年版说明，梁端实配钢筋的受弯承载力所对应的弯矩值$\sum M_{bua}$可通过梁端组合弯矩设计值$\sum M_b$乘以实配系数得到。该系数即节点左右梁端顺时针或反时针方向受拉钢筋的实际截面面积与计算面积的比值λ_s乘以钢筋材料强度标准值与设计值的比例，即取$1.1\lambda_s$作为弯矩实配系数。λ_s由工程人员根据具体情况给出。此时，有

$$\sum M_c \geq 1.1\lambda_s \eta_c \sum M_{bua}$$

在应用程序对结构进行分析计算时，为了考虑楼板对整个结构刚度的贡献，采用将梁的刚度放大。《高层建筑混凝土结构技术规程》(2002年版)5.2.2条规定：在结构内力与位移计算中，现浇楼面和装配整体式楼面中梁的刚度可考虑翼缘的作用予以增大。近似考虑时，楼面梁刚度增大系数可根据翼缘情况取1.3~2.0。对于无现浇面层的装配式结构，可不考虑楼面翼缘的作用。

但大家注意：刚性板假定总是假定楼板平面内刚度无限大，这种情况下楼板的刚度是无法考虑到整体结构中的。因此，规范规定通过采用梁的刚度放大的办法来近似考虑楼板对整体结构的贡献。由这点可知：梁的刚度放大并不是为了在计算梁的内力及配筋时，将楼板作为梁的翼缘，按T形梁设计，以达到降低梁的内力及配筋的目的，而仅仅是为了近似考虑楼板刚度对结构的影响。这样一来就会有下列的问题存在：梁是按T形梁计算刚度进行内力分配的，但配筋时并未考虑T形梁。

为此，《建筑抗震设计规范》(2010年版)从以下5个方面进一步加强了"强柱弱梁"的抗震设计理念。

(1) 进一步加大框架柱弯矩增大系数。

《建筑抗震设计规范》(2010年版)6.2.2条：一、二、三、四级框架的梁柱节点处，除框架顶层和柱轴压比小于0.15者及框支梁与框支柱的节点外，柱端组

合的弯矩设计值应符合下式要求：
$$\sum M_c = \eta_c \sum M_b$$
一级框架结构和9度的一级框架可以不符合上式要求，但应符合下式要求：
$$\sum M_c = 1.2\sum M_{bua}$$

式中　$\sum M_c$——节点上下柱端截面顺时针或反时针方向组合的弯矩设计值之和，上下柱端的弯矩设计值，可按弹性分析分配；

$\sum M_b$——节点左右梁端截面反时针或顺时针方向组合的弯矩设计值之和，一级框架节点左右梁端均为负弯矩时，绝对值较小的弯矩应取零；

$\sum M_{bua}$——节点左右梁端截面反时针或顺时针方向实配的正截面抗震受弯承载力所对应的弯矩值之和，根据实配钢筋面积（计入梁受压筋和相关楼板钢筋）和材料强度标准值确定；

η_c——框架柱端弯矩增大系数；对框架结构：一级取1.7，二级取1.5，三级取1.3，四级取1.2；其他结构类型中的框架：一级可取1.4，二级可取1.2，三级可取1.1，四级可取1.1。

当反弯点不在柱的层高范围内时，柱端截面组合的弯矩设计值可乘以上述柱端弯矩增大系数。

《建筑抗震设计规范》（2010年版）6.2.3条：一、二、三、四级框架结构的底层，柱下端截面组合的弯矩设计值，应分别乘以增大系数1.7、1.5、1.3和1.2。底层柱纵向钢筋宜按上下端的不利情况配置。

注：底层指柱根部截面嵌固端的楼层。

（2）考虑梁受压钢筋对梁抗弯承载力的影响。

《混凝土结构设计规范》（2010年版）6.2.10条，矩形截面或翼缘位于受拉边的倒T形截面受弯构件，其正截面受弯承载力应符合下列规定：
$$M \leqslant a_1 f_c bx(h_0 - x/2) + f'_y A'_s (h_0 - a'_s) - (\sigma'_{p0} - f'_{py}) A'_p (h_0 - a'_p)$$
$$a_1 f_c bx = f_y A_s - f'_y A'_s + f_{py} A_p + (\sigma'_{p0} - f'_{py}) A'_p$$

式中　A_s、A'_s——受拉区、受压区纵向普通钢筋的截面面积；

A_p、A'_p——受拉区、受压区纵向预应力筋的截面面积；

M——弯矩设计值；

a_1——系数，按本规范6.2.6条的规定计算；

σ'_{p0}——受压区纵向预应力筋合力点处混凝土法向应力等于零时的预应力筋应力；

b——矩形截面的宽度或倒T形截面的腹板宽度；

h_0——截面有效高度；

a'_s、a'_p——受压区纵向普通钢筋合力点、预应力筋合力点至截面受压边缘的距离。

注意：

1) 实配钢筋一般情况下并未达到承载力极限状态，而计算采用 $f'_y A'_s$ 是不合理的。

2) 一般在不考虑受压钢筋时计算的受拉钢筋配筋率要比考虑受压钢筋时大 2% 左右。

(3)《混凝土结构设计规范》(2010 年版) 5.2.4 条：对现浇楼板和装配整体式结构，宜考虑楼板作为翼缘对梁刚度和承载力的影响。梁受压区有效翼缘计算宽度 b_f 可按《混凝土结构设计规范》(2010 年版) 表 5.2.4 所列情况中的最小值取用；也可采用梁刚度增大系数法近似考虑，刚度增大系数应根据梁有效翼缘尺寸与梁截面尺寸的相对比例确定。

(4) 梁挠度和裂缝计算的调整。

《混凝土结构设计规范》(2001 年版) 计算的梁挠度和裂缝均偏大，人为加大了梁的钢筋，特别是梁的负筋。为此，《混凝土结构设计规范》(2010 年版) 规范作了适当调整。

1) 在裂缝计算时将构件的受力特征系数进行了适当调整，裂缝宽度计算公式：

$$\omega_{\max} = a_r \Psi \sigma_s l_{cr}/E_s$$

式中　a_r——构件受力特征系数。

《混凝土结构设计规范》(2001 年版) 7.1.2 条中规定：在受弯、偏心受压时，钢筋混凝土构件受力特征系数为 2.1。

《混凝土结构设计规范》(2010 年版) 7.1.2 条中规定：在受弯、偏心受压时，钢筋混凝土构件受力特征系数为 1.9。

结论：《混凝土结构设计规范》2010 年版比 2001 年版计算的裂缝值减少 10% 左右。

2) 对梁挠度计算公式也进行了调整，在短期刚度计算公式中增加了板受压翼缘项。

《混凝土结构设计规范》(2001 年版) 7.2.3 条，按裂缝控制等级要求的荷载组合作用下，钢筋混凝土受弯构件和预应力混凝土受弯构件的短期刚度 B_s，可按下列公式计算：

$$B_s = E_s A_s h_0^2 / (1.15\Psi + 0.2 + 6a_E\rho)$$

《混凝土结构设计规范》(2010 年版) 7.2.3 条，按裂缝控制等级要求的荷载组合作用下，钢筋混凝土受弯构件和预应力混凝土受弯构件的短期刚度 B_s，可按下列公式计算：

$$B_s = E_s A_s h_0^2 / (1.15\Psi + 0.2 + 6a_E\rho / 1 + 3.5\gamma'_f)$$

式中　γ'_f——受拉翼缘截面面积与腹板有效截面面积的比值。

结论：《混凝土结构设计规范》2010 年版比 2001 年版计算的挠度值减少 20% 左右。

(5) 适当增加了柱最小截面的限制要求。

《建筑抗震设计规范》(2010年版)6.3.5条，柱的截面尺寸，宜符合下列各项要求：

柱截面的宽度和高度，抗震等级四级或层数不超过2层时，不宜小于300mm；抗震等级一、二、三级且超过2层时不宜小于400mm；圆柱的直径，四级或层数不超过2层时不宜小于350mm，抗震等级一、二、三级且层数超过2层时不宜小于450mm。

说明：本次修订，根据汶川地震的经验，对一、二、三级且层数超过2层的房屋，增大了柱最小尺寸的要求，以利于实现"强柱弱梁"的理念。

注意：尽管规范为实现"强柱弱梁"的抗震设计理念，作出了一些规定，但目前由于计算程序有些方面还未能够体现，因此作者认为梁的配筋是不够合理的，建议设计者在配筋时注意以下问题。

1) 在对结构进行整体计算时，无论柱截面大小，均应考虑梁柱刚域对梁负弯矩计算的影响。

2) 在竖向荷载作用下，可考虑框架梁端塑性变形内力重分布，对梁端负弯矩乘以调幅系数进行调幅，并应符合下列规定：

a. 装配整体式框架梁端负弯矩调幅系数可取为 0.7~0.8；现浇框架梁端负弯矩调幅系数可取为 0.8~0.9。

b. 框架梁端负弯矩调幅后，梁跨中弯矩应按平衡条件相应增大。

c. 应先对竖向荷载作用下框架梁的弯矩进行调幅，再与水平作用产生的框架梁弯矩进行组合。

d. 截面设计时，框架梁跨中截面正弯矩设计值不应小于竖向荷载作用下按简支梁计算的跨中弯矩设计值的50%。

e. 以下情况不应采用塑性内力重分布：①对于直接承受动力荷载的构件；②设计要求不出现裂缝的构件；③环境类别为三a、三b类情况下的结构。

设计者应特别注意：CECS51：93《钢筋混凝土连续梁和框架考虑内力重分布设计规程》3.0.4条，连续梁、单向连续板和框架梁考虑塑性内力重分布后的承载能力，应按《混凝土结构设计规范》的有关规定计算。

考虑弯矩调整后，连续梁和框架梁在下列区段内应将计算的箍筋截面面积增大20%：对集中荷载，取支座边至最近一个集中荷之间的区段；对均布荷载，取支座边至距离支座边为 $1.05h_0$ 的区段，此处，h_0 为梁截面的有效高度。此外，箍筋的配筋率

$$p_{sv} = A_{sv}/b_s \geq 0.03 f_c / f_{yv}$$

说明：为了防止结构在实现弯矩调整所要求的内力重分布前发生剪切破坏，根据国内对集中荷载和均布荷载作用下的连续梁试验结果，本规程规定，在可能产生塑性铰区段适当增加按《混凝土结构设计规范》算得的箍筋数量，在梁端布

置足够数量的箍筋，将能改善混凝土的变形性能。增强梁端塑性铰的转动能力，使弯矩调整所要求的内力重分布得以充分实现。本规程对箍筋的最小配筋率所作的规定也是根据上述试验结果提出的，主要是为了减少构件发生斜拉破坏的可能性。

3）考虑到板中负筋对梁弯矩的影响，在对梁负弯矩配筋时，可以将梁两侧2倍板厚的负筋从梁的负筋中扣除。

4.4.10 抗震设计时，为什么不宜将楼面主梁支承在剪力墙的连梁上

这是由于剪力墙结构中的连梁与剪力墙相比，其平面外的抗弯刚度和承载力均更弱，《高层建筑混凝土结构技术规程》（2002年版）7.1.10条规定：不宜将楼面主梁支承在剪力墙之间的连梁上。因为，一方面连梁平面外的抗弯刚度很弱，达不到约束主梁端部的要求，连梁也没有足够的抗扭刚度去抵抗平面外的弯矩；另一方面，楼面主梁支承在连梁上对连梁很不利，连梁本身剪切应变较大，容易出现斜裂缝，楼面主梁的支承使连梁在较大的地震发生时，难于避免产生脆性的剪切破坏。因此，应尽量避免将楼面主梁支承在剪力墙连梁上；当不可避免时，除了补充计算和复核外，应采取可靠的措施，如在连梁内配置交叉斜筋或交叉暗撑，或采用钢板混凝土连梁、型钢混凝土连梁，或将次梁端部设计成铰接等。

4.4.11 抗震设计在确定剪力墙底部加强部位的高度时应当注意的问题

设计合理的剪力墙结构，其剪力墙墙肢应具有良好的延性和耗能能力，在水平地震作用下，墙肢底部可以实现延性的弯曲破坏或有一定延性和耗能能力的弯曲、剪切破坏。为了使剪力墙墙肢具有良好的延性和耗能能力，除了遵从"强墙肢弱连梁、强剪弱弯"的设计原则外，还应限制墙肢的轴压比、剪压比，避免小剪跨比墙肢，设置剪力墙底部加强部位和设置剪力墙约束边缘构件等。

在剪力墙底部设置加强部位，适当提高剪力墙底部加强部位的承载力和加强抗震构造措施，对提高剪力墙的抗震能力，并进而改善整个结构的抗震性能是非常必要的。为此规范作出了以下规定：

（1）《高层建筑混凝土结构技术规程》（2010年版）7.1.4条，抗震设计时，剪力墙底部加强部位的范围，应符合下列规定：

1）底部加强部位的高度，应从地下室顶板算起。

2）部分框支剪力墙结构的剪力墙，其底部加强部位的高度，可取框支层加框支层以上两层的高度及落地剪力墙总高度的1/10二者的较大值；其他结构的剪力墙，底部加强部位的高度可取底部两层和墙体总高度的1/10二者的较大值。

3）当结构计算嵌固端位于地下一层的底板或以下时，底部加强部位尚宜向下延伸到计算嵌固端。

(2)《建筑抗震设计规范》(2010年版)6.1.10条,抗震墙底部加强部位的范围,应符合下列规定:

1) 底部加强部位的高度,从地下室顶板算起。

2) 部分框支抗震墙结构的抗震墙,其底部加强部位的高度,可取框支层加框支层以上二层的高度及落地抗震墙总高度的1/10二者的较大值;其他结构的抗震墙,房屋高度大于24m时,底部加强部位的高度可取底部二层和墙体总高度的1/10二者的较大值;房屋高度不大于24m时,底部加强部位可取底部一层。

3) 当结构计算嵌固端位于地下一层的底板或以下时,底部加强部位尚宜向下延伸到计算嵌固端。

4.4.12 抗震设计,剪力墙厚度不满足规范(规程)要求时的处理措施

(1) 根据《高层建筑混凝土结构技术规程》(2010年版)7.2.2条和《建筑抗震设计规范》(2010年版)6.4.1条的规定,剪力墙的截面尺寸应满足下列要求:

1) 按一、二级抗震等级设计的剪力墙的截面厚度,底部加强部位不应小于层高或剪力墙无支长度的1/6,且不应小于200mm;其他部位不应小于层高或剪力墙无支长度的1/20,且不应小于160mm。当为无端柱或无翼墙的一字形剪力墙时,其底部加强部位的截面厚度尚不应小于层高的1/12;其他部位尚不应小于层高的1/15,且不应小于180mm。

2) 按三、四级抗震等级设计的剪力墙的截面厚度,底部加强部位不应小于层高或剪力墙无支长度的1/20,且不应小于160mm;其他部位不应小于层高或剪力墙无支长度的1/25,且不应小于160mm。

3) 非抗震设计的剪力墙,其截面厚度不应小于层高或剪力墙无支长度1/25,且不应小于160mm。

4) 剪力墙井筒中,分隔电梯井或管道井的墙肢截面厚度可适当减小,但不应小于160mm。

(2) 当剪力墙墙厚不满足上述第1)~3)条要求时,在不拟增加墙厚的情况下,应按《高层建筑混凝土结构技术规程》附录D计算墙体的稳定性。

(3) 结构工程师应当注意的是,并不是在任何情况下只要求剪力墙墙肢的截面厚度仅满足《高层建筑混凝土结构技术规程》附录D的稳定计算要求就可以了,还应考虑剪力墙所处的位置及其重要性。对于剪力墙底部的加强部位、转角窗旁的一字形剪力墙墙肢、框支剪力墙结构的落地墙、框架-剪力墙结构的单片墙(非筒体墙)等,由于这些部位的重要性和受力的复杂性,确定这些部位的墙肢截面厚度时,应将《高层建筑混凝土结构技术规程》附录D稳定计算的结果适当加大,使这些部位墙肢截面的厚度接近《高层建筑混凝土结构技术规程》要求的最小厚度。

4.4.13 抗震设计时，剪力墙的轴压比与柱的轴压比计算的区别及相关的限制条件

(1) 钢筋混凝土剪力墙与钢筋混凝土柱的轴压比定义和计算方法有着本质的区别。钢筋混凝土柱的轴压比是指柱考虑地震作用效应组合的轴向压力设计值与柱全截面面积和混凝土轴心抗压强度设计值乘积的比值，按下式计算：

$$\mu_N = N/bhf_c$$

式中 μ_N——柱轴压比；
N——柱轴向压力设计值；
b、h——分别为柱截面的高度、宽度。

钢筋混凝土剪力墙的轴压比是指剪力墙墙肢在重力荷载代表值作用下的轴向压力设计值与剪力墙墙肢截面面积和混凝土轴心抗压强度设计值乘积的比值，按下式计算（注意：这里墙肢轴压力设计值计算时，不计入地震作用组合，但应取分项系数1.2）：

$$\mu_n^w = N_w/A_w f_c$$

式中 μ_n^w——钢筋混凝土剪力墙墙肢的轴压比；
N_w——剪力墙墙肢在重力荷载代表值作用下的轴向压力设计值，$N_w = \gamma_G S_{GE}$，其中 γ_G 为重力荷载分项系数，S_{GE} 为重力荷载代表值的效应；
A_w——剪力墙墙肢的截面面积。

(2) 抗震设计时，一、二级抗震等级的剪力墙底部加强部位，其重力荷载代表值作用下墙肢的轴压比不宜超过表 4-25 的限值。

(3) 短肢剪力墙墙肢的轴压比限值见表 4-26。

表 4-25　　　　　　　一般剪力墙的轴压比限值

抗震等级（设防烈度）	一级（9度）	一级（7、8度）	二、三级
轴压比	0.4	0.5	0.6

表 4-26　　　　　　　短肢剪力墙墙肢的轴压比限值

墙肢所在部位		抗震等级		
		一级	二级	三级
底部加强部位	一字墙	0.35	0.45	0.50
	其他墙	0.45	0.55	0.55
非加强部位	一字墙	0.40	0.50	0.55
	其他墙	0.50	0.60	0.60

4.4.14 抗震设计时，剪力墙边缘构件的设置

（1）剪力墙结构可不设置约束边缘构件最大轴压比限值见表 4-27。

表 4-27　　　　剪力墙可不设置约束边缘构件最大轴压比限值

抗震等级（设防烈度）	一级（9度）	一级（7、8度）	二、三级
轴压比	0.1	0.2	0.3

（2）在剪力墙墙肢的两端和洞口两侧应设置边缘构件，并应符合以下要求：

1）一、二、三级抗震等级的剪力墙底部墙肢当轴压比大于表 4-27 的限值时，以及部分框支结构中的剪力墙，应按规定设置约束边缘构件；约束边缘构件的高度不应小于底部加强部位及其以上一层的总高度。

2）一、二、三级抗震等级的剪力墙底部墙肢当轴压比小于表 4-27 的限值时，以及四级抗震等级剪力墙，可按规定设置构造边缘构件。

3）B 级高度高层建筑的剪力墙，宜在约束边缘构件层与构造边缘构件层之间设置 1～2 层的过渡层，过渡层边缘构件的箍筋配置要求可低于约束边缘构件的要求，但应高于构造边缘构件的要求。

4）框架-剪力墙结构、板柱-剪力墙结构、框架-核心筒结构及混合结构等，其剪力墙（筒体墙）边缘构件的设置原则与剪力墙结构相同。

5）部分框支剪力墙结构，其剪力墙边缘构件的设置原则也与剪力墙结构相同。部分框支剪力墙结构底部加强部位的剪力墙包括落地剪力墙和转换构件上部 2 层的剪力墙。框支剪力墙结构剪力墙底部加强部位墙体两端宜设置翼墙或端柱，抗震设计时尚应按《高层建筑混凝土结构技术规程》（2010 年版）7.2.16 条的规定设置约束边缘构件，约束边缘构件应延伸至底部加强部位的上一层。剪力墙的其他部位应按照《高层建筑混凝土结构技术规程》（2010 年版）7.1.17 条的要求设置构造边缘构件。

4.4.15 抗震设计，当剪力墙或核心筒墙肢与其平面外相交的楼面梁刚接时，应当如何处理

《高层建筑混凝土结构技术规程》（2010 年版）7.1.5 条，楼面梁不宜支承在剪力墙或核心筒的连梁上。当剪力墙或核心筒墙肢与其平面外相交的楼面梁刚接时，可沿楼面梁轴线方向设置与梁相连的剪力墙、扶壁柱或在墙内设置暗柱，并应符合下列规定：

（1）设置沿楼面梁轴线方向与梁相连的剪力墙时，墙的厚度不宜小于梁的宽度 [图 4-30（a）]。

（2）设置扶壁柱时，其宽度不应小于梁宽，墙厚可计入扶壁柱的截面高度 [图 4-30（b）]。

(3) 墙内设置暗柱时，暗柱的截面高度可取墙的厚度，暗柱的截面宽度不应小于梁宽、不宜大于墙厚的 4 倍 [图 4-30 (c)、(d)]。

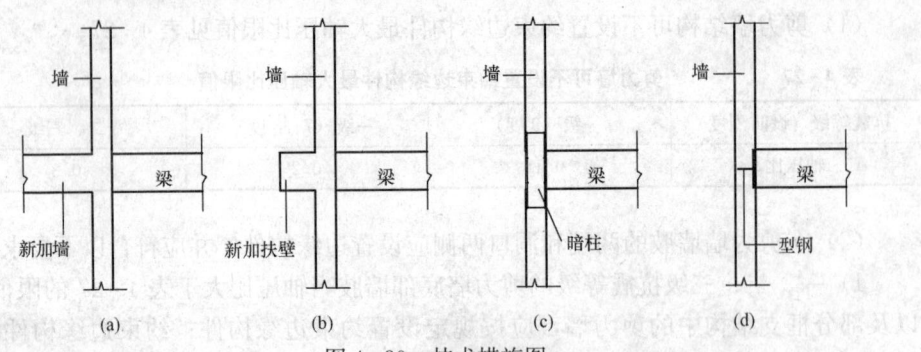

图 4-30 技术措施图

(4) 应通过计算确定暗柱或扶壁柱的竖向钢筋（或型钢），竖向钢筋的总配筋率应符合下列要求：非抗震设计时不应小于 0.6%；抗震设计时，一、二、三、四级分别不应小于 1.0%、0.8%、0.7%和 0.6%。

(5) 楼面梁伸出墙面形成梁头，梁的纵筋伸入梁头后弯折锚固（图 4-31），也可采取其他可靠的锚固措施。

(6) 暗柱或扶壁柱应设置箍筋，箍筋应符合柱箍筋的构造要求。抗震设计时，箍筋加密区的范围及其构造要求应符合相同抗震等级的柱的要求，暗柱或扶壁柱的抗震等级应与剪力墙或核心筒的抗震等级相同。

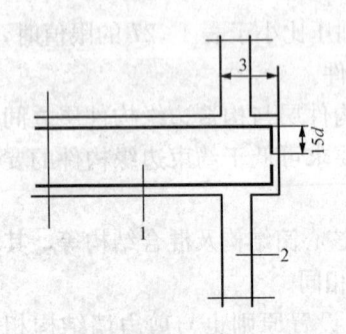

图 4-31 技术措施图
1—楼面梁；2—剪力墙；3—楼面梁钢筋锚固水平投影长度

设计者请注意：

1) 当采用上述几种措施时，由于各种条件的限制，对于截面较小的楼面梁，宜将梁与墙连接处设计成铰接或半刚接。

2) 一般建议：300mm 以上厚度的墙可以优先考虑加暗柱或型刚，不大于 300mm 的墙优先考虑将梁与墙连接处设计成铰接。

3) 个人建议：即使采用加暗柱或加型钢，也宜将梁与墙连接处设计成铰接。

4) 当按计算决定扶壁柱时，建议在整体计算时就将扶壁柱输入参与整体计算。

5) 当考虑采用暗柱或型钢柱时，因无法考虑暗柱及型钢参与整体计算，所以需要后期人工补算，可按图 4-32 所示节点力的平衡关系 $M_1=M_2=1/2M_3$ 来计算。

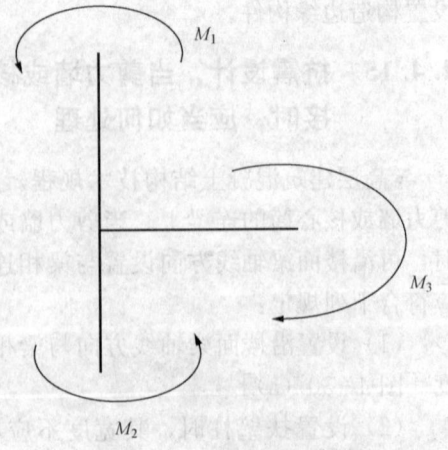

图 4-32 暗柱内力平衡图

4.4.16 抗震设计，在剪力墙结构外墙角部开设角窗时，应当采取的加强措施

剪力墙结构在外墙角部是否可以开设角窗，《建筑抗震设计规范》和《高层建筑混凝土结构技术规程》均没有明确的规定，但在实际工作中，在抗震设计烈度为 8 度及 8 度以下的地震区，在剪力墙结构的外墙角部开设角窗的工程项目并不少见，而是比较普遍的。

在剪力墙结构外墙角部开设角窗，必然会破坏墙体的连续性和整体性，使地震作用无法可靠传递，给结构的抗震埋下安全隐患，同时也会降低结构的整体刚度，特别是结构的抗扭刚度。所以，在地震区，特别是高烈度地震区，应尽量避免在剪力墙结构外墙角部开设角窗，必须设置时应采取以下加强措施。

(1) 在剪力墙结构外墙角部开设角窗时，《全国民用建筑工程设计技术措施（结构）》(2003 年版) 的建议是，B 级高度的高层剪力墙结构不应在剪力墙外墙角部开设角窗；抗震设计时，8 度及 8 度以下地震区的高层剪力墙结构不宜在剪力墙外墙角部开设角窗，必须设置时，应进行专门研究，并宜采取下列措施：

1) 角窗洞口不应过大，连梁不宜过小，并应上、下对齐。
2) 角窗洞口附近应避免采用短肢剪力墙和单片剪力墙，宜采用 T 形、L 形、十形等截面形式的墙体，墙厚宜适当加大。
3) 转角处楼板宜局部加厚，配筋适当加大，并配置双层双向通长受力钢筋；必要时，在转角处的板内设置连接两侧墙体的暗梁。

(2) 北京市建筑设计研究院编著的《建筑结构专业技术措施》的建议是，抗震设防烈度为 8 度时，高层剪力墙结构不宜在外墙角部开设角窗，必须设置时应加强其抗震措施：

1) 宜提高角窗两侧墙肢的抗震等级，并按提高后的抗震等级满足轴压比限值的要求。
2) 角窗两侧的墙肢应沿全高设置约束边缘构件。
3) 抗震设计时应考虑扭转耦联的影响。
4) 角窗处房间的楼板宜适当加厚，配筋宜适当加强。
5) 宜加强角窗窗台连梁的配筋与构造。
6) 角窗墙肢厚度不宜小于 250mm。

(3) 作者的建议是：

1) B 级高度的高层剪力墙结构，9 度抗震设防地区的高层剪力墙结构，不应在剪力墙外墙角部开设角窗。
2) 在 8 度及 8 度以下地震区的多、高层剪力墙结构，当在剪力墙外墙角部开设角窗时，除应参照上述文献资料采取相应的抗震措施外，还应采取以下措施：

a. 角窗的连梁除按折线梁计算外，还应按双向悬挑梁进行复核计算。

b. 角部墙体宜按中震不屈服进行有限元分析计算。

（4）对于非抗震设计的高层剪力墙结构，当在剪力墙外墙角部开设角窗时，也宜采取适当的加强措施。

4.4.17 抗震设计时，剪力墙连梁超筋时通常宜采用的处理措施

为实现连梁的强剪弱弯，《高层建筑混凝土结构技术规程》（2010年版）7.2.21条规定按强剪弱弯要求计算连梁剪力设计值，7.2.22条又规定了名义剪应力的上限值，两条共同使用，就相当于限制了受弯配筋，连梁的受弯配筋不宜过大。但由于7.2.21条是采用乘以增大系数的方法获得剪力设计值（与实际配筋量无关），容易使设计人员忽略受弯钢筋数量的限制，特别是在计算配筋值很小而按构造要求配制受弯钢筋时，容易忽略强剪弱弯的要求。因此，7.2.24条和7.2.25条分别给出了最小和最大配筋率的限值，这是新增条文，以防止连梁的受弯钢筋配置过多。

剪力墙连梁对剪切变形十分敏感，规范、规程对剪力设计值的限制比较严，因此在抗震设计时，在很多情况下，经常会出现连梁超限的现象。所谓超限在这里主要是指剪力墙连梁的截面尺寸不满足《高层建筑混凝土结构技术规程》（2010年版）7.2.22条的截面要求，即通常所说的剪压比超限或剪力超限。当剪力墙连梁截面不满足抗剪验算要求时，可采取以下措施：

（1）减小连梁截面高度或设水平缝形成双连梁。

当连梁剪力设计值超过限值时，加大截面高度会引起更多的剪力，因而更为不利，而减小连梁截面高度或加大连梁截面厚度则比较有效，但加大连梁截面厚度很难实现（除非同时加大剪力墙的截面厚度）。

在连梁截面高度的中间部位设水平缝将一根连梁等分成两根小连梁；在进行结构整体计算时，连梁截面高度按设缝后小连梁的高度输入，连梁截面宽度为原有连梁截面宽度的2倍；两根小连梁的配筋相同，纵向钢筋和箍筋均不宜小于整体计算结果输出的配筋（配箍）截面面积的1/2。

当连梁设水平缝时，连梁的剪力宜分别乘以1.6（特一级抗震等级），1.4（一级抗震等级）、1.2（二级抗震等级）和1.1（三、四级抗震等级）的增大系数，以考虑连梁刚度改变和剪力分配不均的影响。

（2）抗震设计剪力墙连梁的弯矩可塑性调幅；内力计算时已经按《高层建筑混凝土结构技术规程》（2010年版）5.2.1条的规定降低了刚度的连梁，其弯矩值不宜再调幅，或限制再调幅范围。此时，应取弯矩调幅后相应的剪力设计值校核其是否满足《高层建筑混凝土结构技术规程》（2010年版）7.2.22条的规定。

对抗震设计的剪力墙连梁的弯矩和剪力进行塑性调幅，以降低其剪力设计值。连梁塑性调幅可采用两种方法：

1）在结构整体设计时，将连梁刚度进行折减，抗震设防烈度为6、7度时，折减系数可取0.7；抗震设防烈度为8、9度时，折减系数可取0.5。折减系数不宜小

于 0.5，以保证连梁有足够的承受竖向荷载的能力和正常使用极限状态的性能；非抗震设计的剪力墙连梁一般不进行刚度折减。

2) 在结构整体计算之后，将连梁的弯矩和剪力组合设计值乘以折减系数。

上述两种方法的目的都是减少连梁的内力和配筋。因此，在整体设计时若已降低了刚度的连梁，其调幅范围应当限值或不再继续调幅。当部分连梁降低弯矩设计值后，其余部分的连梁和墙肢的弯矩设计值应相应提高。

无论采用什么方法，连梁调幅后的弯矩和剪力设计值均不应低于正常使用状态下的值，也不宜低于比设防烈度降低一度的地震作用组合所得的弯矩设计值，其目的是为了避免在正常使用条件下或较小的地震作用下连梁上出现规范不允许的裂缝。因此建议在一般情况下，可控制连梁调幅后的弯矩不应小于调幅前弹性弯矩的 0.8 倍（6、7 度抗震设计时）和 0.5 倍（8、9 度抗震设计时）。

(3) 当连梁破坏对承受竖向荷载无明显影响时，可考虑在大震作用下连梁不参加工作，按独立墙肢的计算简图进行第二次多遇地震作用下的内力分析，墙肢截面按两次计算的较大值计算配筋，第二次计算时位移不限制。具体做法如下：

1) 将超限连梁两端铰接，使超限连梁作为两端铰接梁进入结构整体内力分析计算。

2) 有资料指出，在结构整体计算时，如果在计算简图中将剪力墙的开洞连梁的截面高度按小于 300mm 输入，SATWE 软件在计算内力时会忽略该梁的存在，也不计算其配筋。

工程设计时当遇到连梁超限时，应首先采取上述第（1）、（2）款的措施；当第（1）、（2）款的措施不能解决问题时，可采用上述第（3）款的措施，即假定超限连梁在大震作用下破坏，不能再约束墙肢。因此，可考虑超限连梁不参与工作，而按独立墙肢进行多遇地震作用下的第二次内力分析。在这种情况下，剪力墙的刚度降低，侧移增大，墙肢的内力和配筋也增大，以保证墙肢的安全。

(4) 连梁的最小及最大纵向配筋率宜符合表 4-28 及表 4-29 的规定。

表 4-28 连梁纵筋最小配筋率

连梁跨高比	最小配筋率（采用较大值）
$l/h_0 \leqslant 0.5$	$0.20 ; 25f_t/f_y$
$0.5 < l/h_0 \leqslant 1.0$	$0.20 ; 35f_t/f_y$
$1.0 < l/h_0 \leqslant 1.5$	$0.20 ; 45f_t/f_y$

表 4-29 连梁纵筋最大配筋率

连梁跨高比	最大配筋率（采用较大值）
$l/h_0 \leqslant 1.0$	$0.50 ; 80f_t/f_y$
$1.0 < l/h_0 \leqslant 2.0$	$1.00 ; 160f_t/f_y$
$2.0 < l/h_0 \leqslant 2.5$	$1.40 ; 220f_t/f_y$
$2.5 < l/h_0$	$2.50 ; 300f_t/f_y$

4.4.18 抗震设计时，在剪力墙平面内一端与框架柱刚接，另一端与剪力墙连接的梁是否属连梁的问题

在剪力墙平面内一端与框架柱刚接另一端与剪力墙连接的梁定义为连梁；当其跨高比≤5时，宜按连梁设计；当其跨高比>5时，宜按框架梁进行设计。

一端与框架柱刚接另一端在剪力墙平面外与剪力墙连接的梁，可不作为连梁对待，其与剪力墙相连接处宜按铰接或半刚接设计，刚接端宜设箍筋加密区。

在框架-剪力墙结构中，剪力墙连梁剪压比超限也较为普遍，为了改善这种情况，也可直接将剪力墙平面内一端与框架刚接另一端与剪力墙连接的连梁按框架梁进行设计，必要时梁两端可按铰接设计。

4.4.19 抗震设计，在框架结构中仅布置少量钢筋混凝土剪力墙时，设计中应当注意的问题

在工程设计中发现，《建筑抗震设计规范》2001年版执行后，多层框架结构（特别是抗震设防烈度≥8度）很难满足层间位移角的要求。主要原因是《建筑抗震设计规范》2001年版将各类场地的特征周期T_g提高了0.05。为此，工程设计中为了解决这个问题，通常都采用在框架结构中加少量剪力墙的处理办法。同时也出现了一些地方标注的规定。比如：北京市建筑设计院《建筑结构专业技术措施》（2007年版）规定如下：

(1) 多层框架当按框架计算不能满足框架结构的层间位移变形要求时，可仅沿纵、横向布置少量的剪力墙，但仍应按框架结构确定框架的抗震等级。

(2) 计算时应按框架-剪力墙结构模型计算，剪力墙应满足计算承载力的要求，而结构的变形即层间位移角宜按框架部分承受的倾覆弯矩M_c占总倾覆力矩M_0的多少来确定。

(3) 框架-剪力墙结构中，框架部分承受的地震倾覆力矩M_c与结构总地震倾覆M_0的比值≤0.5时，结构的变形应按框架-剪力墙结构控制，即满足1/800，此时框架-剪力墙结构中框架及剪力墙的抗震等级应按框架-剪力墙结构考虑。

当M_c/M_0≥0.7时，结构的变形应按框架结构控制，即满足1/550，此时框架-剪力墙结构中框架的抗震等级应按框架结构考虑，剪力墙的抗震等级可以为三级，也可不设底部加强区，同时框架结构部分还应满足不计入剪力墙按纯框架计算时的承载力和抗震构造的要求。

当0.7>M_c/M_0>0.5时，可按线性内插法取值。

(4) 框架结构中，仅布置少量剪力墙时，结构分析计算应考虑剪力墙与框架协同工作，如果剪力墙位置较偏而产生较大刚度偏心时，宜采取将此剪力墙减薄、

开竖缝、开结构洞、配置少量单排钢筋等措施，减少剪力墙的作用，并宜增加与剪力墙相连柱的配筋。

《高层混凝土结构技术规程》（2010年版）的规定，抗震设计的框架-剪力墙结构，应根据在规定的水平作用下结构底层框架部分承受的地震倾覆力矩与结构总地震倾覆力矩的比值，确定相应的设计方法，并应符合下列要求：

（1）框架部分承受的地震倾覆力矩不大于结构总地震倾覆力矩的10%时，按剪力墙结构设计，框架部分应按符合框架-剪力墙结构的框架进行设计。

（2）当框架部分承受的地震倾覆力矩大于结构总地震倾覆力矩的10%但不大于50%时，按框架-剪力墙结构的规定进行设计。

（3）当框架部分承受的地震倾覆力矩大于结构总地震倾覆力矩的50%但不大于80%时，按框架-剪力墙结构设计，其最大适用高度可比框架结构适当增加，框架部分的抗震等级和轴压比限值宜按框架结构的规定采用。

（4）当框架部分承受的地震倾覆力矩大于结构总地震倾覆力矩的80%时，按框架-剪力墙结构设计，但其最大适用高度宜按框架结构采用，框架部分的抗震等级和轴压比限值应按框架结构的规定采用。

说明：框架-剪力墙结构在规定的水平力作用下，结构底层框架部分承受的地震倾覆力矩与结构总地震倾覆力矩的比值不尽相同，结构性能也有较大的差别。本次修订对此做了较为具体的规定。在结构设计时，应据此比值确定该结构相应的适用高度和构造措施。

1）当框架部分承担的倾覆力矩不大于结构总倾覆力矩的10%时，意味着结构中框架承担的地震作用较小，绝大部分均由剪力墙承担，工作性能接近于纯剪力墙结构，此时结构中的剪力墙抗震等级可按剪力墙结构的规定执行；其最大适用高度仍按框架-剪力墙结构的要求执行；计算分析时按剪力墙结构进行计算分析，其侧向位移控制指标按剪力墙结构采用。

2）当框架部分承受的地震倾覆力矩大于结构总地震倾覆力矩的10%但不大于50%时，属于一般框架-剪力墙结构，按有关规定进行设计。

3）当框架部分承受的倾覆力矩大于结构总倾覆力矩的50%但不大于80%时，意味着结构中剪力墙的数量偏少，框架承担较大的地震作用，此时框架部分的抗震等级和轴压比宜按框架结构的规定执行，剪力墙部分的抗震等级和轴压比按框架-剪力墙结构的规定采用；其最大适用高度不宜再按框架-剪力墙结构的要求执行，但可比框架结构的要求适当提高，提高的幅度可视剪力墙承担的地震倾覆力矩来确定。

4）当框架部分承受的倾覆力矩大于结构总倾覆力矩的80%时，意味着结构中剪力墙的数量极少，此时框架部分的抗震等级和轴压比应按框架结构的规定执行，剪力墙部分的抗震等级和轴压比按框架-剪力墙结构的规定采用；其最大适用高度宜按框架结构采用。对于这种少墙框剪结构，由于其抗震性能较差，不主张采用，以避免剪力墙受力过大、过早破坏。不可避免时，宜采取将此种剪力墙减薄、开竖缝、开结构洞、配置少量单排钢筋等措施，减小剪力墙的作用；宜增加与剪力墙相连之柱子的配筋，并采取措施确保在剪力墙破坏后竖向荷载的有效传递。

在第（3）、（4）款规定的情况下，为避免剪力墙过早破坏，其位移相关控制指标应按框架-剪力墙结构采用。

工程实例：

某3层框架结构，层高为5m，抗震设防烈度8度（0.30g），地震分组为二组，特征周期0.50，场地Ⅲ类，基本风压0.3kN/m²，地面粗糙度B。

第一次计算纯框架结构（图4-33～图4-36）：

$T_1=0.598$，$T_2=0.522$，$T_3=0.456$

$\Delta X=1/307$　　$\Delta Y=1/420$　　不满足1/550的要求；

第二次计算（在纵横向各加两道剪力墙，如图4-37～图4-40所示）：

$T_1=0.453$，$T_2=0.404$，$T_3=0.398$

$\Delta X=1/576$

$\Delta Y=1/750$

框架部分承受的地震倾覆力矩 M_c 与结构总地震倾覆 M_0 的比值 $M_c/M_0=0.73$，满足规范规定的位移要求。

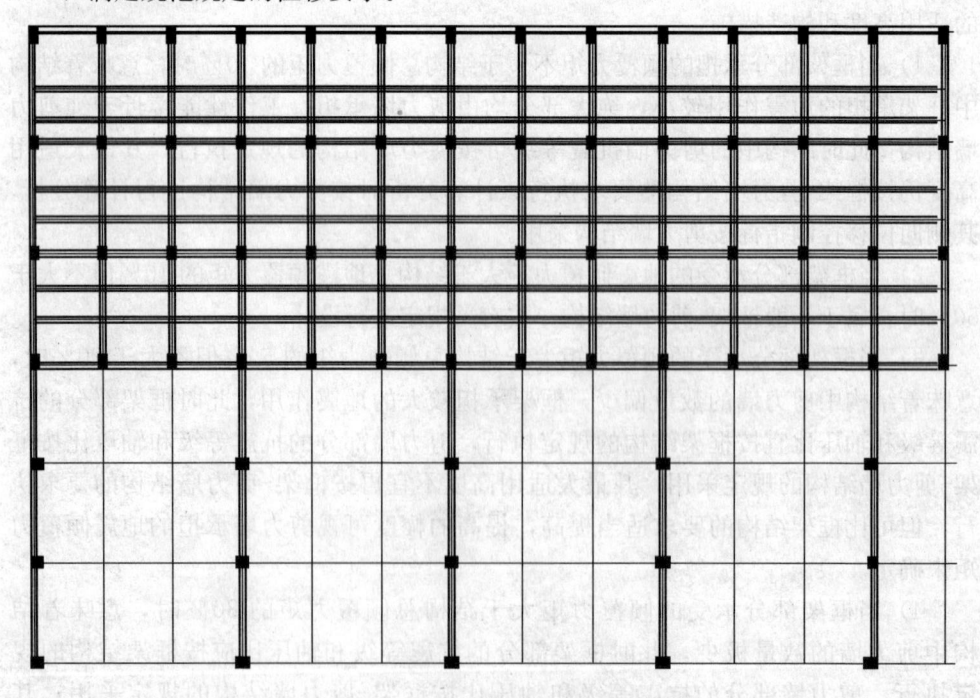

图4-33　一层纯框架结构平面布置图

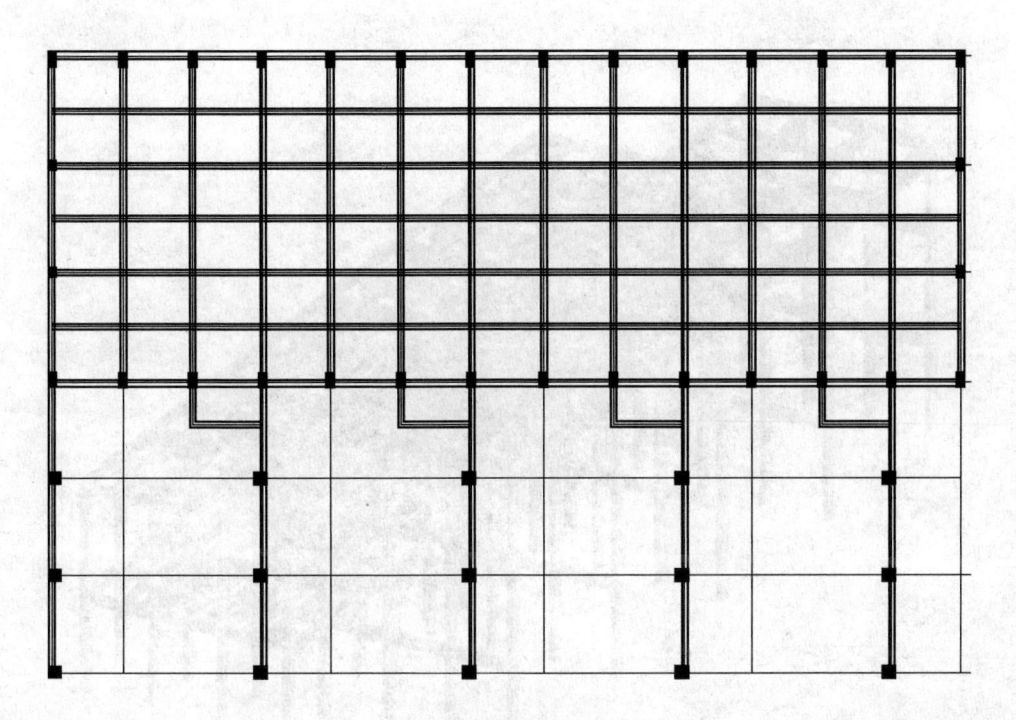

图 4-34 二层纯框架结构平面布置图

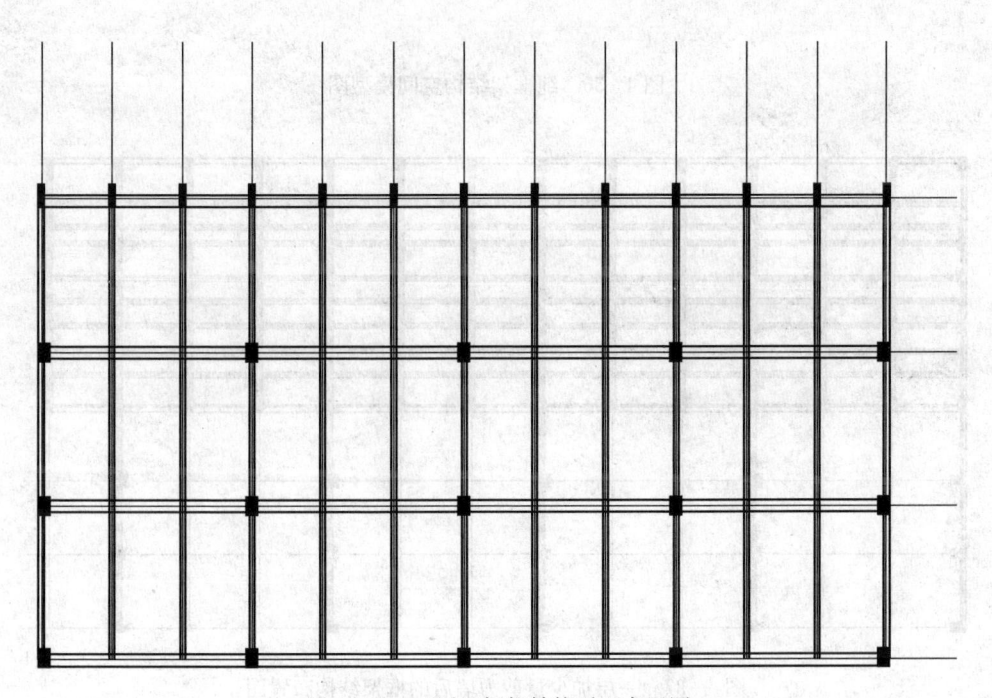

图 4-35 三层纯框架结构平面布置图

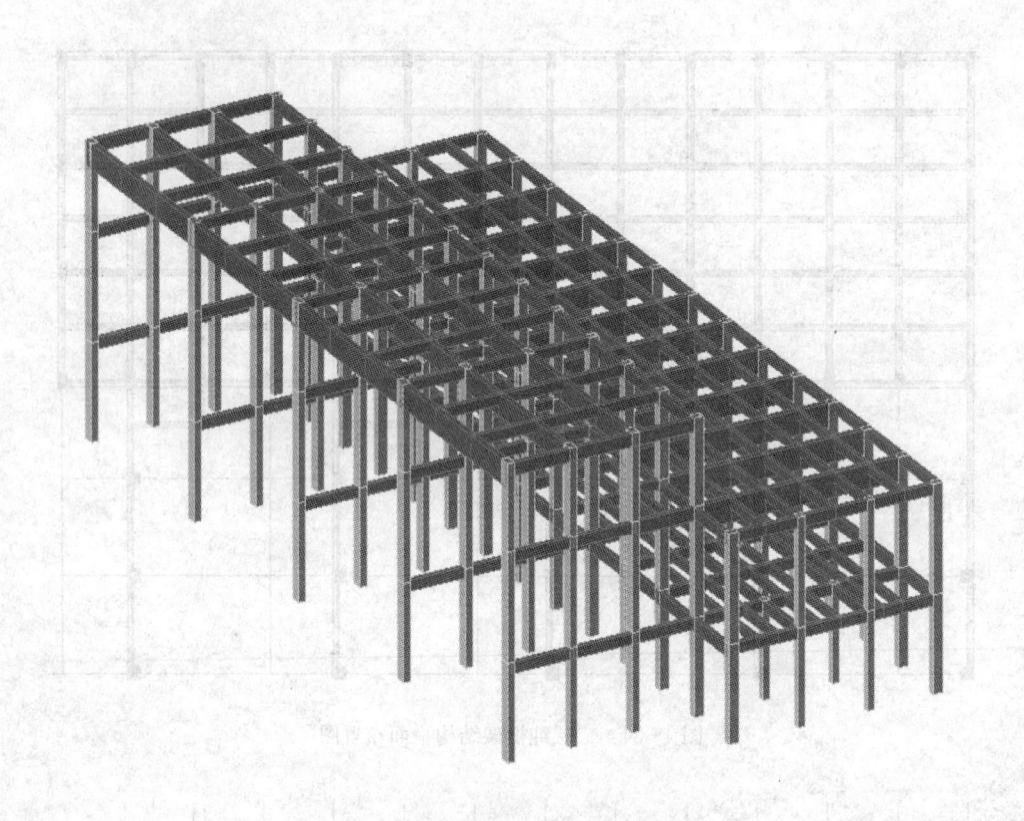

图 4-36　纯框架结构空间模型图

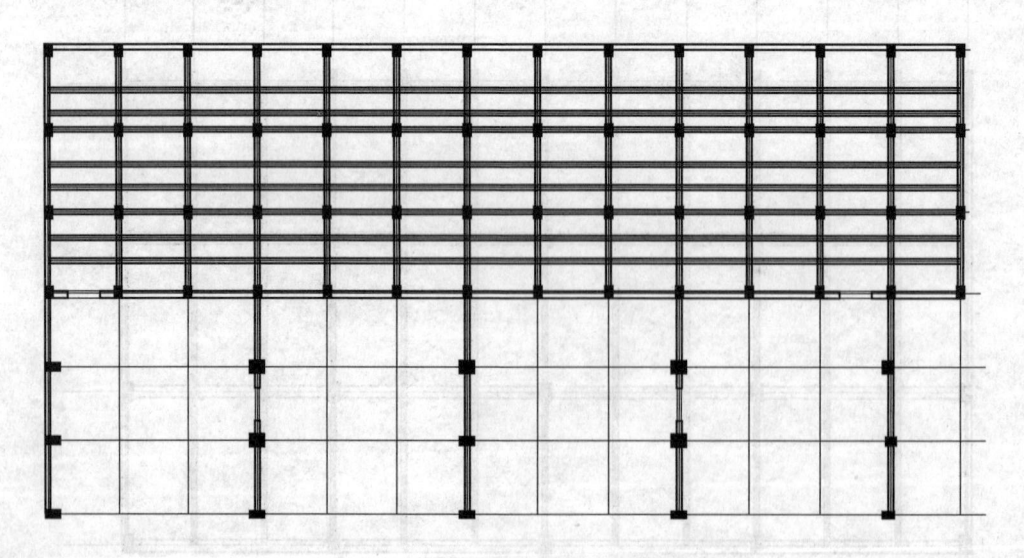

图 4-37　一层加少量剪力墙后的框架结构布置图

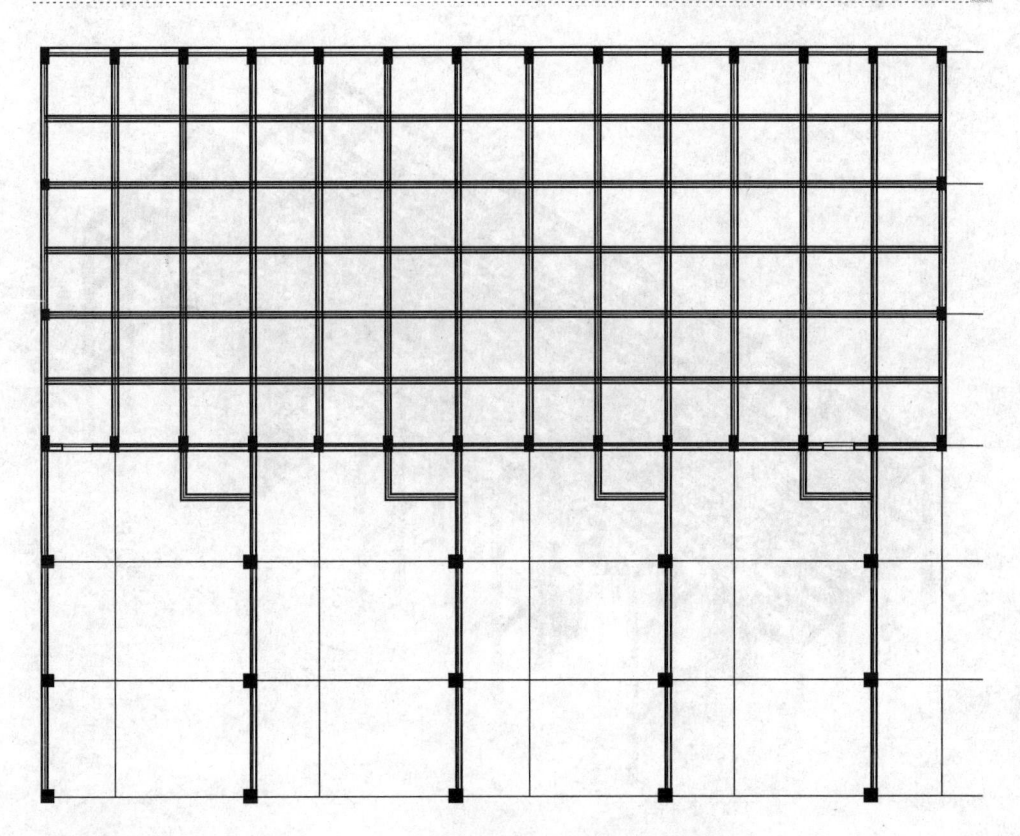

图 4-38 二层加少量剪力墙后的框架结构布置图

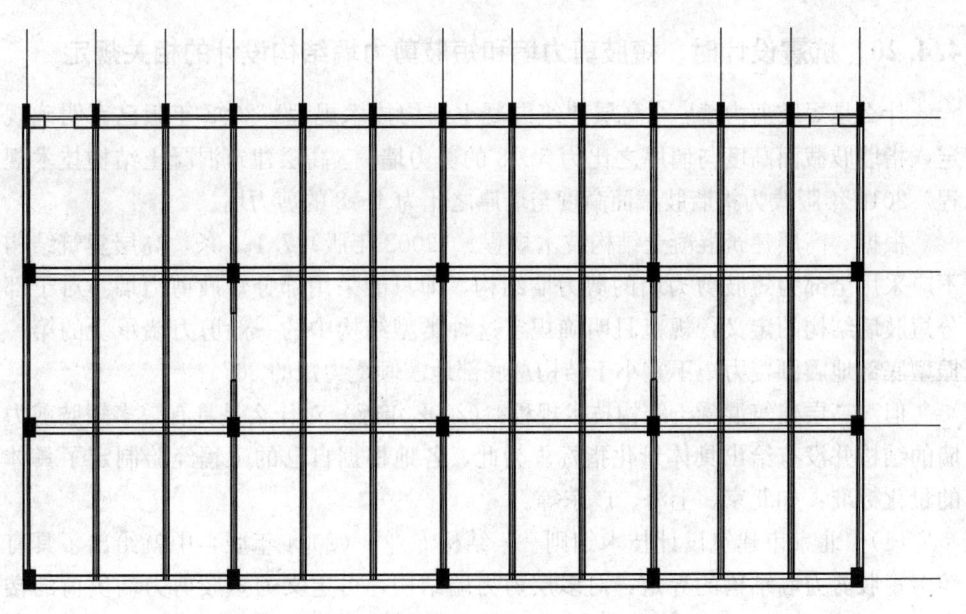

图 4-39 三层加少量剪力墙后的框架结构布置图

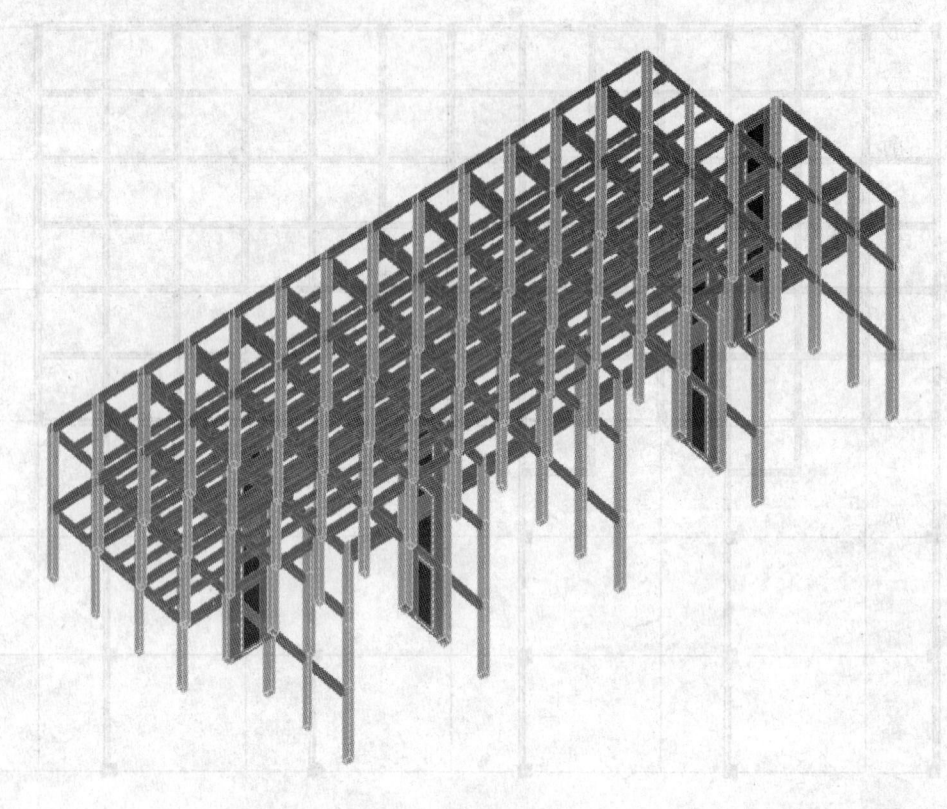

图4-40 加少量剪力墙后框架结构空间模型图

4.4.20 抗震设计时，短肢剪力墙和短肢剪力墙结构设计的相关规定

什么是短肢剪力墙？《高层建筑混凝土结构技术规程》2002年版已有明确规定，指墙肢截面高度与墙厚之比为5~8的剪力墙。《高层建筑混凝土结构技术规程》2010年版改为指墙肢截面高度与墙厚之比为4~8的剪力墙。

根据《高层建筑混凝土结构技术规程》（2002年版）7.1.2条，高层建筑结构不应采用全部为短肢剪力墙的剪力墙结构，即只能采用部分短肢剪力墙。对于部分短肢墙结构的定义，规范只明确规定这种类型结构中的一般剪力墙承受的第一振型底部地震倾覆力矩不宜小于结构总底部地震倾覆力矩的50%。

但《高层建筑混凝土结构技术规程》（2002年版）对什么是具有较多短肢剪力墙的结构并没有给出具体量化指标。为此，各地根据自己的工程经验制定了具体的量化标准：如北京、上海、广东等。

(1)《北京市建筑设计技术细则——结构专业》（2004年版）中就给出了具有较多短肢剪力墙结构的界定：对多层剪力墙结构，可定义为短肢剪力墙负荷的楼面面积超过60%时，属于"短肢剪力墙较多的结构"；对高层剪力墙结构，可定义为短肢剪力墙负荷的楼面面积超过50%时。

注：北京是8度区。

（2）上海《超限高层建筑工程抗震设计指南》（沪建建［2005］38号）对较多短肢剪力墙结构的界定：短肢剪力墙的截面面积与同一楼层剪力墙总截面面积比大于20%时，则为具有较多短肢剪力墙结构。

注：上海是7度区。

（3）广东JGJ 3—2002《高层建筑混凝土结构技术规程》补充规定DBJ/T 15-46—2005是这样定义的：短肢剪力墙的截面面积占剪力墙总截面面积50%以上的剪力墙结构，则为具有较多短肢剪力墙结构。

注：广东是6，7，8度区。

（4）《建筑抗震设计规范解答》中是这样定义：短肢剪力墙较多的剪力墙结构，主要是指结构平面中部为剪力墙构成的薄壁筒体（常用作楼梯、电梯间等），其余部位基本为短肢剪力墙的结构布置。

分析以上所述的4种关于"短肢剪力墙较多的结构"的界定可以看出：

《建筑抗震设计规范解答》界定最松，上海的界定最严格；北京与广东的比较适中，但北京的界定较复杂；广东的面积比界定的方法最简单，概念清晰，也易实施。

（5）《高层建筑混凝土结构技术规程》（2010年版）7.1.7条规定，抗震设计时，高层建筑不应全部采用短肢剪力墙；B级高度高层建筑以及抗震设防烈度为9度的A级高度高层建筑，不宜布置短肢剪力墙，不应采用具有较多短肢剪力墙的剪力墙结构，当采用具有较多短肢剪力墙的剪力墙结构时，应符合下列要求：

1）在规定的水平地震作用下，短肢剪力墙承担的底部倾覆力矩不宜大于结构底部总地震倾覆力矩的50%。

2）房屋适用高度应比本规程规定的剪力墙结构的最大适用高度适当降低，7度和8度时分别不宜大于100m和80m。

注：(1) 短肢剪力墙是指截面厚度不大于300mm、各肢截面高度与厚度之均大于4但不大于8的剪力墙。

(2) 具有较多短肢剪力墙的剪力墙结构是指，在规定的水平地震水平力作用下，短肢剪力墙承担的底部倾覆力矩不小于结构底部总地震倾覆力矩的30%的剪力墙结构。

（6）设计短肢剪力墙结构时还应注意以下问题：

1）短肢剪力墙是指墙肢截面高度与墙厚之比为4~8的剪力墙。但注意：尽管墙肢截面高度与墙厚之比为4~8，但墙肢两侧均与较强连梁（连梁净跨与连梁截面高度之比$l_b/h_b \leqslant 2.5$）或墙长较短但与翼墙相连时（翼墙长度应不小于翼墙厚度3倍时），可不作为短肢剪力墙对待。如图4-41所示：这是《北京市建筑设计技术细则》结构专业2004版的规定。

2）当剪力墙截面厚度不小于层高1/15，且不小于300mm时，虽然其高度与墙厚之比大于4，仍可按一般剪力墙对待。这是广东《高规》补充及《高层建筑混凝土结构技术规程》（2010年版）的规定。

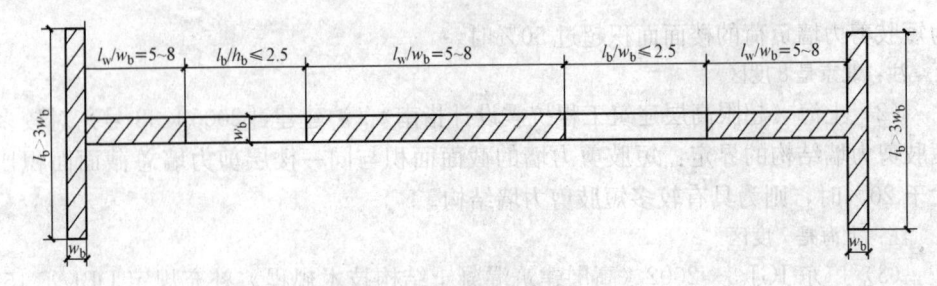

图 4-41 非短肢墙示意图

3)《建筑抗震设计规范》(2010年版) 规定由层高或者剪力墙的无支长度来决定剪力墙的最小厚度。

如图 4-42 所示，就是由无支长度和层高中的较小者来决定剪力墙的最小厚度。

4)《砼高规》2010 版，7.2.1 剪力墙的截面厚度应符合下列要求：

a. 应符合本规程附录 D 的墙体稳定验算要求。

b. 一、二级剪力墙，底部加强部位不应小于 200mm，其他部位不应小于 160mm；无端柱或翼墙的一字形独立剪力墙，底部加强部位不应小于 220mm，其他部位不应小于 180mm。

c. 三、四级剪力墙的截面厚度，底部加强部位不应小于 160mm，其他部位不应小于 160mm；无端柱或无翼墙的一字形独立剪力墙，底部加强部位截面厚度不应小于 180mm，其他部位不应小于 160mm。

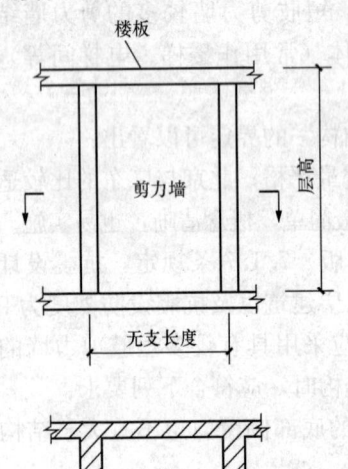

图 4-42 剪力墙层高与无肢长度

d. 非抗震设计的剪力墙的截面厚度不应小于 160mm。

e. 剪力墙井筒中，分隔电梯井或管道井的墙肢截面厚度可适当减小，但不宜小于 160mm。

(7) 抗震设计时，短肢剪力墙的设计应符合下列要求：

1) 一、二、三级短肢剪力墙的轴压比，在底部加强部位分别不宜大于 0.45、0.50、0.55，一字形截面短肢剪力墙的轴压比限值再相应减少 0.1；在底部加强部位以上的其他部位不宜大于上述规定值加 0.05。

2) 短肢剪力墙的底部加强部位的应按本节 7.2.6 条调整剪力设计值，其他各层一、二、三级短肢剪力墙的剪力设计值应分别乘以增大系数 1.4、1.2 和 1.1。

3) 短肢剪力墙的全部竖向钢筋的配筋率，底部加强部位一、二级不宜小于 1.2%，三级不宜小于 1.0%；其他部位一、二级不宜小于 1.0%，三级不宜小于 0.8%。

4) 短肢剪力墙截面厚度尚不应小于 180mm。

4.4.21 框架结构抗震设计中，若许多框架柱不对齐时应注意的事项

为了保证抗震安全，框架结构应具有必要的承载力、刚度、稳定性、延性及耗能等方面的性能，设计中应合理地布置抗侧力构件，减少地震作用下的扭转效应，结构刚度、承载力沿房屋高度宜均匀、连续分布及保持完整，不宜抽柱或抽梁，使传力途径发生变化。

震害表明，设计中若许多框架柱不对齐，不能形成一榀完整的框架，地震中因扭转效应等原因易造成结构的较大损坏。因此，设计时应视抽柱或柱子错位的情况依照《建筑抗震设计规范》（2010年版）3.4.4条进行不规则结构验算。

4.4.22 抗震设计时，钢筋混凝土短柱的定义、结构受力特点及设计中相应的处理措施

钢筋混凝土结构中按内力计算值得到的剪跨比 $M_c/(V_c h_0)$ 不大于2的柱，以及反弯点在柱子高度中部时且柱净高与柱截面高度之比 M_n/h 不大于4的柱称为短柱。实际工程中还应注意由实心黏土砖填充墙在窗间墙处以及框架结构楼梯间休息平台处形成的短柱。

短柱的变形特征为剪切型，在地震作用时，容易发生脆性破坏，引起结构的严重破坏甚至倒塌。对于短柱，其轴压比限值应比一般柱降低0.05，抗震等级为一级时每侧纵向钢筋配筋率不宜大于1.2%，应使其剪力设计值满足规范的要求，构造方面箍筋应沿柱子全高加密，间距不应大于100mm，箍筋宜采用复合螺旋箍或井字复合箍，其体积配箍率不应小于1.2%，9度时不应小于1.5%，梁柱节点核芯区的体积配箍率不应小于上下柱端的较大值（梁的纵向钢筋可以计入）。

对于剪跨比小于1.5的柱要专门研究，如采取增设交叉斜筋、外包钢板箍、设置型钢或将抗震薄弱层转移到相邻的一般楼层等合理并经经验证明有效的构造措施，防止短柱剪切（或黏着）破坏，增加其耗能能力。

4.4.23 抗震设计时，在现有钢筋混凝土房屋上采用钢结构进行加层设计应注意的问题

在现有钢筋混凝土房屋上采用钢结构（包括轻钢结构）加层，可分为两种情况：

(1) 若加层的结构体系为钢结构，两种结构的阻尼比不同，上下部分刚度存在突变；因抗震规范不包括下部为钢筋混凝土、上部为钢结构的有关要求，属于超规范、超规程设计，设计时应按国务院《建筑工程勘察设计管理条例》第29条的要求执行，即需由省级以上有关部门组织的建设工程技术专家委员会进行审定。

(2) 若仅屋盖部分采用钢结构，整个结构抗侧力体系仍为钢筋混凝土，则需

按照规范的有关内容进行抗震设计和承载力验算。此时尚应注意验算结构因加层带来的刚度突变等不利影响，必要时对原结构采取加固等措施。

4.4.24 抗震设计时，设置钢筋混凝土抗震墙底部加强部位应注意的问题

抗震墙的底部加强部位是指在抗震墙底部，包括的一定高度内，适当提高承载力和加强抗震构造措施。弯曲型和弯剪型结构的抗震墙，塑性铰一般在墙肢的底部，将塑性铰及其以上的一定高度范围作为加强部位，其目的是在此范围内采取增加边缘构件箍筋和墙体横向钢筋等必要的抗震加强措施，避免墙肢剪切破坏，改善整个结构的抗震性能。

《建筑抗震设计规范》（2010年版）6.1.10条规定了抗震墙底部加强部位的高度范围，有地下室的房屋，在设置钢筋混凝土抗震墙底部加强部位时，根据地下室顶板是否作为上部结构的嵌固部位，分成以下两种情况：

（1）地下室顶板作为上部结构的嵌固部位。抗震墙底部加强部位的高度从首层向上算，按6.1.10条的规定取值，同时将加强部位向地下室延伸一层（具有一层以上地下室的可仅延伸至地下一层，地下二层以下可不按加强部位对待）。

（2）地下室顶板不能作为上部结构的嵌固部位。根据震害调查发现，地震的震害在地表附近较严重，地下室震害较少，通常±0.00处可以采取相应措施满足嵌固要求。若地下室无法满足嵌固要求，通常地下一层底板处可基本满足要求。此时抗震墙底部加强部位的高度按该处向上算1/8的总高度及地下一层加首层高度的较大值，且按不大于15m取值。此时若有一层以上地下室不必再向下延伸至地下二层以下。

4.4.25 抗震设计时，选择钢筋的连接方式及采用并筋方式应注意的问题

（1）受力钢筋的连接接头宜设置在构件受力较小部位；抗震设计时，宜避开梁端、柱端箍筋加密区范围。钢筋连接可采用机械连接、绑扎搭接或焊接。

1）目前机械连接的技术已比较成熟，可供选择的机械连接方式较多，质量和性能也比较稳定。机械接头一般分为Ⅰ、Ⅱ、Ⅲ三个等级。设计中可以根据JGJ 107—2010《钢筋机械连接通用技术规程》中的相关规定选择与设计受力情况匹配的接头。

2）目前施工现场的钢筋焊接质量较难以保证，各种人工焊接常不能采取有效的检验方法，仅凭肉眼观察，不能有效地检查出焊接的内部质量问题。

另外，1995年日本阪神地震震害中，观察到多处采用气压焊的柱纵筋在焊接处有拉断的现象。

英国规范规定："如有可能，应避免在现场采用人工电弧焊"；美国"钢筋协

会"提出:"在现有的各种钢筋连接方法中,人工电弧焊可能是最不可靠和最贵的方法"。

(2) 受拉钢筋直径大于 28mm、受压钢筋直径大于 32mm 时,不宜采用绑扎搭接接头;对直径小于 20mm 的纵向受力钢筋,可以采用搭接接头。

(3) 现浇钢筋混凝土框架梁、柱纵向受力钢筋的连接方法,应符合下列规定。

1) 框架柱:一、二级抗震等级及三级抗震等级的底层,宜采用机械连接接头,也可采用绑扎搭接或焊接接头;三级抗震等级的其他部位和四级抗震等级,可采用绑扎搭接或焊接接头。

2) 框支梁、框支柱:宜采用机械连接接头。

3) 框架梁:一级宜采用机械连接接头,二、三、四级可采用绑扎搭接或焊接接头。

(4) 剪力墙的端柱及约束边缘构件的纵筋,也应优先采用机械连接接头。

(5) 位于同一连接区段内的受拉钢筋接头面积百分率不宜超过 50%。

(6) 当接头位置无法避开梁端、柱端箍筋加密区时,应采用满足等强度要求的机械连接接头,且钢筋接头面积百分率不宜超过 50%。

(7) 采用搭接接头应满足以下要求:

1) 选择受力较小的位置。

2) 足够的搭接长度。

3) 搭接部位的箍筋间距加密至满足规范要求。

4) 有足够的混凝土强度及保护层厚度。

如果满足以上 4 款基本要求,则搭接接头的质量可以得到保证,即使在抗震构件上也是可以应用的。而且,它一般不会像焊接或机械连接那样,出现人为失误。因此,搭接接头也是一种较好的钢筋连接方式,而且往往是最省工的方法。

搭接接头的缺点:在抗震构件的内力较大部位,当构件承受反复荷载时,有滑动的可能;在钢筋较密集时,采用搭接方法将使浇灌混凝土困难;钢筋用量稍多等。

国家规范要求:搭接接头,一般要求搭接钢筋绑在一起,这在某些情况下较难做到。现介绍美国规范的规定如下,以供特殊情况下采用。如图 4-43 所示即为美国规范中规定的钢筋搭接方法。

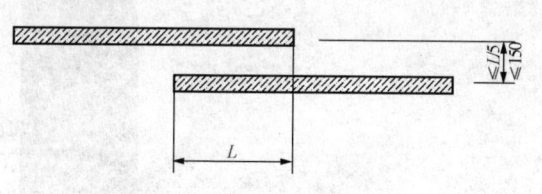

图 4-43 美国规范钢筋搭接方法

(8) 为解决配筋密集引起设计、施工困难的问题,国外标准中均允许采用绑扎并筋(钢筋束)的配筋形式,每束最多达到 4 根。我国某些专业的规范中也已有相似的规定。经试验研究并借鉴国内、外的成熟做法,《混凝土结构设计规范》(2010 年版)提出并筋的方法如下:

1) 采用并筋（钢筋束）的配筋形式时，直径 28mm 及以下的钢筋并筋数量不宜超过 3 根；直径 32mm 的钢筋并筋数量宜为 2 根；直径 36mm 及以上的钢筋不宜采用并筋。

2) 一般二并筋可在纵或横向并列，而三并筋宜做品字形布置。

3) 并筋可视为计算截面积相等的单根等效钢筋，相同直径的二并筋等效直径为 $1.41d$；三并筋等效直径为 $1.73d$。

4) 并筋等效直径的概念可用于《混凝土结构设计规范》中钢筋间距、保护层厚度、裂缝宽度验算、钢筋锚固长度、搭接接头面积百分率及搭接长度等的计算中。

5) 规范所有条文中的直径，是指单筋的公称直径或并筋的等效直径。

（9）工程中应用并筋的实例。

工程概况：由美国福禄公司投资的，建在蒙古国的奥云陶勒铜矿，108m 高的世界第一矿山井塔计算模型图如图 4-44 所示，井塔为一 19m×23m 的筒体结构，抗震设防烈度 7 度，基本风压 $0.7kN/m^2$，共分 10 个楼层，五层以下墙体厚 800mm，五层以上墙体厚 600mm。由于此井塔的重要性，投资方先后邀请美国、加拿大、韩国的结构专家与我院结构专家多次对方案进行论证分析，包括施工时可能出现钢筋密集问题也进行了多次论证，当时加拿大结构专家提出了并筋问题，同时也提供了加拿大国标钢筋施工工法中推荐的并筋法规。如图 4-45 所示为施工中并筋图的照片。

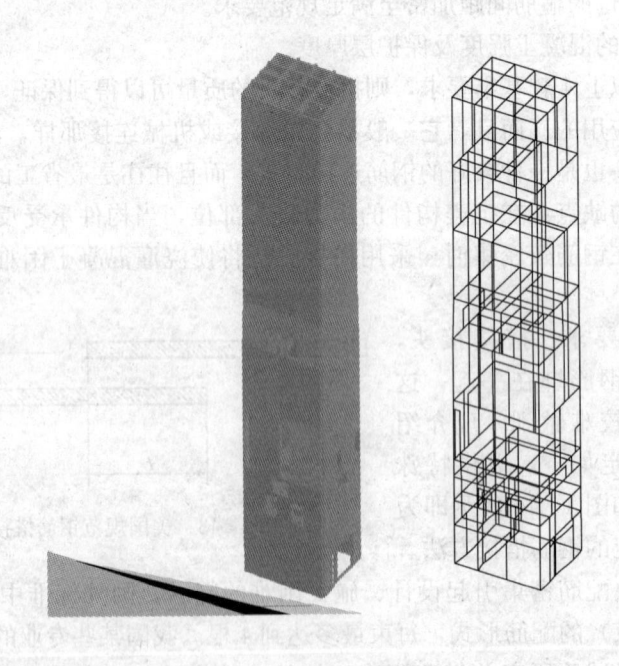

图 4-44　井塔计算模型图

图 4-45 施工现场并筋图照片

4.5 多、高层钢结构设计方面常遇问题的分析

4.5.1 钢结构设计应注意的三大隐患问题

随着我国工业的发展，很多大跨度场馆、高层建筑物、构筑物、中小型建筑都采用了钢结构。无可置疑，钢结构有很多优越性，如钢材的结构组织均匀、强度高、弹性模量高、塑性和韧性好，适于承受冲击和地震荷载，钢材的密度与强度之比较小，钢结构与钢筋混凝土结构相比要轻 30%～50%，而且钢结构便于机械化生产，是工程结构中工业化程度最高的一种。但是，不能否认，钢结构也存在着缺陷和隐患。对于钢材本身的材质问题以及耐候性、耐火性、耐腐蚀性，还存在着大量的研究课题。同时，大量的事故表明，钢结构构件由于强度高，所用截面相对小，也就容易失去稳定。在设计钢结构时，要时刻警惕钢结构的以下三大隐患，并应采取相应的措施。

1. 隐患之一——失稳

钢结构的失稳分两类：整体失稳和局部失稳。整体失稳大多数是由局部失稳造成的，当受压部位或受弯部位的长细比超过允许值时，会失去稳定。它受很多客观因素影响，如荷载变化、钢材的初始缺陷、支撑情况的不同等。支撑往往被设计者或施工者所忽视，这也是造成整体失稳的原因之一。在吊装中由于吊点位置的不同，桁架或网架的杆件受力可能变号，造成失稳；脚手架倾覆、坍塌或变形大多是因为连杆不足，没有支撑造成的。

很多可能发生荷载变化的重要结构，如桥梁、桁架、水工闸门、导弹发射架等，多采用超静定结构，因它有赘余杆件，可预防因一个杆件失稳而造成整体失稳。又如钢组合梁中，由于腹板高而薄或翼缘宽而薄也会造成局部失稳。

因此，无论设计或施工，保证结构稳定应铭刻在心。

以下是一组典型工程失稳的实例（图4-46～图4-49）。

图4-46 某工程实腹H形钢屋面梁平面外失稳的工程实例

图4-47 某工程门式钢架平面外失稳的工程实例

图 4-48 某工程局部失稳的工程实例

如图 4-49 所示为位于北京顺义城北潮白河支流减河上的悬索桥，这是连接两岸的人行景观桥。该桥长 120m，宽 5m，桥面坡度 2.56%，半坡长 70.4m，中间拱高 1.488m。桥面由双体箱形钢结构钢悬索承重。主索两端汇合一点固定，主缆正中与桥面两边平。

图 4-49 整体失稳垮塌工程

2. 隐患之二——腐蚀

如果把失稳比作急性病的话，腐蚀则是慢性病。普通钢材的抗腐蚀性能较差，尤其是处于湿度较大、有侵蚀性介质的环境中，会较快地生锈腐蚀，削弱构件的承载力。例如转炉车间的钢屋架，平均腐蚀速度为每年 0.10～0.16mm。据统计，全世界每年钢铁年产量的 30%～40%因腐蚀而失效，净损失约10%。我国在一次钢筋混凝土屋架、木屋架、钢木屋架和钢屋架等的事故统计中发现，钢屋架倒塌事故占 38.62%，由于腐蚀并缺乏维修所占比重很大。

过去对于外露钢材仅仅喷涂（刷）两道防锈漆，实践证明，由于施工中不可能用涂料把空气完全隔绝，在使用时也缺乏定期维护措施，所以这种做法效果并不显著。用镀锌、喷铝等消极做法。其成本和效果也不太理想。

近年来冶金行业采用在冶炼中加入适量的磷、铜、铬和镍，形成耐腐蚀的合金钢，能在表面上形成致密的防锈层，起到隔离覆盖作用，不失为一种积极做法。

以下是一组工程腐蚀的图片（图 4-50～图 4-52）。

图 4-50 连接点腐蚀图（一）

3. 隐患之三——火灾

钢材的耐温性较差，其许多性能随温度升降而变化，当温度达到 430～540℃之间时，钢材的屈服点、抗拉强度和弹性模量将急剧下降，失去承载能力。用耐火材料对钢结构进行必要的维护，是钢结构研究的一个重要课题。如美国世贸大厦火灾，使建筑原地垂直塌落，形成"扁饼"效应。这起震惊世界的事故，其直接原因是火灾。当然，排除这类事件的发生，还涉及方方面面，在这种情况下，喷涂防火涂料或洒水灭火系统均显得无能为力。

图4-51 连接点腐蚀图(二)

图4-52 钢烟囱口部腐蚀图

建筑物的耐火能力取决于建筑构件耐火性能的好坏,在火灾发生时其承载能力应能延续一定时间,使人们能安全疏散、抢救物资和扑灭火灾。目前钢结构尽量采用耐火高强度钢,例如15MnV钢就是在16Mn钢的基础上加入适量的钒(0.04%~0.12%),可使钢的高温硬度提高。另一方面应采用高效防腐涂料,特别是防火防腐合一的涂料。当然，并非所有钢结构都需要涂刷防火涂料，主要依据是否有发生火灾的可能，详见 GB 50016—2006《建筑防火设计规范》。

如：鸟巢工程，就仅在地面以上 6m 涂刷防火涂料；水立方就没涂刷防火涂料。

以下是一组火灾事故图片（图 4-53～图 4-58）。

图 4-53 美国世贸大厦之一（火灾现场）

图 4-54 美国世贸大厦之二（火灾现场）

第4章 建筑结构施工图设计常遇问题分析及对策

图4-55 美国世贸大厦之三（火灾后现场）

图4-56 中央电视台大厦之一（火灾现场）

图 4-57　中央电视台大厦之二（火灾现场）

图 4-58　中央电视台大厦之三（事故后）

4.5.2 钢结构设计基本步骤和设计思路

1. 钢结构的适用范围

钢结构通常用于高层、大跨度、体形复杂、荷载或吊车起重量大、高温车间、密封性要求高、要求能活动或经常装拆的结构。比如：超高大厦、体育馆、歌剧院、大桥、电视塔、仓库、大跨度厂房、高层工业厂房、住宅和临时建筑等。

2. 结构选型与布置

由于结构选型涉及广泛，结构选型及布置应该在经验丰富的工程师指导下进行。在钢结构设计的整个过程中都应该特别强调的是"概念设计"，它在结构选型与布置阶段尤其重要。对一些难以作出精确理性分析或规范未规定的问题，可依据从整体结构体系与分体系之间的力学关系、破坏机理、震害、试验现象和工程经验所获得的设计思想，从全局的角度来确定控制结构的布置及细部措施。运用概念设计可以在早期迅速、有效地进行构思、比较与选择。所得结构方案往往易于手算、概念清晰、定性正确，并可避免结构分析阶段不必要的繁琐运算。同时，它也是判断计算机内力分析输出数据可靠与否的主要依据。

钢结构通常有框架、平面桁架、网架（壳）、索膜、轻钢、塔桅等结构型式。其理论与技术大都成熟。也有部分难题没有解决，或没有简单实用的设计方法，比如网壳的稳定等。

结构选型时，应考虑它们不同的特点。在轻钢工业厂房中，当有较大悬挂荷载或移动荷载时，应可考虑放弃门式刚架而采用网架。基本雪压大的地区，屋面曲线应有利于积雪滑落，建筑允许时，在框架中布置支撑会比简单的节点刚接的框架有更好的经济性。而屋面覆盖跨度较大的建筑中，可选择构件受拉为主的悬索或索膜结构体系。高层钢结构设计中，常采用钢混凝土组合结构，在地震烈度高或很不规则的高层建筑中，不应单纯为了经济去选择不利抗震的核心筒加外框的形式，宜选择周边巨型 SRC 柱，核心为支撑框架的结构体系。我国半数以上的"高层为核心筒加外框的形式"，对抗震不利。

结构的布置要根据体系特征、荷载分布情况及性质等综合考虑。一般来说应刚度均匀、力学模型清晰，尽可能限制大荷载或移动荷载的影响范围，使其以最直接的线路传递到基础。柱间抗侧支撑的分布应均匀，其形心要尽量靠近侧向力（风震）的作用线，否则应考虑结构的扭转。结构的抗侧应有多道防线，比如有支撑框架结构，柱子应至少能单独承受 1/4 的总水平力。

框架结构的楼层平面次梁的布置，有时可以调整其荷载传递方向以满足不同的要求。通常为了减小截面沿短向布置次梁，但是这会使主梁截面加大，减少了楼层净高，顶层边柱有时也会吃不消，此时把次梁支撑在较短的主梁上可以牺牲次梁保住主梁和柱子。

3. 预估主要杆件截面尺寸

结构布置结束后，需对构件截面作初步估算。主要是梁、柱和支撑等的断面形状与尺寸的假定。

钢梁可选择槽钢、轧制或焊接 H 型钢截面等。根据荷载与支座情况，其截面高度通常在跨度的 1/30～1/20 之间选择。翼缘宽度根据梁间侧向支撑的间距按 l/b 限值确定时，可避免钢梁整体稳定的复杂计算，这种方法很受欢迎。确定了截面高度和翼缘宽度后，其板件厚度可按规范中局部稳定的构造规定预估。

柱截面按长细比预估，通常为 $60 \leqslant \lambda \leqslant 150$，简单选择值在 $\lambda = 100$ 附近。根据轴心受压、双向受弯或单向受弯的不同，可选择钢管或 H 型钢截面等。对应不同的结构，规范中对截面的构造要求有很大的不同。如钢结构所特有的组成构件——板件的局部稳定问题，在普钢规范和轻钢规范中的限值有很大的区别。

除此之外，构件截面形式的选择没有固定的要求，结构工程师应该根据构件的受力情况，合理地选择安全、经济、美观的截面。

4. 结构计算分析

目前在钢结构实际设计中，结构分析通常为线弹性分析，条件允许时考虑 $P\text{-}\Delta$，最近的一些有限元软件可以部分考虑几何非线性及钢材的弹塑性能，这为更精确地分析结构提供了条件。

5. 工程经验判定

要正确选择使用结构软件，还应对其输出结果做"工程判定"。比如，评估各向周期、总剪力、变形特征等。根据"工程判定"选择修改模型重新分析，还是修正计算结果。不同的软件会有不同的适用条件，设计者应充分了解。此外，工程设计中的计算和精确的力学计算本身常有一定距离，为了获得实用的设计方法，有时会用误差较大的假定，但对这种误差，会通过"适用条件、概念及构造"的方式来保证结构的安全。钢结构设计中，"适用条件、概念及构造"是比定量计算更重要的内容。

6. 构件设计

构件的设计首先是材料的选择，比较常用的是 Q235 钢或 Q345 钢。通常主结构使用单一钢种以便于工程管理。出于经济考虑，也可以选择不同强度钢材的组合截面。当强度起控制作用时，可选择 Q345 钢；当稳定及变形起控制作用时，宜使用 Q235 钢。

构件设计中，现行规范使用的是弹塑性的方法来验算截面。这和结构内力计算的弹性方法并不匹配。

当前的结构软件都提供截面验算的后处理功能。由于程序技术的进步，一些软件可以将验算时不通过的构件，从给定的截面库里选择加大一级，并自动重新分析验算，直至通过，如 SAP2000 等。这是常说的截面优化设计功能之一，它减少了结构设计人员的很多工作量。但是，设计人员至少应注意以下两点。

（1）软件在做构件（主要是柱）的截面验算时，计算长度系数的取定有时会不符合规范的规定。目前所有的程序都不能完全解决这个问题。所以，尤其对于节点连接情况复杂或变截面的构件，结构设计人员应该逐个检查。

（2）当上面第3条中预估的截面不满足受力情况时，加大截面应该分两种情况区别对待：

a. 对强度不满足的情况，通常加大组成截面的板件厚度。其中，抗弯不满足时，加大翼缘厚度；抗剪不满足时，加大腹板厚度。同时可以优先采用Q345钢。

b. 对变形超限的情况，通常不应加大板件厚度，而应考虑加大截面的高度，否则，会很不经济。同时可以优先采用Q235钢。

使用软件中自动加大截面的优化设计功能，很难考虑上述强度与刚度的区分，实际上，常常并不合适。

7. 节点设计

连接节点的设计是钢结构设计中重要的内容之一。在结构分析前，就应该充分思考并确定节点的形式。常常出现的情况是，最终设计的节点与结构分析模型中使用的形式不完全一致，这必须避免。按传力特性不同，节点分刚接、铰接和半刚接，设计者宜选择可以简单定量分析的前两者。

连接的不同对结构影响很大，比如，有的刚接节点虽然承受弯矩没有问题，但会产生较大转动，不符合结构分析中的假定，会出现实际工程变形大于计算的结果。

连接节点有等强设计和实际受力设计两种常用的方法，为偏安全考虑，设计者可选用前者。钢结构设计手册中通常有焊缝及螺栓连接的表格等供设计者查用，比较方便，也可以使用结构软件的后处理部分来自动完成。

4.5.3 钢结构设计时如何正确选择"有侧移"或"无侧移"的问题

（1）因为选择"有侧移"或"无侧移"计算对结构的用钢量有很大影响，所以设计者要正确选择"有侧移"或"无侧移"，作者建议可按以下原则考虑。

JGJ 99—1998《高层民用建筑钢结构技术规程》5.2.11条规定：

1）对于有支撑的结构，当层间位移角≤1/1000时（也就是说是强支撑时），可以按无侧移结构考虑计算柱的计算长度系数。

2）对纯框架结构，或有支撑的结构，当层间位移角＞1/1000时（也就是说是弱支撑时），可以按有侧移结构考虑计算柱的计算长度系数。

（2）工程实例。

工程概况：内蒙古呼伦贝尔，抗震设防烈度6度，基本风压$0.65kN/m^2$；工程为12层钢框架结构。设计分别按"有侧移"和"无侧移"进行计算。工程的平面布置图及空间计算模型图如图4-59和图4-60所示。计算结果见表4-30。

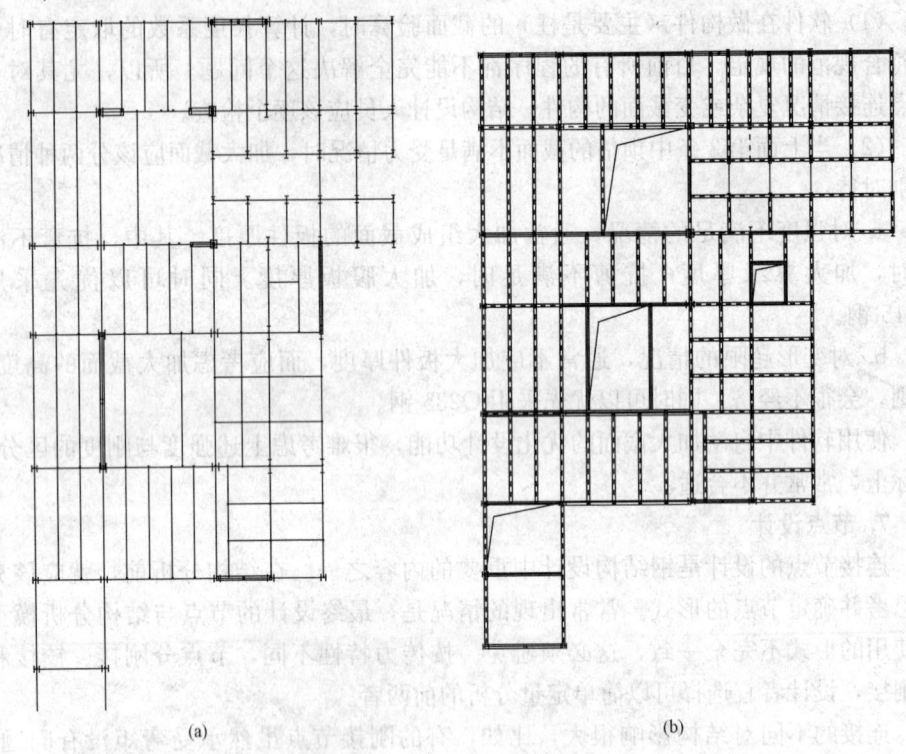

图 4-59 平面布置图
(a) 有侧移计算平面；(b) 无侧移计算平面

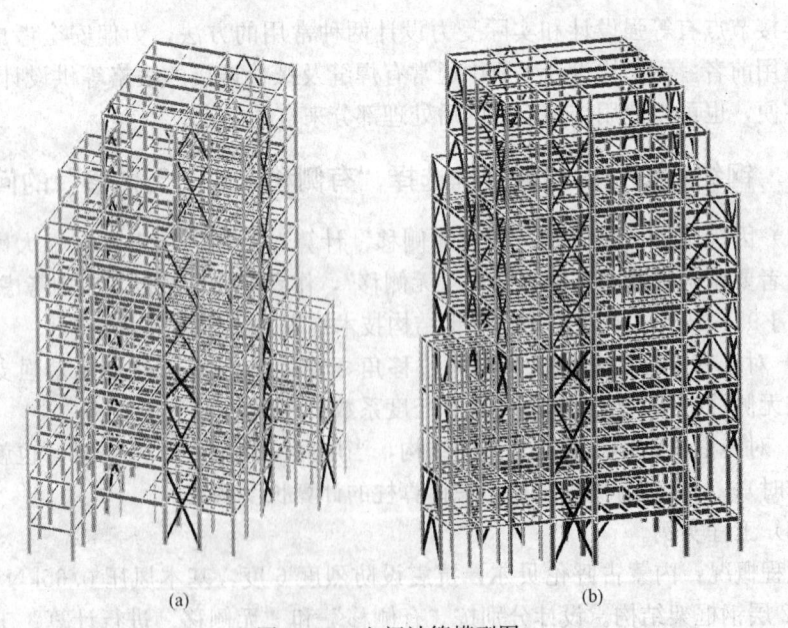

图 4-60 空间计算模型图
(a) 有侧移计算模型；(b) 无侧移计算模型

表 4-30　　　　　　　　　　主 要 计 算 结 果 表

	周期	地震位移 ΔX	地震位移 ΔY	风位移 ΔX	风位移 ΔY	材料用量/t
有侧移	$T_1=1.6916$ $T_2=1.645$ $T_3=1.2944$	1/1881	1/2012	1/670	1/708	1746
无侧移	$T_1=1.4220$ $T_2=1.330$ $T_3=0.9210$	1/2716	1/2624	1/1002	1/1073	1532 节约 214t

由计算结果可以看出，选择"无侧移"要比选择"有侧移"节约 15% 左右的钢材。

(3) 当框架结构一个方向"无侧移"，另一方向"有侧移"时，柱的计算长度系数应计算两次，先按无侧移计算，记录下无侧移方向柱的计算长度系数，然后再按有侧移结构计算，但要注意修改无侧移方向柱的计算长度系数。

设计者请注意以下问题：

目前软件没有考虑钢梁、柱节点的剪切变形。剪切变形对于 H 形钢柱节点和高层钢结构中的其他柱节点影响较大，设计可通过采取在节点中间夹焊缀板等措施，来加强钢柱的节点域刚度，减少节间域剪切变形，如图 4-61～图 4-63 所示。

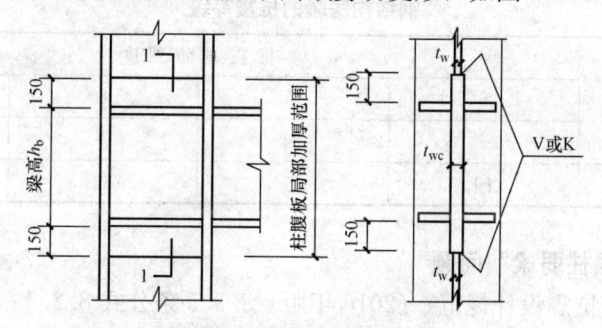

图 4-61　焊接工字形柱腹板在节点域的补强措施

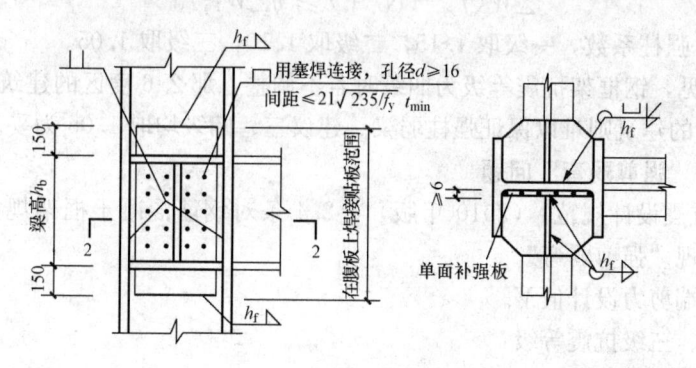

图 4-62　H 形钢柱腹板在节点域的补强措施一

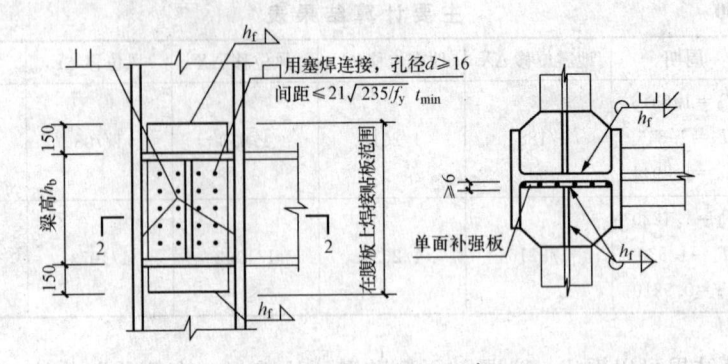

图 4-63　H形钢柱腹板在节点域的补强措施二

4.5.4　如何实现钢结构的"强柱弱梁、强剪弱弯、强节点弱构件"

多、高层钢结构房屋与钢筋混凝土房屋一样，同样应遵守"强柱弱梁、强剪弱弯、强节点弱构件"的抗震设计基本原则。而《建筑抗震设计规范》（2010年版）第 8 章多层和高层钢结构房屋并未完全贯彻这一基本设计准则。钢结构抗震等级见表 4-31。

表 4-31　　　　　　　　　钢结构房屋的抗震等级

房屋高度/m	抗震设防烈度			
	6	7	8	9
≤50	—	四	三	二
>50	四	三	二	—

1. 关于"强柱弱梁"问题

根据《建筑抗震设计规范》（2010年版）8.2.5 条公式 8.2.5-1 来达到"强柱弱梁"，公式如下：

$$\sum W(f_{yc} - N/A_c) \geqslant \eta \sum W_{Pb} f_{yb}$$

式中　η——强柱系数，一级取 1.15，二级取 1.10，三级取 1.05。

由此可见，钢框架抗震等级为四级时若不调整，那么 6 度区的建筑、7 度区高度小于 50m 的建筑则难以保证强柱弱梁。建议三、四级均取 1.05 为妥。

2. 关于"强剪弱弯"问题

《建筑抗震设计规范》（2010年版）6.2.4 条对钢筋混凝土框架规定如下，以保证梁端实现"强剪弱弯"。

（1）梁端剪力设计值 V。

一、二、三级抗震等级：

$$V = \eta_{vb}(M_b^l + M_b^r)/l_n + V_{Gb}$$

一级框架结构和9度的一级框架梁、连梁可不按上式调整，但应符合下式要求：
$$V = 1.1(M_{bua}^l + M_{bua}^r)/l_n + V_{Gb}$$

式中　　V——梁端截面组合的剪力设计值；

　　　　l_n——梁的净跨；

　　　　V_{Gb}——梁在重力荷载代表值（9度时高层建筑还应包括竖向地震作用标准值）作用下，按简支梁分析的梁端截面剪力设计值；

M_b^l、M_b^r——梁左右端截面逆时针或顺时针方向组合的弯矩设计值，一级框架两端弯矩均为负弯矩时，绝对值较小的弯矩应取零；

M_{bua}^l、M_{bua}^r——梁左右端截面逆时针或顺时针方向实配的正截面抗震受弯承载力所对应的弯矩值，根据实配钢筋面积（计入受压筋）和材料强度标准值确定。

（2）柱和框支柱组合的剪力设计值V。

《建筑抗震设计规范》（2010年版）6.2.5条规定，一、二、三、四级的框架柱和框支柱组合的剪力设计值应按下式调整：
$$V = \eta_{vc}(M_c^b + M_c^t)/H_n$$

一级框架结构和9度的一级框架梁、连梁可不按上式调整，但应符合下式要求：
$$V = 1.2(M_{cua}^b + M_{cua}^t)/H_n$$

式中　　H_n——柱净高；

M_c^b、M_c^t——柱的上下端顺时针或逆时针截面组合的弯矩设计值；

M_{cua}^b、M_{cua}^t——偏向受压柱的上下端顺时针或反时针方向实配的正截面抗震受弯承载力所对应的弯矩值，根据实配钢筋面积、材料强度标准值和轴压力等确定；

　　　　η_{vc}——柱剪力增大系数，对框架结构：一级取1.5，二级取1.3，三级取1.2，四级取1.1；对其他结构类型的框架：一级取1.4，二级取1.2，三级取1.1，四级可取1.1。

（3）《建筑抗震设计规范》（2010年版）中对钢框架"强剪弱弯"无具体规定。

（4）钢框架与钢筋混凝土框架的比较：

1）钢框架基本未考虑"强剪弱弯"，而钢筋混凝土框架考虑了"强剪弱弯"。

2）钢筋混凝土框架考虑强剪后比钢框架的剪力约增大1.3～1.8倍。

基于以上原因，作者建议：在具体设计钢框架时必须予以高度重视，建议在应用现行规范时考虑强剪系数1.2～1.5。

3. 关于"强节点弱构件"

设计中着重加强节点的措施如下。

（1）抗震构造保证。

1）对于钢筋混凝土结构：

a. 增加梁纵向受拉钢筋在柱中的锚固长度l_{aE}或柱纵向受拉钢筋在基础中的锚

固长度 l_{aE}；
　　b. 加密梁柱端和节点附近的箍筋间距；
　　c. 加密梁、柱连接点处节点核芯区的箍筋间距并加大箍筋直径。
　2) 对于钢结构：
　　a. 增加连接强度，如增强焊缝和螺栓；
　　b. 梁端加腋或加隅撑；
　　c. 加厚梁、柱节点域的腹板厚度或增设水平和斜向加劲肋。
　(2) 抗震计算保证。
　1) 对钢筋混凝土结构：
　主要确定节点核芯区组合的剪力设计值 V_j，在确定 V_j 时，采用节点剪力增大系数 η_{jb}。
　对于框架结构，一级宜取 1.5，二级宜取 1.35，三级宜取 1.2。
　对于其他结构中的框架，一级宜取 1.35，二级宜取 1.2，三级宜取 1.1。
　相关参数详见《建筑抗震设计规范》(2010年版) 附录D。
　2) 对于钢结构：
　《建筑抗震设计规范》(2010年版) 8.2.8条，钢结构抗侧力构件的连接计算，应符合下列要求：
　　a. 钢结构抗侧力构件的连接的承载力设计值，应不小于相连接构件的承载力设计值；高强度螺栓连接不得滑移。
　　b. 钢结构抗侧力构件连接的极限承载力应大于相连接构件的屈服承载力。
　　c. 梁与柱刚性连接的极限承载力，应按下式验算：

$$M_u^j \geqslant \eta_j M_p$$
$$V_u^j \geqslant 1.2(2M_p/l_n) + V_{Gb}$$

　说明：框架梁一般为弯矩控制，剪力控制的情况很少，其设计剪力应采用与梁屈服弯矩相应的剪力，原规定采用腹板全截面屈服时的剪力，过于保守。另一方面，原规定用1.3代替1.2考虑竖向荷载，往往偏小，故作了相应修改。采用系数1.2，是考虑梁腹板的塑性变形小于翼缘的变形要求较多，故未按《建筑抗震设计规范》表8.2.9采用。当梁截面受剪力控制时，该系数宜适当加大。
　　d. 支撑与框架连接和梁、柱、支撑的拼接承载力，应按下列公式验算：
　支撑连接和拼接：$\quad N_{ubr}^j \geqslant \eta_j A_{br} f_y$
　梁的拼接 $\quad M_{ub}^j \geqslant \eta_j M_p$
　柱的拼接 $\quad M_{uc,sp}^j \geqslant \eta_j M_{pc}$
　　e. 柱脚与基础的连接承载力，应按下列公式验算

$$M_{u,base}^j \geqslant \eta_j M_{pc}$$

　式中　M_p、M_{pc}——梁的塑性受弯承载力和考虑轴力影响时柱的塑性受弯承载力；

V_{Gb}——重力荷载代表值（9度时的高层建筑，尚应包括地震作用标准值）作用下，按简支梁分析的梁端截面剪力设计值；

l_n——梁的净跨；

A_{br}——支撑杆件的截面面积；

M_u^j、V_u^j——连接的极限受弯、压（拉）、剪承载力；

N_{ubr}^j、M_{ub}^j、$M_{uc.sp}^j$——支撑连接和拼接，梁、柱拼接的极限受压（拉）、受弯承载力；

η_j——连接系数，可按《建筑抗震设计规范》（2010年版）表8.2.9采用。

4.5.5 关于连接的极限承载力验算问题

（1）《建筑抗震设计规范》明确规定所有杆件和连接均应按弹性设计，即计算多遇地震作用下的抗震强度，在计算中引入承载力抗震调正系数 γ_{RE}。对钢结构节点连接焊缝，$\gamma_{RE}=0.9$；节点板件、连接螺栓，$\gamma_{RE}=0.85$，均大于梁、柱构件的 $\gamma_{RE}=0.75$ 及支撑构件的 $\gamma_{RE}=0.8$。其节点与构件的 γ_{RE} 比值为 1.06～1.20。故在抗震弹性设计时，取节点的 γ_{RE} 大于构件，已引入强节点的概念，无疑是正确的。

（2）由于地震的不确定性，当遇到超出基本强度的大震时，为使构件在充分出现塑性铰的同时，节点完整不坏，结构不发生整体倒塌，在设计中加强节点也是十分必要的。必须指出，在实际设计中存在弹性设计时截面留有裕量及施工中以大代小，而忽视连接相应加大的现象，按规范再进行极限承载力的验算，如同混凝土构件一样，在某些情况下尚需用实配（钢筋）材料强度的标准值进行计算。

（3）遗憾的是《建筑抗震设计规范》（2010年版）8.2.8条中的式（8.2.8-1）～式（8.2.8-6）中连接采用钢材的抗拉强度 f_y，而其相应构件则采用钢材的屈服强度 f_u，它不是在同一材料取值和水准中加强节点。连接强度取值过高，导致焊缝、螺栓需要量减少，即使在构件中留有 1.2 的富裕量，仍会使构件的实际强度大于其连接强度，而这种极限承载力验算成为多余。

（4）综上，将所有的极限承载力公式验算改为连接承载力验算，并采用钢材或螺栓的强度设计值 f，连接强度要比构件强度大 1.2 倍，既与弹性设计时 γ_{RE} 取值一致，又避免因设计构件留有裕量或施工以大代小而造成弱节点的安全隐患。

4.5.6 关于钢结构节点域的设计问题

1. 节点域腹板的屈服承载力

《建筑抗震设计规范》（2010年版）8.2.5条2款，节点域的屈服承载力应符合下列要求：

$$\psi(M_{pb1} + M_{pb2})/V_p \leqslant (4/3)f_{yv}$$

式中　ψ——折减系数，三、四级取 0.6，一、二级取 0.7；

　　　V_p——节点域的体积；

　　　f_{yv}——钢材的抗剪强度设计值。

2. 节点域腹板的抗剪强度

《建筑抗震设计规范》（2010 年版）8.2.5 条 3 款，节点域的屈服承载力应符合下列要求：

$$(M_{b1} + M_{b2})/V_p \leqslant (4/3)f_v/\gamma_{RE}$$

式中　M_{b1}、M_{b2}——节点域两侧梁的弯矩设计值；

　　　γ_{RE}——节点域承载力抗震调整系数，取 0.75。

4.5.7　钢结构节点设计应注意的问题

钢结构设计也应贯彻"强柱弱梁、强剪弱弯、强节点弱杆件"的抗震设计理念。

节点连接在结构设计中的重要性：一般的钢结构建筑，都是由若干加工好的竖杆、水平杆或斜杆在工地用焊缝或螺栓拼装成抗侧力的框架或框架支撑结构。这些由杆件组装成的结构，之所以能承受一定的竖向荷载和水平荷载，靠的就是各杆件之间的节点。节点将这些杆件用各种不同的连接方式和连接件连接起来成为一个非机动构架。这种由若干杆件系统组成的构架，在外荷载作用下，一旦节点发生破坏，整个结构就会成为机动构架而失去承载能力。

在国内外的多次地震中，常常发生钢框架节点和竖向支撑节点破坏的事例，特别是 1994 年发生在美国的北岭地震和 1995 年发生在日本的阪神地震，有好几十幢钢结构房屋倒塌，好几百幢多、高层钢结构房屋的梁柱刚性连接节点受到严重破坏，这些引起了世人的极大关注，促使一些国家的学者、科技人员加强了这方面的研究，其重要性显得尤为突出。

因此，在多层和高层钢结构房屋抗震设计工作中，连接节点的设计是整个设计工作中一个非常重要的组成部分。节点设计是否恰当，将直接影响到结构承载力的可靠性和安全性。因此节点设计至关重要，应予以足够的重视。

节点设计的一般原则：

（1）在非抗震框架结构、带有悬臂段框架梁的工地拼接中，其拼接宜按梁中的实际内力按平面假定进行设计，且拼接的抗弯承载力应不低于梁截面抗弯承载力的 50%。

（2）在非抗震框架结构的梁柱刚性连接节点中，其连接宜按梁截面的等强度来设计，除非在某些构造截面中梁的内力与梁截面的内力相差很大时，才按上述第（1）条的原则进行连接设计，如图 4-64 所示。

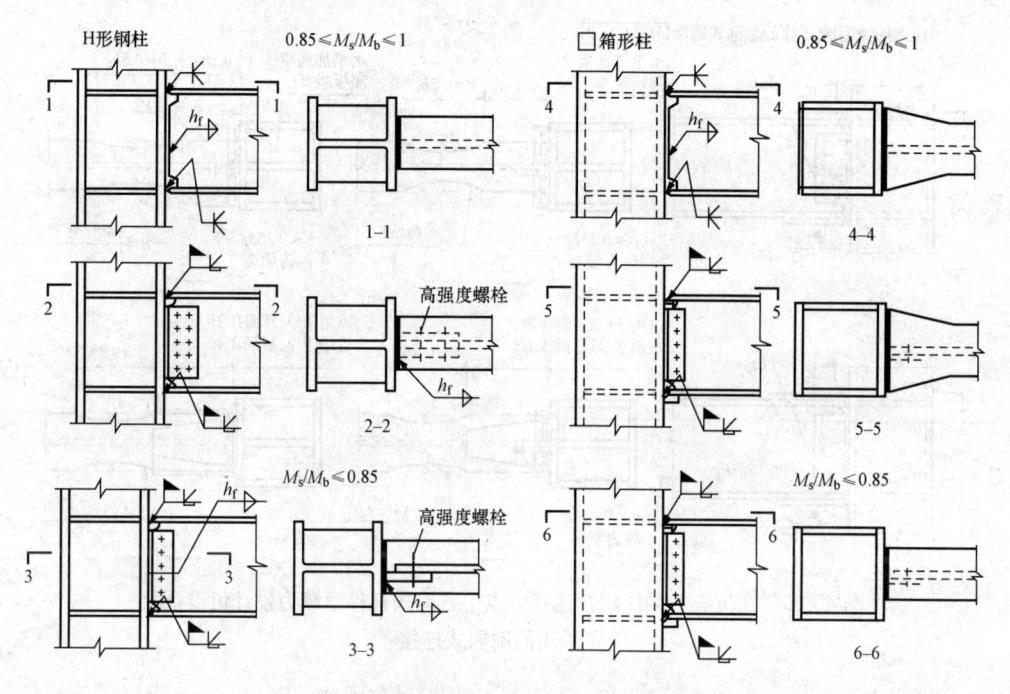

图 4-64 在非抗震的梁柱刚性连接节点中，按不同组合内力设计时通常采用的连接形式

（3）在抗震结构的梁柱刚性连接中，不应采用小于等强度的连接。也就是说等强度的连接，也只能用在低烈度地区的抗震结构中。在高烈度地区，一定要采用加强式连接或犬骨式连接，如图 4-65 和图 4-66 所示。

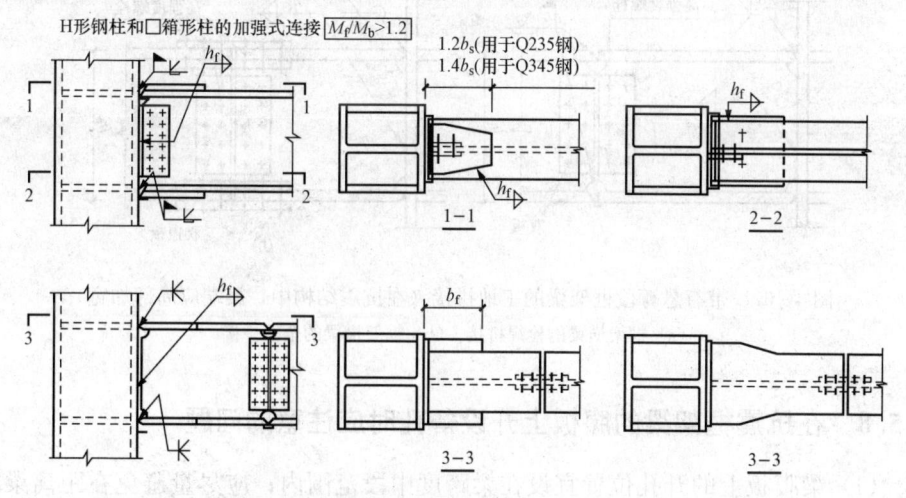

图 4-65 在抗震的梁柱刚性连接节点中，应按杆件承载力设计值设计及可采用的加强式连接

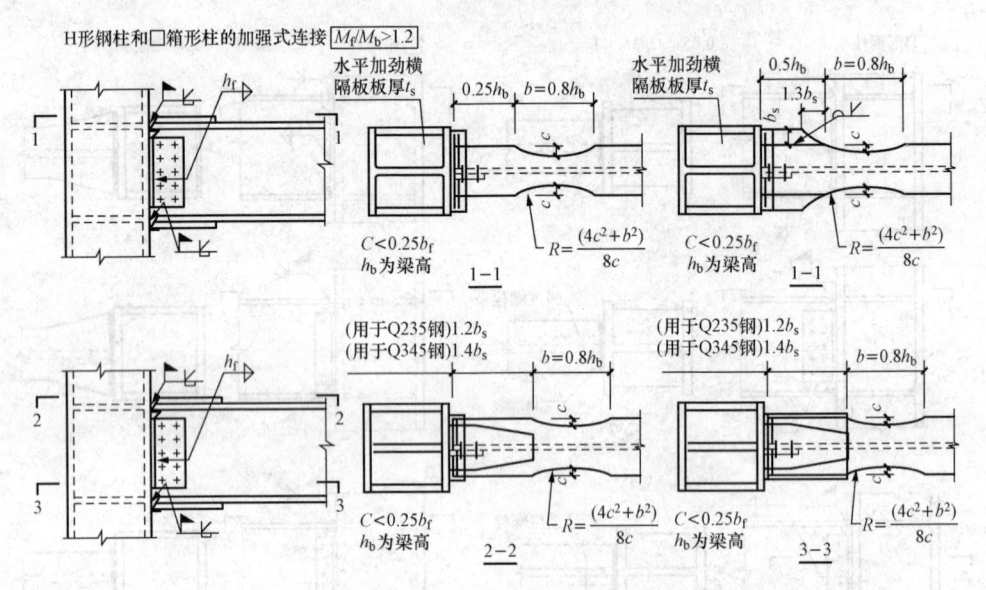

图 4-66 在抗震的梁柱刚性连接节点中，应按杆件承载力设计值设计及
可采用的削弱式连接

(4) 在抗震框架结构、带有悬臂段框架梁的工地拼接中，对于全栓拼接的节点可置于塑性区段之内。但对于全焊或栓焊拼接的连接节点应置于塑性区段之外，但为了便于运输，其悬臂段又不能太长，故宜将拼接点放在 1/10 跨长和 2 倍梁高塑性区段之外的附近，且此时其拼接的承载力宜按梁截面的等强度来设计，如图 4-67 所示。

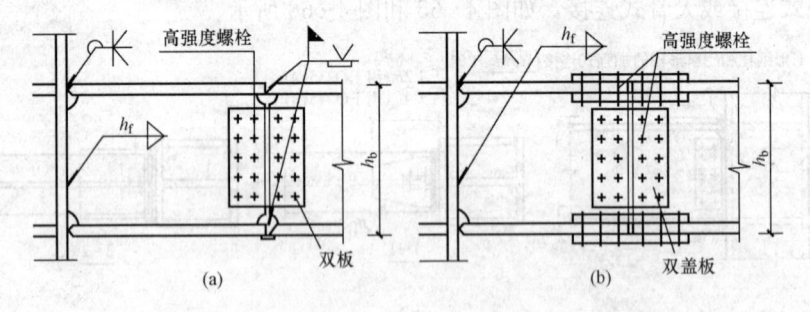

图 4-67 带有悬臂段框架梁的工地拼接（在抗震结构中，梁端应局部加宽）
(a) 框架横梁的栓焊拼接；(b) 框架横梁的全栓拼接

4.5.8 在抗震框架梁的腹板上开设备孔时应注意的问题

(1) 梁腹板上的开孔位置宜设在梁跨度中段范围内；应尽量避免在距离梁端 1/10 跨度或等于梁高的范围内开孔；抗震设防的结构不应在设置隅撑范围内开孔。

(2) 钢梁腹板的孔口高度（或直径）不得大于梁截面高度的1/2。
(3) 当梁腹板上的孔口高度（或直径）在1/3～1/2梁高范围以内时，其补强的构造详图如图4-68和图4-69所示。

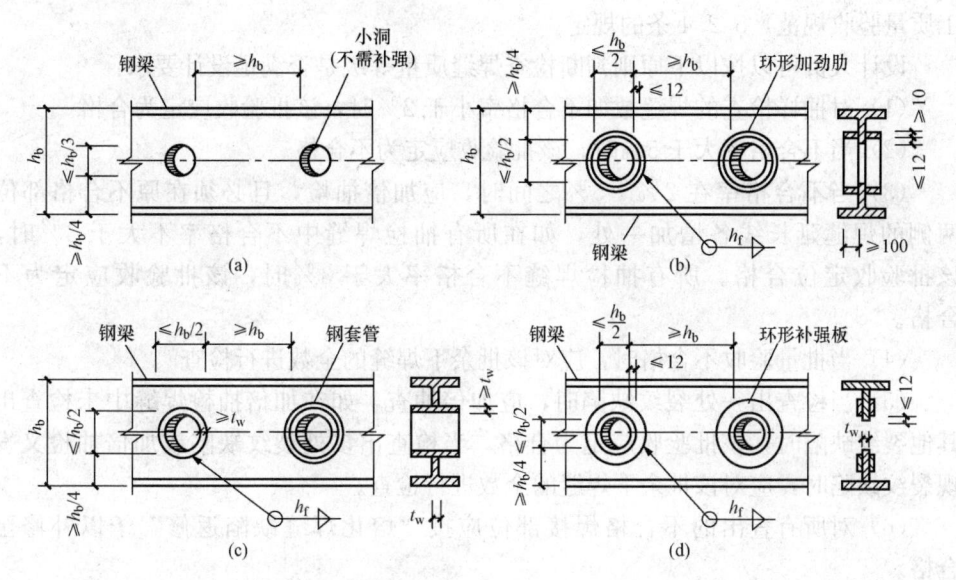

图4-68 钢梁腹板上圆形孔口的补强
(a) 不需补强；(b) 环形加劲肋；(c) 套管补强；(d) 环形补强板

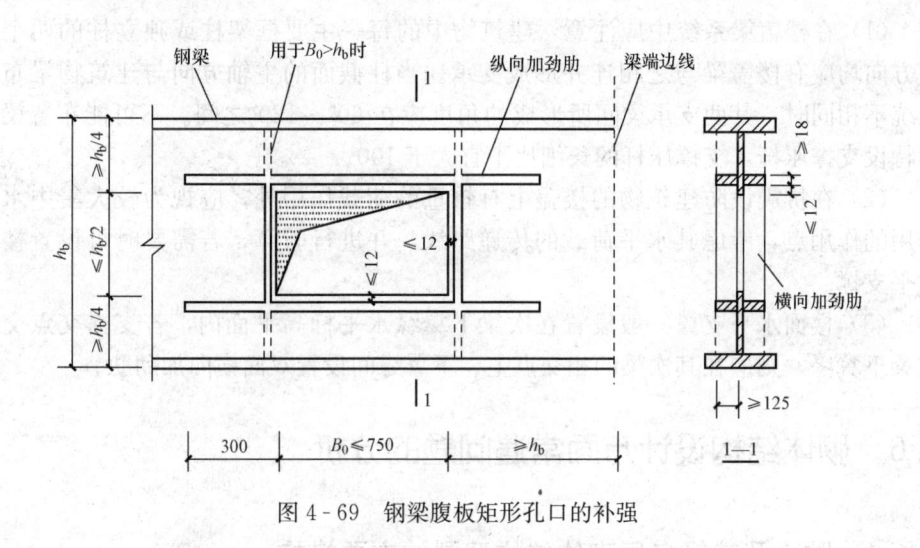

图4-69 钢梁腹板矩形孔口的补强

4.5.9 关于焊缝质量等级检查时如何判断其合格性的问题

对于钢结构设计，通常都要注明构件连接的焊缝质量等级，设计者往往都会依据各构件不同部位的重要程度分别提出不同的焊缝质量等级要求。如全焊透的对接焊缝的焊缝质量等级为一级，一般受力构件的贴角焊缝的质量等级为二级，次要的受力构件及非受力构件的焊缝质量等级为三级等。施工时，对于不同的焊缝质量等级检查的方法和手段也不一样，具体见 GB 50205—2001《钢结构工程施工质量验收规范》5.2.4 条的规定。

设计人员可以按以下原则判断检查焊缝质量等级是否满足设计要求：

(1) 对抽样检查的焊缝数如不合格率小于 2% 时，该批验收应定为合格。

(2) 当不合格率大于 5% 时，该批验收应定为不合格。

(3) 当不合格率在 2%~5% 之间时，应加倍抽检，且必须在原不合格部位两侧的焊缝延长线各增加一处，如在所有抽检焊缝中不合格率不大于 3% 时，该批验收定位合格。所有抽检焊缝不合格率大于 3% 时，该批验收应定为不合格。

(4) 当批量验收不合格时，应对该批余下焊缝的全数进行检查。

(5) 当检查出一处裂纹缺陷时，应加倍抽查，如在加倍抽检焊缝中未检查出其他裂纹缺陷时，该批验收应定为合格，当检查出多处裂纹缺陷或加倍抽检又发现裂纹缺陷时，应对该批余下焊缝的全数进行检查。

(6) 对所有查出的不合格焊接部位应按"熔化焊缝缺陷返修"予以补修至合格。

4.5.10 钢结构在楼屋面结构布置上容易忽略的几个问题

(1) 在楼盖梁系统中应注意，建筑物中的每一主要框架柱或独立柱的两个主要方向均应有楼盖梁与之相连并形成支承。当柱截面的主轴方向与建筑物梁布置系统不相同时，其两支承梁间所形成的角度应在 60°~120° 之间。不可能布置梁时应特设支撑压杆，支撑压杆的长细比不宜大于 100。

(2) 在抗震设防建筑物的楼盖上有较重的荷载作用处，应视为较大集中水平作用的作用点，考虑其水平荷载的传递路线，并进行验算，若需要时可设置楼面水平支撑。

(3) 楼面水平支撑一般设置在次梁下翼缘水平标高平面内，若支撑交点交于次梁下翼缘，则应在其次梁的相交点上、下翼缘间设置双面横向加劲肋。

4.6 砌体结构设计方面常遇问题的分析

4.6.1 防止及减轻多层砌体结构开裂的主要措施

(1) 为了防止及减轻房屋在正常使用条件下，由温差和砌体干缩引起的墙体竖向裂缝，应在墙体中设置伸缩缝。伸缩缝应设在因温度和收缩变形可能引起应力集中、砌体产生裂缝可能性最大的地方。伸缩缝的最大间距见表 4-32。

表 4-32　　　　　　　　　　　砌体房屋伸缩缝的最大间距　　　　　　　　　　　（m）

屋盖或楼盖类别		间　距
整体式或装配整体式钢筋混凝土结构	有保温层或隔热层的屋盖、楼盖	50
	无保温层或隔热层的屋盖	40
装配式无檩体系钢筋混凝土结构	有保温层或隔热层的屋盖、楼盖	60
	无保温层或隔热层的屋盖	50
装配式有檩体系钢筋混凝土结构	有保温层或隔热层的屋盖、楼盖	75
	无保温层或隔热层的屋盖	60
瓦材屋盖、木屋盖或楼盖、轻钢屋盖		100

注：1. 对烧结普通砖、多孔砖、配筋砌块砌体房屋取表中数值；对石砌体、蒸压灰砂砖、蒸压粉煤灰砖和混凝土砌块房屋取表中数值乘以 0.8 的系数。当墙体有可靠外保温措施时，其间距可取表中数值。
2. 在钢筋混凝土屋面上挂瓦的屋盖应按钢筋混凝土屋盖采用。
3. 层高大于 5m 的烧结普通砖、多孔砖、配筋砌块砌体结构单层房屋，其伸缩缝间距可按表中数值乘以 1.3。
4. 温差较大且变化频繁地区和严寒地区不采暖的房屋及构筑物墙体的伸缩缝的最大间距，应按表中数值予以适当减小。
5. 墙体的伸缩缝应与结构的其他变形缝相重合，缝宽度应满足各种变形缝的变形要求，在进行立面处理时，必须保证缝隙的伸缩作用。

（2）为了防止或减轻房屋顶层墙体的裂缝，可根据情况采取下列措施：

1) 屋面应设置保温、隔热层。

2) 屋面保温（隔热）层或屋面刚性面层及砂浆找平层应设置分隔缝，分隔缝间距不宜大于 6m，并与女儿墙隔开，其缝宽不小于 30mm。

3) 采用装配式有檩体系钢筋混凝土屋盖和瓦材屋盖。

4) 在钢筋混凝土屋面板与墙体圈梁的接触面处设置水平滑动层，滑动层可采用两层油毡夹滑石粉或橡胶片等；对于长纵墙，可只在其两端的 2～3 个开间内设置，对于横墙可只在其两端各 $l/4$ 范围内设置（l 为横墙长度）。

5) 顶层屋面板下设置现浇钢筋混凝土圈梁，并沿内外墙拉通，房屋两端圈梁下的墙体内宜适当设置水平钢筋。

6) 顶层挑梁末端下墙体灰缝内设置 3 道焊接钢筋网片（纵向钢筋不宜少于 $2\phi4$，横筋间距不宜大于 200mm）或 $2\phi6$ 钢筋，钢筋网片或钢筋应自挑梁末端伸入两边墙体不小于 1m。

7) 女儿墙应设构造柱，构造柱间距不宜大于 4m，构造柱应伸至女儿墙顶并与现浇钢筋混凝土压顶整浇在一起。

8) 顶层及女儿墙砂浆强度等级不低于 M7.5（Mb7.5、Ms7.5）。

（3）为防止或减轻房屋底层墙体裂缝，可根据情况采取下列措施：

1) 增大基础圈梁的刚度。

2）在底层的窗台下墙体灰缝内设置 3 道焊接钢筋网片或 2φ6 钢筋，并伸入两边窗间墙内不小于 600mm。

3）采用钢筋混凝土窗台板，窗台板嵌入窗间墙内不小于 600mm。

4）墙体转角处和纵横墙交接处宜沿竖向每隔 400～500mm 设拉结钢筋，其数量为每 120mm 墙厚不少于 1φ6 或焊接钢筋网片，埋入长度从墙的转角或交接处算起，每边不小于 600mm。

5）对灰砂砖、粉煤灰砖、混凝土砌块或其他非烧结砖，宜在各层门、窗过梁上方的水平灰缝内及窗台下第一道和第二道水平灰缝内设置焊接钢筋网片或 2φ6 钢筋，焊接钢筋网片或钢筋应伸入两边窗间墙内不小于 600mm。当灰砂砖、粉煤灰砖、混凝土砌块或其他非烧结砖实体墙长度大于 5m 时，宜在每层墙高度中部设置 2～3 道焊接钢筋网片或 3φ6 的通长水平钢筋，竖向间距宜为 500mm。

(4) 为防止或减轻混凝土砌块房屋顶层两端和底层第一、第二开间门窗洞处的裂缝，可采取下列措施：

1）在顶层和底层设置通长钢筋混凝土窗台梁，梁内纵筋不少于 4φ10，箍筋为 φ6@200，采用不低于 C20 混凝土灌实。

2）在门窗洞口两边的墙体的水平灰缝中，设置长度不小于 900mm、竖向间距为 400mm 的 2φ4 焊接钢筋网片。

3）在门窗洞口两侧不少于一个孔洞中设置不小于 1φ12 钢筋，钢筋应在楼层圈梁或基础锚固，并采用不低于 Cb20 灌孔混凝土灌实。

4）当房屋刚度较大时，可在窗台下或窗台角处墙体内，在墙体高度或厚度突然变化处设置竖向控制缝以减少墙体裂缝。竖向控制缝宽度不应小于 25mm，缝内填以压缩性能好的填充材料，且外部用密封材料密封（如聚氨酯、硅酮等密封膏），并采用不吸水的闭孔发泡聚乙烯实心圆棒作为密封膏的隔离物（图 4-70）。

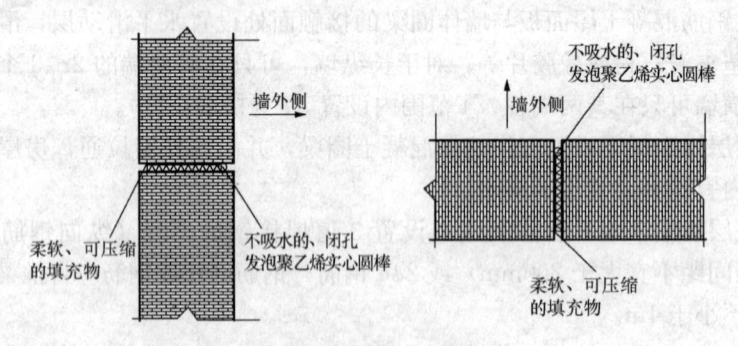

图 4-70 控制缝的做法

(5) 填充墙砌体与柱、梁或混凝土墙结合的界面处（包括内、外墙），应在粉刷前设置钢丝网片（网片宽 400mm，沿界面缝两侧各延伸 200mm），或采取其他有效措施。

4.6.2 砌体结构地震中倒塌的原因剖析

我国地震区砖混结构的数量很多,震害也非常严重。村镇的住宅、教学楼,城市的一些旧的居民楼、办公楼、小型厂房大多采用这种结构。在四川汶川 5·12 特大地震中,大量砖混结构发生整体倒塌,甚至是粉碎性倒塌,造成了惨重的人员损失。图 4-71 为砖混结构的典型震害。

图 4-71 砖混结构的震害
(a) 南坝镇小学教学楼垮塌;(b) 汉旺镇铁路货运站宿舍楼倒塌

对一些倒塌的砖混结构建筑的调查发现,倒塌的主要原因可以归结为两点:一是结构形式不合理,如教学楼大多采用纵墙承重、大开间、大开窗、外挑走廊;二是抗震措施严重不足,如预制楼板无拉结、无后浇叠合层,特别是无构造柱,甚至没有圈梁。具有这两个特点的砌体结构大多在设防烈度地震下发生整体性倒塌,甚至是粉碎性倒塌,许多砖混教学楼的整体倒塌更成为震后社会各界关注的焦点,造成了严重的社会影响(图 4-72)。

倒塌情况　　　　　　　　　　　无构造柱

图 4-72 都江堰聚源中学教学楼

然而在震害调查中同时也发现，一些认真按规范和规程设计的、结构形式和抗震措施合理的抗震性能满足设防要求的砖混结构房屋，也能做到大震不倒，如图4-73所示。事实上，1976年唐山地震以及20世纪末我国西部地区的多次地震震害都表明，砖混结构中的现浇钢筋混凝土圈梁、构造柱对于结构在地震中保持整体性，避免发生整体倒塌具有非常重要的作用，特别是构造柱的作用尤为重要。只要构造措施得当，砖混结构完全可以实现预期的抗震设防目标。汶川地震却重蹈了唐山地震惨烈震害的覆辙，很多建筑在结构体系和设计方面存在严重的问题。

图4-73 地震区完好保存的砖混结构

4.6.3 抗震设计时，对多层砌体结构房屋结构体系的要求

抗震设计时，多层砌体结构房屋的结构体系应符合下列要求。

(1) 应优先采用横墙承重或横墙共同承重的结构体系，不应采用砌体墙与混凝土墙混合承重的结构体系；以防止不同材料性能墙体被地震各个击破。

(2) 纵横向砌体抗震墙的布置应符合下列要求：

1) 纵横墙的布置宜均匀对称，沿平面内宜对齐，沿竖向应上下连续；且纵横向墙体的数量不宜相差过大。

2) 平面轮廓凹凸尺寸，不应超过典型尺寸的50%；当超过典型尺寸的25%时，房屋转角处应采取加强措施。

3) 楼板局部大洞口的尺寸不宜超过楼板宽度的30%，且不应在墙体两侧同时开洞。

4) 房屋错层的楼板高差超过500mm时，应按两层计算，错层部位的墙应采取加强措施。

5) 同一轴线上的窗间墙宽度宜均匀；洞口面积，6、7度时不宜大于墙面面积的55%，8、9度时不宜大于50%。

6) 在房屋宽度方向的中部应设置内纵墙，其累计长度不宜小于房屋总长度的60%（高宽比大于4的墙段不计入）。

（3）房屋有下列情况之一时宜设置防震缝，缝两侧均应设置墙体，缝宽应根据抗震设防烈度和房屋高度确定，一般可采用70~100mm，防震缝两侧均应设置墙体。

1) 房屋立面高差在6m以上。

2) 房屋有错层，且楼板高差大于层高的1/4。

3) 各部分结构的刚度、质量截然不同。

4) 平面长宽比过大、突出部分的长度过大时。

（4）不应在多层砌体结构房屋的角部设置转角门窗。因为在砌体结构的转角部位设置转角门窗，将严重削弱结构的整体性，极易造成局部严重破坏。

（5）楼梯间不宜设计在房屋的尽端和转角处。因为房屋的尽端和转角处是应力比较集中且对扭转较为敏感的部位，地震时容易产生震害。当必须在房屋尽端或转角处设置楼梯间时，宜采用在必要部位增设构造柱、增设圈梁和加强墙体配筋等加强措施。

（6）横墙较少、跨度较大的房屋（如教学楼、医院等），宜采用现浇钢筋混凝土楼、屋盖，以加强楼、屋盖及整个结构的整体性。

4.6.4 抗震设计时，多层砌体结构房屋局部尺寸的控制和设计

多层砌体结构房屋的局部尺寸主要是指窗间墙的宽度、承重外墙尽端至门窗洞边的距离、非承重外墙尽端至门窗洞边的距离、内墙阳角至门窗洞边的距离、无锚固砌体女儿墙（非出入口处）的高度等。限制窗间墙的最小宽度、限制内外墙尽端至洞边的距离，其目的是为了防止这些部位的墙体在地震时破坏，影响结构的整体抗震能力，从而导致房屋破坏甚至倒塌；限制砌体女儿墙的最大高度则是为了避免女儿墙在地震时破坏。女儿墙在地震时破坏，跌落伤人，在历次地震中屡有发生。

《建筑抗震设计规范》（2010年版）7.1.6条规定，多层砌体结构房屋中砌体墙段的局部尺寸限值，宜符合表4-33的要求。

表4-33　　　　　　　　　房屋的局部尺寸限值　　　　　　　　　　（m）

部　位	6度	7度	8度	9度
承重窗间墙最小宽度	1.0	1.0	1.2	1.5
承重外墙尽端至门窗洞边的最小距离	1.0	1.0	1.2	1.5
非承重外墙尽端至门窗洞边的最小距离	1.0	1.0	1.0	1.0

续表

部　　位	6度	7度	8度	9度
内墙阳角至门窗洞边的最小距离	1.0	1.0	1.5	2.0
无锚固女儿墙（非出入口处）的最大高度	0.5	0.5	0.5	0.0

注：1. 最小宽度不宜小于1/4层高和表列数的80%。
　　2. 出入口处的女儿墙应有锚固。
　　3. 外墙尽端指，建筑物平面凸角处（不包括外墙总长的中部局部凸折处）的外墙端头，以及建筑物平面凹角处（不包括外墙总长的中部局部凹折处）未与内墙相连是外墙端头。
　　4. 多层多排柱内框架房屋的纵向窗间墙宽度，应不小于1.5m。
　　5. 当因建筑功能要求不能满足局部尺寸要求时，可对局部不能满足要求的墙段采取局部加强措施，如适当加大构造柱等，但不允许将整个不满足墙段改为钢筋混凝土墙段。

4.6.5　抗震设计，多层砌体结构房屋的墙体截面不满足抗震受剪承载力验算时，应当采取的措施

（1）增加砌体墙的厚度。多层砌体结构住宅建筑等房屋，由于节能的要求，大多数采用内保温或外保温做法，从而使外墙厚度减少到240mm或190mm。同时由于外纵墙的窗洞口所占比例较大，内纵墙数量较少或洞口较多，使墙体（特别是纵墙）的抗震受剪承载力不满足规范要求。最简单的办法是增大砌体墙厚，特别是外纵墙厚度。但是，增大墙厚会使结构重量增加，相应地会加大地震作用，因而不是最好的办法，不得已时方可采用。

（2）提高砌体的强度等级。可以通过提高砌体块材的强度等级和砂浆的强度等级来提高砌体的强度等级，这是在目前技术条件下较为有效而经济的办法。由于砂浆强度等级一般不应超过砌体块材的强度等级，当提高砂浆强度等级时应相应提高砌体块材的强度等级。例如，当采用强度等级为M15的砂浆，应采用Mu15或Mu20的块材。采用强度等级为M15的砂浆并采用Mu15及以上强度等级的块材，其抗剪强度肯定高于采用M10砂浆的抗剪强度值。但根据GB 50003—2001《砌体结构设计规范》表3.2.2的规定，当砂浆强度等级高到M10时，砌体的抗剪强度设计值不再提高，这是规范的局限性，也是至今未能解决的问题。

（3）在砌体墙的水平灰缝内配置适当数量的钢筋。在砌体水平灰缝内配置水平钢筋来提高砌体墙的抗震受剪承载力也受到一定限制。因为砌体水平灰缝内配置的水平钢筋的直径不可能太大，数量也不可能太多，一般情况下，在240mm厚墙体中配3ϕ6或2ϕ8通长水平钢筋较为合适。试验资料表明，当层间墙体竖向截面内钢筋的配筋率不小于0.07%且不大于0.17%，配多了也无效用。目前，中国建筑科学研究院的SATWE等软件还不能对墙体水平灰缝内水平钢筋的最大配筋率加以判断和限制，而是直接输出计算所需要的配筋面积，因此，需要结构工程师加以校核，以判断计算输出的配筋率是否在规范许可的范围内。

(4) 墙体内增设构造柱，提高构造柱混凝土强度等级，提高构造柱纵向钢筋强度等级或（及）截面面积。

1) 在较长墙段两端设置构造柱，加强对墙段的约束，提高其受剪承载力。抗震受剪承载力验算时，对两端无构造柱的墙，$\gamma_{RE}=1.0$；两端有构造柱的墙，$\gamma_{RE}=0.9$，其抗震受剪承载力可以提高 11.1%。

2) 在墙段中部增设间距不大于 4m、截面不小于 240mm×240mm 的构造柱，可提高墙体抗震受剪承载力。但中部构造柱的横截面总面积 A_c：对横墙和内纵墙不应大于墙体横截面面积 A 的 15%；对外纵墙不应大于 25%；否则，反而会因为墙体截面面积减少而降低其抗震受剪承载力。

3) 提高构造柱混凝土强度等级，会使《建筑抗震设计规范》（2010 年版）7.2.7 条公式（7.2.7-3）中的"$\zeta f_t A_c$"项增大，但增大有限（ζ 取值为 0.4~0.5）；提高构造柱中纵向钢筋的强度等级和截面面积，会使公式（7.2.7-3）中的"$0.08 f_y A_s$"项增大，但增大也有限（构造柱纵向钢筋的配筋率为 0.6%~1.4%）。故采用这种办法对墙体的抗震受剪承载力的提高也不明显。

(5) 调整结构方案。当建筑使用功能许可时，宜调整砌体结构方案。调整的原则是：调整各墙段长度，调整墙段上洞口的位置和高度，使各墙段的刚度和剪力分配较均匀。

(6) 为了提高多层砌体结构抗震受剪承载力，可以根据工程的具体情况，采用上述措施中的一种或多种组合。往往采用组合方案。

4.6.6 抗震设计时，砌体结构房屋楼梯间设计的基本要求

多层砌体结构的楼梯间是人们在生活和工作中的竖向联系通道，地震时则是人员疏散的主要通道，也应是地震时人员的安全岛，其结构安全性至关重要。由于使用功能的要求，楼梯间墙体缺少各层楼板的侧向支承，有时还因为楼梯踏步削弱楼梯间的墙体，尤其是顶层，墙体有一层半楼层高，整个楼梯间相对空旷，受力复杂。因此《建筑抗震设计规范》（2010 年版）7.1.7 条第 4 款规定，楼梯间不宜设置在房屋的尽端或转角处，并要求楼梯间的设计应符合下列要求：

(1) 顶层楼梯间横墙和外墙应沿墙高每隔 500mm 设 $2\phi6$ 通长钢筋和 $\phi4$ 分布短钢筋组成的拉结网片；7~9 度时其他各层楼梯间墙体应在休息平台或楼层半高处设置 60mm 厚、纵向钢筋不应少于 $2\phi10$ 的钢筋混凝土带或配筋砖带，配筋砖带不少于 3 皮，每皮的配筋不少于 $2\phi6$，砂浆强度等级不应低于 M7.5，且不低于同层墙体的砂浆强度等级。

(2) 楼梯间及门厅内墙阳角处的大梁支承长度不应小于 500mm，并应与圈梁连接。

(3) 装配式楼梯段应与平台板的梁可靠连接，8、9 度时不应采用装配式楼梯段；不应采用墙中悬挑式踏步或踏步竖肋插入墙体的楼梯，不应采用无筋砖砌

栏板。

(4) 突出屋顶的楼、电梯间，构造柱应伸到顶部，并与顶部圈梁连接，所有墙体应沿墙高每隔 500mm 设 2φ6 通长钢筋和 φ4 分布短钢筋组成的拉结网片。

4.6.7 抗震设计时，多层砌体结构房屋设置构造柱应当注意的问题

(1) 抗震设计时，钢筋混凝土构造柱在多层砌体结构房屋中的主要作用是：

1) 构造柱能够提高砌体的受剪承载力，提高幅度与墙体高宽比、竖向压力和开洞情况有关，约可提高 10%～30%。

2) 构造柱主要对砌体起约束作用，使之具有较高的变形能力。

3) 构造柱设置在连接构造比较薄弱和应力与变形易于集中的部位，能够提高这些部位的防倒塌能力。同时也是防止"大震不倒"的主要措施之一。

(2) 墙厚度不小于 240mm 时，烧结普通砖、多孔砖房屋构造柱设置应符合下列要求：

1) 一般情况下，房屋的构造柱的设置部位，应符合表 4-34 的规定。

2) 外廊式和单面走廊式的多层房屋，应根据房屋增加一层后，按表 4-34 的规定设置构造柱，且单面走廊两侧的纵墙均应按外墙处理。

3) 对横墙较少的房屋（如教学楼、医院等），应根据房屋增加一层后，按表 4-34 的规定设置构造柱；当横墙较少的房屋为外廊式或单面走廊式时，应按本条 (2) 款要求设置构造柱；但 6 度不超过四层、7 度不超过三层和 8 度不超过二层时，应按增加二层后的层数对待。

表 4-34　　　　　多层砌体房屋构造柱设置要求

房屋层数				设　置　部　位	
6 度	7 度	8 度	9 度		
四、五	三、四	二、三		楼、电梯间四角，楼梯斜段上下端对应的墙体处	隔 12m 或单元横墙与外纵墙交接处；楼梯间对应的另一侧内横墙与外纵墙交接处
六	五	四	二	外墙四角和对应转角；错层部位横墙与外纵墙交接处，大房间内外墙交接处，较大洞口两侧	隔开间横墙（轴线）与外纵墙交接处；山墙与内纵墙交接处
七	≥六	≥五	≥三		内墙（轴线）与外墙交接处，内墙的局部较小墙垛处；内纵墙与横墙（轴线）交接处

注：较大洞口，内墙指不小于 2.10m 的洞口；外墙在内外墙交接处已设置构造柱时应允许适当放宽，但洞侧墙体应加强（如采用拉结钢筋网片通长设置，间距加密）。

4) 各层横墙很少的房屋，应按增加二层后的层数设置构造柱。

5) 采用蒸压灰砂砖和蒸压粉煤灰砖砌体的房屋，当砌体的抗剪强度仅达到普通黏土砖砌体的70%时，应按增加一层后的层数按（1）～（4）款要求设置构造柱；但6度不超过四层、7度不超过三层和8度不超过二层时，应按增加二层后的层数对待。

(3) 多层砖砌体房屋的构造柱应符合下列构造要求：

1) 构造柱最小截面可采用240mm×180mm（墙厚190mm时为180mm×190mm），纵向钢筋宜采用4ϕ12，箍筋间距不宜大于250mm，且在柱上下端应适当加密；6、7度时超过六层、8度时超过五层和9度时，构造柱纵向钢筋宜采用4ϕ14，箍筋间距不应大于200mm；房屋四角的构造柱应适当加大截面及配筋。

2) 构造柱与墙连接处应砌成马牙槎，沿墙高每隔500mm设2ϕ6水平钢筋和ϕ4分布短钢筋组成的拉结网片，每边伸入墙内不宜小于1m。6、7度时底部1/3楼层，8度时底部1/2楼层，9度时全部楼层，上述拉结钢筋网片应沿墙体水平通长设置。

相邻构造柱的墙体应沿墙高每隔500mm设2ϕ6通长水平钢筋和ϕ4分布短钢筋组成的拉结网片，并锚入构造柱内。

3) 构造柱与圈梁连接处，构造柱的纵筋应在圈梁纵筋内侧穿过，保证构造柱纵筋上下贯通。

4) 构造柱可不单独设置基础，但应伸入室外地面下500mm，或与埋深小于500mm的基础圈梁相连。

5) 房屋高度和层数按《建筑抗震设计规范》（2010年版）表7.1.2的限值时，纵、横墙内构造柱间距尚应符合下列要求：

a. 横墙内的构造柱间距不宜大于层高的二倍；下部1/3楼层的构造柱间距适当减小。

b. 当外纵墙开间大于3.9m时，应另设加强措施。内纵墙的构造柱间距不宜大于4.2m。

(4) 如构造柱上搁置有梁时，此时，构造柱所在的窗间墙垛应当考虑梁对墙垛的不利影响，以及对梁的嵌固作用。

(5) 如果承重外墙尽端至门窗洞边的最小距离不能满足规范要求，此时尽端山墙至门窗洞边的距离至少应大于1/4层高，同时应将转角处构造柱适当加大，但任意一方向不宜大于300mm。

(6) 一般门窗洞口两侧可以不设构造柱。当洞口大于2.1m，且高度超过层高的2/3以上时，则应在洞口两侧设置构造柱。洞口两侧的构造柱上下应锚入楼层圈梁内，钢筋锚入长度不小于20d，构造柱与墙体拉结同一般构造柱要求。洞口过梁不应切断构造柱纵筋。如为现浇过梁，过梁钢筋应锚入构造柱内；如为预制过梁，应使构造柱纵筋通过过梁，不允许切断。

(7) 构造柱一般应沿建筑全高设置，如果房间开间较小，构造柱设置较多，也可以沿高度方向逐层减少。当顶层房屋改变布置，如设置大会议室等时，下层构造柱通到顶层地面，对顶层外墙垛的构造柱当支承梁时，应作为受力柱考虑，其截面及配筋均应按计算确定，并应考虑梁对柱的不利影响。

(8) 楼梯间墙体设置构造柱应注意下列问题：

由于楼梯间在多层砌体房屋抗震中是薄弱部位，须采用设置构造柱等措施来加强。

楼梯间的墙由于没有楼板的侧向支承，抗震时相对不利，因此对楼梯间的墙要求设置加强的构造柱。楼梯间周围的内外纵横墙交接处均应设置构造柱，尤其是楼梯间突出平面处必须设置构造柱；楼梯间的阴角部位也应设置构造柱。

楼梯间的构造柱与每层圈梁应有可靠的连接；在休息平台标高处还应有圈梁或水平钢筋与构造柱连接。

顶层楼梯间由于墙体高度相当于一层半高，构造柱的高度也较高。为此，除在顶层底板标高和顶板标高处有圈梁与构造柱相连外，还应在顶层层高的一半处，增设拉结钢筋或60mm厚的配筋混凝土条带给予加强。

4.6.8 抗震设计时，多层砌体结构房屋设置钢筋混凝土圈梁应当注意的问题

震害表明，圈梁能增强房屋的整体性，提高房屋的抗震能力，是砌体结构抗震的有效措施。尤其是它与构造柱结合，对各层构造柱起到支承点的作用，共同作为多层砌体结构的约束边缘构件。同时抗震圈梁还是加强楼盖的水平刚度以及增强房屋整体性的重要构件，在抗御大震中起到重要的作用，也是防止"大震不倒"的主要措施之一。而且在多层砌体房屋的静力计算中，圈梁也是必不可少的构造要求。

多层砖砌体房屋的现浇钢筋混凝土圈梁设置应符合下列要求：

(1) 装配式钢筋混凝土楼、屋盖或木屋盖的砖房，横墙承重时应按表4-35的要求设置圈梁；纵墙承重时每层均应设置圈梁，且抗震横墙上的圈梁间距应比表内要求适当加密。

表4-35 多层砌体房屋现浇钢筋混凝土圈梁设置要求

墙类	烈 度		
	6、7	8	9
外墙和内纵墙	屋盖处及每层楼盖处	屋盖处及每层楼盖处	屋盖处及每层楼盖处
内横墙	屋盖处及每层楼盖处；楼盖处间距不应大于4.5m；楼盖处间距不应大于7.2m；构造柱对应部位	屋盖处及每层楼盖处；各层所有横墙，且间距不应大于4.5m；构造柱对应部位	屋盖处及每层楼盖处；各层所有横墙

(2) 现浇或装配整体式钢筋混凝土楼、屋盖与墙体有可靠连接的房屋，应允许不另设圈梁，但楼板沿墙体周边应加强配筋并应与相应的构造柱钢筋可靠连接。现浇楼、屋盖沿墙体周边应增设边缘钢筋，一般增设 2φ12，设置在支承板的墙的范围内。

(3) 多层砖砌体房屋的现浇混凝土圈梁构造应符合下列要求：

1) 圈梁应闭合，遇有洞口圈梁应上下搭接。圈梁宜与预制板设在同一标高处或紧靠板底。

2) 圈梁在本节 4.6.7 条要求的间距内无横墙时，应利用梁或板缝中配筋替代圈梁。

3) 圈梁的截面高度不应小于 120mm，配筋应符合表 4-36 的要求；按《建筑抗震设计规范》(2010 年版) 3.3.4 条 3 款要求增设的基础圈梁，截面高度不应小于 180mm，配筋不应少于 4φ12。

表 4-36　　　　　　　　　　多层砖房圈梁配筋要求

配　筋	烈　度		
	6、7	8	9
最小纵筋	4φ10	4φ12	4φ14
最大箍筋间距/mm	250	200	150

4.6.9　底部框架-抗震墙房屋设计时所布置的抗震墙如何协调侧移刚度比限值和承载力计算问题

抗震设计时，对底部框架-抗震墙房屋进行设计时，所布置的抗震墙既要满足侧移刚度比限值的要求，又要满足承载力计算的要求。经常遇到这样的问题：承载力验算不满足时，通过增加抗震墙的数量或厚度，满足了承载力验算的要求，但满足不了侧移刚度比限值的要求。解决的办法主要是设置结构洞口，即采用在钢筋混凝土抗震墙上设置洞口并采用轻质砌块材料填实的方法，将抗震墙的刚度降低，在满足承载力验算要求的同时符合侧移刚度比限值的要求。

4.6.10　多层砌体房屋的建筑方案中存在错层时，结构抗震设计应注意的问题

当多层砌体住宅楼有较大错层时，如超过梁高的错层（或楼板高差在 500mm 以上），结构计算时应作为两个楼层对待，即层数增加一倍，同时房屋的总层数不得超过《建筑抗震设计规范》(2010 年版) 7.1.2 条的强制性规定。错层楼板之间的墙体应采取必要措施，解决平面内局部水平受剪和平面外受弯的问题。

当错层高度不超过梁高时，应考虑该部位的圈梁或大梁两侧上下楼板水平地震力形成的扭矩，进行抗扭验算。

需要强调的是，错层民用住宅违反无障碍设计的建筑原则，不利于老年人和

儿童的安全使用，应有相应措施。

4.6.11 在砖房总高度、总层数已达限值的情况下，若在其上再加一层轻钢结构房屋，此种结构形式应如何设计

在砖房总高度、总层数已达限值的情况下，若在其上再加一层轻钢结构房屋，因抗震规范中无此种结构形式的有关要求，两种结构的阻尼比不同，上下部分刚度存在突变，属于超规范、超规程设计，设计时应按国务院《建筑工程勘察设计管理条例》第29条的要求执行，即需由省级以上有关部门组织的建设工程技术专家委员会进行审定。

4.6.12 《建筑抗震设计规范》规定多层砌体房屋的总高度指室外地面到主要屋面板顶或檐口的高度，半地下室从地下室地面算起，全地下室和嵌固条件较好的半地下室允许从室外地面算起。嵌固条件较好一般是指哪些情况

嵌固条件较好一般是指以下情况：

(1) 半地下室顶板（宜为现浇混凝土板）的标高在1m以下即板顶不高于室外地面约1m，地面以下开窗洞处均设有窗井墙，且窗井墙又为内横墙的延伸，如此形成加大的半地下室底盘，有利于结构的总体稳定，半地下室在土体中具有较有利的嵌固作用。

(2) 半地下室的室内地面至室外地面间的高度大于地下室净高的1/2，无窗井，且地下室部分的纵横墙较密。

在上述两种嵌固条件较好的情况下，带半地下室的多层砌体房屋的总高度允许从室外地面算起。

若半地下室层高较大，顶板距室外地面较高，或有大的窗井而无窗井墙或窗井墙不用时，周围的土体不能对多屋砖房半地下室起约束作用，则此时半地下室应按一层考虑，并计入房屋总高度。

4.6.13 多层砌体房屋的墙体是否可以采用黏土砖和现浇钢筋混凝土混合承重

《建筑抗震设计规范》（2010年版）第7章的适用范围是烧结普通黏土砖、烧结多孔黏土砖、混凝土小型空心砌块等材料性能满足要求的烧结砖和蒸压砖砌体承重的多层房屋，以及底层或底部二层框架-抗震墙和多层的多排柱内框架砖砌体房屋。多层砌体房屋中采用砌体墙和现浇钢筋混凝土墙混合承重的结构类型，在建筑方案和结构布置上超出了抗震规范第7章的适用范围，不符合国家标准的规定，属于超规范、规程设计。

在多层砌体房屋设计中，有的设计人员将抗震承载力验算不满足要求的墙片

或墙段由砌体改为现浇钢筋混凝土墙,这种做法有可能属于超规范、规程设计。

在砌体结构中增设现浇钢筋混凝土墙后,结构体系可能改变为不同材料混合承重的结构,此时需根据结构楼板的刚度、砖墙与混凝土墙体的连接等情况,确定钢筋混凝土墙参与工作的系数,考虑结构体系改变后地震作用的传递及各墙段的分配情况,进行结构的计算和分析。若无配套的行业或地方标准,应按由国务院常务委员会议通、2000年9月25日执行的《建筑工程勘察设计管理条例》中第29条的规定要求进行设计。

4.7 单层工业厂房结构设计方面常遇问题的分析

4.7.1 单层工业厂房位移控制问题

厂房及露天吊车栈桥的纵向刚度一般由设置在柱间的支撑等措施予以保证。其横向刚度则主要由足够的柱刚度来保证。

厂房的横向刚度不仅取决于柱身的刚度,而且与许多因素有关。如厂房跨度、高度、跨数、屋盖刚度、侧墙与山墙的情况、吊车吨位及工作制等。所以准确确定厂房的横向刚度是一个复杂的整体空间问题,实测数据也很少。

1. 原冶金部的 YS09—78《冶金工业厂房钢筋混凝土柱设计规程》的规定

对钢筋混凝土厂房的横向刚度,以一台起重量最大的吊车横向水平制动刹车力作用下,吊车梁顶面处柱的侧移值 Δk 来控制。

(1) 对于设有重级（A6、A7）工作制吊车厂房柱：

按平面排架计算时： $\Delta k \leqslant H_k/2200$

按空间计算时： $\Delta k \leqslant H_k/4400$

(2) 对于设有中级（A5、A4）；轻级（A3、A2）工作制吊车厂房柱：

a. 按平面排架计算时： $\Delta k \leqslant H_k/1800$

b. 按空间计算时： $\Delta k \leqslant H_k/3600$

(3) 对于露天吊车栈桥柱按独立悬臂柱计算,其吊车梁顶面处的侧移值 $\Delta k \leqslant 10mm$。

注：a. H_k 为自基础顶面至吊车梁顶面之间的高度。

b. 刚度验算时,柱截面刚度取 $0.85EhI$。

c. 对于设有硬钩吊车的厂房及敞开式的厂房,其刚度控制指标应当加严。

设计者应注意以下问题：

(1)《混凝土计算手册》(第3版)中是这样规定的,有吊车的厂房：

按平面排架计算时： $\Delta k \leqslant H_k/1100$

按空间计算时： $\Delta k \leqslant H_k/2200$

注意：上述是指在 1/2 水平刹车力作用下计算的结果。实际与柱规程是一致的。

(2)《混凝土构造手册》(第3版)中是这样规定的:

按平面排架计算时: $\Delta k \leqslant H_k/1250$

按空间计算时: $\Delta k \leqslant H_k/2000$

这是将钢结构规范的规定引用过来,作者认为是不妥的。

(3) 对单层工业厂房,各版的《建筑抗震设计规范》并没有规定限制弹性层间位移角,但规定了限制弹塑性层间位移角的限制 $\theta_p=1/30$。

对这个问题,《建筑抗震设计规范》2010年版在条文说明中作了以下解释:

单层工业厂房的弹性层间位移角需要根据吊车使用要求加以限制,严于抗震要求,因此不必要再对地震作用下的弹性位移加以限制;弹塑性层间位移的计算和限制规定为:单层钢筋混凝土厂房柱排架为1/30;因此不再单列对单层工业厂房的弹性位移限值。

(4) 对于多层工业厂房应区分结构材料(钢和混凝土)和结构类型(框、排架),分别采用相应的弹性及弹塑性层间位移角限值,框排架结构中的排架柱的弹塑性位移角限值为1/30。

作者建议,对多层厂房的弹性位移角限值可以参照 JBJ 7—78《机械工厂结构设计规范》的规定执行,见表4-37。

表4-37　　　层间位移与层高之比及顶点位移与总高之比限值

结构类型	隔墙材料装修标准	层间位移与层高之比		顶点位移与总高之比	
		风荷载	地震作用	风荷载	地震作用
框架结构	轻质材料隔墙	1/450	1/400	1/550	1/500
	砌体材料隔墙	1/500	1/450	1/650	1/550
框架-剪力墙	一般装修标准	1/750	1/650	1/800	1/700
	高级装修标准	1/900	1/800	1/950	1/850

2. CJJ 90—2009《生活垃圾焚烧处理工程技术规范》的规定

(1) 吊车顶标高处,由一台最大吊车水平荷载标准值产生的计算横向变形值:

按平面计算: $\Delta k \leqslant H_k/1250$

按空间计算时: $\Delta k \leqslant H_k/2000$

(2) 无吊车的厂房当柱顶高≥30m时:

风荷载作用下的柱顶位移不宜大于 $H/550$;地震作用下的柱顶位移不宜大于 $H/500$。

(3) 无吊车的厂房当柱顶高<30m时:风荷载作用下的柱顶位移不宜大于 $H/500$;地震作用下的柱顶位移不宜大于 $H/450$。

注意: 此处是指柱顶最大位移,而非层间位移。

3. GB 50017—2003《钢结构设计规范》附录 A 的规定

在冶金工厂或类似车间中设有特重级（A8）、重级（A7）吊车的厂房柱和设有中级（A5、A4）的露天栈桥柱，在吊车梁顶标高处，由一台最大吊车水平荷载所产生的计算变形值 Δ_k 的规定如下。

（1）一般厂房结构。

按平面排架计算时：　　　　$\Delta_k \leqslant H_k/1250$

按空间计算时：　　　　　　$\Delta_k \leqslant H_k/2000$

（2）对于露天吊车栈桥柱。

按平面排架计算时：　　　　$\Delta_k \leqslant H_k/2500$

注：1）H_k——自基础顶面至吊车梁顶面之间的高度；

2）设有 A8 级吊车的厂房中，厂房的柱的水平位移容许值宜减小 10%。

（3）在风荷载标准值作用下，框、排架柱顶水平位移不宜超过下列数值：

1）对无桥式吊车的单层框、排架厂房的柱顶位移：$\Delta_k \leqslant H/150$；

2）对有桥式吊车的单层框、排架厂房的柱顶位移：$\Delta_k \leqslant H/400$。

设计者请注意：①此处是指柱顶最大位移，而非层间位移角。

②钢结构厂房对（A6～A2）工作制厂房没有要求。

4.7.2　单层钢筋混凝土厂房的主要抗震技术措施

1. 厂房布置的基本原则

（1）多跨厂房宜等高和等长，高低跨厂房不宜采用一端开口的结构布置。

（2）厂房的贴建房屋和构筑物，不宜布置在厂房角部和紧邻防震缝处。

（3）厂房体型复杂或有贴建的房屋和构筑物时，宜设防震缝；在厂房纵横跨交接处、大柱网厂房或不设柱间支撑的厂房，防震缝宽度可采用 100～150mm，其他情况可采用 50～90mm。

（4）两个主厂房之间的过渡跨至少应有一侧采用防震缝与主厂房脱开。

（5）厂房内上吊车的铁梯不应靠近防震缝设置；多跨厂房各跨上吊车的铁梯不宜设置在同一横向轴线附近。

（6）工作平台宜与厂房主体结构脱开。

（7）厂房的同一结构单元内，不应采用不同的结构型式；厂房端部应设屋架，不应采用山墙承重；厂房单元内不应采用横墙和排架混合承重。

（8）厂房各柱列的侧移刚度宜均匀。

2. 厂房计算

（1）单层厂房按《建筑抗震设计规范》的规定采取抗震构造措施并符合下列条件之一时，可不进行横向和纵向抗震验算。

1）7 度Ⅰ、Ⅱ类场地，柱高不超过 10m 且结构单元两端均有山墙的单跨和等高多跨厂房（锯齿形厂房除外）。

2）7度Ⅲ、Ⅳ类场地和8度Ⅰ、Ⅱ类场地的露天吊车栈桥。

（2）厂房的横向抗震计算，应采用下列方法：

1）混凝土无檩和有檩屋盖厂房，一般情况下，宜计及屋盖的横向弹性变形，按多质点空间结构分析；当符合《建筑抗震设计规范》2010年版附录J的条件时，可按平面排架计算，并按附录J的规定对排架柱的地震剪力和弯矩进行调整。

2）轻型屋盖厂房，柱距相等时，可按平面排架计算。

注：本节轻型屋盖指屋面为压型钢板、瓦楞铁、石棉瓦等有檩屋盖。

（3）厂房的纵向抗震计算，应采用下列方法：

混凝土无檩和有檩屋盖及有较完整支撑系统的轻型屋盖厂房，可采用下列方法：

1）一般情况下，宜计及屋盖的纵向弹性变形，围护墙与隔墙的有效刚度，不对称时尚宜计及扭转的影响，按多质点进行空间结构分析。

2）柱顶标高不大于15m且平均跨度不大于30m的单跨或等高多跨的钢筋混凝土柱厂房，宜采用《建筑抗震设计规范》2010年版附录K.1规定的修正刚度法计算。

3）纵墙对称布置的单跨厂房和轻型屋盖的多跨厂房，可按柱列分片独立计算。

设计者应注意以下几点：

（1）当下柱柱间支撑的下节点位于基础顶面以上时，应对纵向排架柱的底部进行斜截面受剪抗震验算。若下柱支撑的下节点位于基础顶面以上一段高度时，在历次地震中，6～10度区皆发生破坏，轻者混凝土开裂，重者混凝土酥碎，钢筋压屈，严重者甚至纵向折断并错位，所以柱撑下节点宜设置在靠近基础顶面处。如下撑下节点设在厂房室内地坪标高或以上处时，则应验算厂房柱根部所承受的偏拉剪或偏压剪的斜截面受剪承载力。

（2）8度和9度时，高大山墙的抗风柱应进行平面外的截面抗震验算。

（3）当抗风柱与屋架下弦相连接时，连接点应设在下弦横向支撑节点处，下弦横向支撑杆件的截面和连接节点应进行抗震承载力验算。

（4）8度Ⅲ、Ⅳ类场地和9度时，带有小立柱的拱形和折线形屋架或上弦节间较长且矢高较大的屋架，屋架上弦宜进行抗扭验算。

4.7.3 单层钢结构厂房的主要抗震技术措施

1. 厂房的结构体系的要求

（1）厂房的横向抗侧力体系，可采用刚接框架、铰接框架、门式刚架或其他结构体系，厂房的纵向抗侧力体系应按规定设置柱间支撑。

（2）厂房内设有桥式吊车时，吊车梁系统构件与厂房框架柱的连接应能可靠地传递纵向水平地震作用。

（3）厂房应按GB 50011—2010《建筑抗震设计规范》规定，设置完整的屋盖支撑系统。

（4）厂房防震缝宽度不宜小于混凝土柱厂房防震缝宽度的 1.5 倍。

2. 抗震验算

（1）厂房抗震计算时，应根据屋盖高差、起重机设置情况，采用与厂房结构的实际工作状况相适应的计算模型计算地震作用。厂房抗震计算的阻尼比不宜大于 0.045，罕遇地震作用分析的阻尼比可取 0.05。

（2）厂房地震作用计算时，围护墙体的自重和刚度，应按下列规定取值：

1）轻型墙板或与柱柔性连接的预制混凝土墙板，应计入其全部自重，但不应计入其刚度。

2）柱边贴砌且与柱有拉结的砌体围护墙，应计入其全部自重；当沿墙体纵向进行地震作用计算时，尚可计入砌体墙的折算刚度，7、8 和 9 度折算系数可分别取 0.6、0.4 和 0.2。

（3）厂房的横向抗震计算，可采用下列方法。

单层钢结构厂房的地震作用计算，应根据厂房的竖向布置（等高或不等高）、起重机设置、屋盖类别等情况，采用能反映出厂房地震反应特点的单质点、两质点和多质点的计算模型。总体上，单层钢结构厂房地震作用计算的单元划分、质量集中等，均可参照钢筋混凝土柱厂房的执行。但对于不等高单层钢结构厂房，不能采用底部剪力法计算，更不可采用乘以增大系数的方法来考虑高振型的影响，而应采用多质点模型振型分解反应谱法计算。一般情况下，宜采用考虑屋盖弹性变形的空间分析方法。平面规则、抗侧刚度均匀的轻型屋盖厂房，可按平面框架进行计算。等高厂房可采用底部剪力法，高低跨厂房应采用振型分解反应谱法。

（4）厂房的纵向抗震计算，可采用下列方法。

采用轻型板材围护墙或与柱柔性连接的大型墙板的厂房，可采用底部剪力法计算，各纵向柱列的地震作用可按下列原则分配：

1）轻型屋盖可按纵向柱列承受的重力荷载代表值的比例分配。

2）钢筋混凝土无檩屋盖可按纵向柱列刚度比例分配。

3）钢筋混凝土有檩屋盖可取上述两种分配结果的平均值。

4）采用柱边贴砌且与柱拉结的砌体围护墙厂房，可参照《建筑抗震设计规范》2010 版第 9.1 节的规定计算。

设计者还应注意以下几点：

（1）8、9 度时，跨度大于 24m 的屋盖横梁或托架应计算其竖向地震作用。

（2）设计经验表明，跨度 30m 以下的轻型屋盖钢结构厂房，如仅按新建的一次投资来比较，采用实腹屋面梁的造价略比采用屋架要高些。但实腹屋面梁制作简便，厂房施工期和使用期的涂装、维护量小而方便，且质量好、进度快。如按厂房全寿命的支出比较，跨度 30m 以下的厂房采用实腹屋面梁比采用屋架要合理一些。实腹屋面梁一般与柱刚性连接。这种刚架结构应用日益广泛。

(3) 梁柱刚性连接、拼接的极限承载力验算及相应的构造措施，应针对单层刚架厂房的受力特征和遭遇强震时可能形成的极限机构进行。一般情况下，单跨横向刚架的最大应力区在梁底上柱截面，多跨横向刚架的最大应力区在中间柱列处，也可出现在梁端截面，这是钢结构单层刚架厂房的特征。柱顶和柱底出现塑性铰是单层刚架厂房的极限承载力状态之一，故可放弃"强柱弱梁"的抗震概念。

(4) 单层钢结构厂房的柱间支撑一般采用中心支撑。X形柱间支撑用料省，抗震性能好，应首先考虑采用。但单层钢结构厂房的柱距，往往比单层混凝土柱厂房的基本柱距（6m）要大几倍，V或Λ形是常用的几种柱间支撑形式，下柱柱间支撑也有用单斜杆的。单层钢结构厂房纵向主要由柱间支撑抵抗水平地震作用。厂房纵向往往只有柱间支撑一道防线，也是震害多发部位。在地震作用下，柱间支撑可能屈曲，也可能不屈曲。柱间支撑处于屈曲状态或者不屈曲状态，对与支撑相连的框架柱的受力差异较大，因此需针对支撑杆件是否屈曲两种状态，分别验算支撑框架受力。但是，目前采用轻型围护结构的单层钢结构厂房已普遍应用，在风荷载较大的7、8度区，即使按中震组合进行计算分析，柱间支撑杆件也可处于不屈曲状态。所以就这种情况，可不进行支撑屈曲后状态的支撑框架验算。

(5) 8、9度时，屋盖支撑体系（上、下弦横向支撑）与柱间支撑应布置在同一开间，以便加强结构单元的整体性。

4.7.4 钢结构厂房设计应注意的问题

1. 门式轻钢刚架常见设计质量问题及预防措施

(1) 梁、柱拼接节点一般按刚接节点计算，但往往由于端部封板较薄而导致与计算有较大出入，故应严格控制封板厚，以保证端板有足够刚度。

(2) 有的设计中斜梁与柱按刚接计算，而实际工程则把钢柱省去，把斜梁支承在钢筋混凝土柱或砖柱上，造成工程事故。因此，设计时应注意把节点构造表达清楚，节点构造一定要与计算相符。

(3) 多跨门式刚架中柱按摇摆柱设计，而实际工程却把中柱和斜梁焊死，致使计算简图与实际构造不符，造成工程事故。

(4) 檩条设计常忽略在风吸力作用下的稳定，导致大风吸力作用下很容易产生失稳破坏。设计时应注意验算檩条截面在风吸力作用下是否满足要求。

(5) 有的工程在门式刚架斜梁拼接时，把翼缘和腹板的拼接接头放在同一截面上，造成工程隐患。因此，设计拼接接头时翼缘接头和腹板接头一定要错开。

(6) 有的单位在设计檩条时只简单要求镀锌，没有提出镀锌方法、镀锌量，故施工单位用电镀，造成工程尚未完成，檩条已生锈。因此，设计时要提出宜采用热镀锌带钢压制而成的翼缘，并提出镀锌量要求。

（7）隅撑的位置、檩条（或墙梁）和拉条的设置是保证整体稳定的重要措施，有的工程设计把它们取消，可能造成工程隐患。如果因特殊原因不能设隅撑时，应采取有效的可靠措施保证梁柱翼缘不出现屈曲。

（8）柱脚底板下如采用剪力键，或有空隙，在安装完成时，一定要用灌浆料填实，注意底板设计时一定要有灌浆孔。

（9）檩条和屋面金属板要根据支承条件和荷载情况进行选用，不应任意减小檩条和屋面板的厚度。

（10）有些单位为节省檩条和墙梁而采取连续构件，但其搭接长度没有经过试验确定，导致搭接长度和连接难于满足连续梁的条件。在设计时，要强调若采用连续的檩条和墙梁，其搭接长度要经试验确定，同时还应注意在温度变化和支座不均匀沉降下可能出现的隐患。

（11）不少单位为了省钢材和省人工，将檩条和墙梁用钢板支托的侧向肋取消，这将影响檩条的抗扭刚度和墙梁受力的可靠性。设计时应在图纸上标明支座的具体做法，总说明中应强调施工单位不得任意更改。

（12）门式刚架斜梁和钢柱的翼缘板或腹板可以改变厚度，但有的单位翼缘板由 20mm 突然变成 8mm，相邻板突变对受力很不利。设计时，翼缘板或腹板应逐步变薄，一般以 2mm～4mm 板厚的级差变化为宜。

（13）有的工程建在 8 度地震区，可是其柱间支撑仍用直径不大的圆钢。建议建在 8 度地震区的工程，柱间支撑应进行计算，一般采用型钢断面为宜。

（14）有的工程，不管门式刚架跨度多大，柱脚螺栓均按最小直径 M20 选用，造成工程事故。螺栓应按最不利的工况进行计算，并应考虑与柱脚的刚度相称，还要考虑相关的不利因素影响，建议按下述第（15）选用。

（15）一般情况下，当刚架跨度：小于等于 18m 采用 2 个 M24；小于等于 27m 采用 4 个 M24；大于等于 30m 采用 4 个 M30。

（16）有的门式刚架安装时没有采取临时措施保证其侧向稳定，造成安装过程中门式刚架倒地，建议在设计总说明中应写明对门式刚架安装的要求。

（17）屋面防水和保温隔热是关键问题之一，设计时要与建筑专业配合，认真采取有效措施。

（18）当跨度大于 30m 以上时，采用固接柱脚较为合理。

（19）关于托梁，按普钢设计。应控制托梁挠度，托梁的挠度不能太大，太大就会使刚架内力发生变化，引起附加弯矩。

2. 关于柱底抗剪键的合理设置问题

《钢结构设计规范》8.4.13 条规定，钢柱底水平力不宜由柱脚锚栓承受，应由钢柱底板与混凝土基础间的摩擦力（摩擦系数可取 0.4）或设置抗剪键来承受。如柱底摩擦力小于水平力，则应设抗剪键。

纵向水平力如由柱间支撑传递，则对有柱间支撑的柱底，还应计算纵向水平力；如纵向为无支撑的纯框架，则每个柱底都应考虑双向抗剪。

抗剪键一般用十字板或 H 形钢，在基础顶预留孔槽或埋件。有的设计师对抗剪键不够重视，利用扁钢或角钢肢边抗剪，刚度很差。01SG519《多、高层民用建筑钢结构节点构造详图》推荐两种方式，如图 4-74 所示。

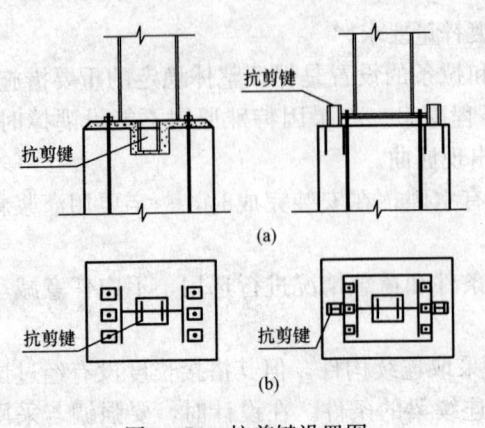

图 4-74 抗剪键设置图
(a) 柱底抗剪键；(b) 柱侧抗剪键

3. 关于柱脚锚栓锚固长度合理选择问题

在一些资料、图册、设计文件中，对钢柱脚锚栓的锚固长度，不论何种条件，均取 25d、30d，甚至更多。《钢结构设计手册》（中国建筑工业出版社第三版，2004 年）取值要小得多。锚栓的锚固长度要根据锚栓钢材牌号、混凝土强度等级、锚固形式确定，从 30d～100d 不等。该手册中混凝土强度等级只有 C15、C20。《混凝土结构设计规范》（2002 年版）因有耐久性要求，基础混凝土强度等级常用 C25、C30。现参照《混凝土结构设计规范》（2002 年版）钢筋锚固长度计算式 (9.3.1-1)，根据不同强度等级混凝土的 f_t 值变化情况，补充了 C25、C30 的锚栓锚固长度，见表 4-38。锚栓埋置深度应使锚栓的拉力通过其与混凝土之间的粘结力传递。当埋置深度受到限制时，则锚栓应固定在锚板或锚梁上，以传递锚栓的全部拉力，此时锚栓与混凝土间的粘结力可不予考虑。

表 4-38　　　　　不同混凝土等级时的锚栓锚固长度

锚栓形式及钢材型号	C15	C20	C25	C30	C15	C20	C25	C30
Q235	25d	20d	18d	16d	15d	12d	11d	10d
Q345	30d	25d	22d	20d	18d	15d	13d	12d

4.7.5 混凝土柱加实腹钢屋面梁设计应注意的问题

混凝土柱加钢梁的结构形式，严格地讲，它并不是真正意义上的门式刚架，也不是钢筋混凝土排架，类似于单层工业厂房混凝土柱加梯形钢屋架或轻型钢屋架的做法。但它又不同于排架结构，排架结构的计算模型假定屋架是刚性的，水平方向无变形。而混凝土柱加钢梁体系中，斜钢梁对柱产生水平推力。建议设计者按以下情况考虑。

（1）当屋面采用轻质材料时，宜按 STS 中的排架结构设计。

（2）当屋面采用重型材料时，宜用 PK 中的排架结构设计。

（3）如果设计者要采用空间计算程序对其进行计算，此时一定要注意观看振型图，观察是结构整体在振动还是仅屋面梁在振动，一般在计算位移时应将屋面强制为刚性楼板。作者建议对于采用轻质屋面的工程最好不要采用空间计算程序对其进行分析计算，因为轻质屋面的平面内外刚度都很弱，整个结构很难发挥空间作用，应采用平面排架计算。

（4）程序对于混凝土柱自动按混凝土规范计算。对于这种结构形式，关键是做好混凝土柱和钢梁的节点铰接设计，这个连接节点目前需由用户自行设计；有条件的话，建议在钢梁下部设置一根单拉杆来释放钢梁对柱顶产生的较大水平推力。

（5）混凝土柱加钢梁，这种形式结构的水平推力应该比纯钢结构要大，既然纯钢结构都需要设置抗剪键，那么显然混凝土柱加钢梁这种形式更需要设置抗剪键。由于高空作业比较困难，一般施工单位都不希望做抗剪键，因为那样，就必然有二次灌浆，施工比较困难。

（6）GB 50017—2003《钢结构设计》的 8.4.13 条明确指出：柱脚锚栓不宜用以承受水平剪力。因此建议设计者按下列 3 种方法处理。

第一种方法：在柱顶预埋钢板及螺栓，同时在钢梁就位后再在柱顶及钢梁间焊一角钢承受钢梁的推力（剪力），如图 4-75 所示。

第二种方法：计算模型中将支座一端铰接，另一端做成滑动释放，这样比较合理。滑动释放端支座构造上应做处理，常采用椭圆孔，不过椭圆孔的长孔大小必须根据结构分析确定的最大滑动位移确定，而且必须留有余量，如图 4-76 所示。

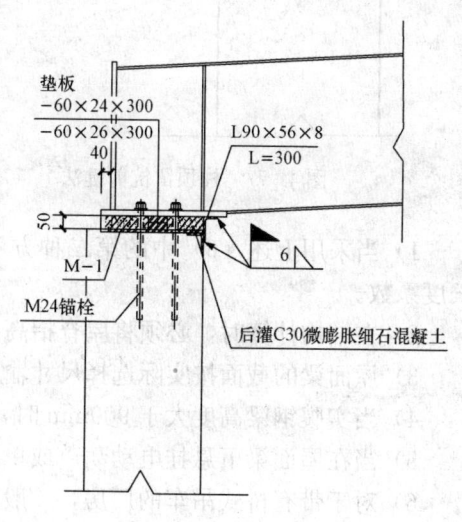

图 4-75 预埋钢板法

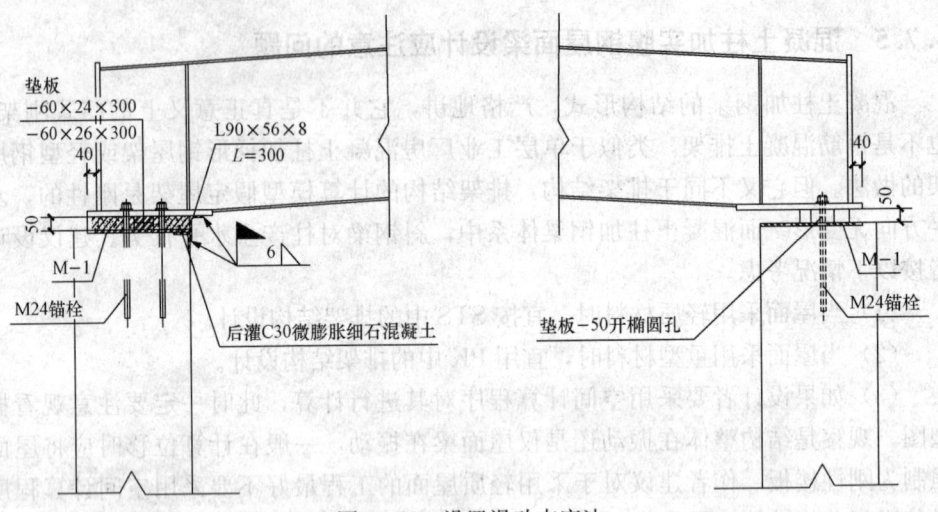

图 4-76 设置滑动支座法

第三种方法：在柱顶留抗剪键法，如图 4-77 所示。

作者建议：①以上三种做法，仅宜用于轻型屋面。

②对于重型屋盖，则应设置下弦拉杆，如图 4-78 所示。

(7) 进行混凝土柱加钢梁的设计时还需要注意以下几点：

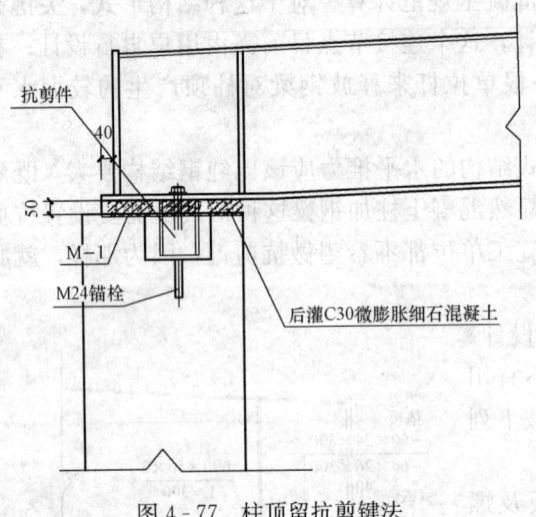

图 4-77 柱顶留抗剪键法

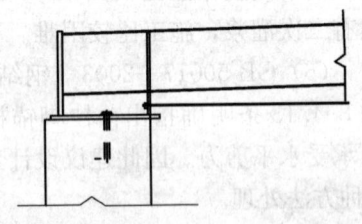

图 4-78 屋面下弦设置拉杆的做法

1) 当采用上述（6）中的第二种方法时，计算中要注意修改滑动端柱的计算长度系数。

2) 在结构计算时，必须将屋脊抬高，即按实际坡度抬高，否则无法计算推力。

3) 屋面梁的截面按实际选择尺寸输入，不要假定为刚性杆输入。

4) 当实腹钢梁高度大于 900mm 时，建议在两端及屋脊处加屋面垂直支撑。

5) 当在屋面梁下悬挂电动葫芦或单梁悬挂吊车时，建议沿纵向加水平支撑。

6) 对于带有桥式吊车的厂房，一般不建议采用这种结构形式，最好选择梯形钢屋架。

第 5 章 建筑结构施工图审查中常遇问题分析及解答

5.1 施工图审查中常遇荷载取值方面的问题分析及解答

问题1：施工图中一般没有工艺流程图，建筑图上也没有用途说明，对于厂房车间楼面荷载，结构计算时选用 $2.0\sim5.0kN/m^2$。其设计取值很难界定，如何解决？

解答1：厂房类型较多，楼面荷载差异较大，结构设计应根据建筑的使用功能慎重考虑，建筑图上没有用途说明，属设计文件深度不足。结构设计说明中应写明设计取用的荷载和依据，审查时，荷载取值以计算书为准，作者建议结构设计一定要在结构设计说明中写明荷载的取值。

问题2：《全国民用建筑工程设计技术措施（结构）》（2003年版）中，表2.1.2.5"楼面活荷补充"，是否应视作强制性条文严格执行？

解答2：强制性条文应以2002年8月30日建标［2002］219号文和2004年8月23日建设部令134号明确的《工程建设标准强制性条文》（房屋建筑部分）为依据，不能随意扩大范围。在《全国民用建筑工程技术措施设计（结构）》（2003年版）的前言中，对如何使用该书有很明确的说明。"楼面活荷补充"属荷载规范的细化，应予贯彻执行。施工图审查按"建议"提出时，不应作为强制性条文要求执行。

问题3：《建筑结构荷载规范》（2006年版）4.1.1条楼梯荷载取值中，消防疏散楼梯如何理解和确定？

解答3：《建筑结构荷载规范》（2006年版）表4.1.1第11项消防疏散楼梯是指当人流可能密集时的楼梯，一般是指公共建筑和高层建筑中使用的楼梯。其荷载取值一般不小于 $3.5kN/m^2$，多层住宅楼梯活荷载可取 $2.0kN/m^2$。

问题4：砌体结构中，顶层（阁楼层）上的露台是否必须考虑高低屋面相邻时，较低屋面应考虑 $4kN/m^2$ 的施工荷载？若未考虑是否违反强制性条文或强制性标准？

解答4：设计文件中应注明其使用荷载，施工荷载应在施工阶段验算时才用，施工时由施工方采取可靠施工措施时，可以不考虑施工荷载，这并不违反强制性条文或强制性标准。

问题5：按《建筑结构荷载规范》（2006年版）表7.3.1第15项中，带女儿墙

281

的双坡屋面，屋面上无风载体型系数。在轻钢屋盖结构设计中，当女儿墙高度较高，接近或超过屋脊高度时，屋盖钢梁和檩条可否据此不计风吸力作用？

解答5：轻钢屋盖结构属于对风荷载比较敏感的结构，女儿墙高度接近或超过屋脊不多时，屋盖钢梁既要按无女儿墙的屋面取体型系数，还应按《建筑结构荷载规范》（2006年版）表7.3.1第20项带挡风板屋面取值。屋面檩条仍应计算风吸力作用。在排架分析时，必须考虑原女儿墙的不利影响。

问题6：当建筑物设计使用年限非50年时，活荷载的取值应该怎么确定？

解答6：《建筑结构荷载规范》（2006年版）所采用的设计基准期为50年，即设计时所考虑荷载、材料强度等的统计参数均是按此基准期确定的，GB 50068—2001《建筑结构可靠度设计统一标准》1.0.5条给出了不同设计使用年限。建筑物设计使用年限非50年时，《建筑结构荷载规范》（2006年版）给出了风荷载、雪荷载10年、50年、100年一遇的对应值。另外《建筑结构荷载规范》（1989年版）也给出过30年一遇的风荷载对应值，其他方面按GB 50068—2001《建筑结构可靠度设计统一标准》中规定的各使用年限对应的结构重要性系数来调整。

5.2　施工图审查中常遇地基与基础方面的问题分析及解答

问题1：在同一结构单元中，地基一部分为复合地基（局部），一部分为天然地基，是否可行？

解答1：应视具体工程具体分析。因为复合地基不论用何种处理方法，仍然是人工地基，不能将复合地基视为桩基。同一结构单元之中，处理后的复合地基的性能（承载力及变形参数）与未处理的地基相等或相近时可行；当差别较大时，则应采取控制不均匀变形的措施。

问题2：对基础进行软弱下卧层验算，当$E_{s1}/E_{s2}<3$时，地基压力扩散角θ如何选取？

解答2：关于软弱下卧层以上地基土层的压力扩散角θ的确定，一般有两种方法：一是取承载力比值倒算θ值；二是采用实测压力比值，然后按扩散角公式求θ值。《建筑地基基础设计规范》（2002年版）表5.2.7的扩散角θ是根据天津建筑科学研究所实验数据而推荐的，是采用实测压力值的方法计算出θ值。由于试验的局限，$E_{s1}/E_{s2}<3$的情况试验结果不是很充分。只好借助于双层地基压力扩散的理论来求解，但计算比较复杂。当双层土的刚度指标$\alpha=E_{s1}/E_{s2}<3$、$z/b=0.25$时，$\theta=0$。参照1989年"规范"，若土层较薄时即当基础顶面至软弱下卧层顶面以上土层厚度小于或等于1/4基础宽度时，可按0°计算，即不考虑上层土的压力扩散作用，这样偏于安全。当然，也可按地区规定和工程经验确定压力扩散角。无规定时，取$\theta=0$。

《建筑地基基础设计规范》（2002年版）中公式（5.2.7-2）、式（5.2.7-3）

是近似公式，适用于 $E_{s1}/E_{s2} \geqslant 3$ 的情况，其他情况应按规范附录K中表K.0.1-1计算附加应力系数。

问题3：《建筑地基基础设计规范》（2002年版）3.0.1条规定，地基基础设计等级为"乙级"，若误确定为"丙级"，将涉及强制性条文3.0.2条，此时3.0.1条是否是强制性条文？

解答3： 地基基础设计等级为"乙级"若误确定为"丙级"，涉及违反强制性条文《建筑地基基础设计规范》（2002年版）3.0.2条规定，但3.0.1条不是强制性条文。

问题4：《建筑地基基础设计规范》（2002年版）3.0.1条基础设计等级为"丙级"内容中，"场地和基础条件简单"是什么概念？若采用桩基直接进入好土层，是否可认为地基条件简单？地基基础设计等级由勘察单位确定是否恰当？

解答4： 场地和基础条件简单可理解为建筑场地稳定，地基岩土均匀良好。采用桩基础，并不能改变地基的复杂程度、地基和基础是两个不同的概念。

地基基础设计等级，应根据地基复杂程度、建筑物规模和功能特征，以及由于地基问题可能造成建筑物破坏或影响正常使用的程度综合确定。地基基础设计等级由勘察单位确定不合适，应由设计人员根据《建筑地基基础设计规范》（2002年版）3.0.1条确定。

问题5： 简单场地的定义依据《建筑工程勘察规范》（2009年版）3.1.2条，为抗震设防烈度等于或小于6度的场地。设防烈度为7度或7.5度的场地不属简单场地，地基基础设计等级不应定为"丙级"。是否按《地基基础设计规范》（2002年版）3.0.1条确定？

解答5： 不同规范对"场地"有不同的定义，不宜相互牵连渗透。

目前关于场地问题，有3本规范涉及此内容：①《建筑抗震设计规范》（2010年版）第4章；②《岩土工程勘察规范》（2009年版）的第3章；③《建筑地基基础设计规范》（2002年版）第4章和3.0.1条。

3本规范的依据是不同的。《建筑抗震设计规范》主要是根据岩土对地震作用的反映大小来划分场地的类型，主要是等效剪切波速和覆盖层厚度两个参数；《岩土工程勘察规范》是根据各类工程对岩土勘察的不同要求来划分场地，主要依据是抗震设防的烈度、工程性质和岩土差异；《建筑地基基础设计规范》则是根据场地的复杂程度以及设计技术难度来划分。因此，各种规范有自己的系统和适用范围，不能混为一谈。地基基础设计等级只能依据《建筑地基基础设计规范》（2002年版）3.0.1条划分，不能按《岩土工程勘察规范》（2009年版）3.1.2条来划分。

问题6： 复合地基处理后，地基基础设计等级如何确定？打桩后地基设计等级是乙级还是丙级？

解答6： 按《建筑地基基础设计规范》（2002年版）3.0.1条确定地基基础设

计等级，与基础的类型无关。不同的设计等级，地基基础设计的要求不同。

问题7：甲、乙级地基基础设计等级在设计方面有何区别？

解答7：甲、乙级地基基础设计等级在设计方面的区别参见《建筑地基基础设计规范》（2002年版）8.5.10条【强规】、8.6.3条、10.2.9条【强规】；GB 50202—2002《地基基础工程施工质量验收规范》5.1.5条、5.1.6条；JGJ 106—2003《建筑基桩检测技术规范》3.3.4条、3.3.5条；JGJ 3—2002《高层建筑混凝土结构技术规程》12.4.3条等。

问题8：《建筑地基基础设计规范》（2002年版）3.0.2条规定，所有设计等级为甲、乙级的建筑物，均应计算地基变形。而《建筑地基基础设计规范》8.5.10条中规定，体型复杂、荷载不均匀或桩端以下存在软弱土层的乙级建筑物桩基应进行沉降验算，是否矛盾？

解答8：不矛盾。《建筑地基基础设计规范》（2002年版）3.0.2条是对天然地基而言，设计等级为甲、乙级的建筑物应按地基变形控制设计；8.5.10条是对桩基而言。由于采用了桩基，影响桩沉降的只是桩端以下的土层，若不存在引起较大变形的软弱层，又无产生沉降差的条件，且《建筑地基基础设计规范》（2002年版）5.3.4条要求的变形允许值能满足时，为减少工作量，提出可以不计算沉降。

问题9：《建筑地基基础设计规范》（2002年版）3.0.1条表3.0.1中，关于地基基础设计等级"丙"级判定的条件，实际操作中较难掌握。如上层为好土，下层为淤泥质土，厚度在3m以内，土层坡度很小，无其他不良地质情况，上部结构为单层排架厂房或者一层办公楼等，此种情况我们认为可按丙级考虑，是否可以？

解答9：地基基础设计等级为"丙"级的建筑物是指建筑场地稳定、地基岩土均匀良好、荷载分布均匀的七层及七层以下的民用建筑物、一般工业建筑及次要的轻型建筑。如题所述的情况符合丙级条件。

问题10：《高层建筑混凝土结构技术规程》（2002年版）4.4.5条和12.1.7条规定，当高层地下室顶板不作为嵌固端时，基础埋深和建筑物总高应如何取值？

解答10：基础埋深和建筑物总高与地下室顶板是否作为上部结构的嵌固端并无必然的联系，《高层建筑混凝土结构技术规程》（2002年版）表4.2.2-1、表4.2.2-2附注：房屋高度指室外地面至主要屋面高度。12.1.7条规定埋置深度可从室外地坪算至基础底面。

问题11：高层建筑的基础埋深是否可随意突破《建筑地基基础设计规范》（2002年版）8.4.15条与《高层建筑混凝土结构技术规程》12.1.7及12.1.8条的规定？

解答11：高层建筑的基础埋深，《建筑地基基础设计规范》（2002年版）5.1.3条规定得很明确，即埋置深度应该满足承载力、变形和稳定性要求，位于岩石地基上的高层建筑基础埋深应满足抗滑要求。【强规】至于埋置深度是高度的几分之几，不是绝对的，如不遵守规范相应的规定，则应有详细的计算资料证明设计的基础埋置深度满足上述需求。

问题12：高层建筑可否不设地下室？当无地下室而桩基承台又位于厚度较大的软弱淤泥层时，如何解决基础抵抗水平地震力的问题？

解答12：《高层建筑混凝土结构技术规程》（2002年版）12.1.4条规定，高层建筑应采用整体性好，能满足地基的承载力和建筑物容许变形要求并能调节不均匀沉降的基础形式。并未强调高层建筑一定要设置地下室。《高层建筑混凝土结构技术规程》（2002年版）4.4.7条规定高层建筑宜设地下室，这是因为：震害调查表明，有地下室的高层建筑的破坏性较轻，地下室整体稳定性较好，对提高地基承载力也有作用。抗震设计考虑地下室被动土压力、静止土压力，平衡上部剪力，不计桩的抗侧作用。

当无地下室而桩基承台又位于厚度较大的软弱淤泥层时，要解决基础抵抗水平地震作用的问题，《建筑抗震设计规范》（2010年版）4.3.7条有明确规定：采用加密法或换土法处理，在基础边缘以外的宽度超过基础底面下处理深度的1/2且不小于基础宽度的1/5。另外也可按上海DGJ08-9—2003《建筑抗震设计规范》做法，在两个方向设置拉梁，将拉梁底设在与承台底平齐的位置。

问题13：配筋基础混凝土垫层是否可以采用C10？

解答13：根据《混凝土结构设计规范》（2002年版）4.1.2条的条文说明和《建筑地基基础设计规范》（2002年版）8.2.2-2条规定，基础垫层的混凝土强度等级可采用C10，如将垫层视为受力构件或有防水要求时则应采用C15。

问题14：《建筑地基基础设计规范》（2002年版）8.2.7条中，墙下条基翼板厚度是否要符合宽高比小于或等于2.5的规定（规范不明确）？

解答14：应该讲不是规范不明确，而是没有这个要求，一般只需满足刚度要求即可。条形基础刚度计算可采用《混凝土结构设计规范》（2002年版）中的公式，而锥形基础刚度计算没有公式，只能简单限制宽高比。

问题15：《建筑地基基础设计规范》（2002年版）8.2.7-4条和8.5.19条要求需要进行柱下基础顶面局部受压承载力的验算时，按何公式验算？混凝土局部承压时的强度提高系数β_l计算中，（局部受压的计算底面积）当独立柱基为锥形基础时A_b如何计算？

解答15：锥形基础（或桩基承台）中，当基础的混凝土等级低于柱或桩时，要求进行柱下基础顶面的局部受压承载力计算。《建筑地基基础设计规范》（2002年版）8.2.7-4条含桩承台的柱下或桩上承台局部受压承载力计算和《建筑地基基础设计规范》（2002年版）8.5.19条，均为【强规】。局部受压承载力计算公式，在《混凝土结构设计规范》（2002年版）7.8节已讲得很清楚，对于锥形基础，当基础内配置有间接钢筋时，按7.8.2条～7.8.3条计算，没有配置间接钢筋时则按附录A.5.1条计算。A_b（局部受压的计算面积）可按《建筑地基基础设计规范》（2002年版）7.8.2条～7.8.3条规定进行计算，即按"同心、对称"的原则确定。

A_b是局部受压计算面积，一般用锥顶面积，不足时可放大锥顶面积，或改为台阶式基础。

问题16：《高层建筑混凝土结构技术规程》（2002年版）12.2.4条中，筏形基础的钢筋间距不应小于150mm。现在实际用的都小于此值（指钢筋间距），如何掌握？

解答16：高层建筑筏形基础通常厚度较大，钢筋间距过小不利于控制混凝土的浇捣质量。当混凝土质量确有保证时，钢筋间距可小于150mm。但不宜小于100mm。

问题17：单桩承台的配筋实际上相当于箍筋，是否有最小配筋率的限制？限值为多少？

解答17：可以按构造配筋考虑。《混凝土结构设计规范》（2002年版）9.5.1条是受力筋的限值，构造筋没有限值。因为单桩承台仅是一个刚度较大的传力构件，并不是受力构件，按构造配置些大体积混凝土温度筋即可，一般配置双向$\phi 12@200$的箍筋就可以。

问题18：两桩承台是否一定要做成梁式，是否也可做成板式？

解答18：《建筑桩基技术规范》（2008年版）已有明确的规定，两桩承台应按深受弯构件考虑计算；既然是深受弯构件，建议做成梁式。

问题19：框架结构和框-剪结构的高层建筑沉降计算，除须满足整体倾斜限值外，是否应同时满足框架局部相对沉降差的要求？剪力墙结构呢？

解答19：高层建筑，尤其是带地下室的高层建筑整体刚度较好，在计算地基竖向变形时，视为一个刚体，以控制整体倾斜为主要目标，其变形允许值按《建筑地基基础设计规范》（2002年版）5.3.4条控制。如果计算单元带裙房且裙角分布不均匀，柱间或剪力墙间距离较大，这时仍应控制相邻柱间或剪力墙间的沉降差。

问题20：地下室工程抗浮计算时，抗浮水位的确定是关键，勘察报告未明确抗浮地下水标高，应如何取值？取历史最高水位——洪水位还是设防水位？已按历史最高水位或设防水位进行取值，底板强度计算时是否仍需要考虑荷载分项系数？[部颁《全国民用建筑设计统一技术措施》（2003年版）2.5.3条]

解答20：抗浮水位是场地的地下水涉及水位，洪水位是当地河流历史最高水位，两者分别对应两个不同的概念。根据《建筑地基基础设计规范》（2002年版）3.0.3条1（6）款，岩土勘察报告"应提供用于计算地下水浮力的设计水位"。荷载的分项系数，应根据《建筑结构荷载规范》（2006年版）3.2.5条确定。对一般工业与民用建筑地下室底板强度进行计算时，按承载能力极限状态，考虑水浮力，取荷载效应的基本组合，水压力的荷载分项系数应取1.2；进行整体抗浮稳定计算和确定抗浮桩数量时，按正常使用极限状态，考虑水浮力，取荷载效应的标准组合，水压力的荷载分项系数应取1.0。

问题21：混凝土基础的混凝土强度等级如何确定？《建筑地基基础设计规范》(2002年版)8.2.2条规定不应低于C20，《混凝土结构设计规范》(2002年版)规定地下部分属环境二(a)类，最低强度等级C25，两个规范不一致，如何确定？

解答21：关于混凝土强度等级：一般情况下不应低于C20（如钢筋混凝土独立柱基等），带有地下室的筏形基础不应低于C25。《建筑地基基础设计规范》(2002年版)：对混凝土强度等级规定不应低于C20，是从构件强度角度考虑；《混凝土结构设计规范》考虑环境类别，是从耐久性角度出发。基础设计应执行《混凝土结构设计规范》(2002年版)3.4.2条规定，如果当地有工程经验时，可按3.4.2条附注，降低一个等级。

问题22：地下室室内混凝土结构的环境类别如何确定？

解答22：根据《混凝土结构设计规范》(2002年版)3.4.1条规定，正常使用的车库等为一类。浴、厕、水池等为二类。

问题23：关于地下建筑工程混凝土保护层的问题，《建筑给排水设计规范》、《地下工程设计规范》与《人民防空地下室设计规范》均有不同规定，如何确定？

解答23：建筑工程一般应按《混凝土结构设计规》执行，给排水工程、地下工程等市政工程，按相应标准执行。

问题24：地下为停车库，未设永久缝，形成上部多幢建筑物的复杂工程，计算应如何处理？是否必须与所有上部的各幢高层整体建模计算？如果地下室顶板不作为上部建筑物的嵌固部位，应如何计算该地下室？计算中应注意哪些问题？

解答24：多栋塔楼建于同一地下室上部，若塔楼有效范围内，地下室的抗侧刚度与其上一层的抗侧刚度比大于2，并且地下室顶板按规范要求加强后，可将地下室顶板作为上部塔楼的嵌固部位，此时各塔楼的抗震计算，可按单栋分别计算，但基础设计需要按包括地下室在内的整体进行计算；若地下室顶板不作为上部嵌固部位，则需将地下室作为大底盘与上部各栋塔楼整体建模，按大底盘多塔楼计算，并采取相应构造措施。同时，还需用嵌固于地下室上的单塔模型进行校核。

问题25：对卧置于地基上的筏板基础，当板的厚度较大时，是否需要在板的中部（厚度方向）设置温度钢筋网？

解答25：混凝土厚板及卧置于地基上的基础筏板，当板的厚度大于2m时，除应沿板的上、下表面布置纵、横方向钢筋外，尚宜在板厚度不超过1m范围内设置与板面平行的构造钢筋网片，钢筋不宜小于$\phi12$，纵横方向的间距不宜大于200mm。

5.3 施工图审查中常遇涉及结构体系方面的问题分析及解答

问题1：在结构体系设计审查中，《建筑抗震设计规范》(2008年版)3.5.2条规定过于概念，无具体说明和量化，难以掌握。如，框架结构体系中的端部，采用砖墙加构造柱承重是否合理？再如，住宅框架柱因功能要求经常出现主轴线不能对齐的问题，但通过计算机计算能解决，是否合理？

解答1：体系本身就是一个概念，是建筑结构类型的集合。具体工程的结构类型，《建筑抗震设计规范》（2008年版）第6~12章中列出了各种具体的类型，如设计中遇到《建筑抗震设计规范》（2008年版）没有规定的结构类型，属于超规范、超规程设计，应按《建筑工程勘察设计管理条例》第29条的要求执行。框架结构的端部，采用砖墙加构造柱承重，属混合结构体系，不应采用；框架柱网不对齐形成的单跨框架与半框架，这仍然是框架结构。计算机能够计算，绝不代表其结构合理。

问题2：《建筑抗震设计规范》（2008年版）3.4.1条中的"严重不规则"如何界定？几条不规则算严重？条文说明中"某一项大大超过规定值"如何界定？

解答2：对不规则程度要给出具体量化指标是很困难的，《建筑抗震设计规范》（2008年版）3.4.1条有一些规定。该条的条文说明已比较清楚，也强调了要依靠设计经验、抗震概念等来判断，关键是分析是否形成薄弱环节、产生变形集中和应力集中等，应按说明来衡量具体工程。扭转不规则的指标还与整体变形有关。具体可参见《超限高层建筑工程抗震设防专项审查技术要点》的通知（建质[2010] 109号）的有关规定。

问题3：连成整片的地下室，其上部为砌体结构，地下室部分为框架-抗震墙结构，地下室刚度与上层砌体结构刚度关系如何确定？是否还需满足《建筑抗震设计规范》（2008年版）7.1.8条第1款要求？

解答3：应该满足《建筑抗震设计规范》（2008年版）7.1.8条第1款的要求和6.1.14条的要求，才能把地下室顶板作为上部结构的嵌固部位，否则，计算简图应取到基础顶面，为了考虑周边墙体的抗侧刚度，可在四周设置相应的刚性墙。

问题4：《建筑抗震设计规范》（2008年版）表3.4.2-2中侧向刚度不规则界限值，该层小于上层侧向刚度有无最大限制？

解答4：《建筑抗震设计规范》（2008年版）表3.4.2-2为竖向不规则的界限值，界限值只有下限，不会给出上限。

问题5：关于混凝土结构与钢结构的混合结构，在《建筑抗震设计规范》（2008年版）中未明确不能使用，仅在条文说明中提到，设计中应如何正确掌握？

解答5：可按《高层建筑混凝土结构技术规程》（2002年版）第11章混合结构的有关规定执行。在部分框支-抗震墙结构中，为了提高框支梁柱的承载能力和控制框支层的刚度、上下刚度比和变形，允许在框支梁、柱中采用型钢混凝土梁柱或钢管混凝土柱等混合结构形式。如果底部为混凝土结构，上部为钢结构，这种类型不属混合结构，这种类型属超限设计，应报抗震专项审查。且需由省级以上有关部门组织的建设工程技术专家委员会审定，或报省抗震办申请抗震专项审查。

问题6：同一结构单元中既有框架结构又有排架结构，如下部二、三层为框架，屋面为钢梁轻钢屋盖，或端部山墙采用框架结构，中间跨采用钢梁排架结构等，有没有规范条文明确规定不允许采用此种结构？使用时有何限制或构造要求？

解答6：一般来说，同一结构单元最好是单一结构体系。当必须采用多种结构体系时，应遵守《建筑抗震设计规范》（2008年版）3.5.2条的规定，同时宜满足3.5.3条和3.5.4条的要求，重点是平面和竖向上宜具有合理的刚度和承载力，分布变化均匀连续，在两个主轴方向的动力特性宜相近。问题中前一个例子有时不可避免，此时应加强上部排架的刚度和整体性，尤其是顶层周边梁的刚度；后一个例子应尽量避免。《建筑抗震设计规范》（2008年版）9.1.1-7条中有明确规定，厂房的同一结构单元内，不应采用不同的结构形式，第9.1节、第9.2节对钢筋混凝土柱厂房和钢结构厂房也有较详细的要求。

问题7：对底部为多层框架，顶层为排架的多层钢筋混凝土结构房屋进行抗震设计时，有何要求？

解答7：对多层钢筋混凝土框架房屋，若顶层因设置大房间的要求，局部采用网架、桁架等大空间的屋盖形式，部分框架柱顶部设计为铰接，仍可按框架结构的有关要求进行抗震设计。计算时，屋盖系统可采用有限元杆系模型、或简化为连杆与排架柱铰接。抗震分析时振型系数应增加，应充分考虑高振型的影响。

对于下部到顶层全部为排架结构的多层工业厂房，应参考其他规范、规程，如GB 50191—1993《构筑物抗震设计规范》等。

问题8：结构平面布置及竖向不规则的判定及加强措施难以掌握。《建筑抗震设计规范》（2008年版）3.4.1条强制性条文"建筑设计应符合抗震概念设计的要求，不应采用严重不规则的设计方案"，"严重不规则的设计方案"具体掌握的尺度如何？

解答8：平面及竖向不规则的判定与相应的加强措施，按《建筑抗震设计规范》（2008年版）第3.4节执行，对不规则应进行区分："一般不规则"指超过表3.4.2-1和表3.4.2-2中一项及以上的不规则指标；"特别不规则"指的是超过多项或某一项超过规定指标较多，具有明显的抗震薄弱部位，将会引起不良后果者；"严重不规则"指的是体型复杂，多项不规则指标超过第3.4.2条上限值或某一项大大超过规定值，具有严重的抗震薄弱环节，将会导致地震破坏的严重后果者。对"一般不规则"，须按第3.4.3条采取有关措施；对"特别不规则"，须做抗震专项审查；对"严重不规则"，按《建筑抗震设计规范》（2008年版）3.4.2条、3.4.3条及条文说明执行，应调整方案和修改结构布置。

问题9：《全国民用建筑工程设计技术措施》（2003年版）（结构）中9.1.10条和施工图审查要点（结构专业）3.6.1条（结构布置）："抗震设计时，框架结构不应采用部分由砌体承重的混合形式"，《高层建筑混凝土结构技术规程》（2002年版）6.1.6条中也是有强制性要求的。对于多层框架没有明确提出规定，设计者都以多层框架为由不执行此项要求。由于无相应规范条文说服设计人，该如何处理？

解答9：《高层建筑混凝土结构技术规程》（2002年版）6.1.6条强制性条文规定"框架结构按抗震设计时，不应采用部分由砌体承重之混合形式"，条文说明指出"框架结构与砌体结构是两种截然不同的结构体系，其抗侧刚度、变形能力等相差很大，将这两种结构在同一建筑物中混合使用，对建筑物的抗震能力将产生很不利的影响"。《建筑抗震设计规范》（2008年版）虽对多层没有明确规定，但设计概念、设计原则是一致的，设计应坚持抗震设计不允许混用结构体系的原则。可依据《建筑抗震设计规范》（2008年版）表6.1.1无此结构形式，应按《勘察设计管理条例》第二十九条，对于超出抗震规范使用范围的结构设计应报抗震专项审查。钢筋混凝土结构与钢结构的混用应遵守《高层建筑混凝土结构技术规程》（2002年版）第11章的规定。

问题10：（1）当采用框架-剪力墙结构体系时，剪力墙数量不足（高度没有超过框架限制高度时），是否按框架计算配筋？在框架-剪力墙结构中，当剪力墙承受的地震倾覆力矩小于结构总地震倾覆力矩的40%时，《全国民用建筑工程技术措施》（2003年版）中要求按不设剪力墙的框架结构进行补充计算，并按不利情况取值，此规定可否作为施工图审查的依据？

（2）框架-剪力墙结构中，上部有少部分楼层的剪力墙承受地震倾覆力矩小于结构总倾覆力矩的50%，此时，框架的抗震设计等级该怎么处理？

解答10：（1）框架-剪力墙结构在基本振型地震作用下，若框架部分承受的地震倾覆力矩大于结构总倾覆力矩的50%，其框架部分的抗震等级按框架结构确定，按实际布置的框架-剪力墙建模计算，结构总信息填框架-剪力墙结构，最大适用高度可比单纯框架结构适当提高。

"当剪力墙部分承受的地震倾覆力矩小于总倾覆力矩的40%时，尚应按不设剪力墙的框架结构进行补充计算，并按不利情况取值。"此条文来自《全国民用建筑工程设计技术措施》（结构），可按一般要求对待。设计人应执行该条规定。

（2）框架-剪力墙结构应按基本振型下的底部地震总倾覆力矩比例进行判定。框架—剪力墙结构中，剪力墙在上部承担地震作用减少，符合此类型结构受力特点。框架-剪力墙结构若抗侧刚度沿竖向没有突变，在底部加强区以上，少数楼层剪力墙承受的总倾覆力矩少于50%，框架的抗震等级按框架-剪力墙结构中的框架部分考虑。

问题11：排架结构（混凝土柱、钢梁）中附有混凝土框架结构是否可行？此种结构是否可行？此种结构是否可在端部不设屋面梁而采用山墙承重？

解答11：排架结构中附有混凝土框架结构，当满足《建筑抗震设计规范》（2008年版）9.1.7条的计算条件时是允许的，应按实际的结构形式建模计算。此类结构不应采用山墙承重，详见《建筑抗震设计规范》（2008年版）9.1.1条第7款规定。

问题12：多跨排架结构，边柱为混凝土柱，中柱为钢柱，是否属超限范畴？

解答 12：多跨排架结构，边柱为钢筋混凝土柱，中柱为钢柱。这种结构类似《高层建筑混凝土结构技术规程》中的混合结构，应该是可行的。

问题 13：底部三层为混凝土框架结构，上部一层为钢结构，这种结构是否成立？四层为加层，有无超规范设计问题？值得注意的地方在何处？

解答 13：底部三层为混凝土框架结构，上部一层为钢结构，可分为两种情况：

（1）《建筑抗震设计规范》（2008年版）不包括下部为钢筋混凝土结构，上部为钢结构的有关规定，两种结构的阻尼比不同，上下两部分刚度存在突变，属超规范设计，应按国务院《建设工程勘察设计管理条例》第二十九条执行，且需由省级以上有关部门组织的建设工程技术专家委员会审定，或报省抗震办申请抗震专项审查。

（2）非抗震设计时按弹性理论设计是可行的。

问题 14：剪力墙结构仅布置少数柱子，结构类型如何定？柱子的抗震等级如何确定？如果不按框架-剪力墙结构考虑，上部楼层的框架柱是否会不安全？

解答 14：剪力墙结构仅布置少数柱子，当其变形特征与剪力墙结构相同时，结构类型可确定为剪力墙结构，"少数柱"的抗震等级可按框架-剪力墙结构中的框架柱确定。

问题 15：当房屋高度为A级，而房屋的高宽比超过《高层建筑混凝土结构技术规程》（2002年版）4.2.3条规定时，是否需要专项检查？

解答 15：高层建筑的高宽比并非超限高层建筑的判断指标，不作为是否需要进行抗震设防专项审查的依据。

问题 16：对于剪力墙结构高层住宅，由于底层层高较高，为了增加刚度而适当增大墙厚，导致底层较多剪力墙的截面高度与厚度之比小于8（其他层大于8），此时是否为短肢剪力墙？

解答 16：这种情况规范没有明确的说法，且短肢墙的定义是在规范条文的补充说明中。北京市建筑设计研究院编的《建筑结构专业技术措施》5.5.5条提出，当墙肢截面高度与厚度之比虽为5～8，但墙肢两侧均与较强的连梁相连时，连梁高度大于等于400mm，连梁净跨度与截面高度之比 $l_b/h_b \leqslant 2.5$ 时，或有翼墙相连的连肢墙（翼墙长度不小于一墙厚度的5倍），或墙厚≥400mm时，可不作为短肢墙。

问题 17：剪力墙开洞后各墙肢截面高度与厚度之比均小于8，但截面总高度（开洞前的截面高度）与厚度之比大于8，此墙是否为短肢墙？应如何定性？（注：开洞后连梁的跨高比小于4）

解答 17：要区分连肢墙和短肢墙的受力特征。对于小开口连肢剪力墙（开洞率小于0.4），其受力特性接近于整体墙，考虑墙长厚比时，取截面总高度；否则，按开洞后的各墙肢截面高度单独计算。

问题 18：剪力墙结构中含有少量短肢墙，该结构中的短肢墙是否执行《高层建筑混凝土结构技术规程》（2002年版）7.1.2条？

解答18：剪力墙结构含有少量短肢剪力墙，可不执行《高层建筑混凝土结构技术规程》（2002年版）7.1.2条。注意区分短肢墙与短肢剪力墙结构，它们是两个不同的概念。

问题19：对楼板开洞后的净宽度，《高层建筑混凝土结构技术规程》（2002年版）4.3.6条有明确要求，《全国民用建筑工程技术措施》（2003年版）中不论是高层还是多层均有规定，但《建筑抗震设计规范》中没有相应的规定，对多层建筑，设计时是否应按《全国民用建筑工程技术措施》中要求控制楼板开洞后的板净宽度值？

解答19：多层建筑楼板开洞后的净宽度值应按《建筑抗震设计规范》执行，一般不控制，但计算应有合理的计算模型并按《建筑抗震设计规范》（2008年版）3.4.2条的要求进行设计。根据《建筑抗震设计规范》（2008年版）表3.4.2-1，楼板开洞面积大于该楼面面积30%时，属楼板局部不连续，是平面不规则的一种类型；当开洞率达到80%~90%，表明结构不合理，应调整结构平面布置。开洞率过大首先是体系问题，计算还在其次。SATWE程序可以考虑楼板开洞对刚度的影响，采用弹性板计算。

问题20：《建筑抗震设计规范》（2008年版）7.1.7条第4款规定："楼梯间不宜设在房屋的尽端和转角处"，如设计违反了该条文，如何处理？因为该条不是强制性条文且是"宜"。

解答20：对多层砌体结构，楼梯间不宜设在房屋的尽端和转角处，这是因为楼梯间墙体缺少各层楼板的侧向支承，有时还因为楼梯踏步削弱楼梯间的墙体，尤其是楼梯间顶层，墙体有一半楼层的高度，使震害加重。因此，在建筑布置时楼梯间尽量不设在尽端。如不可避免时，应采取特殊的加强措施。

问题21：11层的高层建筑可否采用异形柱剪力墙结构？

解答21：JGJ 149—2006《混凝土异形柱结构技术规程》3.1.2条表3.1.2有框架-剪力墙结构最大适用高度的规定。抗震设防烈度6、7度地区是可以采用的。8度区11层的高层建筑采用异形柱剪力墙结构属于超限设计，须报抗震专项审查。7度（0.15g）地区11层已达到房屋最大高度临界值，要特别注意。

问题22：11层的高层建筑可否采用全部是短肢剪力墙的剪力墙结构，《高层建筑混凝土结构技术规程》（2002年版）中7.1.2条如何理解？

解答22：根据《高层建筑混凝土结构技术规程》（2002年版）7.1.2条规定，高层建筑不应采用全部为短肢剪力墙的剪力墙结构。

问题23：8度区是否可以采用异形柱框架？

解答23：根据JGJ 149—2006《混凝土异形柱结构技术规程》，8度区可以采用异形柱框架结构，其最大适用高度为12m，异形柱框架-剪力墙最大适用高度为28m。

问题24：多层砌体教学楼房屋门窗洞口往往较大，外墙尽端至门窗洞边尺寸、窗间墙段尺寸，往往不能满足《建筑抗震设计规范》（2008年版）7.1.6条的要求，有的加构造柱，有的干脆将小墙垛全部改为混凝土柱，该种做法是否可以，小墙段尺寸具体如何掌握？

解答24：局部尺寸不足，加构造柱符合《建筑抗震设计规范》（2008年版）7.1.6条注1的要求，但全部将小墙段改为混凝土墙是不可取的。建设部《施工图设计文件审查要点》3.7.1-6条规定：抗震设计时，不宜采用砌体墙增加局部少量钢筋混凝土墙的结构体系，如必须采用，则应双向设置，且各楼层钢筋混凝土墙所承受的水平地震剪力不宜小于该楼层地震剪力的50%。

问题25：砖混结构下部，一侧全部为汽车库，另侧为自行车库，其纵墙两侧刚度相差较大，怎么处理才合理？

解答25：该方案明显不合理，不符合《建筑抗震设计规范》（2008年版）7.1.7条第2款的规定。当因建筑功能要求不能满足规定的墙段最小尺寸时，可采取加强措施，如适当加大构造柱（不大于300mm）等，但不允许将整个不满足要求的局部墙段改为钢筋混凝土墙（墙段最小长度不小于1/4层高且不小于800mm，并应验算地震作用下的抗剪承载力，尽端承重墙处可设置边长不大于300mm的L形构造柱）。如仍不能满足需要，则应该变结构体系，如采用底框结构等。

问题26：砌体结构外走廊房屋（如：学校教学楼、宿舍），教室内楼面和走廊大多采用钢筋混凝土柱结构，是否属混合体系？如砌体墙承担水平力，梁柱承担垂直重力是否可行？

解答26：此类结构中混凝土柱不得参与水平地震作用的分配，否则，属体系混用。在砌体结构房屋整体刚度确有保证的前提下，可局部采用梁柱构件承重，柱宜采用组合砖柱。

问题27：《建筑抗震设计规范》（2008年版）6.1.2条表6.1.2中的框架结构，对剧场、体育馆等"大跨度"公共建筑确定抗震等级时，"大跨度"如何界定？

解答27：《建筑抗震设计规范》（2008年版）6.1.2条表6.1.2中的框架结构，对剧场、体育馆等"大跨度"公共建筑确定抗震等级时，大跨度是指跨度大于18m的结构。

问题28：6度抗震设防区高层建筑结构布置剪力墙的数量和断面对房屋刚度控制以什么标准为宜？

解答28：高层建筑设计要控制抗侧刚度和抗扭刚度，剪力墙数量直接影响房屋的刚度，刚度大小与房屋地震反应相关，也影响到房屋的层间位移角。通过控制最小剪力系数（剪重比）和最大层间位移，保证房屋具有足够的抗侧刚度。"规范"提出控制扭转为主的第一自振周期与第一平动周期的比值，是确保房屋有足够的抗扭刚度的措施，房屋的抗侧刚度与它的剪力墙数量及平面位置有关。控制扭转为主的第一自振周期与第一平动周期比，实际是要求结构体系应合理布置。

对于6度区，建于Ⅳ类场地的高层建筑，应进行多遇地震作用下的截面抗震验算；对于其他情况，由于抗震规范未要求作抗震计算，结构计算有关指标可适度放宽。

问题29：体型复杂、结构布置复杂的工程应采用至少两个不同力学模型的分析软件进行整体计算，如何界定？

解答29：《建筑抗震设计规范》（2008年版）3.6.6条第3款要求复杂结构进行抗震验算时，"应采用不少于两个不同的力学模型"。关于复杂性的判定参照附录B建设部建质［2010］109号文。对于高层建筑按《高层建筑混凝土结构技术规程》（2002年版）3.3.5条第3）、4）、5）款与4.4.2条～4.4.5条来判别。

问题30：高层建筑中主楼和裙房什么情况下必须脱开？如果必须连接成一体，有何原则性要求？

解答30：按《高层建筑混凝土结构技术规程》（2002年版）4.3.9条规定，高层建筑结构中主楼和裙房如果连在一起，使得整体结构的平面与体型出现特别不规则或设计不合理的情况，此时应在适当部位设置防震缝；若主楼和裙楼连接成一体，需要注意：①处理好主裙楼之间的不均匀沉降；②裙楼与主楼相连的屋面梁需适当加强构造措施；③按建质［2010］109号文附录，判定是否需要抗震专项审查。

5.4 施工图审查中常遇多、高层钢筋混凝土结构方面问题的分析及解答

问题1：钢筋混凝土房屋（如框架结构），当为坡屋面时，屋面梁是否一定要作为一层参与整体建模分析，这层高度按多少建模合适，是否按1/2山脊高度？而实际上屋面斜梁与平顶层梁在边柱檐口处属于一个节点。许多设计将屋面梁柱荷载传至平顶层梁柱后，不列入整体建模是否合适？

解答1：坡屋面应作为一层计算，通常做法是将坡屋面按实际情况建模，目前的大多数程序能够处理斜屋面的问题。以前近似地将层高定在屋脊高度的一半，作为一层计算，仅仅是一种简化计算，有安全隐患存在，建议不要采用。

问题2：框架结构中电梯井四角混凝土柱是否必须参加框架整体计算？

解答2：当电梯井四周布置梁承受竖向荷载，电梯井四角混凝土柱仅是构造设置时，该柱可不参加框架整体计算。当电梯井角柱作为框架梁的支承柱时，就应参加整体计算。此时该柱截面尺寸与构造须满足抗震规范对框架柱的有关规定。

问题3：框架结构计算时，关于底层柱计算高度问题，应从基础顶面算至一层高度。由实际工程情况看，取法较多，有的取值为底层层高+500mm，或取值为底层层高，或取值为底层层高+1500mm等，当然这要看地面约束情况。但到底取值多少为宜？

解答3：底层柱计算长度取基础顶面至一层楼盖顶面的距离。当柱间设有地拉

梁，可取地梁顶面至一层楼盖顶面的距离；当有刚性地坪时，可取至地坪以下 500mm。

问题 4：基础设计中，风荷载是否要参与组合？

解答 4：按照《建筑地基基础设计规范》(2002 年版) 3.0.4 条和 3.0.5 条，风荷载是可变荷载的一种，任何建筑都应考虑，按 5.2.1 条第 2 款校核。在单层厂房中有时由风荷载控制基础的大小。对高耸结构风荷载更加重要，如塔架、烟囱等。

问题 5：基础设计中，地震荷载是否要参与组合？

解答 5：《抗震抗规》(2010 年版) 4.2.1 条规定的下列建筑天然基础，可以不考虑地震作用计算。

(1) 砌体房屋。

(2) 地基主要受力层范围内不存在软弱黏性土层的下列建筑：

1) 一般的单层厂房和单层空旷房屋。

2) 不超过 8 层且高度在 24m 以下的一般民用框架房屋。

3) 基础荷载与 2) 项相当的多层框架厂房和多层混凝土抗震墙房屋。

(3) 本规范规定可不进行上部结构抗震验算的建筑。

注：软弱黏性土层指 7 度、8 度和 9 度时，地基承载力特征值分别小于 80、100 和 120kPa 的土层。

GB 50011—2010《建筑抗震设计规范》4.4.1 条规定：承受竖向荷载为主的低承台桩基，当地面下无液化土层，且桩承台周围无淤泥、淤泥质土和地基承载力特征值不大于 100kPa 的填土时，下列建筑可不进行桩基抗震承载力验算。

(1) 7 度和 8 度时的下列建筑：

1) 一般的单层厂房和单层空旷房屋。

2) 不超过 8 层且高度在 24m 以下的一般民用框架房屋。

3) 基础荷载与 2) 项相当的多层框架厂房和多层混凝土抗震墙房屋。

(2) 本章 4.2.1 条之 1、3 款规定且采用桩基的建筑。

问题 6：《混凝土结构设计规范》(2002 年版) 3.4.1 条中，如何理解露天环境？外露构件，如阳台、雨篷、梁柱外露面等有粉刷是否应算露天环境？如何考虑保护层厚度？

解答 6：阳台、雨篷属露天环境，梁柱环境类别应为二 (a) 类，在严寒和寒冷地区为二 (b) 类。

问题 7：混凝土环境类别中，如何按《混凝土结构设计规范》(2002 年版) 3.4.1 条区分"二 (a)"或"二 (b)"？如何根据《砌体结构设计规范》(2001 年版) 6.2.2 条确定"严寒地区"和"一般地区"地面以下砌体的最低强度等级？

解答 7：环境类别中"二 (a)"、"二 (b)"的主要差别在于有无冰冻，同样，"严寒地区"与"一般地区"砌体最低强度等级选择的区别在于有无冰冻。

JGJ 24—1986《民用建筑热工设计规程》中关于"严寒地区"的定义：累年最冷月平均温度低于或等于-10℃的地区（累年指近期30年，不足30年取实际年数，但不得少于10年）。

问题8：建筑设计中厨房、卫生间一般有防水要求，按照《混凝土结构设计规范》（2002年版）3.4.1条，其耐久性为一类还是二（a）类？

解答8：厨房、卫生间按一类环境设计。

问题9：《高层建筑混凝土结构技术规程》（2002年版）表7.2.17条注2的转角墙是房屋的转角处墙还是带转角的墙？

解答9：应该是指带转角的墙，参照《高层建筑混凝土结构技术规程》（2002年版）图7.2.16，是指L形墙，即图7.2.16中（d）形状的墙。

问题10：长宽比大于3小于5的钢筋混凝土竖向构件是按短肢墙考虑还是按柱考虑？

解答10：钢筋混凝土竖向构件，当长宽比大于3小于5时，仍属于柱，应按《建筑抗震设计规范》（2001年版）6.2.6～6.3.10条和《混凝土异形柱结构技术规程》（JGJ 149—2006）的相关规定进行设计。如视作墙，应按《高层建筑混凝土结构技术规程》（2002年版）7.2.5条规定执行，配筋按第7.1.2条第6款执行。

问题11：短肢剪力墙，是否可不设置暗柱，而采取全墙均匀配筋？

解答11：短肢剪力墙，抗震设计时应按《高层建筑混凝土结构技术规程》（2002年版）7.1.2条第6款规定设置和控制；非抗震设计时应按7.2.17条第5款设计。

问题12：《高层建筑混凝土结构技术规程》（2002年版）7.1.2条第6款：短肢剪力墙截面的全部纵向钢筋的配筋率，底部加强部位不宜小于1.2%，其他部位不应小于1.0%；7.2.18条：一般剪力墙竖向和水平分布筋的配筋率均不应小于0.25%，此为强制性条文，如何掌握？7.2.18条中的配筋率为单侧筋还是全部配筋？剪力墙的最小配筋率是否要满足《混凝土结构技术规范》（2002年版）9.5.1条规定的一侧纵向钢筋最小配筋百分率为0.2%的要求？

解答12：《高层建筑混凝土结构技术规程》（2002年版）7.1.2条第6款是指短肢墙中全部纵向钢筋，含边缘构件的纵筋。而7.2.18条是指墙的分布筋，非边缘构件部分的配筋。为了防止混凝土墙体在受弯裂缝出现后立即达到极限抗弯承载能力，需要配置一定数量的竖向分布筋；为了防止斜裂缝出现后发生脆性的剪拉破坏，需要配置一定数量的水平分布筋；这里的水平及竖向最小配筋率均指全部配筋。剪力墙的最小配筋率是不需要再满足《混凝土结构设计规范》（2002年版）9.5.1条有关要求的。

问题13：《高层建筑混凝土结构技术规程》（2002年版）7.1.2条规定，短肢剪力墙的厚度不应小于200mm，如按附录D计算墙的稳定满足要求时，墙厚可否小于200mm？

解答 13：如果通过计算满足墙的稳定性要求，短肢墙厚度也可小于 200mm。

问题 14：多层框架结构中，部分柱仅一个方向（X 或 Y 向）上有框架梁，另一方向连续几层均无梁，如何控制？有无明确违反规范条文？

解答 14：《建筑抗震设计规范》（2010 年版）6.1.5 条规定框架结构的框架应双向设置，是对结构而言。对柱、梁来讲的，少数柱单向设梁，个别梁一端与柱刚接，一端与梁搭接，这类布置工程中常有，难以避免，只要计算简图准确反映实际，正确处理柱的计算长度问题，保证荷载传递正确，适当加强构造处理是可行的。

问题 15：梁上抬框架柱，形成转换结构，该梁及柱有什么设计要求？是否按框支柱和框支梁考虑？在 6 度抗震设防地区，多层框架结构中，框架梁上托上层框架柱，请问：该榀框架梁是否应采取构造措施？

解答 15：抬柱梁与框支梁（托剪力墙）不同，局部梁抬柱，一般可不作为框支结构考虑，但须采取构造加强措施，相应的柱边应加强构造处理。对高层建筑中梁抬柱时，结构构造应符合《高层建筑混凝土结构技术规程》（2002 年版）10.2.9 条的要求并宜双向设梁，防止柱距离梁端过近，影响强剪弱弯构造。

问题 16：梁抬柱作为出屋面框架角柱是否可行？

解答 16：此做法不尽合理，但工程中难以避免，此时应采取加强措施，建议按以下要求处理：①柱向下延伸一层；②转换梁应双向设置；③计算分析应考虑鞭梢效应，即高振型的影响。

问题 17：剪力墙偏少的框架-剪力墙高层建筑、刚度与质量特别不对称的高层建筑如何处理？

解答 17：（1）在基本振型地震作用下，剪力墙承受地震倾覆力矩应大于结构总地震倾覆力矩的 50%，见《建筑抗震设计规范》（2010 年版）6.1.3 条。

（2）剪力墙平面布置按《高层建筑混凝土结构技术规程》（2002 年版）4.3 节的要求。

（3）房屋结构刚度和结构体系应满足《建筑抗震设计规范》（2010 年版）3.5.1~3.5.3 条要求。

（4）特别不规则的设计方案应对照建设部建质［2010］109 号文附录所列情况，决定是否需要超限审查。

问题 18：带地下室建筑物，其地下室大于上部结构时，地下室部分的外墙与框架梁连接处是否应设壁柱？

解答 18：规范无具体规定。但设计应分情况区别对待：

（1）当与其相连接的框架梁跨度不大时，可以不设壁柱，可加暗柱处理。

（2）当与其相连接的框架梁跨度较大时，且边跨梁与墙刚接时，因梁端的集中弯矩较大，此时应设壁柱与之平衡，构造上也比较合理。

问题 19：《建筑抗震设计规范》（2008 年版）6.3.3 条规定，当梁端纵向受拉钢筋配筋率大于2%时，表6.3.3中梁端箍筋最小直径数值应增大2mm，对不等跨、不等高梁及外伸梁是否需同等对待？

解答19：该条规定是【强规】，是针对梁的，该条考虑到"框架梁需要严格控制受压区高度、梁端底面和顶面纵向钢筋的比值及加密梁端箍筋。其目的是增加梁端的塑性转动量，从而提高梁的变形能力。当梁的纵向受力钢筋配筋率超过2%，为使混凝土压溃前受压钢筋不致压屈，箍筋的要求相应提高"。对不等跨、不等高梁应同等对待。但对单独外伸梁可不执行此规定。

问题20：剪力墙连梁跨高比大于5时，计算与构造是按连梁还是框架梁？

解答20：按《高层建筑混凝土结构技术规程》(2002年版)7.1.8条规定，当跨高比大于5时，宜按框架梁进行设计，构造也应满足框架梁的要求。

问题21：简支梁和连续梁端支座由于支承长度较短，纵向钢筋的锚固水平长度不够，如何处理？

解答21：根据《混凝土结构设计规范》(2002年版)10.2.2条规定，如锚固长度不符合要求时，应采取在锚筋上加焊锚固钢板或将钢筋端部焊在梁端预埋件上等有效锚固措施（或采取其他有效的附加锚固措施），直线段的锚固长度大于等于$0.4l_{aE}$，仅仅指的是框架梁，是仅用在刚性节点中100%发挥受拉筋强度的锚固要求。简支端仅为构造，符合规定即可。

问题22：计算受扭框架梁的侧向抗扭钢筋间距时，梁高是否应扣除板厚（规范要求≤200mm）？

解答22：侧向抗扭钢筋间距，按《混凝土结构设计规范》(2002年版)式7.6.3计算时不扣除板厚，纵筋与箍筋的构造应按10.2.5条、10.2.16条规定，布置在腹板中部。

问题23：《混凝土结构设计规范》(2002年版)10.2.16条规定，梁的腹板高度h_w≥450mm，腰筋间距不宜大于200mm，上限可控制到多少？

解答23：上限就是200mm，同时控制单侧配筋率不小于0.1%。但注意：对埋在地下的梁（基础梁、拉梁）可以不执行此条款。

问题24：框架结构，楼梯休息平台梁的支承构件一般都采用构造柱，这样的处理实际为填充墙承重，应怎么处理为好？

解答24：不应按构造柱处理，应是梁上的受力小柱。一般情况下，该柱间墙影响柱的计算长度或高宽比，其配筋应比构造柱要求高，由计算确定。框架结构中不应由填充墙承重。计算时也应按受力柱考虑。

问题25：对大于1.5m的挑梁根部，当抗剪计算满足要求时，是否需要按构造放鸭筋？

解答25：当箍筋满足抗剪要求时，可以不另设鸭筋。

问题26：双向板分布钢筋是否有最小配筋率要求？

解答26：《混凝土结构设计规范》(2002年版)中最小配筋率是对受力钢筋规

定的。对双向板分布构造筋无此要求。但注意：要求单向板非受力方向的最小配筋率为 0.1%。

问题 27：地下室顶板处为现浇空心楼盖，是否可作为上部结构嵌固层，现浇空心楼盖结构中是否一定要设置剪力墙？

解答 27：现浇空心楼盖分为有梁式和无梁式两种，一般情况下，梁板式现浇空心楼板满足《建筑抗震设计规范》（2001 年版）6.1.4 条的要求时，可作为上部结构的嵌固层。现浇空心楼盖结构和剪力墙的设置是两个结构问题，剪力墙应根据房屋高度和侧移要求布置。地下室顶板一般有侧墙，可不另设剪力墙。抗震设计时，如现浇空心楼盖结构为无梁楼盖，则应另设剪力墙，构成"板柱-剪力墙结构"，且不宜作为上部结构的嵌固端。

问题 28：《混凝土结构设计规范》（2002 年版）10.9.8 条对预制构件的吊环进行了规定，是否现浇结构中吊环就不必按此条执行？"应焊接或绑扎"与《高层建筑混凝土结构技术规程》（2002 年版）6.3.6 条的要求是否矛盾？

解答 28：《混凝土结构设计规范》（2002 年版）10.9.8 条说明指出，吊环承载力计算是针对预制构件的，现浇构件的吊环可按实际吊挂物计算，构造可参照《混凝土结构设计规范》（2002 年版）第 10.9 节规定或采用其他有效措施，一般情况下不与框架主梁负弯矩主筋焊接；与楼面梁主筋相连的钢筋可焊接、绑扎，这是施工措施，可用锚板焊接和采取其他施工措施。

问题 29：《混凝土结构设计规范》（2002 年版）10.1.9 条规定，在温度收缩应力较大的现浇板区域内，应配置板面温度收缩钢筋。较大区域如何认定？

解答 29：楼面的温度应力，主要是温度变化引起楼面胀缩产生的约束应力，其最大应力区段分布很复杂，影响的因素很多，目前不好下定论，也不好统一规定。从概念上讲，一般房屋的端部、角部温度收缩应力较大，框架-剪力墙结构中部的温度收缩应力较大，剪力墙结构在两端及楼面洞口等截面改变处的温度收缩应力较大。为了设计便于掌握《全国民用建筑工程统一技术措施（结构）》5.3.17 条，规定为 30m。

问题 30：悬挑板在什么情况下需要配置一定数量的底部钢筋？

解答 30：《全国民用建筑工程统一技术措施（结构）》5.3.2 条：离地面 30m 以上且悬挑长度大于 1200mm 的悬挑板，以及位于抗震设防区悬挑长度大于 1500mm 的悬挑板，均需要配置不少于 $\phi 8@200$ 的底筋。

问题 31：混凝土结构伸缩缝间距大于规范规定时，有的施工图设计中采用抗裂加强带，此做法是否妥当？

解答 31：目前在工程设计中，施工缝的间距均有所突破规范限值，但须采取相应措施。抗裂加强带与施工后浇带的做法是一样的，只是解决了施工过程中材料收缩和温度应力引起的混凝土裂缝开展问题，但不是唯一的，应采取多种措施，如：季节气候、环境、施工工艺、材料、结构措施等方面，给予综合治理，砌体结构详见《砌体结构设计规范》(2001年版)第6.3节,混凝土结构详见《混凝土结构设计规范》(2002年版)9.1.1条。

但作者建议对住宅建筑应该严格控制温度伸缝的长度,对公共建筑可以适当加大温度伸缩缝间距,但应有必要的加强措施。

问题32:框架结构设计中,有的假定凡是边框架与断面接近的大梁相交、半框架梁与框架相交,均采用铰接,结果增大了大梁跨中的弯矩,使边框梁及框架的扭矩为"0",但实际上边框梁及框架的扭矩仍存在,应如何处理才正确安全?

解答32:边框架与断面接近的大梁相交,若连接按铰接计算,由于整体浇筑,边框架实际存在一定的扭转作用,设计应根据实际情况适当增加抗扭构造钢筋。如果计算按铰接考虑,则梁的支座负筋按规定满足跨中正筋的1/4即可,不应配置过多的负筋,负筋的锚固要求满足简支梁的要求即可。

问题33:混凝土结构的地下室顶板作为上部结构的计算嵌固部位,应满足什么要求?

解答33:《建筑抗震设计规范》(2010年版)6.1.14规定,地下室顶板作为上部结构的嵌固部位时,应符合下列要求:

(1) 地下室顶板应避免开设大洞口,主楼应采用现浇梁板结构,裙房宜采用现浇梁板结构;其楼板厚度不宜小于180mm,混凝土强度等级不宜小于C30,应采用双层双向配筋,且每层每个方向的配筋率不宜小于0.25%。

(2) 结构地上一层的侧向刚度,不宜大于地下一层相关部位楼层侧向刚度的0.5倍;地下室周边宜有与其顶板相连的抗震墙。

(3) 地下一层柱截面每侧的纵向钢筋面积,除应满足计算要求外,不应少于地上一层对应柱每侧纵筋面积的1.1倍。

(4) 地下一层抗震墙墙肢端部边缘构件纵向钢筋的截面面积,不应少于地上一层对应墙肢端部边缘构件纵向钢筋的截面面积。

(5) 地下室顶板的梁柱不应先于地上一层的柱根屈服。

问题34:《高层建筑混凝土结构技术规程》(2002年版)6.1.7条规定,框架梁、柱中心线之间的偏心距,非抗震设计和6~8度抗震设计时,不宜大于柱截面在该方向宽度的1/4;梁、柱中心线之间的偏心距,9度抗震设计时不应大于柱截面在该方向宽度的1/4,否则,可采取增设梁的水平加腋等措施。设计中,建筑师、业主方不希望结构加水平腋处理,提出其影响美观,应如何处理?

解答34:《高层建筑混凝土结构技术规程》(2010年版)6.1.7条规定,框架梁、柱中心线宜重合。当梁柱中心线不能重合时,在计算中应考虑偏心对梁柱节点核心区受力和构造的不利影响,以及梁荷载对柱子的偏心影响。如果加水平腋影响美观时,可以考虑适当将梁加宽处理。

问题35:多层框架结构,1~2层缺柱,梁上抬柱,其转换层刚度等如何控制?

解答35:按《建筑抗震设计规范》(2010年版)表3.4.2-2规定执行即可。

问题 36：11、12 层高层建筑中的短肢剪力墙是否可以不执行《高层建筑混凝土结构技术规程》(2002 年版)中 7.1.2 条第 6 款中 1.2%、1.0%的配筋率规定？

解答 36：只是短肢剪力墙，就应执行《高层建筑混凝土结构技术规程》(2002 年版) 7.1.2 条第 6 款中的有关规定。

问题 37：如果因建筑功能需要，要从中间楼层取消部分墙体时，应注意哪些问题？

解答 37：此时应注意取消的墙体量不宜多于总墙量的 1/4，同时还应满足《建筑抗震设计规范》(2010 年版) 3.4.3-2 条对侧向刚度的要求。

问答 38：高层与裙房之间不设变形缝时，需采取什么措施？

解答 38：高层与裙房之间不设缝的工程实例很多，但应注意两者间荷载与刚度的差异。基础沉降量不同，差异沉降或多或少总会存在。设计时，应严格计算和调整结构基础布置，减少差异沉降，施工时采用设后浇带、后施工裙房等有效技术措施。

问题 39：框架结构中，出屋面的局部小房间及楼电梯的框架柱为满足建筑要求常做成异形柱。这时的异形柱是否应满足 JGJ 149—2006《钢筋混凝土异形柱技术规程》的相关规定（如肢长与肢宽比等）？

解答 39：框架结构中出屋面的局部小房间及楼电梯间的框架柱为满足建筑要求，可按异形柱设计。此时有关的异形柱设计应按行业标准 JGJ 149—2006《混凝土异形柱结构技术规程》执行。

问题 40：《建筑抗震设计规范》(2010 年版) 6.3.9 条规定，四级框架柱箍筋肢距不宜大于 300mm；按《混凝土结构设计规范》(2002 年版) 10.3.2 条第 5 款，当柱截面尺寸≤400mm 且各边只有 3 根钢筋时，就可以不用复合箍筋。此时按《建筑抗震设计规范》(2010 年版) 6.3.9 条考核其箍筋肢距大于 300mm。二者似矛盾，如何处理？

解答 40：《建筑抗震设计规范》(2001 年版) 6.3.9 条为纵筋配置要求。在《混凝土结构设计规范》(2002 年版) 10.3.2 条第 5 款中才有短边小于 400mm，且各边只有 3 根钢筋时可不设复合箍的规定，这是对非抗震设计而言的。抗震设计要求在《混凝土结构设计规范》(2002 年版) 11.4.15 条中讲得更清楚。

问题 41：梁上的集中荷载处是否均需要设置附加箍筋或吊筋？

解答 41：位于梁下部或梁截面高度范围内的集中荷载，应全部由附加横向钢筋承担；附加横向钢筋宜优先采用箍筋，也可采用吊筋。但注意，对于位于梁上部的集中荷载（如梁上起柱、搁预制梁、钢梁）处，并不需要配置附加横向钢筋，这是因为设置横向钢筋的目的是为了将集中荷载传递到梁的受压区，而这些搁置在梁顶部的构件已在梁的受压区了，所以没有必要再设置横向钢筋了。

问题 42：框架结构的柱间采用通长条窗设计，窗台未设窗台梁，窗顶通长连梁刚度也较小，相关的柱净高与柱截面高度之比小于 4，此时，该柱是否需要采取箍筋加密？

解答42：按《建筑抗震设计规范》（2008年版）6.3.10条第3款的要求箍筋应全高加密。

问题43：《高层建筑混凝土结构技术规程》（2002年版）7.2.16条规定，剪力墙约束边缘构件箍筋体积配箍率计算时可否计入拉筋和水平分布钢筋？《高层建筑混凝土结构技术规程》7.2.16条，图7.2.16中约束边缘构件的阴影区内外，箍筋间距可否不一致？

解答43：按照《高层建筑混凝土结构技术规程》（2002年版）图7.2.16，约束边缘构件箍筋配置分阴影区和非阴影区两部分。在阴影区内应有封闭箍筋，可部分采用拉筋，拉筋可计入体积配箍率（如同框架柱中的拉筋）；在非阴影区内，可采用箍筋和拉筋相结合的方式，也可完全采用拉筋，拉筋计入体积配箍率。当剪力墙水平分布钢筋在约束边缘构件内确有可靠锚固时，才可与其他封闭箍筋、拉筋一起作为约束箍筋。

对约束边缘构件，在《高层建筑混凝土结构技术规程》（2002年版）图7.2.16的阴影区或《建筑抗震设计规范》（2008年版）图6.4.7的阴影区，其箍筋沿竖向的间距，特一级和一级时不应大于100mm，二级时不应大于150mm，要求是相同的。

问题44：按《高层建筑混凝土结构技术规程》（2002年版）4.8.1条规定，同一建筑物能否采用两种及以上抗震等级？（如：同一座楼中，短肢剪力墙为二级，剪力墙为三级）

解答44：抗震设计时，为了提高某些构件的抗震能力，常用提高其抗震等级的做法，这在《高层建筑混凝土结构技术规程》（2002年版）中多处出现，在有较多短肢墙的剪力墙结构中，短肢墙抗震等级提高一级就是一例。

问题45：多层框架结构，底层计算高度未从基础顶面算起，问题提出后，设计人回答地坪是刚性地坪，请问何谓刚性地坪？局部有夹层时如何处理妥当？

解答45：刚性地坪一般指有一定厚度的钢筋混凝土地坪，能对框架柱或剪力墙起到横向约束作用。框架结构底层的计算高度不能简单以层高代替。局部夹层宜进入整体模型统一计算。

问题46：底框结构中，抗震墙为混凝土，墙上开洞口，问：计算时，先输墙后开洞，还是增加节点后输墙不开洞？

解答46：这是剪力墙开洞如何建模的问题。当洞口较小，剪力墙具有整体墙截面工作特点时，应先输墙，再在墙段上设洞口；当洞口较大，使得洞口以上的梁的跨高比大于5时，JGJ 3—2002《高层建筑混凝土结构技术规程》提出此梁按框架梁设计，则各墙段成为独立工作的墙段，此时计算建模应先设节点再分段设墙与梁。

问题47：用SATWE程序进行抗震计算时，有时出现刚度比Ratx1，Raty1远小于 1.0 的情况（例如小于 0.7），是否必须乘以剪力放大系数？地震力放大 1.15 倍能否抵偿刚度差？

解答 47：对高层建筑的刚度比，应按《高层建筑混凝土结构技术规程》（2002 年版）4.4.2 条要求进行控制。当超过该条要求较多时，说明结构刚度沿竖向有突变时，会引起地震作用在这些部位产生应力、应变（变形）集中（突变），形成薄弱层，应采用动力弹性时程分析，进一步了解地基作用下结构变形突变的程度。如果严重，应采用动力弹塑性分析找出薄弱层并予以加强。当结构存在薄弱层时，薄弱层的剪力应乘以剪力放大系数。一般出现竖向刚度突变时，应调整结构布置与建筑平面。

问题 48：6 度区的建筑结构是否都不需要进行地震作用计算和截面抗震验算？

解答 48：《建筑抗震设计规范》（2010 年版）3.1.2 条和 5.1.6 条规定，部分建筑在 6 度区时可不进行地震作用计算和截面抗震验算，但应符合有关抗震措施要求。对于位于Ⅳ类场地上的较高的高层建筑和其他钢筋混凝土民用房屋和类似的工业厂房，以及高层钢结构房屋等，由于Ⅳ类场地反应谱的特征周期 T_g 较长，结构自振周期也较长，则 6 度Ⅳ类场地的地震作用值可能与在 7 度Ⅱ类场地的地震作用值相当，此时仍需进行抗震验算。所以，并非所有在 6 度区的建筑工程都不进行地震作用计算。

另外，对于抗震等级为四级以上的钢筋混凝土结构，截面抗震验算涉及内力调整。例如，6 度区的丙类建筑，钢筋混凝土结构的抗震等级，部分框支抗震墙结构之框支层框架为二级，其他结构中有部分框架为三级，部分抗震墙为三级甚至二级，因此，抗震措施中有许多需进行内力调整计算。一些不规则的结构，需要按《建筑抗震设计规范》（2010 年版）3.4.4 条进行地震作用效应的调整并对薄弱部位采取有效的构造措施，有时也需要计算。

问题 49：扭转周期与平动周期的比值要求，是否对两个主轴方向平动为主的振型都要考虑？

解答 49：结构扭转第一自振周期与地震作用方向的平动第一自振周期之比值，对结构的扭转响应有明显影响，当两者接近时，结构的扭转效应显著增大。《高层建筑混凝土结构技术规程》（2002 年版）4.3.5 条对结构扭转为主的第一自振周期 T_t 与平动为主的第一自振周期 T_1 之比值进行了限制，其目的就是控制结构扭转刚度不能过弱，以减小扭转效应。

《高层建筑混凝土结构技术规程》（2002 年版）对扭转为主的第一自振周期 T_t 与平动为主的自振周期 T_2 之比值没有进行限制，这主要考虑到实际工程中，单纯的一阶扭转或平动振型的工程较少，多数工程的振型是扭转和平动相伴随的，即使是平动振型，往往在两个坐标轴方向都有分量。针对上述情况，限制 T_t 与 T_1 的比值是必要的，也是合理的，具有广泛适用性，如对 T_t 与 T_2 的比值也加以同样的限制，对一般工程是偏严要求。结构在两个主轴方向的侧向刚度不宜相差过大，以使结构在两个主轴方向上具有比较相近的抗震性能。

问题 50：在多层框架结构中，是否可以按《高层建筑混凝土结构技术规程》（2002 年版）中 $T_t/T_1<0.9$ 的标准判定框架的扭转是否合格？同样，如果出现第一振型为扭转振型，也要判定其结构布置不合理，需重新调整么？

解答 50：对于多层建筑结构周期比，《建筑抗震设计规范》（2010 年版）没有对周期比作出规定，多层建筑，考虑扭转耦连计算时，设计可以不按《高层建筑混凝土结构技术规程》（2002 年版）要求，应按《建筑抗震设计规范》对其平面及竖向规则性提出意见。

问题 51：对工程中，对于 $T_t/T_1<0.9$ 这一条，如果 T_1 不是纯平动周期，含有大约 0.3 扭转成分，这样的结构是否成立？

解答 51：应该是成立的。原则上以平动周期为主即可，但若扭转成分较大，说明结构布置没有明确的主轴，应按《建筑抗震设计规范》（2010 年版）5.1.1 条第 3 款的规定考虑双向水平地震作用产生的扭转效应。

问题 52：框排架结构在地震作用下的楼层最大位移时，对上层排架位移是否符合《建筑抗震设计规范》（2010 年版）表 5.5.1 的规定？

解答 52：对下部是框架，顶层为排架的结构，《建筑抗震设计规范》（2010 年版）表 5.5.1 中没有这种类型。当为整层屋盖时，仍可按框架结构的有关要求进行抗震设计。上层排架柱的位移可不控制，但注意，应按《建筑抗震设计规范》（2010 年版）表 5.5.2 控制其弹塑性层间位移角限值。

问题 53：地下室顶板作为钢筋混凝土结构房屋上部结构的嵌固部位时，若考虑建筑使用的要求，楼盖是否可采用无梁楼盖的结构形式？

解答 53：地下室顶板作为上部结构的嵌固部位时，应满足《建筑抗震设计规范》（2010 年版）6.1.14 条的要求，地下室顶板采用无梁楼盖的结构形式，难以满足 6.1.14 条柱端塑性铰位置在 ±0.000m 处的要求，故不能采用无梁楼盖的结构形式。

问题 54：位于地下室的框支层，是否计入规范允许的框支层数之内？

解答 54：若地下室顶板作为上部结构的嵌固部位，则位于地下室内的框支层，不计入规范允许的框支层数之内。若地下室顶板不能满足上部结构的嵌固部位的条件，则位于地下室内的框支层，应计入规范允许的框支层数之内。

问题 55：《建筑抗震设计规范》（2001 年版）6.4.5 条"底部加强部位在重力代表值作用下墙肢的轴压比……"中的"重力代表值作用下"该怎样理解？

解答 55：重力代表值作用下，是指只考虑重力荷载和活荷载的组合，楼层活荷载按规范 5.1.3 条规定折减，组合后分项系统取 1.2。

问题 56：确定建筑物的抗震等级时，如果地下室顶板不作为上部建筑物的嵌固点，那么建筑物的高度该如何确定？是从室外地面算起还是从基础顶算起？

解答 56：按《建筑抗震设计规范》（2001 年版）表 6.1.1 注 1 的说明，现浇钢筋混凝土房屋的房屋高度是指室外地面到主要屋面板板顶的高度（不包括局部突出的屋顶部分），因此，按照表 6.1.2 确定房屋的抗震等级时，尽管地下室顶板不作为上部建筑物的嵌固点，表中高度值仍是从室外地面算起。

问题 57：《建筑抗震设计规范》(2001 年版) 6.1.12 条："框架-抗震墙结构中的抗震墙基础和部分框支抗震墙结构的落地抗震墙基础，应有良好的整体性和抗转动的能力"。这一条文应如何理解并运用到结构设计中？

解答 57：此条的目的是为了防止地基土较弱，基础刚度和整体性较差时，在地震作用下抗震墙基础产生较大转动，从而降低抗震墙的抗侧力刚度，对内力和位移产生不利影响。实际工程中，基础的整体性与抗转动能力评价以定性为主，即抗震墙基础宜采用墙下钢筋混凝土条形基础、钢筋混凝土筏形基础等基础形式。采用桩基时承台梁应满足国家标准《建筑地基基础设计规范》的要求。

问题 58：《建筑抗震设计规范》(2001 年版) 10.1.2 条规定单层空旷房屋不设防震缝是什么道理？第 10 章的条文是否也适用于钢筋混凝土结构的单层空旷房屋？

解答 58：单层空旷房屋是一组不同类型的结构组成的建筑，以常见的影剧院为例，一般包括单层的观众厅和多层的前后左右的附属用房。实际震害调查中发现，一般观众厅与前后厅之间、观众厅与两侧厅之间不设防震缝的，震害较轻；个别房屋在观众厅与侧厅之间设防震缝的，反而破坏较重。根据震害分析，进一步明确部分布置要对称，避免扭转，各部分之间应加强连接而不设置防震缝，使整组建筑形成互相支持和良好联系的空间结构体系。

尽管第 10 章的条文提到砖混结构的要求较多，但空旷房屋部分的条文对钢筋混凝土结构也适用，这就类似于钢筋混凝土单层厂房的附属披屋的情况，但需注意，在空旷房屋转角处不宜设置披屋，以避免地震时发生扭转破坏。

问题 59：对底部为多层框架，顶层为排架的多层钢筋混凝土结构房屋进行抗震设计时，有何要求？

解答 59：对多层钢筋混凝土框架房屋，若顶层因设置大房间的要求，局部采用排架结构的，应按有关要求进行抗震设计。

若下部框架到顶层全部改为排架结构，特别是对于多层工业厂房，因抗震规范主要针对的是民用房屋，此时可参考其他规范、规程进行专门研究。

问题 60：在进行抗震墙计算时，如何对边缘构件的尺寸进行控制？

解答 60：《建筑抗震设计规范》(2001 年版) 6.4.7 条和 6.4.8 条规定了在进行抗震墙结构抗震构造措施时，对约束边缘构件和构造边缘构件的最小尺寸进行控制的要求，抗震墙边缘构件的长度至少为墙厚度的一倍，墙体厚度小于 400mm 时端柱至少取 400mm。实际工程中，可根据抗震验算的计算结果，在满足规范最小尺寸要求的前提下，确定所需要边缘构件的尺寸。

问题 61：《建筑抗震设计规范》(2001 年版) 6.2.10 条 1 款中，框支柱的最小地震剪力计算以框支柱的数目为 10 根为分界，若框支柱与钢筋混凝土抗震墙相连，在计算框支柱的数目如何取值？

解答61：《建筑抗震设计规范》（2001年版）6.2.10条1款中，框支柱地最小地震剪力计算以框支柱的数目为10根为分界，此规定对于结构的纵横两个方向是分别计算的。若框支柱与钢筋混凝土抗震墙相连，则在抗震墙平面内的方向统计时不计入框支柱的数目，在抗震墙平面外的方向统计时计入框支柱的数目。

问题62：抗震墙边缘构件的箍筋应采用何种形式，阴影部分是否可用拉筋代替箍筋？

解答62：抗震墙墙肢两端应设置边缘构件，边缘构件分为约束边缘构件和构造边缘构件两类。抗震墙墙肢的延性与受压区混凝土的变形能力即箍筋约束有关，抗震墙设置边缘构件是为了避免墙肢在轴压力和弯矩共同作用下，受压区混凝土被压碎破坏。约束边缘构件是指用箍筋约束的暗柱、端柱和翼墙，其混凝土用箍筋约束，有比较大的变形能力；构造边缘构件相对约束边缘构件，其对混凝土的约束较差。约束边缘构件和构造边缘构件的长度分别按《建筑抗震设计规范》（2001年版）图6.4.7和图6.4.8的要求采用。对于约束边缘构件，图6.4.7中阴影部分必须采用箍筋，阴影范围之外可以采用箍筋或拉筋，但约束边缘构件的边界处应为箍筋；对于构造边缘构件，在底部加强部位及抗震墙转角处宜用箍筋，构造边缘构件的边界处应为箍筋，箍筋范围内的其他部位用拉筋即可。

问题63：结构进行抗震设计时，若计算出的第一振型为扭转振型应如何处理？

解答63：震害表明，平面不规则、质量与刚度偏心的结构，在地震中会受到严重的破坏。振动台模型试验结果也表明，扭转效应会导致结构的严重破坏。结构进行抗震设计时，若计算出的第一振型为扭转振型，说明结构的抗侧力构件布置不合理或数量不足，导致整体抗扭刚度偏小。应对结构方案进行调整，加强抗扭刚度，减小结构平面布置的不规则性，避免产生过大的偏心而导致结构产生较大的扭转效应，必要时设置抗震缝，也可按《建筑抗震设计规范》（2010年版）3.4.3条的有关要求进行抗震作用分析，并采取加强延性的构造措施。

问题64：为什么《建筑抗震设计规范》（2001年版）6.3.9条3款规定框架柱的总配筋率不应大于5%？

解答64：《建筑抗震设计规范》（2001年版）6.3.9条3款规定框架柱的总配筋率不应大于5%，主要基于以下几点：

（1）对于荷载较大的框架柱，在长期荷载作用下，如果框架柱的总配筋率过大，会引起混凝土的徐变从而使混凝土应力降低，如出现荷载突然减少的情况，由于混凝土的徐变大部分不可恢复，钢筋的回弹会使混凝土出现拉应力甚至开裂，影响结构的安全。

（2）从经济和施工方面考虑，防止框架柱纵筋配置过多，使钢筋过于拥挤，而相应的箍筋配置不够而引起纵筋压屈，降低结构延性。

（3）为了避免框架柱截面过小而轴压比太大，从而过分依赖钢筋的抗力承载而造成结构延性不良。

问题 65：多层剪力墙结构的底部加强区，是否需要设置约束边缘构件？

解答 65：当多层剪力墙的轴压比小于《建筑抗震设计规范》（2010 年版）表 6.4.5-1 的限值时，无论加强区还是非加强区，都可以不设置约束边缘构件，仅设构造边缘构件即可。

问题 66：在抗震设防区，是否不允许采用单跨框架结构体系？

解答 66：在抗震设防区，甲、乙类建筑及高度大于 24m 的丙类建筑，不应采用单跨框架结构体系；高度不大于 24m 的丙类建筑不宜采用单跨框架结构体系。

但注意：框架结构中某个主轴方向均为单跨，也属于单跨框架结构；某个方向有局部的单跨框架时，可不作为单跨框架结构对待。一、二层的连廊采用单跨框架时，需要注意加强抗震措施，但也不作为单跨框架对待；框架-剪力墙结构中的框架，可以是单跨。

问题 67：为什么箍筋、拉筋及预埋件等不应与框架梁、柱的纵向受力钢筋焊接？

解答 67：若预埋件仅和梁（或柱）中的某根纵向受力钢筋焊接，则在其他受力构件的荷载作用下，梁（或柱）中的这根纵向受力钢筋就可能失锚拔出或首先屈服，从而导致该梁（或柱）的破坏。

问题 68：抗震设计时，为什么设防烈度为 9 度时，混凝土强度等级不宜超过 C60；设防烈度为 8 度时，混凝土强度等级不宜超过 C70？

解答 68：这是为了保证构件在地震力作用下有必要的承载力和延性要求。

问题 69：抗震设计时，抗震等级为一、二、三级的钢筋混凝土框架，为何要对普通纵向受力钢筋的力学性能提出要求？

解答 69：抗震设计时，为了保证当构件某个部位出现塑性铰后，塑性铰处有足够的转动能力和耗能能力，提高构件的延性；为了有利于实现"强柱弱梁、强剪弱弯"这一抗震设计原则。

问题 70：怎样理解"建筑各区段的重要性有显著不同时，可按区段划分抗震设防类别"？

解答 70：在一个较大的建筑中，无论是由防震缝将其分开为若干个独立的结构单元，还是仍为一个结构单元，只要其使用功能的重要性有显著差异，就应区别对待，划分为不同的抗震设防类别，进而划分不同的抗震等级。

问题 71：筒中筒结构可以设置加强层吗？

解答 71：因筒中筒结构设置加强层对减小结构水平侧移作用不大，反而会引起结构竖向刚度突变，使加强层附近结构内力剧增。故筒中筒结构不应采用设置加强层来减小结构水平侧移的措施。

问题 72：如何确定框支梁的截面尺寸？

解答 72：抗震设计时框支梁高度不应小于跨度 1/6；非抗震设计时不应小于跨

度 1/8。宽度不宜小于 400mm，且不宜大于框支柱相应方向截面宽度，不宜小于上部墙厚 2 倍；对托柱梁，不应小于梁宽方向的柱截面宽度；尚应满足剪压比要求。

问题 73：加强层有哪些构件？它们的作用分别是什么？

解答 73：加强层构件有水平伸臂、水平环向构件等。它们的作用有：①减小结构侧移；②协调结构周边各竖向构件的变形，使之轴向受力变化均匀；③加强结构加强整体性。

5.5 施工图审查中常遇多、高层钢结构方面的问题分析及解答

问题 1：施工图审查时，对于"轻钢结构"应重点把握哪些问题？

解答 1：重点审查结构体系的强度和稳定性、挠度变形、支撑体系及节点构造。

问题 2：CECS 102—2002《门式刚架轻型房屋钢结构技术规程》6.1.1 条的宽厚比规定比 GB 50017—2003《钢结构设计规范》要松，执行国标还是推荐标准？

解答 2：在 CECS 102—2002《门式刚架轻型房屋钢结构技术规程》适用范围内的门式刚架结构，其宽厚比可执行该规程。

问题 3：门式刚架轻型房屋钢结构的山墙柱是否设柱间支撑？是否可以按门式刚架标准图集的规定来做？

解答 3：(1) 一般情况下山墙柱为抗风柱，不设柱间支撑。但对于宽度较大的山墙，建议还是宜设柔性柱间支撑。

(2) 可按门式刚架标准图集的规定设计。

问题 4：轻型钢结构门式刚架单层厂房，当无吊车时，能否采用圆钢作柱间撑？

解答 4：非抗震设计且又无吊车时可以采用圆钢作柱间撑。同样仅作为拉杆设计，且必须设张紧装置。否则，应满足 GB 50017—2002《钢结构设计规范》5.3.9 条中对长细比的规定。在设置张紧装置后，尚应设置平衡圆杆张紧力的撑杆。

从 CECS 102—2002《门式刚架轻型房屋钢结构技术规程》1.0.2 条、6.5.3 条可知，该规程未计地震作用。从国标图集 04SG518-1 的柱间支撑选用表可知，6 度、7 度区当地震作用不起控制作用时，仍可用圆钢。设防烈度为八度时，柱间支撑应采用型钢。

问题 5：CECS 102—2002《门式刚架轻型房屋钢结构技术规程》7.2.17 条与 8.2.5 条是否有矛盾？

解答 5：没有矛盾。CECS 102—2002《门式刚架轻型房屋钢结构技术规程》7.2.17 条是钢结构平板式柱脚铰接与刚接的规定，8.2.5 条是柱脚连接大样。前

者是锚栓平面布置规定，后者是平板式柱脚、锚栓与基础的连接要求，图中的调节螺母在施工中调节柱的垂直度时使用，这与施工习惯有关，构造是正确的。国标图集 04SG518-3 安装节点图（四）与该构造相同。施工单位可依据自身经验进行深化修改，也是允许的。

问题 6：隅撑是否可作为梁、柱的侧向支撑，平面外计算长度是否可取隅撑的间距？见 CECS 102—2002《门式刚架轻型房屋钢结构技术规程》6.1.4.1 条和 6.1.6-2 条。

解答 6：隅撑可作为梁、柱的侧向支撑，但隅撑的长细比要满足规范要求，有关构件的平面外长度可取隅撑的间距。

问题 7：屋面支撑采用圆钢时，支撑与屋面钢架连接是否可以不设刚性支撑杆？

解答 7：必须设置刚性系杆。刚性系杆的作用：在水平支撑内平衡圆钢拉杆的张紧力；在风荷载、地震等水平荷载作用时传递水平力。

问题 8：GB 50018—2003《冷弯薄壁型钢结构技术规范》9.2.2 条中的圆钢端头螺栓能不能只视为拉紧装置？作为拉紧装置有什么特别要求？

解答 8：GB 50018—2003《冷弯薄壁型钢结构技术规范》9.2.2 条只是强调支撑用圆钢时，必须具有拉紧装置。由 GB 50017—2003《钢结构设计规范》5.3.9 条可知，支撑中拉紧的圆钢没有容许长细比的限制，故保证其拉紧力是关键。

拉紧装置的要求：①不仅应保证在支撑安装阶段便于拉紧，而且应保证在日常维护、检测中发现其松弛时仍可拉紧；②防止螺栓锈蚀；③具有不小于圆钢的受拉强度设计值。

问题 9：工字形截面受压翼缘板件最大宽厚比的规定在 CECS 102—2002《门式刚架轻型房屋钢结构技术规程》6.1.1 条为 $15\sqrt{235/f_y}$，而《建筑抗震设计规范》(2008 年版) 9.2.12 条中规定设防烈度为 7、8、9 度时分别是 11、10、9 乘以 $\sqrt{235}$，为什么不同？

解答 9：《建筑抗震设计规范》(2008 年版) 9.2.12 条的条文说明指出，抗震设计时的杆件宽厚比考虑了梁可能出现塑性铰。而按 GB 50017—2003《钢结构设计规范》9.1.4 条规定，塑性设计时截面板件宽厚比不大于 $9\sqrt{235/f_y}$。在 7、8 度考虑部分塑性适当放松。CECS 102—2001《门式刚架轻型房屋钢结构技术规程》6.1.1 条属非抗震设计，采用弹性理论，与 GB 50017—2001《钢结构设计规范》5.4.1 条中取 $r_1=1.0$ 时（即不计塑性影响）宽厚比不大于 $15\sqrt{235/f_y}$ 是一致。

抗震设计时，钢结构是按设防烈度与罕遇地震时构件按塑性设计，要考虑塑性变形能对地震作用的吸收的影响。

5.6 施工图审查中常遇砌体结构方面的问题分析及解答

问题1：《砌体结构设计规范》中提出"施工质量控制等级"，对于框架填充墙等非承重构件，如何掌握砌体质量控制等级？是否必须注明？

解答1："施工质量控制等级"是砌体规范提出的，主要针对在结构体系中作承重构件或作抗侧力构件的砌体。对于框架填充墙等非承重构件按《建筑抗震设计规范》2010版13.3.3条第2款执行，施工图中应按相应的要求加以说明。

问题2：砌体结构的高宽比、房屋宽度究竟如何确定？按房屋的最小宽度确定，掌握起来比较方便，后来"抗震手册"提出了宽度的概念，对砌体结构的高宽比的判定就变得很难，实际上，明知个别砌体结构高宽比很不合理，但是却难以说服设计人。

解答2：《建筑抗震设计规范》(2001年版)对多层砌体的高宽比规定限值是为了保证地震作用时不至使房屋产生整体倾覆破坏，《建筑抗震设计规范》和《抗震手册》对高宽比限值都讲得很清楚，判定没有困难。用房屋最小宽度来控制，不合理。

问题3：GB 50003—2001《砌体结构设计规范》8.2.8条第4款中，组合砖墙砌体房屋如何界定？若仅有一道墙体是构造柱参与工作才能满足，该房屋或该层是否成为组合砖墙砌体房屋？是每层还是整个房屋均需按8.2.8条第4款强制性条文执行？

解答3：根据GB 50003—2001《砌体结构设计规范》8.2.8条条文说明可知，组合砖墙砌体房屋是指在砌墙中设置了一定的构造柱。为了充分发挥构造柱的作用，要求构造柱与圈梁形成"弱框架"，对砖墙提供有效约束，形成构造柱、墙体和圈梁共同作用，以提高其墙体的承载能力。所以，该条对构造柱和圈梁的设置提出了更严格的要求。组合砖墙砌体房屋应该是大部分墙体是组合墙砌体房屋，仅有一道墙体是构造柱参与工作，不能算组合墙砌体房屋，不需要按GB 50003—2001《砌体结构设计规范》8.2.8条第4款执行。

问题4：GB 50003—2001《砌体结构设计规范》中±0.00以下砌体材料的最低强度等级按地基土的潮湿程度确定，关于地基土的潮湿程度，如何理解？有人认为，地下水位以下就要按饱和状态要求，有的认为应按基底持力层土的含水状态确定，一般黏性土层为隔水层，即使在地下水位以下，也不应按饱和状态要求砌体最低强度等级，如何看待这个问题？

解答4：GB 50003—2001《砌体结构设计规范》6.2.2条对于潮湿度的判定，仅从基底持力层的潮湿状况判断不尽合理。①一般应根据砌体周围土的状态判断。实际工程的侧面都是新回填土，根据填土性质判断是潮湿状态还是饱和状态。地下水位以下且为饱和性的土层可判定为"含水饱和的"。②这是砌体结构耐久性的要求，地下水位用常年水位较合适。

问题5：地面以下砌体，饱和土较多，材料强度按MU15、M10要求都做不到，如何掌握标准？非承重墙是否同样要求？

解答5：地面以下砌体材料最低强度等级要求是保证砌体结构各部位有均衡的耐久性能，设计时应执行GB 50003—2001《砌体结构设计规范》6.2.2条强制性条文，非承重墙要求可放宽，视具体情况定。构造上可设置基础梁，使砌体处于常年水位以上。

问题6：混凝土小型空心砌块砌体承重结构中砌筑砂浆需用专用砂浆Mb，而框架填充墙是否能用Mb砂浆？

解答6：框架填充墙宜用或不用Mb砂浆。

问题7：砌体结构中如果出现MU12.5砖，是否违反强制性条文？

解答7：砌体结构材料强制性条文指标应按GB 50003—2001《砌体结构设计规范》表3.2.1取值。表中没有MU12.5砖，设计按MU10砖计算，图纸要求提高MU12.5砖不违反强制性条文。

问题8：GB 50003—2001《砌体结构设计规范》7.1.5条第4款规定圈梁兼作过梁时，过梁钢筋另行计算确定，也就是说圈梁兼作过梁时，圈梁内要另加过梁钢筋，该规定是在未考虑地震情况下制定的，在地震情况下是否同样要另加过梁钢筋？

解答8：GB 50003—2001《砌体结构设计规范》7.1.5条第4款要求：圈梁兼作过梁时，过梁钢筋应另行计算增配，考虑地震作用时，同样需要按计算增配。如果圈梁构造钢筋已满足计算要求，可不另行增配。

问题9：GB 50003—2001《砌体结构设计规范》10.1.8条及JGJ 137—2001《多孔砖砌体结构技术规范》5.3.1条规定，楼（电）梯四角，较大洞口两侧应设置构造柱。单层钢筋混凝土及钢结构厂房中的围护墙及框架填充墙要不要参照执行，如何掌握？

解答9：《建筑抗震设计规范》（2008年版）7.3.1条对多层砌体构造柱设置的规定与设防烈度及房屋层数有关，《建筑抗震设计规范》（2001年版）对于6度地区层数为三层及以下的房屋、7度区层数为单层和二层的房屋、8度区单层房屋构造柱的设置不作要求。单层钢筋混凝土及钢结构厂房中的围护墙、填充墙属非结构构件，构造柱设置应按《建筑抗震设计规范》（2008年版）13.3.3条第2款（4）执行。

问题10：多层砖混结构中的钢筋混凝土构造柱计算时，考虑其参与工作，此时是否一定要遵守GB 50003—2001《砌体结构设计规范》8.2.8条的各项规定？

解答10：多层砌体房屋当计算不满足，需考虑钢筋混凝土构造柱参与工作，按GB 50003—2001《砌体结构设计规范》8.2.7条计算设计时，应按8.2.8条规定的组合砖墙结构采取构造措施。

问题 11：关于梁下构造柱的荷载传递分布，一种是将构造柱上集中荷载全部分担至整片砖墙上，另一种是将各层梁传来的荷载集中在构造柱上，两种设计方法导致基础设计差异很大。前一种设计方法可能会存在一些不合理，甚至影响安全，设计时如何掌握和判别？

解答 11：这里的构造柱与墙应按 GB 50003—2001《砌体结构设计规范》8.2.7 条理解为，砖砌体与混凝土构造柱组成的组合墙，计算构造分别符合 8.2.7 条、8.2.8 条，抗震设计时按《建筑抗震设计规范》（2008 年版）7.2.8 条第 2 款规定计算上部结构轴压力，然后再设计基础。基础设计类似于带壁砖柱的设计方法。

问题 12：砌体结构局部尺寸不满足规范限值要求，加一构造柱后局部尺寸限值以放宽多少为宜？

解答 12：可适当放宽，有资料介绍，局部尺寸不足者不宜小于抗震限值的 0.8；放宽后该墙段应满足抗震验算要求。

问题 13：《建筑抗震设计规范》（2008 年版）7.1.6 条规定房屋的局部尺寸限值与现有设计相差很大，是否在设置构造柱条件下满足高宽比小于等于 4 即可？

解答 13：房屋的局部尺寸限值，主要是为了保证地震作用下不因局部墙段的破坏造成连续破坏使房屋倒塌。《建筑抗震设计规范》（2008 年版）表 7.1.6 注 1 规定，局部尺寸不足时应采取局部加强措施弥补，如采用另增设构造柱等措施。但须注意，墙的高宽比不应小于 4，如果局部墙垛过小，不可将全截面改为钢筋混凝土柱，否则，在同一轴线上出现不同结构材料的墙段，对地震作用的分配是不利的。

问题 14：砖混结构大开间中可否允许有少数钢筋混凝土柱？什么情况下可仍算多层砌体结构，什么情况下要算单排柱内框架？

解答 14：个别采用钢筋混凝土柱可以，但必须满足砖墙最大间距要求。该柱不参与地震剪力分配，又要满足《建筑抗震设计规范》（2008 年版）7.2.5 条中框架柱的内力调整。最好调整平面布置，采用梁板或大板结构，单排柱内框架结构因抗震不利，《建筑抗震设计规范》（2008 年版）已不再采用此类结构体系。

问题 15：砌体结构中梁的跨度大于等于 4.8m 时应设梁垫，当梁的反力较大时，采用构造柱而不设梁垫是否可行？

解答 15：可设构造柱，构造应满足 GB 50003—2001《砌体结构设计规范》8.2.7、8.2.8 条的要求，梁端按简支设计，参见 JGJ 137—2001《多孔砖砌体结构技术规范》4.4.2 条规定。

问题 16：多层砌体结构办公楼，局部范围为框架结构（会议室 2~3 间，门厅部），其余为砖墙，这种结构体系是否符合《建筑抗震设计规范》要求？如会议室跨度小于 6m，混凝土柱改为附墙砖柱后，是否符合规范要求？

解答 16：框架结构不可与砌体承重结构混用，《建筑抗震设计规范》（2008 年版）7.1.2条、7.2.1条都表明砌体结构中只允许底部框架抗震墙和多排内框架结构存在。对于局部大开间房设梁，采用扶壁柱或组合砖柱是允许的，但应尽量向底框和多排框架体系靠拢。局部框架柱不参与剪力分配。

问题17：砌体结构因局部纵墙缺失形成侧向无翼缘的单片横墙，设计时如何定性？

解答17：砌体结构因局部纵墙缺失形成侧向无翼缘的单片横墙，与《建筑抗震设计规范》（2008年版）7.1.6条的要求相差较大时，宜调整设计，尽量避免无侧向翼缘的横墙或单片横墙，或在单片横墙两端、中间设混凝土构造柱，将其加强为组合墙，满足GB 50003—2001《砌体结构设计规范》8.2.7条、8.2.8条的要求。

问题18：砖混结构中，除山墙、单元分隔墙贯通外，其他横墙都不贯通，是否可以？

解答18：应满足《建筑抗震设计规范》（2008年版）7.1.5条房屋抗震横墙间距要求和7.1.7条要求。

问题19：若多层砖混住宅中很空旷，外墙上的门窗洞口很大，如客厅、餐厅等部位；内纵墙不连续或不对齐，这样的结构如果抗震验算能够通过，是否允许？

解答19：计算通过并不能说明它是规则性的，震灾表明这种形式的建筑受震破坏很严重。空旷房屋应属墙体少或墙体很少的房屋，设计有严格限制，其结构体系和层数及构造等应按《建筑抗震设计规范》（2001年版）规定执行。

问题20：砖混结构中空旷房屋如何正确确定？比如12m×12m单层房屋，可以做成砖排架，施工图设计在墙中间设混凝土柱，与梁不是刚接，但是套用空旷房屋，根据《建筑抗震设计规范》（2008年版）10.3.2条，混凝土柱应按抗震等级为二级框架柱设计，可行否？

解答20：单层空旷房屋按《建筑抗震设计规范》（2008年版）10.1.1条条文说明确定。对于空旷房屋中的钢筋混凝土受力柱，按《建筑抗震设计规范》（2008年版）10.3.2条执行。本题情况采用第9.3节单层砖柱房屋设计比较适宜。

问题21：关于墙梁的理解问题。

（1）砌体结构中由于墙体不落地形成的托墙梁，当按全部竖向荷载作用下的受弯构件计算时，是否要全部满足GB 50003—2001《砌体结构设计规范》7.3.12条规定的墙梁的许多构造要求（均为强制性条文）？特别是7.3.12条第3、5款关于墙梁的支承长度应大于等于350mm和纵筋受拉锚固的要求。我们认为即使按全部荷载作用受弯模式计算时，该规定也应遵守，而不能按一般的简支梁来考虑其支座和锚固要求。这一观点是否正确？

（2）《建筑抗震设计规范》（2008年版）7.1.8条规定，托墙梁结构只允许底框上部砖房形式；GB 50003—2001《砌体结构设计规范》第10.5节，也只有框支墙梁。二者是一致的。据此是否可以认为：抗震设计时，不允许除底框结构形式外的其他砌体承重（包括带构造柱）墙梁结构？有些住宅设计纵墙大部分不落地，采用带构造柱的砌体承重的托墙梁形式，支座为与墙同厚的扁形构造柱（托梁支座宽仅为240mm），审查时可否判定为超规范设计，而要求由省级以上专家委员会审定（根据《建设工程勘察设计管理条例》29条），或判定为结构体系违反GB 50011—2001《建筑抗震设计规范》3.5.2条的强条要求？

解答21：(1) 强制性条文均应执行，后一个问题观点正确。

(2) 应正确理解《建筑抗震设计规范》（2008年版）7.1.8条和GB 50003—2001《砌体结构设计规范》第10.5节底部框架抗震墙结构，两者适用条件不完全相同，但在抗震设防地区两者都应满足。除底框外，允许砌体结构底部局部设墙梁，但应控制上下层刚度比，底层墙体应满足抗震要求，同时执行墙梁的有关构造要求。后一个问题判断正确。

问题22：《施工图设计文件审查要点》（试行）3.7.1条规定，抗震设防地区，多层砌体房屋墙上不应设转角窗，规范中没有这一条。若施工图中在角窗处的楼板内增设暗梁，是否可行？

解答22：建筑物角部是受力最集中的部位，也是受力最复杂、扭转变形效应最大的部位，而砌体结构的受剪承载力和受扭承载力都很差，再在此处开设角窗更是雪上加霜。"施工图审查要点"已明确规定砌体结构不应设转角窗。在角窗处的楼板内增设暗梁只是楼面的加强措施，并不能有效提高砌体结构角部的整体刚度、延性和抗扭转能力。

问题23：砌体结构横墙较少的教学楼、写字楼、医院能否采用《建筑抗震设计规范》（2008年版）7.3.14条的规定予以加强？

解答23：设计可参照《建筑抗震设计规范》（2008年版）7.3.14条进行加强，但不能认为采取了有关加强措施后就可以超过该类建筑的层数限值。

问题24：砌体结构大开间（两间以上）如不采用部分框架，能否采用大梁壁柱的结构形式，量值上如何把握？

解答24：教学楼、医院等横墙较少的建筑中可有大梁与壁柱，量值上《建筑抗震设计规范》（2008年版）7.1.2条有相关规定。

问题25：2~3层别墅砌体房屋，抗震设防措施能否适当降低？例如：承重外墙尽端至门窗洞边的最小距离、转角窗等。

解答25：不可以。《建筑抗震设计规范》（2008年版）7.1.6条条文说明说得很清楚，并不因层数多少而对房屋局部尺寸有所放宽，只有当另增设构造柱时，才可适当放宽，且构造柱的设置应对墙段构成有效约束。

问题26：《建筑抗震设计规范》（2008年版）7.3.1条强制性条文的表中，"大房间及较大洞口"如何掌握？

解答26：较大洞口内墙宽度大于2.1m的属较大洞口，房间短向尺寸大于4.2m的房间，以及墙长超过层高2倍的房间可视作"大房间"。

问题 27：《建筑抗震设计规范》（2008 年版）7.3.2 条中"房屋高度和层数接近本章表 7.1.2 的限值时"，这句话中高度和层数是两个都要满足还是只要满足一个？如何界定高度和层数接近限值？是否可以把增加一层后高度就超限作为判定该房屋高度已接近限值的依据？

解答 27：无论高度还是层数接近限值，均应按规范要求采取抗震构造措施。

问题 28：根据教学楼震害调查分析，外廊柱采用混凝土柱，加连系梁较为有利，那么砌体住宅底层车库局部突出主体部分，外纵墙采用梁柱体系是否对抗震有利？

解答 28：砌体结构住宅底层车库局部突出主体部分，可采用梁柱体系，但应保证砌体结构部分抗震墙体的完整性。尤其是外纵墙应符合《建筑抗震设计规范》（2008 年版）7.1.7 条第 2 款的规定。

问题 29：《建筑抗震设计规范》（2008 年版）7.1.3 条：砌体房屋层高不超过 3.6m，如采用大开挖，条形基础如挖下去 3m，±0.00 以上底层层高为 3m，问：层高怎么算？我认为应算到基础面，底层层高远大于 3.6m，怎么处理？

解答 29：建筑层高、构件高度与构件的计算高度是不同的概念。基础埋置较深且有刚性地坪时，构件高度可取室外地面下 500mm 处。构件高度取值请参阅 GB 50003—2001《砌体结构设计规范》5.1.3 条规定。

问题 30：底部框架-抗震墙砌体结构中，底框柱能否认为是框支柱而必须按框支柱要求设计？

解答 30："底框"结构中的底层框架柱与混凝土结构中的框支柱，两者既类似，又不完全相同，底框柱宜按《建筑抗震设计规范》（2008 年版）7.2.5 条、7.2.11 条计算，按 7.5.2 条、7.5.5 条第 1 款、7.5.6 条第 2 款、7.5.7 条及 7.5.8 条采取构造措施。

问题 31：底框结构抗震墙，横向采用砌体抗震墙、纵向采用短肢混凝土墙，是否可行？

解答 31：按《建筑抗震设计规范》（2008 年版）7.1.8 条规定，抗震设防 6、7 度且总层数不超过五层的底框房屋，允许采用嵌砌于框架之间的砌体抗震墙，但计入砌体墙对框架的附加轴力和附加剪力；纵向采用短肢混凝土墙是可以的，但应满足该方向的抗侧移刚度比。

问题 32：底框结构中，横向剪力墙间距有要求，纵向剪力墙间距是否也有要求？

解答 32：底层框架对横向剪力墙间距有明确规定，从概念设计出发，纵向剪力墙间距也应有此要求，但由于底框房屋进深一般不大，纵墙对称布置都能满足间距要求。

问题 33：底框结构中砖墙作为抗震墙，图中是否应注明施工方式，不注明时是否违反强制性标准？

解答33：底框结构的抗震砖墙应嵌砌于框架内，且必须注明施工方式。不注明时违反《建筑抗震设计规范》（2008年版）7.5.6条的要求。

问题34：底部框架-抗震墙房屋中与抗震墙相连的边框架柱是否要按《建筑抗震设计规范》（2008年版）6.5.1条抗震墙的端柱要求沿全高加密箍筋？是否要区分砖抗震墙和混凝土抗震墙的端柱而对此有不同要求？

解答34：底部框架-抗震墙房屋中与抗震墙相连的边框架柱可视作抗震墙的边缘构件，按《建筑抗震设计规范》（2008年版）第6.4节有关规定设置。

问题35：底部框架-抗震墙房屋中，当上部为横墙较少的多层砖砌体住宅时，可否按《建筑抗震设计规范》（2008年版）7.1.2条的层数及高度设计（多层砌体按7.3.14条加强）？

解答35：可以。底部框架房屋的上部各层"横墙较少"的概念同多层砌体结构。

问题36：底框抗震墙结构横向存在托墙梁，一边搁在框架柱上，另一边搁在纵向框架梁上，这算不算违反强制性条文？若允许，则横向不完全框架存在的比例为多少？

解答36：底框房屋由于结构沿竖向刚度突变，是一种不利于抗震的结构类型，历次地震中均产生比较严重的破坏。为提高其抗震能力，《建筑抗震设计规范》（2008年版）7.1.8条第1款要求，上部砌体抗震墙与底部的框架梁或抗震墙的轴线对齐或基本对齐，即大部分砌体抗震墙由下部的框架主梁或钢筋混凝土抗震墙支承，每单元砌体抗震墙最多有二道可以不落在框架主梁或钢筋混凝土抗震墙上，而由次梁支托，托墙的次梁应按3.4.3条考虑地震作用的计算和内力调整。建议将上部结构无法上下对齐的抗震墙，改为由次梁支承的非抗震隔墙。

问题37：多层砌体房屋和底部框架、内框架房屋的总高度比《建筑抗震设计规范》（2008年版）表7.1.2稍高时是否算超出限值？

解答37：《建筑抗震设计规范》（2008年版）7.1.2条表7.1.2中总高度的计算有效数字为个位，即小数点后第一位数四舍五入后满足即可。室内外高差大于0.6m时，房屋总高度允许比表中适当增加，但不应多于1m。

问题38：住宅工程中顶层为坡屋顶，屋顶是否需设水平楼板？顶层为坡屋顶时层高有无限制？总高度应如何计算？

解答38：住宅工程中的坡屋顶，如不利用时檐口标高处不一定设水平楼板，但要注意斜屋面对墙体平面外产生的推力问题。

关于顶层为坡屋顶时层高的计算问题规范未做具体规定，结构设计时由设计人员根据实际情况而定，取质点的计算高度仍不超过4m。

檐口标高处不设水平楼板时，按《建筑抗震设计规范》7.1.2条的规定，总高度可以算至檐口（此处檐口指结构外墙体和屋面结构板交界处的屋面结构板顶）。

檐口标高附近有水平楼板，且坡屋顶不是轻型装饰屋顶时，上面三角形部分为阁楼，此阁楼在结构计算上应作为一层考虑，高度可取至山尖墙的一半处，即对带阁楼的坡屋面应算至山尖墙的二分之一高度处。

问题39：对于《建筑抗震设计规范》（2008年版）7.3.2条第5款的"接近"概念，以7度区为例，层数为多少时属于接近上限？

解答39：《建筑抗震设计规范》（2008年版）7.3.2条第5款的"接近"概念，对于7度区，层数为六、七层时均属于接近上限。

问题40：砖墙基础埋深较大，构造柱是否应伸至基础底部？较大洞口两侧要设构造柱加强，一般多大的洞口算较大洞口？

解答40：《建筑抗震设计规范》（2008年版）7.3.2条第4款规定：构造柱可不单独设置基础，但应伸入室外地面下500mm，或锚入浅于500mm的基础圈梁内，满足两条中的一条即可。但需注意，此处的基础圈梁是指位于基础内的，不是位于相对标高±0.0m的墙体圈梁。构造柱的钢筋伸入基础圈梁内应满足锚固长度的要求。

对于底层框架砖房的砖房部分，一般允许将砖房部分的构造柱锚固于底部的框架柱或钢筋混凝土抗震墙内（上层与下层的侧移刚度比应满足要求）。

《建筑抗震设计规范》（2008年版）表7.3.1要求较大洞口两侧要设构造柱加强。一般来说，内纵墙和横墙的较大洞口，指2100mm以上的洞口；外纵墙的较大洞口，则由设计人员根据开间和门窗洞尺寸的具体情况确定。

问题41：填充墙的构造柱与多层砌体房屋的构造柱有何不同？

解答41：填充墙设构造柱，属于非结构构件的连接，与多层砌体房屋设置的钢筋混凝土构造柱有一定差异，应结合具体情况分析确定。

问题42：底层框架结构的计算高度如何取？若取到基础顶，抗震墙厚度取层高的1/20，是否过大？

解答42：计算高度的取值应根据实际情况而定，主要是根据地坪的嵌固情况而定，若嵌固较好，如作刚性地坪或有连续的地基梁，可以取至嵌固处，否则取至基础顶；抗震墙厚取的层高1/20，这里的层高与计算高度的概念不同，是指从一层地坪到一层楼板顶的高度。

问题43：多层砌体房屋和底部框架、内框架房屋室内外高差大于0.6m时，房屋总高度允许比《建筑抗震设计规范》（2008年版）表7.1.2中适当增加，但不应多于1m，那么此时是否仍可将小数点后第一位数四舍五入？

解答43：多层砌体房屋和底部框架、内框架房屋，若室内外高差大于0.6m时，房屋总高度允许比《建筑抗震设计规范》（2008年版）7.1.2条表7.1.2中适当增加，但不应多于1m。因已将总高度值适当增加，故此时不应再将小数点后第一位数四舍五入，即增加值不大于1m。

问题44：横墙较少的多层普通砖、多孔砖住宅楼的总高度和层数接近或达到《建筑抗震设计规范》（2008年版）表7.1.2规定限值时，按照《建筑抗震设计规范》(2008年版)7.3.14条的要求进行设计,对楼、屋面板的设置有何要求？

解答44：对于横墙较少的多层普通砖、多孔砖住宅楼的总高度和层数接近或达到《建筑抗震设计规范》(2008年版)表7.1.2规定限值时,同一结构单元的楼、屋面板应设置在同一标高处,即不允许同一结构单元有错层。即使设计时同一结构单元内横墙无错位,楼、屋面板也应采用现浇钢筋混凝板,以加强结构的整体性。同时必须满足《建筑抗震设计规范》(2008年版)7.3.14条的要求。

问题45：规范规定多层砌体房屋的总高度指室外地面到主要屋面板顶或檐口的高度,半地下室从地下室地面算起,全地下室和嵌固条件较好的半地下室允许从室外地面算起,嵌固条件较好一般是指什么情况？

解答45：嵌固条件较好一般指下面两种情况：

(1) 半地下室顶板（宜为现浇混凝土板）的板顶标高不高于室外地面约1.5m,地面以下开窗洞处均设有窗井墙,且窗井墙又为内横墙的延伸,如此形成加大的半地下室底盘,有利于结构的总体稳定,半地下室在土体中具有较有利的嵌固作用。

(2) 半地下室的室内地面至室外地面的高度大于地下室净高的1/2,无窗井,且地下室部分的纵横墙较密。

在上述两种嵌固条件较好的情况下,带半地下室的多层砌体房屋的总高度允许从室外地面算起。

若半地下室层高较大,顶板距室外地面较高,或有大的窗井而无窗井墙或窗井墙不与纵横墙连接,不能起到扩大基础底盘的作用,且周围的土体不能对多层砖房半地下室起约束作用时,半地下室应按一层考虑,并计入房屋总高度。

问题46：若多层砌体房屋中设置了钢筋混凝土构造柱和圈梁,当构造柱与圈梁边缘对齐时,施工时哪部分的钢筋放置在最外侧？

解答46：对于钢筋混凝土框架结构,当框架柱和框架梁边缘对齐时,一般将柱主筋放置在最外侧,梁纵向钢筋紧贴着柱最外侧主筋,从内侧穿过。而对于多层砌体房屋,为了使圈梁充分发挥其对结构构件的约束作用,当构造柱与圈梁边缘对齐时,一般将圈梁的纵向钢筋放置在最外侧,构造柱主筋从圈梁纵向钢筋内侧穿过。

问题47：若多层砌体房屋的层数低于《建筑抗震设计规范》(2008年版)表7.3.1中砖房构造柱设置要求的最低层数,其构造柱应如何设置？

解答47：如果多层砌体房屋的层数低于《建筑抗震设计规范》(2008年版)表7.3.1中左侧各列的最低层数,如6度区层数为三层及以下的房屋、七度区层数为单层和二层的房屋、八度区单层房屋,对于构造柱的设置规范不做要求。此时是否设置构造柱可由设计人员根据实际情况掌握,规范规定的是最低安全度要求。

问题48：《建筑抗震设计规范》(2008年版)7.1.3条规定普通砖、多孔砖和小砌块砌体承重房屋的层高,不应超过3.6m,而某些工业建筑及附属房屋,如变配电室，虽然总层数未达到规范限值的要求，但因工艺要求需要层高大于 3.6m 时应如何处理？

解答 48：《建筑抗震设计规范》（2008 年版）中砌体承重房屋的层高规定，主要针对一般民用建筑。对于层数远小于表 7.1.2 的工业建筑及附属房屋，因工艺要求需要层高大于 3.6m 时，可根据具体情况采取如增加墙厚度、增设壁柱、圈梁、提高材料强度等级等措施实现，同时应满足有关规范和规程的要求。

问题 49：若多层砌体房屋的建筑方案存在错层时，结构抗震设计应注意哪些问题？

解答 49：当多层砌体住宅楼有较大错层时，如超过梁高的错层（或楼板高差在 500mm 以上），结构计算时应作为两个楼层对待，即层数增加一倍，同时房屋的总层数不得超过《建筑抗震设计规范》（2008 年版）7.1.2 条的强制性规定。错层楼板之间的墙体应采取必要措施以解决平面内局部水平受剪和平面外受弯问题。当错层高度不超过梁高时，该部位的圈梁或大梁应考虑两侧上下楼板水平地震力形成的扭矩，进行抗扭验算。

问题 50：《建筑抗震设计规范》（2008 年版）7.3.13 条要求砌体结构房屋的基础底面宜埋置在同一标高，采用桩基时若桩长度不同时应如何调整？

解答 50：《建筑抗震设计规范》（2008 年版）7.3.13 条规定同一结构单元的基础宜采用同一类型的基础，底面宜埋置在同一标高，若基础采用桩基，桩身长度不一致时应将承台及承台梁设置在同一标高，不应将承台梁逐步放坡。

问题 51：对底部框架-抗震墙房屋的钢筋混凝土托墙梁的上部钢筋锚固按框支梁要求，其框架柱的配筋是否也按框支柱要求？

解答 51：《建筑抗震设计规范》（2008 年版）7.5.4 条 4 款对底部框架-抗震墙房屋的钢筋混凝土托墙梁的上部纵向钢筋在柱内的锚固长度按框支梁要求，因结构高度与钢筋混凝土房屋相比较低，其框架柱的构造应符合 7.1.10 条规定的抗震等级要求，框架柱上、下端弯矩的调整可参照框支柱的要求执行。

5.7 施工图审查中常遇单层工业厂房方面的问题分析及解答

问题 1：单层厂房排架计算中，均未进行纵向地震力的计算，采用柱间支撑的构造措施后，是否可以不再进行纵向水平力计算？

解答 1：满足《建筑抗震设计规范》（2008 年版）9.1.6 条的规定时，可不进行横向及纵向的截面抗震验算；否则，应按 9.1.8 条要求对厂房进行纵向抗震验算。

问题 2：钢筋混凝土柱厂房为什么不采用山墙（砌体隔墙）承重？

解答 2：钢筋混凝土柱厂房不采用山墙（砌体隔墙）承重，理由如下：

(1) 山墙和钢筋混凝土排架柱结构材料不同，不仅侧移刚度不同，而且承载力也不同，在地震作用下，山墙和钢筋混凝土排架柱的受力和位移不协调，这不利于抗震，可导致结构破坏，这种震害少。

（2）屋盖系统（屋面板、屋架和支撑）在两个端部不封闭，屋盖地震作用传递途径变化，在6度时山尖墙就有震害，其破坏后将引起屋盖的破坏。

问题3：排架厂房单层混凝土柱钢梁轻钢屋面，钢梁的挠度按哪个规范控制限值？

解答3：按《钢结构设计规范》控制，具体限值查GB 50017—2003《钢结构设计规范》附录A。

问题4：单层钢筋混凝土柱结构厂房，局部有二层与柱形成框架结构，上部为铰接钢结构，与其他无平台跨的排架结构是否归为排架结构，不设抗震缝？

解答4：一般宜用抗震缝分开，不能归为排架结构。具体工程具体分析，如果类似《建筑抗震设计规范》（2008年版）第10章单层空旷房屋时，可以分开。检查以计算书为准。

问题5：现浇框架结构伸缩缝最大间距55m，对于横向为排架、纵向为框架的单层厂房，其纵向框架梁是否一定按此要求？若采用后浇带做法是否一定要满足间隔28d的要求？同样，轻钢屋盖厂房超过100m时，围护砖墙按砌体规范应设伸缩缝，但砖墙内的现浇圈梁是否一定要满足55m的规定？

解答5：关于纵向框架的单层厂房，纵向框架梁根据《混凝土结构设计规范》（2002年版）9.1.1条、9.1.3条规定，但应根据实际情况而定。采取适当措施后，其伸缩缝距离可适当增大。但注意，后浇带不能代替伸缩缝，后浇带的时间间隔一般为28d，可根据具体情况而定。轻钢屋面厂房长度超过100m时，其现浇圈梁可设置后浇段，一般按墙段长度分段设置。

问题6：混凝土屋架上弦水平支撑设在山墙边间，可承担山墙传来的风荷载，而另端为伸缩缝，无山墙风荷载，是否也必须设上弦水平支撑，还是"宜"设上弦水平支撑？

解答6：独立结构单元，宜在两端设置上弦水平支撑。

问题7：单层厂房结构设计未注明吊车型号和工作级别，是否判为违反强制性条文？排架厂房，现浇混凝土柱上面为钢梁轻钢屋面，纵向柱之间为内嵌式墙体，墙体上每隔一定距离设圈梁，先砌墙后浇柱，圈梁与柱同时整浇，有吊车时是否还要另设柱间支撑？无吊车时是否可不设柱间支撑？

解答7：设计未标注吊车型号和工作级别的单层厂房结构属设计依据不足。应视其结构情况，根据《建筑抗震设计规范》（2008年版）第9.1节规定，都应该设柱间支撑，填充墙不能代替柱间支撑；按《建筑抗震设计规范》（2008年版）9.1.5条，不应采用内嵌式围护墙。如果符合《建筑抗震设计规范》（2008年版）13.3.2条第2款的要求，可不设柱间支撑。

问题8：钢筋混凝土柱二跨以上排架结构（无吊车），中间柱顶纵向仅设钢管支撑,是否可行?

解答8:应该讲不合适,抗震设计时应按《建筑抗震设计规范》(2008年版)9.1.26条规定设置柱间支撑,且柱顶设通长撑杆。

问题9:如果单层轻钢厂房两端山墙采用框架结构承重,端跨钢梁直接搁置在山墙框架梁上是否合适?

解答9:单层轻钢厂房两端山墙采用框架结构承重的结构方案不合理,不满足《建筑抗震设计规范》(2008年版)9.1.1条第7款的规定,所以端跨钢梁直接搁置在山墙框架梁上的结构方案不合适。

参 考 文 献

[1] 钢结构设计手册.3版.北京：中国建筑工业出版社，2004.
[2] 徐培福，傅学怡，等.复杂高层建筑结构设计.北京：中国建筑工业出版社，2005.
[3] 魏利金.建筑结构设计常遇问题及对策.北京：中国电力出版社，2009.
[4] 段尔焕，魏利金，等.现代建筑结构技术新进展.北京：原子能出版社，2004.
[5] 中国建筑标准设计研究所.全国民用建筑工程设计技术措施　结构.北京：中国计划出版社，1993.
[6] 北京市建筑设计研究院.北京市建筑设计技术细则　结构专业.北京：北京市建筑设计标准化办公室，2004.
[7] 姜学诗.建筑结构施工图设计文件审查常见问题分析.北京：中国建筑工业出版社，2009.
[8] 魏利金.纵论建筑结构设计新规范与SATWE软件的合理应用.PKPM新天地，北京：2005（4）、（5）.
[9] 魏利金.对台湾9·21集集大地震建筑震害分析.地震研究与工程抗震论文集，昆明：2003.
[10] 魏利金.多层住宅钢筋混凝土剪力墙结构设计问题的探讨.工程建设与设计，2006（1）.
[11] 魏利金.试论结构设计新规范与PKPM软件的合理应用问题.工业建筑，2006（5）.
[12] 魏利金.三管钢烟囱设计.钢结构，2002（6）.
[13] 魏利金.高层钢结构在工业厂房中的应用.钢结构，2000（3）.
[14] 黄世敏，杨星，等.建筑震害与设计对策.北京：中国计划出版社，2009.
[15] International Code Council Inc 2003 international building code.
[16] ASCE Standard SEI/ASCE7-02 minimum design loads for buildings and other structures.
[17] EGYPIAN CODE OF PRACTICE (ALLOWABLE STRESS DESIGN) (coge No. 205 - 2001).